高等学校教材

大学化学

（第2版）

王海棠　时清亮等　编

西北工業大學出版社

【内容简介】 本书根据大学化学课程的性质和教学大纲编写，重视理论联系实际，突出化学知识的科普性和应用性，简要讲述了化学反应的基本原理、溶液、物质结构基础等化学基本理论知识；选编了化学与材料、化学与生命、化学能源与新能源的开发利用、环境的化学污染与保护、工业用油及化学改性等被社会普遍关注的重要学科相关的化学知识；注意了化学在工程技术中应用的新成就。通过本书的学习，使非化工类各专业学生对化学科学的特点及其重要作用有一概括了解，从而达到开拓视野、提高科学素养、增加解决复杂问题思路的目的。

本书可作为高等工业学校非化工类各专业的大学化学教材，也可供工程技术人员参考。

图书在版编目(CIP)数据

大学化学/王海棠，时清亮等编．—2版．—西安：西北工业大学出版社，2005.9
(2020.8 重印)
ISBN 978-7-5612-1539-5

Ⅰ．大… Ⅱ．① 王… ② 时… Ⅲ．①化学-高等学校-教材 Ⅳ．O6

中国版本图书馆 CIP 数据核字(2002)第 050728 号

出版发行：西北工业大学出版社
通信地址：西安市友谊西路 127 号 **邮编：**710072 **电话：**(029) 88493844
网　　址：http://www.nwpup.com
印 刷 者：陕西助残印刷厂
开　　本：787 mm×1 092 mm 1/16
印　　张：16.25
字　　数：390 千字
版　　次：2005 年 9 月第 2 版 2020 年 8 月第 10 次印刷
定　　价：30.00 元

第1版前言

根据21世纪工程技术人才培养的需要，针对大学化学的课程教学大纲和工科非化工类专业学生学习化学的特点，汇集编者多年的教学经验，结合该课程教学学时少，内容涉及专业面广的具体情况，在广泛调查研究的基础上，我们编写了这本《大学化学》教材，供工科非化工类各专业使用。

编写中尤其注意了以下几点：

1. 针对非化工类专业学生不从事化工生产和化学研究的特点，大幅度精减了原普通化学中化学原理和物质结构的内容，着重阐明基本理论和基本概念，简化了化学计算和测量，增大了材料、环境、能源和生命等学科的内容，充实了应用性和科普性化学知识，使学生了解化学与其他学科相互交叉渗透和相互促进的密切关系，并了解化学在科技进步和社会发展中的贡献和作用。

2. 对全书内容进行了优化组合和科学编排。化学基础理论集中在第1,3,5三章中讲述，自成系统，相关的工程技术专题紧跟其后，形成化学理论和专业实际的有机结合，适当保持了化学知识的系统性和逻辑性。

3. 在内容取舍上，注意科技新进展，以开拓视野、启发创新。

4. 本书有较大的专业覆盖面，以供不同专业选讲，使教学更具有针对性和灵活性。

5. 内容由浅入深，语言通俗易懂，例题配合恰当。每章后编有适量习题和思考题，便于学生自学和复习掌握。

6. 采用我国法定计量单位与国际纯粹与应用化学联合会(IUPAC)的有关规定，选录了较新的数据和常数。

本书由河南科技大学王海棠和时清亮担任主编。各章执笔人分别是王海棠(绪论、第1章)、张长水(第2,8章)，时清亮(第3章和第4章第2,3节)，仝克勤(第5章)，张军(第6章的无机材料部分和第7章)，李平(第4章第1节和第6章的第5,6节)。全书由张永水和傅建杭详细审阅并提出许多宝贵的修改意见。

本书编写时曾参考了兄弟院校的同类教材和公开出版的书刊中的有关内容，在此向有关作者和出版社表示深切的谢意。

本书是在教学改革中的一种尝试，限于编者的学识和水平，书中难免有错误和不足之处，敬请同行批评指正，欢迎学者和读者多提宝贵意见和建议。

编　者

2002年8月于洛阳

第2版前言

《大学化学》第一版出版以来，在河南科技大学机电、材料、车辆、建工等学院和洛阳工业高等专科学校使用，受到任课教师和学生的广泛好评，同时也提出一些意见和建议。根据教学需要和师生的建议，再版时对《大学化学》在原基本框架内作以下修改：

(1) 进一步优化整合第1,3,5等章的化学基本原理，删去一些与中学化学内容相重复的内容，增加一些理论说明，使化学原理的条理性更强。

(2) 加强化学在实际中的应用，补充近年来的一些新知识和新发现，如“天然气水合物”，“无机功能材料”等。增加了趣味性，同时更新了一些数据，使教材具有更强的时效性。

(3) 增加了人文化教育内容，如第8章增加“珍爱生命，远离毒品”一节，使学生从化学的角度进一步了解毒品的危害。

全书仍分为八章，王海棠和时清亮任主编，张永水和傅建杭详细审阅并提出许多宝贵意见。具体编写分工为王海棠(绪论，第1章)、张长水(第2,8章)、时清亮(第3章和第4章第2,3节)，仝克勤(第5章)、张军(第6章的第1,2,3,4节和第7章)、李平(第4章第1节和第6章的第5,6节)。

修订本书时参考了兄弟院校的同类教材和公开出版的书刊中的有关内容，得到了河南科技大学教务处和化工与制药学院的大力支持，在此一并表示诚挚的谢意。

虽经编者的不懈努力，但限于编者的学识和水平，书中难免有错误和不妥之处，敬请广大师生和同行专家学者提出宝贵的批评和建议。

编　者

2005年8月于洛阳

目 录

绪　论

第1节　化学在社会发展和科技进步中的贡献和作用

世界是由物质构成的，世界上的一切物质，都在永不停息地运动着、变化着。一切动植物都难以抗拒生长、壮大、衰老、死亡的自然规律。各种工农业产品、原材料、仪器、设备，都经历着产生、损耗、老化、报废的变化过程。变化是一切物质的根本属性。化学变化是物质变化的主要形式，也是化学学科研究的主要内容。人类利用化学变化的原理，把空气、煤炭和水制成化肥；用矿石生产了钢铁、铝镁合金等金属材料；从石油中提炼出各种化学成分，并通过化学加工生产出塑料、纤维、橡胶等数以千计的化工产品，为提高人类的生活和生产水平创造了物质条件。

人类在逐步认识物质世界的过程中，建立和发展了自然科学。不同学科在不同层次、不同范畴研究物质和物质的变化。化学学科是在原子、分子的层次上研究物质的组成、结构、性质、来源和化学变化规律的科学，它可以使原子进行重新排列组合，从而制造新分子和具有非凡活性的化合物。因此，在创制新物质、新产品方面，化学具有巨大的潜力和独特的本领，这是其他学科难以比拟的。因此，化学被认为是一门“核心的、有用的和具有创造力的科学”。

化学的发展改变着人们的生活。化学合成纤维把人们打扮得更加多姿多彩，使用化学助剂使衣着更加舒适，而且还可以有抗静电、阻燃等功能。在食品加工过程中添加的化学物质——食品添加剂，改善了食品质量和结构，增加了食品的功能和作用，提高了食品的加工效率，人们的饮食不再仅仅是维持生存的初级食品，而是更加品质优良，种类多样，营养丰富，方便易用，从而满足了人们适应快节奏现代生活的要求。由多种化学物质配合而成的油漆、涂料以及各种新型建筑材料在美化着家庭居室，装扮着城市建筑。由煤化工、石油化工炼制出来的燃料油、润滑油、沥青等，满足了各种交通工具和工业生产的能源动力需求，铺平了一条条公路大道。用于美化生活的各种洗涤剂、化妆品以及其他日常生活用品，如炊具、餐具等等无一不是化学的最终产品。尤其是20世纪60年代以来，彩色荧光粉 $Y_2O_2S:Eu^{3+}$（红粉）、$Y_2O_2:Tb^{3+}$（绿粉）和 $(Ca,Sr)_{10}(PO_4)_6Cl_2:Eu^{3+}$（蓝粉）的发现，带动了彩色电视的产生和发展，极大地丰富了人们的现代文化生活。氟氯烃化合物(CFC)的应用推动了电冰箱、空调机的问世，新型致冷剂又成功地取代了CFC，使环保冰箱和空调机进入家庭。由此可见，没有化学的发展就没有现代生活。

化学不仅对满足人们的现代物质文化生活功不可没，而且也推动了科学技术的发展和进步。20世纪30年代，ZrO_2(YSZ)以及 $Na-\beta-Al_2O_3$ 的合成，开发出了燃料电池等新类型的化学能源。20世纪60年代发展起来的新型工程材料聚氨酯弹性体，具有耐油、耐磨、耐低温和耐老化等特殊性能，广泛用作飞机、汽车、拖拉机和纺织工业的高速传动部分。1986年，$YBa_2Cu_3O_{7\sim8}$ 的合成开创了高温超导技术。对信息技术来讲，化学可谓微电子技术的基础，以制造集成电路板为例，从制板、晶体生长、晶体取向附生、扩散到蚀刻等，要运用很多化学处理工序，才能达到亚微米级精度，同时还要为之提供超纯试剂、高纯气体、光刻胶等精细化学品。

20世纪70年代，化学家利用石灰与水的反应原理，研制成功"静破碎剂"，可在短时间内将高山岩石和钢筋混凝土等高大建筑物无声安全拆除。20世纪80年代化学家开发的片状碳酸钙，创造出中性造纸法新工艺，不仅使纸张的白度高达99%以上，百年不泛黄，而且大大提高了纸的不透明度、手感和印刷质量。由于表面活性剂的开发利用，使肥皂发展成洗涤剂，不仅方便了衣物的清洗，也使机械行业清洗由单纯使用汽油擦洗，改用金属清洗剂喷洗，大大提高了除油率。化肥、农药、植物生长调节剂等农用化学品的使用，使农、林、牧、渔业高产增收，而且大大降低了农民的劳动强度。

20世纪高分子化学得到迅速发展，具有高强度、高绝缘性的特种高分子材料，满足了现代航天、军工、计算机等技术发展对特种材料的需求。具有分离功能的高分子材料被广泛用于电子工业，用于超纯水的制备，气、液体混合物的分离，各种贵金属和稀有金属的富集回收，血液中有毒物质的离析等。医用高分子材料如假牙、假肢、人造血管、人工心脏、接触眼镜、液体手套、人工心肺机、血液透析机等给病人带来了新的生命和活力。高分子药物的合成，实现了药物在人体内施药的部位定向和逐步释放的长效性。运载火箭、人造卫星、航天飞机、中继站等大量采用蜂窝结构、泡沫塑料、玻璃钢、高强高模的复合材料、密封材料等。材料的制备或连接，都离不开化学粘合剂。

化学的成果、化学的突破数不胜举。从最古老的化学工艺(酿酒、造醋、制药、染色、烧制陶瓷)，到现代最先进的科学技术，处处都记载着化学的功绩。

21世纪将是化学进一步施展才能的黄金时代。它将在生物探秘，创制新材料，解决全球最迫切解决的环境、能源、人口、粮食、资源等重大问题中做出贡献。新世纪对化学的最大挑战是探索生命现象的奥秘和进而“制造生命”。即将出现的神经化学，将认清大脑的功能、记忆的特性，从而能够积极处理诸如吸毒上瘾、精神病、嗜好、发怒、紧张、人类智慧和学习过程等方面的问题。材料技术、能源技术、电子技术、生物技术被列为未来的经济支柱，其中材料是发展能源、电子、生命技术的物质基础，而化学对材料具有非凡的开发创造能力。无论金属、非金属或是复合材料，化学科学可以根据需要设计新分子，修饰或合成新物质，加工成新材料。化学家正在加紧开发新的化学电源和新的太阳能利用技术，这些新能源的开发利用将会减轻温室效应加剧、光化学烟雾、酸雨和臭氧层破坏四大环境问题。绿色化学将致力于发展不产生污染的新化学反应和化学产品，实现污染物的“零排放”和无毒无害的生产条件。化学将通过基因工程发展可用海水灌溉的植物品种，使之能在地球上更广阔的地区内种植，为人类提供丰富的食品。化学还将把植物的光合作用变成实验室及工厂中的反应，彻底改变粮食的生产方式，免除农药对环境的污染。总之，化学将在发展中再创辉煌，为人类做出更多的贡献。

第2节　学习大学化学的目的和意义

化学是人类生活、生产活动中十分活跃、积极的学科，其应用渗透到生活、生产和现代高新技术开发的各个领域。工科大学生学习大学化学，是现实生活、学习的需要，也是时代发展和未来工作的需要。

日益提高的现代化生活，要求我们必须懂得化学，以便合理使用各种化学制品，科学地安排生活，提高生活质量。例如：如何正确选用医药、油漆、涂料、粘合剂、清洗剂、化妆品等等，以提高生活的安全性；如何科学地进行饮食，以保证营养平衡、增力增智、健康长寿；如何有效防止金属器皿的锈蚀、塑料制品的老化，以延长物品使用期；等等。这些都需要丰富的化学基本知识和素养。

现代科学技术在高层次上走向综合化和整体化，交叉科学不断涌现，化学将更加广泛深入地同各个工程技术学科相互渗透，并相互促进发展。现代社会发展的三大支柱：材料、能源和信息、以及生命科学和环境科学，都涉及十分广泛的化学知识。例如：用化学加工代替机械加工可获得精美的工程材料和零部件；用化学方法可以改变原材料的内部组成，从而提高工程材料的强度、韧性、塑性等性能；使用少量化学活性物质可以使润滑油、燃料油等各种工业用油获得优良的使用性能，等等。学习大学化学，就是为了掌握物质发生化学变化的规律，改变物质的性能，甚至使一些物质变无用为有用，变一用为多用，变废为宝，化害为利，从而充分利用自然资源，创造出更多更好的新产品来。化学是全面发展的工程技术人才知识、素质和能力结构中必不可少的重要组成部分。

工科大学生学习大学化学的目的在于：使非化工类大学生了解现代化学语言，树立全面正确的化学观点，在中学化学基础上进一步了解或掌握化学基本理论、知识和技能，了解化学科学技术与其他科学技术的交叉渗透和相互促进关系，能以化学观点观察、解释工程技术实际和现代生活实际中出现的物质变化现象，懂得利用化学方法改进物质的性能，开发利用新资源和新能源，改善人类生存环境和条件，对一些涉及化学的工程技术问题有初步分析解决的能力。初步了解化学在科技进步和社会持续发展中的作用，建立工程技术领域必备的化学知识结构，为今后继续学习和工作打下必要的化学基础。

第3节　大学化学课程的性质与基本内容

大学化学是高等工程教育中实施化学教育的基础课程，是培养“基础扎实、知识面宽、能力强、素质高”的现代高级工程技术人才所必须的高等化学教育，是高等院校非化工类专业必修的一门公共基础课。

大学化学的教学对象是非化工类专业的大学生，今后不从事化工生产和化学研究。在具体内容取舍上，只要求了解现代化学语言和观点，明确化学基本概念和理论，熟悉与几大重要学科关系密切的主要知识点和应用原理，注重现代化学的先进性、科学性、新颖性和实用性。应该说，通过本课程的学习，能使学生受到良好的化学素质教育，并为今后创新发展拓开新的思路。具体内容可分为下述3个方面。

1. 化学基础理论

化学反应原理：通过热力学的简单计算，明确化学反应中的能量关系，判断化学反应自发进行的方向和程度；外界条件对反应方向、程度及速率的影响；水溶液中几种化学反应规律及电化学基础。

物质结构基础：明确物质内部原子、分子晶体结构及其与物质性质的关系；了解电子运动的规律及物质发生化学变化的本质。

2. 与化学密切相关的重大科技论题

着重介绍化学在当今世界普遍关注、迅速发展的重大学科（材料、能源、环境、生命、工业用油等）中的交叉渗透和应用，反映化学在社会发展和科技进步中的地位和作用。

3. 化学实验(化学技能训练)

大学化学实验是培养工科学生科学素质和能力的一个重要环节(另编写有《大学化学实验指导书》)。通过开设水的净化与水质检测、氧化还原与电化学、材料装饰与保护、粘合剂的性能及选用等实验,不仅可以加深、巩固学生对所学理论知识的理解,还可以训练基本操作技能,培养观察和记录现象、理论分析总结、撰写实验报告等多方面的科学素养。

思 考 题

1. 为什么说化学是一门富有创造力的自然科学?
2. 为什么说化学改变了人们的生活?举例说明。
3. 化学研究的对象和目的是什么?
4. 非化学、化工专业的大学生为什么也要学习化学?
5. 大学化学的基本内容有哪些?

第 1 章　化学反应的基本原理

化学反应是物质发生化学变化的本质原因，是用于改善物质性质或创制新物质、新能源的理论根据。本章着重讨论表征化学反应的用语和概念、化学反应中的能量转换形式及其计算、化学反应进行的方向及其判据、化学平衡常数及平衡的移动、电化学基础等。

第 1 节　化学反应概述

一、表征化学反应的用语和概念

1. 物质的量

化学反应中，反应物的量和生成物的量都要发生变化，需要选择一个基本量来进行化学计量。1971 年，第 14 届国际计量大会(CGPM)选择物质的量作为基本物理量，用以计量原子、分子、电子等微粒的"物质的量"。国际单位制(SI)中规定物质的量单位为摩尔，符号为 mol，其定义为：摩尔是一系统的物质的量，该系统中所包含的微粒数目与 12g 碳($^{12}_{6}C$)的原子数目相等，则这个系统物质的量称为 1 摩尔(1mol)。

在中学化学中已经知道，物质的质量(符号 m，单位 g)、物质的量(符号 n，单位 mol)与摩尔质量(符号 M，单位 $g\cdot mol^{-1}$)之间的关系为：$m/M=n$，即

$$\frac{\text{物质的质量(g)}}{\text{摩尔质量}(g\cdot mol^{-1})}=\text{物质的量(mol)}$$

物质的量的应用为化学计算带来了很大方便。例如下列化学反应，从反应方程式中各物质的量的关系和它们的摩尔质量，就很容易看到 34 kg 过氧化氢完全分解时可产生 16 kg 氧气(过氧化氢是一种火箭燃料的高能氧化剂)：

$$H_2O_2(l)\xlongequal{\text{加热}}H_2O(l)+\frac{1}{2}O_2(g)$$

物质的量/mol	1	1	0.5
摩尔质量/($g\cdot mol^{-1}$)	34	18	16

因此，在工业生产和科学实验中，经常用物质的量计算原料配比和理论产量。

在使用物质的量时，必须注意：

(1)物质的量不能用"摩尔数"来代替。因为 mol 是单位，物质的量是基本量，量与数值和单位的关系是：量＝数值×单位。显然，物质的量≠摩尔数，因此不能用"摩尔数"这个词来代替物质的量，例如，在理想气态方程 $pV=nRT$ 中，n 不能称为"摩尔数"，而只能说是"气体的物质的量"。

(2)在使用"物质的量"或"摩尔"时，必须指明它所对应的基本单元，并用化学式表示。基本单元可以是自然存在的粒子，如分子、原子、电子、基团及其他粒子，也可以是这些粒子的特定组合，如 H_2O_2，$\frac{1}{2}H_2O_2$，$FeSO_4$，$[Cu(NH_3)_4]^{2+}$，$(Ag+\frac{1}{2}O_2)$等等。所以，不能笼

统地说“氧的物质的量”、“氧化铁的物质的量”，因为基本单元不明确。氧的基本单元可以是 O_2，也可以是 O 或(2O)；氧化铁的基本单元可以是 FeO，也可以是 Fe_2O_3 或(Fe_3O_4)等。

对于化学反应，一个实际完成的反应方程式可以作为特定组合的一个基本单元，如铁的氧化反应，以($4Fe+3O_2=2Fe_2O_3$)为特定组合的一个基本单元，当 4 molFe 和 3 mol 的 O_2 反应生成 2 mol 的 Fe_2O_3 时，称为“1 mol 反应”；如果以($2Fe+\frac{3}{2}O_2=Fe_2O_3$)为基本单元，仍然是 4 molFe和 3 molO_2 反应生成 2 molFe_2O_3 时，则称该反应为 2 mol 反应。

2. 化学反应进度

在研究化学反应时，常需要描述和表征化学反应是否进行或进行的程度，对于一般的化学反应，由于各物质的计量系数不同，反应物的消耗量与生成物的生成量在数值上是不等同的。例如，在铁的氧化反应中：

$$4Fe+3O_2=2Fe_2O_3$$

如果 Fe 损耗了 0.4 mol，则 O_2 必消耗 0.3 mol，而 Fe_2O_3 则增加 0.2 mol，这给描述反应进行的程度带来了困难。为统一表示某一反应进行的程度，1982 年，我国国家标准中将“反应进度”作为化学反应的最基础的量，大大方便了对化学反应进行程度的定量描述。

以铁的氧化反应为例，在上述化学计量方程式中，各物质的化学式前的系数称为化学计量数，用符号 ν_B 表示，是无量纲的纯数，规定：ν_B 对于反应物取负值，生成物取正值，则上述化学计量方程式可作如下变换：

$$0=2Fe_2O_3+(-4Fe)+(-3O_2)$$

若以 B 表示物质，可表示为如下的反应通式，即

$$0=\sum_B \nu_B B$$

式中，$\sum_B \nu_B B$ 表示各项加和。反应进度 ξ 的定义是：对于 $0=\sum_B \nu_B B$ 的某一反应，某一物质的量的变化量除以其化学计量数 ν_B。即

$$\xi=\frac{\Delta n(B)}{\nu_B}$$

因 ν_B 是个纯数，故 ξ 的单位是 mol。同一化学反应中任一物质的 $\Delta nB/\nu_B$ 数值都相同，所以，无论选用何种物质的量的变化来进行计算，反应进度的值都一样。例如反应 $4Fe+3O_2=2Fe_2O_3$ 在进行中，当 Fe 消耗了 0.4 mol，O_2 消耗了 0.3 mol，生成了 0.2 mol 的 Fe_2O_3 时，按定义式计算反应进度为

$$\xi=\frac{\Delta n(Fe)}{\nu(Fe)}=\frac{-0.4\ mol}{-4}=0.1\ mol$$

$$\xi=\frac{\Delta n(O_2)}{\nu(O_2)}=\frac{-0.3\ mol}{-3}=0.1\ mol$$

$$\xi=\frac{\Delta n(Fe_2O_3)}{\nu(Fe_2O_3)}=\frac{+0.2\ mol}{2}=0.1\ mol$$

可见，无论用反应系统中哪种物质来表示该反应的反应进度 ξ 均为 0.1 mol。也就是说，此反应已进行到消耗掉 0.4 molFe 和 0.3 molO_2，生成 0.2 molFe_2O_3 的程度。

应当注意，反应进度 ξ 的数值与反应式的写法有关。因为同一化学反应，反应式写法不同，ν_B 数值就不同，那么进行 1 mol 反应对应各物质的量的变化就有差别，必导致 ξ 的数值有别。例如，铁氧化为三氧化二铁的反应式写为

$$2Fe+\frac{3}{2}O_2=Fe_2O_3$$

物质 B 的变化量仍与上例相同，其反应进度为

$$\xi=\frac{-0.4\ \text{mol}}{-2}=\frac{-0.3\ \text{mol}}{-3/2}=\frac{0.2\ \text{mol}}{1}=0.2\ \text{mol}$$

因此，在计算反应进度时，必须明确所对应的具体反应式，即前面所说的基本单元。

3. 系统和环境

化学研究的对象是物质，任何物质都不是孤立存在的，而总是和它周围的物质相互联系着。为了研究方便，把被研究的对象人为划分出来，称为系统（或体系），而把系统之外与系统有联系的其他物质称为环境。

系统与环境之间的联系包括能量交换和物质交换两类。按照两者之间的联系情况，可把系统分成以下三种：

(1)敞开系统：系统与环境之间既有能量交换，又有物质交换。例如把开着口的一杯热水选作系统，则此系统就是敞开系统。

(2)封闭系统：系统与环境之间只有能量交换而无物质交换。例如加密封塞的一瓶热水。

(3)孤立系统：系统与环境之间既没有能量交换，又没有物质交换。例如盛有热水的保温瓶可近似看作此种系统。

封闭系统在科研中最为常见，如无说明，本书讨论的均为封闭系统。

4. 相

根据组成系统的物质的形态、性质和分布的不同，系统又分为单相系统和多相系统。系统中任何物理性质和化学性质都完全相同而且均匀的部分称为一个相。相与相之间有明确的界面。在掌握相这个概念时，要注意以下几种情况。

(1)一个相不一定是一种物质。任何气体，无论是单组分或是多组分混合气体，都是一个相，称为气相。均匀的液体或溶液也是一个相，称为液相。只有一个相的系统称为单相系统。例如：空气、氯化钠水溶液都是单相系统，但都含多种物质。

(2)聚集状态相同的物质在一起，不一定是单相系统，相与“态”不能等同。例如，油和水都是液态，但它们组成的系统却含有 2 个相，硫磺粉和石灰粉虽然都属固态，但它们混合起来的固态混合物仍然有 2 个相，在显微镜下可以观察到相的界面。这样的系统称两相系统。含有两相或两相以上的系统称为多相系统。

(3)聚集状态不相同的同一种物质往往组成多相系统。例如，水、冰、水蒸气虽属同一种物质，但由于物理性质不相同，故形不成同一相。实验结果表明，在 0.611 kPa 和 0.01℃ 的压力、温度条件下，冰、水、水蒸气三相长期平衡共存，故把这个压力、温度条件称为水的三相点。水的三相图如图 1-1 所示。

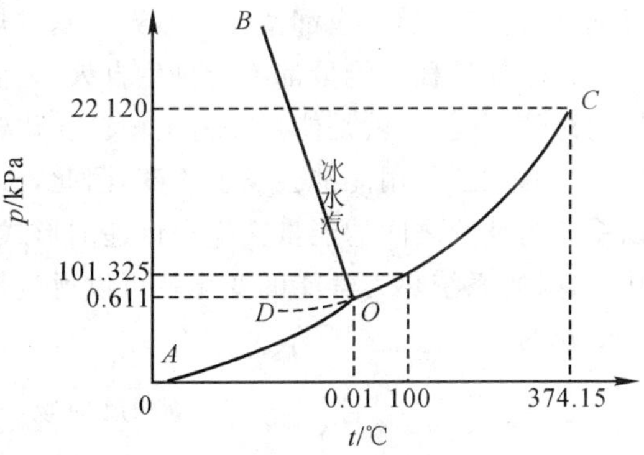

图 1-1　水的三相点示意图

(4)同一种固态物质，晶型或晶态结构不同，属于不同的相。例如，具有体心立方结构的

α - Fe和具有面心立方结构的 γ - Fe 就属于两种不同的相。又如，同属碳元素的三种异形体石墨、金刚石和固态 C_{60} 所组成的混合物属于三相系统。相结构对固体材料的性能有着重要的影响。

5. 状态函数和热力学能

(1)状态函数及其特性：

1）状态函数：参与一个化学反应的反应物和生成物可以组成一个系统。例如，由 N_2，H_2 和 NH_3 构成的反应系统，由 C，O_2，CO_2 构成的反应系统等等。系统确定之后，首先要对它所处的状态进行描述。系统的状态是系统的一切物理性质和化学性质的综合表现。例如理想气体的状态，可以用物质的量 n、压力 P、温度 T、体积 V 这四个物理量来描述。系统的所有性质确定时，其状态也就确定；如果其中任何一种性质发生变化，系统就会从一种状态变化到另一种状态。变化前的状态称为始态；变化后的状态称为终态。用来描述系统状态的各性质或物理量，由于彼此间存在着相互依赖的函数关系，被称为状态函数。每一个状态函数皆可表示为另外几个状态变量的函数，如

$$p = f(V,\ n,\ T) = \frac{nRT}{V}$$

2）状态函数的特性：状态函数的值只决定于状态。任何一个系统，状态一经固定，状态函数有一定的数值。状态不变时，所有状态函数都保持原有的数值，只有当状态改变时，状态函数才可能改变。并且，状态函数的改变量只由始态及终态决定，而与变化过程的具体途径无关。例如，欲将一杯 10℃的水变为 90℃的水，无论采取何种途径，温度的改变量皆等于 80℃。

(2)热力学能：系统的热力学能（或称内能）是系统内部能量的总和，其中包括系统内部分子的平动能、转动能、振动能、分子间势能、电子运动能、核能等。用符号 U 表示。在一定条件下，系统的热力学能与系统中物质的量成正比，即热力学能具有加和性。热力学能只取决于状态，所以，热力学能是一个状态函数。

二、化学反应中的能量守恒

不同的化学反应，参与反应的物质各种各样，其控制条件（如 T，p，催化剂等）也可以千差万别，但任何化学反应都遵守自然界的基本规律，即能量守恒定律。

在任何过程中能量都不会自生自灭，只能从一种形式转换为另一种形式，在转换过程中能量的总值不变，这就是能量守恒定律。在化学反应过程中，系统内部微粒（分子、原子、电子）的运动能和相互作用能都会发生改变，因此，必然导致系统的内能（即热力学能 U）的变化，往往以系统与环境之间的能量交换和传递的形式表现出来，例如反应系统的吸热与放热，得功与做功。这样，系统热力学能的变化就可以通过热和功来确定。例如，下列化学反应系统热力学能的变化为

$$\boxed{\text{反应物}} \xrightarrow[\text{得功 } W]{\text{吸热 } Q} \boxed{\text{生成物}}$$

$$\text{始态 } U_1 \qquad\qquad \text{终态 } U_2$$

$$\Delta U = U_2 - U_1 = Q + W$$

式中，ΔU 为热力学能变化，它等于系统终态的热力学能 U_2 减去初态热力学能 U_1；Q 为热量，规定：系统吸热为正值，放热为负值；W 为功，规定：环境对系统做功为正值，系统对环境

做功为负值。这就是热力学第一定律的数学表达式。

功的形式有多种，在一般条件下进行的化学反应，只做体积功，用符号 W 表示。体积功以外的功，称为非体积功，如机械功、电功等，用符号 W' 表示。以下讨论只涉及体积功。

化学反应在不同条件下进行，其能量转换形式有所不同，例如：

(1)反应在密闭容器中进行，热力学能的变化全部以热能的形式表现出来，此时

$$\Delta U = Q_V$$

Q_V 就是在恒容条件下反应放出或吸收的热量，称为等容热效应。

式 $\Delta U = Q_V$ 表明，化学变化中热力学能的变化可以通过量热的办法来测量，即测出反应放出或吸收的热量，还可以表明某一化学反应最多能为我们提供多少热能。

(2)大多数化学反应在开口容器中进行，即在恒压条件下进行，这时的反应热效应称为等压热效应，以 Q_p 表示。在恒压条件下，系统体积有可能发生变化，伴随气体的膨胀或压缩而做体积功。体积功计算公式为

$$W = -p\Delta V$$

式中，ΔV 代表体积变化，此时系统能量的变化为

$$\Delta U = Q_p + W = Q_p - p\Delta V \text{ 或 } Q_p = Q_V + p\Delta V$$

第 2 节　恒压热效应与焓变

一、焓与焓变

从式 $Q_p = Q_V + p\Delta V$ 可以看出，要计算恒压条件下反应的热效应，需要计算体积功 $(-p\Delta V)$ 这一项。为方便起见，新定义一个状态函数——焓，符号记为 H，即

$$H \xlongequal{\text{def}} U + pV$$

式中，U，p，V 都是系统的状态函数，故称 H 是复合状态函数。当系统的状态改变时，焓的改变量（简称焓变）为

$$\Delta H = \Delta U + \Delta(pV)$$

如果在恒压下发生改变时，则有

$$\Delta H = \Delta U + p\Delta V = (Q_p - p\Delta V) + p\Delta V = Q_p$$

即焓变等于反应的等压热效应。

二、标准摩尔焓变

1. 热力学标准状态

大量事实表明，对同一化学反应，在不同条件下测得的等容热效应 Q_V（或 ΔU）及计算所得的焓变 ΔH 值有所不同。为了便于比较和计算，需要规定一个基准条件，即必须选定一个标准状态，这种选作标准的状态称为热力学标准状态，简称标准态。国家标准（GB3102.8-92 物理化学和分子物理学的量和单位）中规定 100 kPa 作为标准压力，用 $p^{\ominus}$ 表示，由此出发对各种系统的标准态作出规定。对于有气相的系统，把各种气态物质的分压均为标准压力 $p^{\ominus}$ 的状态称为标准状态；对于溶液，系指在标准压力 $p^{\ominus}$ 下各种溶质（如水合离子或分子）的浓度（确切

地应为活度)均为标准浓度($c^{\ominus}=1\ \mathrm{mol\cdot L^{-1}}$)的状态。若某物质(或溶质)是在标准条件下就称该物质处于标准状态。需要指明的是,标准态中不规定温度,热力学中常以 $T=298.15$ K(可近似为 298 K)作为参考温度。

2.反应的标准摩尔焓变

在标准条件下反应的摩尔焓变称为该反应的标准摩尔焓变,以 $\Delta_r H_m^{\ominus}$ 表示。在热力学中,以下列形式表示化学反应及其标准摩尔焓变(以氢气和氧气化合生成水为例)

$$H_2(g)+\frac{1}{2}O_2(g)=H_2O(l)$$

$$\Delta_r H_m^{\ominus}(298.15\ \mathrm{K})=-285.83\ \mathrm{kJ\cdot mol^{-1}}$$

这样一种标明反应条件、各物质聚集状态和反应热效应的形式称热化学方程式。在理解和书写热化学方程式时,要注意:

(1)ΔH 值符号上四个标记的含义:

Δ 表示变化;

r 表示反应;

m 表示按该反应式进行反应,其反应进度为 1 mol;

⊖表示反应系统中各物质都处于标准态;

(298.15 K)表示反应系统的始态和终态的温度为 298.15 K。

$\Delta_r H_m^{\ominus}(298.15\ \mathrm{K})$表示在标准压力 $p^{\ominus}=100$ kPa,温度 $T=298.15$ K 的条件下,按反应式完成 1 mol 反应的焓变。

(2)物质的聚集状态表示法:以(g),(l),(s)分别表示气、液、固态;以(aq)表示水溶液。

物质聚集状态变化时常伴随有能量变化,如水变冰时放出凝固热等。因此,当反应中某种物质处于不同聚集状态时,相应反应的 $\Delta_r H_m^{\ominus}$ 也会不同。例如:把上例反应中的 $H_2O(l)$换成 $H_2O(g)$,则

$$H_2(g)+\frac{1}{2}O_2(g)=H_2O(g)$$

$$\Delta_r H_m^{\ominus}(298.15\ \mathrm{K})=-241.82\ \mathrm{kJ\cdot mol^{-1}}$$

(3)$\Delta_r H_m^{\ominus}$ 值与反应式的写法有关:这是因为 $\Delta_r H_m^{\ominus}$ 是反应进度为 1 mol 时反应的焓变,而反应进度又与方程式中的计量系数有关。例如:把 $H_2(g)$和 $O_2(g)$化合成 $H_2O(g)$的反应写成

$$2H_2(g)+O_2(g)=2H_2O(g)$$

$\Delta_r H_m^{\ominus}$ 的值就变成$-483.64\ \mathrm{kJ\cdot mol^{-1}}$了。

(4)$\Delta_r H_m^{\ominus}$ 的单位:单位是 $\mathrm{kJ\cdot mol^{-1}}$,而不是 kJ,这里的 $\mathrm{mol^{-1}}$代表“每摩尔反应”,而不是指每摩尔反应物质或生成物质。

(5)$\Delta_r H_m^{\ominus}$ 的“+”“−”号:它们表示反应吸、放热。$\Delta_r H_m^{\ominus}>0$ 为吸热反应,$\Delta_r H_m^{\ominus}<0$ 为放热反应。注意与中学化学中的写法不同。

三、物质的标准摩尔生成焓

规定在标准压力 $p^{\ominus}$下和所选择的温度 T 时,由最稳定单质(磷除外)生成 1 mol 量的纯物质时反应的焓变,称为该物质的标准摩尔生成焓,通常选定温度为 298.15 K,以 $\Delta_f H_m^{\ominus}$(298.15

K)表示，下角标 f 代表“生成”。例如，下列两个反应的焓变为

$$C(石墨)+O_2(g)=CO_2(g),\quad \Delta_r H_m^{\ominus}(298.15\ K)=-393.51\ kJ\cdot mol^{-1}$$

$$H_2(g)+\frac{1}{2}O_2(g)=H_2O(l),\quad \Delta_r H_m^{\ominus}(298.15\ K)=-285.83\ kJ\cdot mol^{-1}$$

可见 $CO_2(g)$的标准摩尔生成焓 $\Delta_f H_m^{\ominus}(CO_2,g,298.15\ K)$为$-393.51\ kJ\cdot mol^{-1}$；$H_2O$(l)的标准摩尔生成焓 $\Delta_f H_m^{\ominus}(H_2O,l,298.15\ K)$为$-285.83\ kJ\cdot mol^{-1}$。

按照定义，最稳定单质的标准摩尔生成焓等于零。磷单质例外，虽然红磷比白磷稳定，但特别规定白磷的标准摩尔生成焓为零。

由

$$P(白磷)+\frac{3}{2}Cl_2(g)=PCl_3(g)$$

$$\Delta_r H_m^{\ominus}(298.15\ K)=-287\ kJ\cdot mol^{-1}$$

可知 $\Delta_f H_m^{\ominus}(PCl_3,g,298.15\ K)=-287\ kJ\cdot mol^{-1}$。

在水溶液中水合离子的相对焓值，规定以水合氢离子的标准摩尔生成焓为零，即处于标准压力 $p^{\ominus}$下、温度 298.15 K 时，水合氢离子(H^+,aq)为标准浓度时，其标准摩尔生成焓为零，以 $\Delta_f H_m^{\ominus}(H^+,aq,298.15\ K)=0$ 表示。其中 aq 是拉丁字 aqua(水)的缩写，H^+(aq)表示水合氢离子。以此可以推算出其他水合离子的标准摩尔生成焓。

一些化合物在空气介质中和在水溶液中的水合离子、水合分子处于 298.15 K 时的标准摩尔生成焓数据列于本书附录 3,4 中。

四、反应的标准摩尔焓变的计算

1. 盖斯定律

1840 年，俄国化学家盖斯(Г. И. Гесс)分析总结大量化学反应热效应的实验数据，得出一条重要定律：无论化学反应是一步完成还是分几步完成，其热效应(恒压或恒容)只与反应系统的始态和终态(包括温度，反应物和生成物的量及聚集状态等)有关，而与变化的途径无关，这就是盖斯定律。例如，在标准条件，298.15 K 下，碳完全燃烧生成 CO_2 有两种途径，如图 1-2 所示。

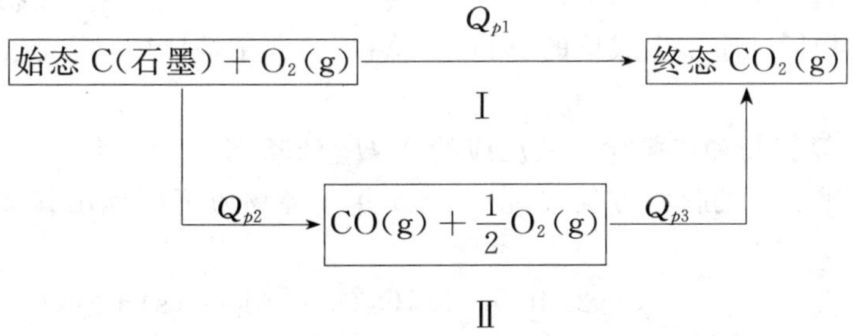

图 1-2　C 燃烧生成 CO_2 的两种途径示意图

途径Ⅰ：由 C 和 O_2 直接生成 CO_2；

途径Ⅱ：由 C 和 O_2 先生成 CO，再由 CO 和 O_2 生成 CO_2。

根据盖斯定律：$Q_{p1}=Q_{p2}+Q_{p3}$

应用盖斯定律，可以利用一些已知热效应数据的基本反应的热效应，计算某个难于测量的反应的热效应。例如上例中，反应 $C(s)+\frac{1}{2}O_2(g)=CO(g)$很难控制，其热效应数据很难通过

实验测定，但是 Q_{p1} 和 Q_{p3} 是容易测定的，例如在 100 kPa 和 298.15 K 下，它们的等压热效应即反应的标准摩尔焓变为

$$C(s)+O_2(g)=CO_2(g),\quad \Delta_r H^{\ominus}_{m,1}=-393.50\ kJ\cdot mol^{-1}$$

$$CO(g)+\frac{1}{2}O_2(g)=CO_2(g),\ \Delta_r H^{\ominus}_{m,3}=-282.98\ kJ\cdot mol^{-1}$$

根据盖斯定律可得

$$C(s)+\frac{1}{2}O_2(g)=CO(g)\text{的}\ \Delta_r H^{\ominus}_{m,2}=\Delta_r H^{\ominus}_{m,1}-\Delta_r H^{\ominus}_{m,3}=-110.52\ kJ\cdot mol^{-1}$$

2. 用物质的标准摩尔生成焓计算反应的标准摩尔焓变

根据盖斯定律和标准摩尔生成焓的定义，对于一般反应 $aA+bB\rightarrow gG+dD$，可以设计成下列循环过程，并导出反应的标准摩尔焓变的一般计算规则（见图 1-3）：

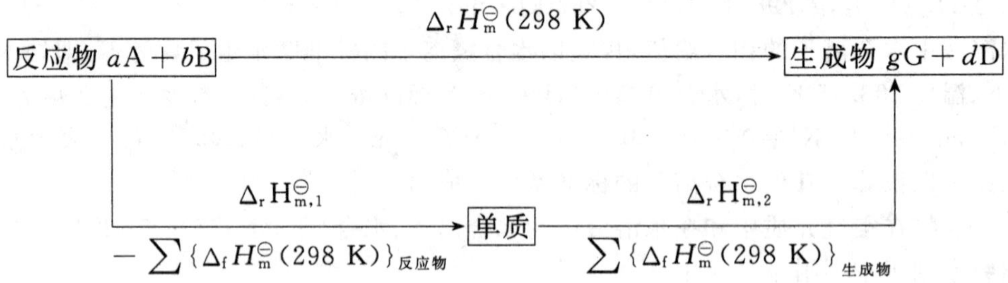

图 1-3　反应的标准摩尔焓变计算规则导出示意图

由图 1-2 可以看出：

$$\Delta_r H^{\ominus}_m(298\ K)=\Delta_r H^{\ominus}_{m,2}+\Delta_r H^{\ominus}_{m,1}$$

或

$$\Delta_r H^{\ominus}_m(298\ K)=\sum\{\Delta_f H^{\ominus}_m(298\ K)\}_{\text{生成物}}+[-\sum\{\Delta_f H^{\ominus}_m(298\ K)\}_{\text{反应物}}]$$

所以

$$\Delta_r H^{\ominus}_m(298\ K)=\sum\{\Delta_f H^{\ominus}_m(298\ K)\}_{\text{生成物}}-\sum\{\Delta_f H^{\ominus}_m(298\ K)\}_{\text{反应物}}=$$
$$[g\Delta_f H^{\ominus}_m(G)+d\Delta_f H^{\ominus}_m(D)]-[a\Delta_f H^{\ominus}_m(A)+b\Delta_f H^{\ominus}_m(B)]$$

此算式表明在热力学标准状态下，某反应的热效应等于反应中各生成物标准摩尔生成焓的总和减去各反应物标准摩尔生成焓的总和。“总和”的含义是计算时需乘上各物质相应的计量系数。

例 1-1　试计算铝粉和三氧化二铁反应的 $\Delta_r H^{\ominus}_m(298\ K)$。

解　写出并配平有关的化学方程式；查附录 3 并在各物质下面标出其标准摩尔生成焓的值，如下所列

	$2Al(s)+$	$Fe_2O_3(s)=$	$Al_2O_3(s)+$	$2Fe(s)$
$\Delta_f H^{\ominus}_m(298\ K)/(kJ\cdot mol^{-1})$	0	−824.2	−1675.7	0

代入算式，得

$$\Delta_r H^{\ominus}_m(298\ K)=\Delta_f H^{\ominus}_m(Al_2O_3,s)+2\Delta_f H^{\ominus}_m(Fe,s)-$$
$$2\Delta_f H^{\ominus}_m(Al,s)-\Delta_f H^{\ominus}_m(Fe_2O_3,s)=$$
$$\{(-1675.7)+0-0-(-824.2)\}\ kJ\cdot mol^{-1}=-851.5\ kJ\cdot mol^{-1}$$

计算说明该反应放出大量的热（温度可达 2000℃ 以上），能使铁熔化，实际中常用于钢铁的焊接。

第 3 节　化学反应的方向

一、自发反应与非自发反应

自然界里有很多能够自动进行的过程或反应，如树叶能自动落到地面；红墨水滴落在水中能自动扩散呈均匀分布；热能从高温铁块自动传给低温铁块；电流从高电位电极自动流向低电位电极；锌片放入 $CuSO_4$ 溶液中会自动溶解，同时 Cu 被还原；铁器皿长时间放置会自动生锈变成氧化铁；氢气和氧气在一定温度下混合会自动化合成水。这种不需要外界做功而能自己进行的过程或反应称为自发过程或反应。

分析上述实例得出以下几条规律。

(1)一切自发过程或反应在同一条件下均不能自发地向相反方向进行，这称为自发过程或反应的不可逆性，或者说自发过程(或反应)都是单方向的，能正向自发进行的反应，逆方向一定不能自发反应，如 Cu 与 Zn^{2+} 就不能自发反应。

(2)说自发反应是单方向的，并非过程不可能逆向进行，在外力做功的条件下也可以逆向进行。例如，利用致冷机做功可以把热能从低温物体移向高温物体；利用发电机可以把流入低电位物体的电子返回到高电位物体；在电解池中利用外电源做功可以使水分解成氢气和氧气等。这种必须借助外力做功才能进行的过程或反应称为非自发过程或反应。

(3)一切自发过程或反应都有一定的推动力，例如"高度差"Δh 是树叶自动落下的推动力；"温度差"ΔT 是热传导自动进行的推动力；"电位差"是电子流动的推动力等。这些推动力都是某种量的差别，自发过程就是某种量的差别不断减小的过程，当自发过程进行到一定限度时(即平衡状态)，量的差别就等于零，推动力就消失，自发过程就"停止"了。因此可以得出，过程的推动力(某种量的差别)就是判断自发方向和限度的依据。

某些物质在给定条件下能否自发地发生化学反应，这是科研、生产和社会实际中非常重要的问题。例如下面的 2 个反应：

$$NO(g) \rightarrow \frac{1}{2}N_2(g) + \frac{1}{2}O_2(g)$$

$$CO(g) \rightarrow C(s) + \frac{1}{2}O_2(g)$$

如果能判断这两个反应在某条件下可以自发向右进行，我们就可以努力去寻找它们的催化剂等条件，以促使它们的实现，从而消除或减少燃烧废气和汽车尾气中 NO 和 CO 这两大污染气体的危害。

二、自发反应方向的判据

用什么量的差别判断自发反应的方向呢？人们早期发现不少能自发进行的反应是放热反应，有人曾提出用反应的焓变 ΔH 作为自发反应方向的判断标准：如果 $\Delta H<0$，反应自发；如果 $\Delta H>0$，反应非自发。

但是有些反应或过程，如 N_2O_5 和 NH_4Cl 的分解是吸热反应，KNO_3 溶于水和冰的熔化也都是吸热过程，这些过程都能自发进行。还有 $CaCO_3(s)=CO_2(g)+CaO(s)$ 在 100 kPa，

298 K 时是非自发的，但温度升高到 1 114 K 时，$CaCO_3$ 就能自发地剧烈分解。这些事实说明，化学反应的自发性不仅取决于焓变，还受其他因素制约，如反应的温度以及下面要介绍的熵变。

1. 熵和熵变

(1)系统的混乱度和熵：由前边举出的实例可以看出，从宏观角度看，自发过程倾向于系统能量的降低；从微观角度看，一些自发过程倾向于系统取得最大的混乱度。例如气体的扩散，墨水向水中的扩散，冰熔化为水，NH_4Cl 晶体分解为 $NH_3(g)$ 和 $HCl(g)$，$CaCO_3$ 在高温下分解为 $CaO(s)$ 和 $CO_2(g)$ 等，都是混乱度增大的自发过程，它们的逆过程也都是不能自动进行的。

混乱度是系统内部微观粒子(原子、分子、离子、电子等)分布排列和运动的无序程度。它是有序度的反意词，有序度高，混乱度就小；有序度低，混乱度就大。例如水分子在固态冰中排列比在液态水中有序度高，因此冰的混乱度就比水的小。热力学中用熵(符号 S)作为系统微观粒子混乱程度的量度，熵值小的状态对应于混乱度小的状态，熵值大的状态对应于混乱度大的状态。如冰的混乱度小于水的混乱度，冰的熵值小于水的熵值。系统的状态一定，其混乱度的大小就一定，熵值也就一定。因此熵也是系统的状态函数。

根据熵的物理意义，可以得出以下几条规律。

1)对同一物质而言，聚集状态不同，熵值不同。因为从固态到液态再到气态，粒子分布排列和运动的混乱度依次增加，熵值必然依次增大。即

$$S(\mathrm{s})<S(\mathrm{l})<S(\mathrm{g})$$

2)同一物质在相同的聚集状态时，温度升高，粒子热运动增加，系统的混乱度增大，熵值也将增大。即

$$S(\text{高温})>S(\text{低温})$$

3)对不同的物质，在温度和聚集状态相同时，分子或晶体内微粒数目越多，分子或晶体结构越复杂，混乱度越大，熵值也越大。

显然，任何一种物质降低温度时，其熵值必然减小。可以想见，在绝对零度时，纯物质完整晶体内部分子的热运动可认为完全停止，微观粒子处于完全有序的状态，它的微观状态只有一种，与这个状态相对应的熵值应当等于零。即：$S(0\mathrm{K},\text{完整晶体})=0$，这可表述为："在 0K 时，一切纯物质的完整晶体的熵值等于零"，这就是热力学第三定律。

熵既然是状态函数，熵值的变化 ΔS 就只能由系统的始态和终态来决定。如从 0K 开始加热物体至某一温度 TK，过程的熵变 ΔS 必等于始、终两个状态的熵值之差，即 $\Delta S=S_{T\mathrm{K}}-S_{0\mathrm{K}}$，因为 $S_{0\mathrm{K}}=0$，所以 $\Delta S=S_{T\mathrm{K}}$。如果知道某一物质从绝对零度(0K)到指定温度(TK)下的一些热化学数据(如热容、相变热等)，就可求此温度时的熵值，称为该物质的绝对熵(S)。

根据热力学的推导，系统的熵变等于该系统在恒温、可逆过程中吸收或放出的热量 Q_r 与其热力学温度 T 之商。熵变计算式为

$$\Delta S=Q_r/T$$

可见，熵与熵变应具有能量/温度的量纲，SI 单位为 $\mathrm{J\cdot K^{-1}}$。

(2)标准摩尔熵和标准摩尔熵变：在热力学标准状态下，单位物质的量的纯物质的绝对熵称为该物质的标准摩尔熵，以 $S_m^{\ominus}$ 表示。本书末附录 3 中列出了一些单质和化合物在

298.15 K时的标准摩尔熵的数据，其单位为 $J \cdot mol^{-1} \cdot K^{-1}$。

对于水合离子，与标准生成焓相似，规定处于标准条件时水合氢离子的标准熵值为零，并选定温度为 298.15 K，从而得到一些水合离子在 298.15 K 时的标准熵。书末附录 4 中也列出了一些水合离子在 298.15 K 时的标准熵数据。

应用物质的标准摩尔熵 $S_m^\ominus$ 数据，可以计算化学反应的标准摩尔熵变 $\Delta_r S_m^\ominus$。根据熵的状态函数性质，一个化学反应前后的熵变，就等于始、终两个状态的熵值之差。即反应的标准摩尔熵变等于生成物标准摩尔熵的总和减去反应物标准摩尔熵的总和。对于反应

$$aA + bB = gG + dD$$

$$\Delta_r S_m^\ominus = \sum S_m^\ominus(\text{生成物}) - \sum S_m^\ominus(\text{反应物}) =$$
$$[gS_m^\ominus(G) + dS_m^\ominus(D)] - [aS_m^\ominus(A) + bS_m^\ominus(B)]$$

例 1-2 计算反应 $2H_2O(l) = 2H_2(g) + O_2(g)$ 的标准摩尔熵变 $\Delta_r S_m^\ominus$。

解 化学反应 $2H_2O(l) = 2H_2(g) + O_2(g)$

$S_m^\ominus/(J \cdot mol^{-1} \cdot K^{-1})$ 69.91 130.573 205.03

$$\Delta_r S_m^\ominus = [2S_m^\ominus(H_2,g) + S_m^\ominus(O_2,g)] - [2S_m^\ominus(H_2O,l)] =$$
$$2\times130.573 + 205.03 - 2\times69.91 =$$
$$326.4\ J \cdot K^{-1} \cdot mol^{-1}$$

该反应的 $\Delta_r S_m^\ominus$ 为正值，表明反应后系统的熵值增大，从系统倾向于取得最大混乱度这一因素来看，熵值增大，有利于反应自发进行。但该反应是分解水的反应，属吸热反应，$\Delta_r H_m^\ominus > 0$，从系统倾向于取得最低的能量这一因素来看，吸热不利于反应自发进行。由此说明，用系统的 $\Delta H < 0$ 或 $\Delta S > 0$ 作为判断反应自发性的标准都有片面性，需要进一步寻找普遍适用的判据。

2. 吉布斯函数与吉布斯函数变

从前边的讨论中可以看到，化学反应的自发性不仅与焓变有关，而且与熵变有关，有时温度也会起决定作用，吉布斯(J. W. Gibbs 美国)把这三个因素综合起来考虑，即把 H,S,T 组合成一个新的状态函数——吉布斯函数，用符号 G 表示，定义为

$$G \overset{\text{def}}{=\!=} H - TS$$

在恒温下，当系统发生状态变化时，其吉布斯函数的变化为

$$\Delta G = \Delta H - T\Delta S$$

从热力学可以导出，自发过程系统吉布斯函数的减少，等于它在恒温恒压下对外可能做的最大非体积功，即

$$-\Delta G_{T,p} = -W'_{max}$$

自然界中有很多自发过程，在适当条件下可以对外做有用功。例如，水由高处向低处流动是自发过程，可以做电功；气体由高压容器向低压容器膨胀是自发过程，可以做机械功；可以自发进行的化学反应 $Zn + CuSO_4 \rightarrow Cu + ZnSO_4$ 放在原电池中进行可以做电功等等。说明自发过程具有对外做功的能力。吉布斯提出，判断反应自发性的正确判据是它做非体积功的能力。他证明：在恒温、恒压下，如果某一反应无论在理论或实际上可被利用来做非体积功，则该反应

是自发的；如果必须由外界做功才能使某一反应进行，则该反应就是非自发的。从而得出，反应系统的吉布斯函数的变化可作为反应自发性的判据。

在恒温、恒压和无非体积功的条件下，

$\Delta G < 0$，自发过程；

$\Delta G = 0$，平衡状态；

$\Delta G > 0$，非自发过程。

3. 过程自发性的大致判断

从方程式 $\Delta G = \Delta H - T\Delta S$ 可以看出，一个系统的吉布斯函数变 ΔG，综合了 ΔH，ΔS 和 T 这三个因素对过程自发性的影响，ΔG 的符号和数值的大小取决于 ΔH，ΔS 和 T 的符号和取值，有可能出现四种情况，列于表 1-1 中。

表 1-1　ΔH，ΔS 和 ΔG 的符号与反应自发性的大致判断

ΔH	ΔS	ΔG	反应(正向)的自发性
−	+	−	任何 T 都自发
+	−	+	任何 T 都不自发
+	+	高温时为负	高温下利于反应自发
−	−	低温时为负	低温下利于反应自发

以上判据的应用举例：

例如，冰和水相互转变的自发性判断

$$冰 \underset{放热，熵值减小}{\overset{吸热，熵值增大}{\rightleftharpoons}} 水$$

由于冰变水的过程是吸热的，ΔH 为正值，固体变液体时，熵值将增大，ΔS 为正值，那么正向过程的 $\Delta G = \Delta H - T\Delta S = (+) - T(+)$，究竟 ΔG 是正或是负，T 起决定作用，高温时 $\Delta G = (-)$，过程可自发进行，低温 $\Delta G = (+)$，非自发过程。

事实上，在 101.325 kPa 和 273.15 K 时，冰和水可以共存，即达到平衡；在 273.15 K 以上如 298 K 时，冰将熔化成水；在 273.15 K 以下时，水将凝固为冰。此例说明用($\Delta G = \Delta H - T\Delta S$)判据对物理过程的自发性判断，与事实完全符合，即 ΔG 判据作为自发过程的判断标准是正确的。

例如，对反应 $CO(g) = C(s) + \frac{1}{2}O_2(g)$ 的自发性判断。

此反应的正向过程气体分子数减少，ΔS 为负值；正向过程为热分解反应，热分解反应通常是吸热的，ΔH 为正值。因此 $\Delta G = \Delta H - T\Delta S = (+) - T(-)$ 永远为正值，说明该反应是非自发反应，即煤气 $CO(g)$ 是不能自发分解为 $C(s)$ 和 $O_2(g)$ 的。

同理，可以判断：升高温度，有利于 $CaCO_3$ 分解反应的自发进行；降低温度有利于合成氨反应的自发进行。

三、吉布斯函数变的计算和反应自发性的判断

1. 标准摩尔吉布斯函数变的计算

与反应的标准摩尔焓变相似，在标准条件和任一温度 T 下，反应进度为 1 mol 时反应的吉布斯函数变，称为该反应的标准摩尔吉布斯函数变，以符号 $\Delta_r G_m^{\ominus}$ 表示。下面介绍两种计算 $\Delta_r G_m^{\ominus}$ 的方法。

(1)用物质的标准摩尔生成吉布斯函数计算：与物质的标准摩尔生成焓相似，规定在标准条件下由稳定单质生成 1 mol 纯物质时反应的吉布斯函数变，称为该物质的标准摩尔生成吉布斯函数。而稳定单质的标准摩尔生成吉布斯函数为零。规定水合氢离子的标准摩尔生成吉布斯函数为零。物质的标准摩尔生成吉布斯函数均以 $\Delta_f G_m^{\ominus}$ 表示，单位为 $kJ \cdot mol^{-1}$。

与反应的标准焓变的计算相似，反应的标准摩尔吉布斯函数变等于生成物的标准摩尔生成吉布斯函数的总和减去反应物的标准摩尔生成吉布斯函数的总和。例如，

$$aA + bB = gG + dD$$

$$\Delta_r G_m^{\ominus} = \sum(\Delta_f G_m^{\ominus})_{生成物} - \sum(\Delta_f G_m^{\ominus})_{反应物} =$$
$$[g\Delta_f G_m^{\ominus}(G) + d\Delta_f G_m^{\ominus}(D)] - [a\Delta_f G_m^{\ominus}(A) + b\Delta_f G_m^{\ominus}(B)]$$

此算式只适用于 298.15 K，其他温度需用 $\Delta G^{\ominus}$ 与 $\Delta H^{\ominus}$，$\Delta S^{\ominus}$ 的关系式。

(2)用关系式 $\Delta_r G_m^{\ominus} = \Delta_r H_m^{\ominus} - T\Delta_r S_m^{\ominus}$ 计算：

例 1-3 计算反应 $C(s) + CO_2(g) = 2CO(g)$ 在 298.15 K 的标准摩尔吉布斯函数变。

解 **算法Ⅰ** 从附录 3 中查出各种物质的 $\Delta_f G_m^{\ominus}$(298.15 K)，如下所列

对于反应 $C(s) + CO_2(g) = 2CO(g)$

$\Delta_f G_m^{\ominus}/(kJ \cdot mol^{-1})$ 　0 　-394.36 　-137.15

$$\Delta_r G_m^{\ominus} = \sum(\Delta_f G_m^{\ominus})_{生成物} - \sum(\Delta_f G_m^{\ominus})_{反应物} =$$
$$2\Delta_f G_m^{\ominus}(CO) - [\Delta_f G_m^{\ominus}(CO_2) + \Delta_f G_m^{\ominus}(C)] =$$
$$2\times(-137.5) - (-394.36) = 119.36\ kJ \cdot mol^{-1}$$

算法Ⅱ 从附录 3 中查出各物质的 $\Delta_f H_m^{\ominus}$(298.15 K)和 $S_m^{\ominus}$(298.15 K)如下所列

对于反应

$$C(s) + CO_2(g) = 2CO(g)$$

$\Delta_f H_m^{\ominus}/(kJ \cdot mol^{-1})$ 　0 　-393.50 　-110.52

$S_m^{\ominus}/(J \cdot mol^{-1} \cdot K^{-1})$ 　5.74 　213.64 　197.56

先用所列数据分别算得

$$\Delta_r H_m^{\ominus}(298.15K) = 172.46\ kJ \cdot mol^{-1}$$
$$\Delta_r S_m^{\ominus}(298.15K) = 175.74\ J \cdot mol^{-1} \cdot K^{-1}$$

再用关系式

$$\Delta_r G_m^{\ominus}(298.15\ K) = \Delta_r H_m^{\ominus}(298.15\ K) - T\Delta_r S_m^{\ominus}(298.15\ K) =$$
$$172.46 - 298.15\times175.74\times10^{-3} =$$
$$120.47\ kJ \cdot mol^{-1}$$

(3)任意温度下标准摩尔吉布斯函数变的计算：由于反应的 $\Delta_r G_m^{\ominus}(T)$ 值随温度的变化而变化，因此不能用 $\Delta_f G_m^{\ominus}$(298.15 K)数据计算。而 $\Delta_r H_m^{\ominus}$ 和 $\Delta_r S_m^{\ominus}$ 随温度变化不大，可近似地将 $\Delta_r H_m^{\ominus}$(298.15 K)和 $\Delta_r S_m^{\ominus}$(298.15 K)视为常数，近似计算任意温度下反应的标准摩尔吉布

斯函数变，即

$$\Delta_r G_m^\ominus(T) \approx \Delta_r H_m^\ominus(298.15\ K) - T\Delta_r S_m^\ominus(298.15\ K)$$

例 1－4 已知下列反应在 298 K 时的热力学数据

	$2CO(g)$	$+2H_2(g)=$	$CH_4(g)$	$+CO_2(g)$
$\Delta_f H_m^\ominus/(kJ\cdot mol^{-1})$	-110.52		-74.85	-393.50
$S_m^\ominus/(J\cdot mol^{-1}\cdot K^{-1})$	197.56	130.574	186.27	213.64

求该反应在 600 K 时的 $\Delta_r G_m^\ominus$。

解 $\Delta_r H_m^\ominus(298\ K)=(-74.85)+(-393.50)-2\times(-110.52)=-247.31\ kJ\cdot mol^{-1}$

$\Delta_r S_m^\ominus(298\ K)=186.27+213.64-2\times197.56-2\times130.574=$

$399.91-395.12-261.148=-256.358\ J\cdot mol^{-1}\cdot K^{-1}$

$\Delta_r G_m^\ominus(600\ K)\approx\Delta_r H_m^\ominus(298\ K)-T\Delta_r S_m^\ominus(298\ K)=$

$-247.31-600\times(-256.358)\times10^{-3}=-93.49\ kJ\cdot mol^{-1}$

该反应在 600 K 时的 $\Delta_r G_m^\ominus$ 为 $-93.49\ kJ\cdot mol^{-1}$。

实际上，反应系统并非都处于标准态，仅计算 $\Delta_r G_m^\ominus(T)$ 的实用意义不大，要判断任意状态下反应的自发性，就必须解决非标准态时 $\Delta_r G_m$ 的计算问题。

2. 非标准状态吉布斯函数变的计算和反应自发性的判断

一般情况下，参与化学反应的各物质的压力(气体)或浓度(溶液)不一定都是标准状态，此时不能用 $\Delta_r G_m^\ominus$ 作判据，应根据所给的压力或浓度条件计算出 $\Delta_r G_m$ 再进行判断。

对于任一化学反应：

$$aA(g)+bB(g)=gG(g)+dD(g)$$

在恒温恒压下，任意状态的 $\Delta_r G_m(T)$ 与标准态的 $\Delta_r G_m^\ominus(T)$ 之间的关系，可由热力学导出的等温方程式来表示：

$$\Delta_r G_m(T)=\Delta_r G_m^\ominus(T)+RT\ln Q'_p$$

式中 R 是摩尔气体常数；Q'_p 称为任意分压商，它是生成物分压与标准压力之比以反应方程式中的化学计量数为指数的幂乘积和反应物分压与标准压力之比以化学计量数为指数的幂乘积之比值

$$\frac{[p(G)/p^\ominus]^g[p(D)/p^\ominus]^d}{[p(A)/p^\ominus]^a[p(B)/p^\ominus]^b}=Q'_p$$

对于反应物或生成物中的固、液态纯物质。在分压商中它们的相对分压 $p(B)/p^\ominus$ 不出现。

对于水溶液中的反应，各反应物和生成物的 $[p(B)/p^\ominus]$ 换成水合离子(或分子)的相对浓度 $[c(B)/c^\ominus]$ 来表示：

$$aA(aq)+bB(aq)=gG(aq)+dD(aq)$$

$$\Delta G=\Delta G_m^\ominus+RT\ln\frac{[c(G)/c^\ominus]^g[c(D)/c^\ominus]^d}{[c(A)/c^\ominus]^a[c(B)/c^\ominus]^b}=\Delta G_m^\ominus+RT\ln Q'_c$$

式中，Q'_c 称任意浓度商；$c^\ominus$ 称标准浓度，$c^\ominus=1\ mol\cdot L^{-1}$，在数值上 $c(B)/c^\ominus=c(B)$，相对浓度的 SI 单位为 1，一般不写出。

对于混合气体反应系统来说，由于用压力表测得的是混合气体的总压力，直接测量各组分气体的分压很困难。通常需用分压定律来计算有关组分气体的分压。混合气体中各组分气体

的分压力，等于该组分气体在相同温度下单独占有与混合气体相同体积时所产生的压力。只要不发生化学反应，各组分气体和混合气体均适用气态方程式，即

$$p(\text{B})V=n(\text{B})RT,\quad p(\text{总})V=n(\text{总})RT$$

由此可得出下列两个关系式。

(1)混合气体的总压力(p)等于各组分气体(A,B,…)的分压力之和。

即
$$p=p(\text{A})+p(\text{B})+\cdots$$

(2)某组分气体的分压力与混合气体的总压力之比，等于该组分气体物质的量与混合气体总的物质的量之比(即该组分气体的摩尔分数)。

即
$$\frac{p(\text{A})}{p}=\frac{n(\text{A})}{n}\quad \text{或}\quad p(\text{A})=\frac{n(\text{A})}{n}p$$

$$\frac{p(\text{B})}{p}=\frac{n(\text{B})}{n}\quad \text{或}\quad p(\text{B})=\frac{n(\text{B})}{n}p$$

上述原理即为道尔顿分压定律。

例 1-5 25℃时，纯金属银制件置于干燥的大气中，此时氧在空气中的分压力为 0.21×100 kPa。试问银制件能否被空气氧化？

解 有关的热力学数据如下：

	4Ag(s)	$+\text{O}_2\text{(g)}$	$=2\text{Ag}_2\text{O(s)}$
$\Delta_f H_m^{\ominus}/(\text{kJ}\cdot\text{mol}^{-1})$	0	0	−30.59
$S_m^{\ominus}/(\text{J}\cdot\text{K}^{-1}\cdot\text{mol}^{-1})$	42.55	205.03	121.71

$$\Delta_r H_m^{\ominus}=2\times(-30.59)=-61.18(\text{kJ}\cdot\text{mol}^{-1})$$

$$\Delta_r S_m^{\ominus}=2\times121.71-4\times42.55-205.03=-131.81(\text{J}\cdot\text{K}^{-1}\cdot\text{mol}^{-1})$$

$$\Delta_r G_m^{\ominus}=\Delta_r H_m^{\ominus}-T\Delta_r S_m^{\ominus}=$$
$$-61.18-298\times(-131.81)\times10^{-3}=-21.90(\text{kJ}\cdot\text{mol}^{-1})$$

$$\Delta_r G_m=\Delta_r G_m^{\ominus}+RT\ln(p(\text{O}_2)/p^{\ominus})^{-1}=$$
$$-21.90+8.314\times298\times10^{-3}\ln(0.21)^{-1}=-18.03(\text{kJ}\cdot\text{mol}^{-1})$$

计算结果 $\Delta_r G_m<0$，表明银制件将被空气中的氧氧化。

例 1-6 298.15K 时，$\text{N}_2\text{(g)}+\text{O}_2\text{(g)}=2\text{NO(g)}$ 中物质的量之比为 $\text{N}_2:\text{O}_2:\text{NO}=1:1:2$，该混合气体的总压力为 101 kPa。试求此时反应的任意分压商 Q'_p 和摩尔反应吉布斯函数变 $\Delta_r G_m$，并判断反应自发进行的方向。

解 查书末附录 3 得 $\Delta_f G_m^{\ominus}(\text{NO,g},298.15\ \text{K})=86.57\ \text{kJ}\cdot\text{mol}^{-1}$，则该反应在 298.15 K 时，则有

$$\Delta_r G_m^{\ominus}=2\times86.57=173.14(\text{kJ}\cdot\text{mol}^{-1})$$

反应系统中各组分气体的分压力为

$$p(\text{NO})=\frac{n(\text{NO})}{n(\text{总})}p(\text{总})=\frac{2}{1+1+2}\times101\ \text{kPa}=50.5\ \text{kPa}$$

$$p(\text{N}_2)=p(\text{O}_2)=\frac{1}{1+1+2}\times101\ \text{kPa}=25.25\ \text{kPa}$$

反应的分压力商为

$$Q'_p=\frac{\{p(\text{NO})/p^{\ominus}\}^2}{\{p(\text{N}_2)/p^{\ominus}\}\{p(\text{O}_2)/p^{\ominus}\}}=\frac{(50.5/100)^2}{(25.25/100)\times(25.25/100)}=4$$

$$\Delta_r G_m = \Delta_r G_m^{\ominus} + RT\ln Q'_p =$$

$$(173.14 + 8.314 \times 10^{-3} \times 298.15\ln 4)\ \mathrm{kJ \cdot mol^{-1}} = 176.58\ \mathrm{kJ \cdot mol^{-1}}$$

因为 $\Delta_r G_m > 0$，所以反应向左进行。

第 4 节　化学平衡

一、化学平衡常数

1. 化学平衡

在一定条件下，既能向一个方向进行，又能向相反方向进行的反应称为可逆反应。几乎所有的化学反应都具有可逆性，通常表示为

$$aA + bB \rightleftharpoons gG + dD$$

不同的化学反应可逆的程度不同，但都有一个共同的特点：反应经过一段时间后，反应物和生成物的含量或浓度不再改变，即达到了平衡状态，这是化学反应在一定条件下达到的最大限度。反应系统处在平衡状态时，外观上好像反应停止了，但实际上正逆反应仍在进行，只不过正、逆反应速率相等，因此，化学平衡是一种动态平衡。

从热力学角度看，平衡时化学反应的吉布斯函数变为零，即 $\Delta_r G = 0$。

2. 标准平衡常数 $K^{\ominus}$

(1)平衡常数 $K^{\ominus}$ 的表达式：平衡常数可以从化学热力学的等温方程式 $\Delta G = \Delta_r G^{\ominus} + RT\ln Q'$ 推导得出。从热力学方程推导得到的平衡常数称热力学平衡常数或标准平衡常数，以 $K^{\ominus}$ 表示。

在一定温度下，对于理想气体，反应达到平衡时

$$aA(g) + bB(g) \rightleftharpoons gG(g) + dD(g)$$

若以平衡时各气态物质的分压力表示该反应的平衡常数，则

$$K_p^{\ominus} = \frac{[p^{eq}(G)/p^{\ominus}]^g [p^{eq}(D)/p^{\ominus}]^d}{[p^{eq}(A)/p^{\ominus}]^a [p^{eq}(B)/p^{\ominus}]^b}$$　称分压标准平衡常数

若以平衡时各气态物质的浓度表示，则

$$K_c^{\ominus} = \frac{[c^{eq}(G)/c^{\ominus}]^g [c^{eq}(D)/c^{\ominus}]^d}{[c^{eq}(A)/c^{\ominus}]^a [c^{eq}(B)/c^{\ominus}]^b}$$　称浓度标准平衡常数

正确书写标准平衡常数表达式，应当注意：

1)不论反应过程的具体途径如何，都可根据总的化学方程式，写出平衡常数表达式。

2)式中的浓度 c_B 或分压 p_B 均为平衡时的浓度或分压。

3)在标准平衡常数表达式中，凡气态物质以相对分压（$p_B/p^{\ominus}$）表示，溶液则以相对浓度（$c_B/c^{\ominus}$）表示。

4)反应平衡系统中的固态或液态的纯物质，其浓度或分压在平衡常数表达式中不出现。例如：

$$CaCO_3(s) \rightleftharpoons CaO(s) + CO_2(g)$$

的标准平衡常数表达式为

$$K_p^{\ominus}=p^{eq}(CO_2)/\ p^{\ominus}$$

或
$$K_c^{\ominus}=c^{eq}(CO_2)/\ c^{\ominus}$$

再如中和反应

$$HAc(aq)+OH^-(aq) \rightleftharpoons Ac^-(aq)+H_2O(l)$$

的标准平衡常数表达式为

$$K_c^{\ominus}=\frac{c^{eq}(Ac^-)/\ c^{\ominus}}{[c^{eq}(HAc)/c^{\ominus}][c^{eq}(OH^-)/c^{\ominus}]}$$

5)平衡常数表达式必须与化学反应式相对应:反应式中的计量数,即为平衡常数式中各物质的分压或浓度项的指数。例如合成氨反应为

$$N_2(g)+3H_2(g) \rightleftharpoons 2NH_3(g),\quad K^{\ominus}=\frac{[p^{eq}(NH_3)/p^{\ominus}]^2}{[p^{eq}(N_2)/p^{\ominus}][p^{eq}(H_2)/p^{\ominus}]^3}$$

$$\frac{1}{2}N_2(g)+\frac{3}{2}H_2(g) \rightleftharpoons NH_3(g),\quad K^{\ominus}=\frac{p^{eq}(NH_3)/p^{\ominus}}{[p^{eq}(N_2)/p^{\ominus}]^{1/2}[p^{eq}(H_2)/p^{\ominus}]^{3/2}}$$

6)标准平衡常数是一个无量纲的量:求平衡常数最直接,最根本的方法,是通过测定平衡系统的组成,从而算出反应在某温度下的平衡常数,这种方法比较繁杂,热力学方法不需要做平衡实验,而是从一些热力学数据直接计算得出。

(2)$\Delta_r G_m^{\ominus}$ 与 $K^{\ominus}$ 的关系:根据热力学推导(本书从略),化学反应标准平衡常数与标准摩尔吉布斯函数变的关系为

$$\Delta_r G_m^{\ominus}=-RT\ln K^{\ominus}$$

利用这一关系式,可以求出某一温度时反应的标准平衡常数 $K^{\ominus}$。

例 1-7 已知钢铁渗碳反应

$$3Fe(s)+2CO(g) \rightleftharpoons Fe_3C(s)+CO_2(g)$$

的
$$\Delta_r H_m^{\ominus}(1\ 000\ K)=-154.4\ kJ\cdot mol^{-1}$$
$$\Delta_r S_m^{\ominus}(1\ 000\ K)=-152.6\ J\cdot mol^{-1}\cdot K^{-1}$$

计算此反应在 1 000 K 时的标准平衡常数。

解 $\Delta_r G_m^{\ominus}(1\ 000\ K)=\Delta_r H_m^{\ominus}-T\Delta_r S_m^{\ominus}=$

$$-154.4\times1\ 000-1\ 000\times(-152.6)=-1\ 800\ J\cdot mol^{-1}$$

$$\ln K^{\ominus}=\frac{-\Delta_r G_m^{\ominus}}{RT}=\frac{1\ 800}{8.314\times1\ 000}=0.216\ 5$$

$$K^{\ominus}=1.24$$

(3)平衡常数的运算规则:从上述内容中,可以推导出以下有关平衡常数的运算规则。

1)某一可逆反应式乘以系数 n,所得反应的标准平衡常数 $K_n^{\ominus}$ 与原反应式的标准平衡常数 $K^{\ominus}$ 的关系为 $K_n^{\ominus}=(K^{\ominus})^n$。

2)某一正反应的标准平衡常数为 $K_{正}^{\ominus}$,则其逆反应的标准平衡常数为:$K_{逆}^{\ominus}=1/K_{正}^{\ominus}$。

3)如果某个反应式可由几个反应式相加(或减)所得,则其平衡常数等于这几个反应的平衡常数的乘积(或商)。

如果反应③=反应①+反应②,则 $K_③^{\ominus}=K_①^{\ominus}K_②^{\ominus}$。

如果反应③=反应① - 反应②,则 $K_③^{\ominus}=K_①^{\ominus}/K_②^{\ominus}$。

上述 3 条也称多重平衡法则。利用这一法则,可以从一些已知反应的平衡常数计算未知

反应的平衡常数。

3. 平衡常数的意义和有关计算

平衡常数是化学反应的重要数据。平衡常数 $K^{\ominus}$ 越大，表示达到平衡时生成物分压或浓度越大，也就是(正)反应进行的越彻底。

利用平衡常数，可以计算某一条件下所需反应物的量、达到平衡时各物质的浓度或分压、反应的最大产量、以及某反应物的转化率。

$$某反应物的转化率=\frac{已转化的量}{起始总量}\times 100\%$$

进行有关平衡计算的一般步骤：

(1)写出配平的化学方程式，并注明各物质的聚集状态；

(2)在各物质下分别写出起始浓度(或分压)、平衡浓度(或分压)。上述浓度(或分压)或反应中的变化量为未知时，可设符号表示之；

(3)写出正确的平衡常数表达式；

(4)将平衡时各物质的量(浓度或分压)代入式中，即得一个含有未知数的方程式。求解即得。

计算中常涉及一定体积的反应物和生成物的量之间的运算关系，其关键在于各物质在反应中变化的量之比等于它们在化学方程式中的计量系数之比。

例 1-8 工业上常用水煤气制取氢气的反应

$$CO(g)+H_2O(g)\xrightleftharpoons[Fe_2O_3]{673\ K}CO_2(g)+H_2(g)$$

如果在 673 K 时用 2.00 mol 的 CO(g)和 2.00 mol 的 $H_2O(g)$ 在密闭容器中反应，已知该温度下 $K^{\ominus}=9.94$，计算该温度时 CO 的最大转化率。

解 设 CO(g)在反应中转化的量为 x mol，转化率为 α，平衡时总压力为 p。

	$CO(g)$	$+H_2O(g)\rightleftharpoons$	$CO_2(g)$	$+H_2(g)$
起始时物质的量/mol	2.00	2.00	0	0
反应中物质的量变化/mol	$-x$	$-x$	$+x$	$+x$
平衡时物质的量/mol	$2.00-x$	$2.00-x$	x	x

平衡时总的物质的量

$$n=n(CO)+n(H_2O)+n(CO_2)+n(H_2)=$$

$$(2.00-x)+(2.00-x)+x+x=4.00(mol)$$

$$K^{\ominus}=\frac{[p(CO_2)/p^{\ominus}][p(H_2)/p^{\ominus}]}{[p(CO)/p^{\ominus}][p(H_2O)/p^{\ominus}]}=9.94$$

$$9.94=\frac{[(x/4.00)\times(p/p^{\ominus})][(x/4.00)\times(p/p^{\ominus})]}{[(2.00-x)/4.00]\times(p/p^{\ominus})][(2.00-x)/4.00]\times(p/p^{\ominus})]}=$$

$$x^2/(2.00-x)^2$$

解之得 $x=1.52$ mol

CO 的最大转化率 $\alpha=1.52\ mol/2.00\ mol=0.76=76\%$

二、化学平衡的移动

一切平衡都是相对的、暂时的、而且是有条件的。化学平衡也是如此，在一定条件下才能建立和保持，一旦条件改变，平衡就会破坏，各物质的浓度或分压就会发生变化，直到与新的条件相适应，系统又达到新的平衡。这种因条件改变使化学反应从原来的平衡状态转变到新的平衡状态的过程，称为化学平衡的移动。移动的结果，如果生成物的浓度（或分压）比原平衡态增大了，就称平衡向右（正向）移动；如果反应物浓度（或分压）比原平衡态增大了，则称为平衡向左（或逆向）移动。

平衡移动的方向遵循一条普遍的规律，即 1884 年由吕·查得里（Le Chartelier）从实验中总结得来的，称吕·查德里原理：假如改变平衡系统的条件之一，如浓度、压力或温度等，平衡就向能减弱这个改变的方向移动。例如，在平衡系统内，若增加反应物的浓度，平衡就向着减少反应物的浓度、即向着增加生成物的方向移动；对有气态物质存在的平衡，增加压力，平衡就向着减小压力，也就是在容积不变的条件下，向着减少气体分子总数的方向移动；升高温度，平衡就向着降低温度（吸热）的方向移动。

从热力学观点来看，化学平衡的移动实际上是系统条件改变后，重新考虑化学反应的方向和程度的问题。根据化学反应等温方程式

$$\Delta G = \Delta G^{\ominus} + RT\ln Q' = -RT\ln K^{\ominus} + RT\ln Q'$$

即

$$\Delta G = RT\ln(Q'/K^{\ominus})$$

应用此式，不必算出 ΔG，而只要比较化学反应的任意商 Q' 与平衡常数 $K^{\ominus}$ 的大小，就可判断反应进行的方向或者平衡移动的方向。

$Q' < K^{\ominus}$ 时，$\Delta G < 0$，反应正向进行，或平衡正向移动；

$Q' = K^{\ominus}$ 时，$\Delta G = 0$，反应呈平衡状态；

$Q' > K^{\ominus}$ 时，$\Delta G > 0$，反应逆向进行，或平衡逆向移动。

概括地说，浓度或压力的改变可使任意商 Q' 值改变而保持 $K^{\ominus}$ 值不变，温度的改变则使 $K^{\ominus}$ 值改变而保持 Q' 值不变，从而导致平衡的移动，其结果都使系统最后达到 $Q' = K^{\ominus}$，建立起新平衡。

一般说来，系统内物质的浓度（或分压）的改变对平衡常数 $K^{\ominus}$ 是没有影响的。但是，升高温度会使吸热反应的 $K^{\ominus}$ 值增大，使放热反应的 $K^{\ominus}$ 值减小。由此可知，温度对化学平衡的影响是通过改变 $K^{\ominus}$ 值来实现的，这与浓度和压力对化学平衡的影响有着本质上的不同。

我们可以通过调整和控制反应条件（温度、浓度、压力）来改变 Q' 和 $K^{\ominus}$ 的相对大小，使反应向希望的方向进行，或使所需的反应进行得更完全。

例 1-9 对于例 1－7 中的反应，保持温度，调整气氛至 $p(CO_2) = 120$ kPa，$p(CO) = 60$ kPa，判断平衡移动（或反应进行）的方向。此时

$$Q'_p = \frac{p(CO_2)/p^{\ominus}}{\{p(CO)/p^{\ominus}\}^2} = \frac{120/100}{(60/100)^2} = 3.33$$

因为温度不变，$K_p^{\ominus}$ 仍为 1.24，$Q'_p > K_p^{\ominus}$，所以平衡将向逆方向移动，或说反应 $3Fe(s) + 2CO(g) \rightleftharpoons Fe_3C(s) + CO_2(g)$ 逆向进行，钢铁零件将会脱碳。

第 5 节　化学反应速率

前面讲述的化学热力学，解决了反应的自发方向或可能性问题。但可能发生的化学反应不一定都能实现，例如大家熟知的 H_2 与 O_2 化合成水，是一个 $\Delta_r G_m^\ominus \ll 0$ 的反应，说明自发进行的趋势很大，但将 H_2 和 O_2 的混合气在室温下长期放置却觉察不到它们的反应发生，这就是现实性不等于可能性的问题，需要用化学动力学来解释，主要涉及反应速率问题。

化学反应有快有慢，快者几乎在一瞬间就能完成，如酸碱中和、炸药爆炸等；慢者则需几天、数年甚至更长时间，如大多数有机反应等。怎样衡量和表示化学反应速率的大小呢？根据 IUPAC 的推荐和我国法定计量单位的规定，化学反应的速率可以表示为

$$J=\frac{\xi}{\Delta t}=\frac{\Delta n_B}{\nu_B \Delta t}$$

如果反应在恒容条件下进行，反应物、生成物均占有一定的体积 V，也可采用单位体积中反应进度随时间的变化率来表示化学反应的速率。即

$$\upsilon=\frac{J}{V}=\frac{\Delta n_B}{V\nu_B \Delta t}=\frac{\Delta c_B}{\nu_B \Delta t}$$

式中，ν_B 为反应中物质 B 的化学计量数（反应物为负，生成物为正）；$\Delta c_B/\Delta t$ 表示化学反应中物质 B 的浓度随时间的变化率。

随着反应的进行，反应物浓度会逐渐减小，反应速率也会越来越小，通常用平均速率来表示，即在某段时间间隔内的平均反应速率。时间间隔越短，所求得的反应速率越能反映真实情况。真实的反应速率应指在某一瞬间的反应速率，称瞬时反应速率。

工程技术中为了使用方便，常用一些习惯方法来表示化学反应速率的大小。例如，钢铁材料在大气中的腐蚀速率，常用质量随时间的变化率表示，常用的单位有 $g \cdot d^{-1}$，$g \cdot 月^{-1}$，$g \cdot a^{-1}$ 等等；金属工件在热处理炉中加热时，其表面氧化速率的单位表示为 $mm \cdot min^{-1}$ 或 $mm \cdot h^{-1}$ 等等。

化学反应速率主要取决于反应物的本性，还受着反应条件的影响，如浓度（或压力）、温度、有无催化剂等因素。

一、浓度的影响和反应级数

1. 反应物浓度对反应速率的影响　反应速率方程式

大量事实表明，反应物浓度增大，反应速率也增大。例如，浓盐酸与锌反应比稀盐酸与锌反应要快得多；镁条在纯氧中燃烧要比在空气中燃烧更剧烈。1807 年，古德堡（G. M. Guldberg）和瓦格（P. Waage）总结大量实验得出一条规律：在一定温度下，对于元反应（一步完成的简单反应），反应速率与反应物浓度（以反应式中的计量系数为指数的幂）的乘积成正比。这个定量关系称为质量作用定律，可用反应速率方程来表示。

例如，城市空气中 NO 污染物（主要来自汽车尾气）的氧化反应为

$$2NO(g)+O_2(g)=2NO_2(g)$$

实验证明为元反应，其反应速率方程式为

$$\upsilon = k[c(NO)]^2 c(O_2)$$

对于一般反应　　　　　　　　$aA + bB \rightarrow gG + dD$

若为元反应，则反应速率方程式为

$$\upsilon = k[c(A)]^a[c(B)]^b$$

式中，k 是比例常数，称反应速率常数。

当 $c_A = 1\ mol \cdot L^{-1}$，$c_B = 1\ mol \cdot L^{-1}$时，上式变为 $\upsilon = k$。所以 k 的物理意义是各反应物浓度都为单位浓度时的反应速率，k 值的大小反映了反应的快慢。对于某一给定的反应，k 值的大小与反应物的浓度无关，而与反应的温度、催化剂和反应接触面积等因素有关。在一定条件下，k 值大的反应，其反应速率就快。因此，要比较类型相同的几个化学反应的速率，只要比较 k 值的大小就可以了。

实验证明，质量作用定律只适用于元反应。绝大多数反应都不是元反应，往往要经历若干个元反应才能转化为最终产物。

对于非元反应（由几个元反应组成的复杂反应），质量作用定律虽然适用于其中每一个元反应，但往往不适用于总反应。其反应速率取决于最慢的一步。例如，对于反应

$$2NO + 2H_2 = N_2 + 2H_2O$$

实验结果表明，其反应速率与 H_2 的浓度的一次方而不是二次方成正比，这是因为，该反应是一个分二步进行的非元反应。

(1) $2NO + H_2 = N_2 + H_2O_2$　（慢）

(2) $H_2O_2 + H_2 = 2H_2O$　（快）

第一步为慢反应，总的反应速率就取决于慢反应，即由实验确定的速率方程为

$$\upsilon = k\,[c(NO)]^2 c(H_2)$$

由此可见，化学反应式只表明反应物和最终生成物之间的计量关系，不一定反映出反应的历程。因此，我们不能仅根据反应式来书写速率方程，速率方程中浓度的指数，只能根据实验来确定。

2. *反应级数*

速率方程式中各反应物浓度的指数之和称为总反应级数，以 n 表示。

对于一般反应　　　　　　　　$aA + bB \rightarrow gG + dD$

浓度与反应速率的关系可表示为

$$\upsilon = k[c(A)]^x[c(B)]^y$$

式中 x，y 需由实验确定，$(x+y)$就是总反应级数。x，y 不一定等于反应式中的计量系数 a 和 b。

$n=0$ 为零级反应，表示反应速率与反应物浓度变化无关，反应以匀速率反应，例如，金属钠与水反应 $2Na + 2H_2O \rightarrow 2NaOH + H_2$，$\upsilon = k$；$n=1$ 为一级反应；式 $\upsilon = k\,[c(NO)]^2\,c(H_2)$表明 $2NO + 2H_2 = N_2 + 2H_2O$ 反应为三级反应。反应级数不一定都是整数，也有分数。反应级数表示出浓度对反应速率影响的程度，级数越大，速率受浓度的影响也就越大。

二、温度的影响和阿仑尼乌斯公式

温度对反应速率的影响特别显著，无论是吸热还是放热反应，温度升高，反应速率都会显著增加。例如，在室温下氢气和氧气的反应极慢，以致几年都难以觉察；如果升高温度到 873

K，反应速率极快，甚至以爆炸的速率瞬时完成。由此可见，当反应物浓度一定时，温度改变，反应速率随着改变，速率常数 k 也随之改变。

表示 $k-T$ 关系的较准确的经验式，是瑞典化学家阿仑尼乌斯（Arrhenius）总结了大量实验结果于 1889 年提出的，其指数形式为

$$k=Ae^{-E_a/RT}$$

若以对数关系表示，则为

$$\ln k=(-E_a/RT)+\ln A=\alpha/T+\beta$$

式中，Ea 是反应的活化能；A 是指前因子。E_a 和 A 均为给定反应的常数，可由实验求得。T 为绝对温度；R 为摩尔气体常数（8.314J·mol^{-1}·K^{-1}）；设 $\alpha=-E_a/R$，$\beta=\ln A$。

从阿仑尼乌斯公式可以得出以下结论。

(1)对一定的化学反应，若温度 T 升高时，$-E_a/RT$ 值上升，$e^{-E_a/RT}$ 也上升，则速率常数 k 值增大，因此反应速率 υ 也就增大，反之亦然。

(2)由于 k 与 T 呈指数关系，故 T 的微小改变将会对 k 产生显著影响。一般温度每上升 10℃，反应速率将增为原速率的 2～4 倍。

(3)速率常数 k 不仅与温度 T 有关，且与活化能 E_a 有关。对 A 值相近的化学反应，在相同温度下，活化能 E_a 小的反应，k 值就大，反应速率就快。由于 E_a 也在指数项里，因此活化能的影响也十分显著。

(4)利用阿仑尼乌斯公式，可以导出温度变化与反应速率变化的关系。

若以 $k(T_1)$，$k(T_2)$分别表示某反应在温度 T_1，T_2 的 k 值，则

$$\ln k(T_2)=\frac{\alpha}{T_2}+\beta$$

$$\ln k(T_1)=\frac{\alpha}{T_1}+\beta$$

两式相减可得

$$\ln\frac{k(T_2)}{k(T_1)}=\frac{\alpha}{T_2}-\frac{\alpha}{T_1}=\alpha(\frac{1}{T_2}-\frac{1}{T_1})$$

根据反应速率方程式，浓度不变时，可以得出

$$\ln\frac{\upsilon(T_2)}{\upsilon(T_1)}=\ln\frac{k(T_2)}{k(T_1)}=\alpha(\frac{1}{T_2}-\frac{1}{T_1})=\frac{-E_a}{R}(\frac{1}{T_2}-\frac{1}{T_1})=\frac{E_a(T_2-T_1)}{RT_1T_2}$$

如果已知活化能 E_a，就可求出温度变化（T_2-T_1）时反应速率的变化 $\upsilon(T_2)/\upsilon(T_1)$。

应当指出，并不是所有的反应都符合上述规律。例如，温度升高时 $2NO+O_2=2NO_2$ 反应速率反而下降。再如，爆炸类反应，温度达到燃点时，反应速率突然急剧增大。这些都属于温度对速率影响的特殊情况。

三、活化能

在阿仑尼乌斯公式中，活化能是以负指数的形式出现的，它的大小对反应速率影响很大，可以通过实验测定。溶液中许多正负离子之间的反应，活化能小于 40 kJ·mol^{-1}，其反应速率很大，可瞬间完成；合成氨反应、氢气与氧气化合成水的反应、大多数有机反应，活化能大于 120 kJ·mol^{-1}，反应速率非常慢，在常温下不能觉察到它们的进行；而一般化学反应的活化能在 40～120 kJ·mol^{-1}之间。活化能的物理意义是什么？它对反应速率的影响为什么如此大？下面讨论这两个问题。

化学反应的发生和进行，是反应物分子中化学键的减弱、破坏，形成新化学键，生成新物质的过程。在此过程中，反应物分子必须具有足够高的能量，并且必须相互碰撞。根据气体分子运动理论，在一定温度下，气体分子具有一定的平均动能，但并不是所有的分子都具有相同的动能。只有具有足够高能量的反应物分子(或原子)的碰撞，才有可能发生化学反应。这种能够发生化学反应的碰撞称为有效碰撞。发生有效碰撞的分子称活化分子。活化分子的最低能量与反应物分子平均能量的差值，就称为活化能，以 E_a 表示。活化能越高，活化分子占整个分子总数的百分数越低，发生有效碰撞的次数越少，化学反应速率就越慢。

过渡状态理论认为，反应物分子要发生有效碰撞，不仅需要分子具有足够高的能量，而且还要考虑分子碰撞时的空间取向等因素。当具有足够能量的分子彼此以适当的空间取向相互靠近到一定程度时，会引起分子或原子内部结构的连续性变化，使原来以化学键结合的原子间的距离变长，而没有结合的原子间的距离变短，形成了不稳定的过渡状态，即活化状态。设有一反应 A+BC=AB+C，设想反应过程可能为

$$\underset{\text{反应物}}{A+B-C} = \underset{\substack{\text{活化状态}\\\text{(过渡态)}}}{A\cdots B\cdots C} \rightarrow \underset{\text{生成物}}{A-B+C}$$

反应物 A 和 BC 分子中的 B 原子沿直线方向互相趋近，先形成过渡态[A…B…C]，这一过渡态能量高，不稳定，会很快分解为生成物分子 AB 和 C。反应中能量变化如图 1-4 所示。

$E_Ⅰ$ 表示反应物分子的平均能量；

$E^{\neq}$ 表示活化状态所具有的能量；

$E_a(正)=E^{\neq}-E_Ⅰ$，表示正反应的活化能；

$E_a(逆)=E^{\neq}-E_Ⅱ$，表示逆反应的活化能。

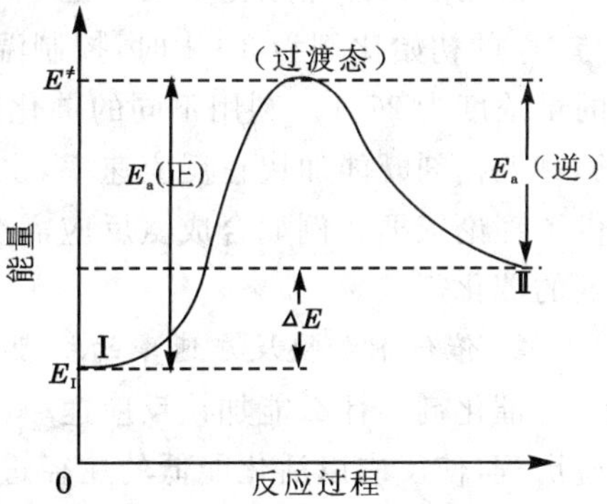

图 1-4　正逆反应活化能示意图

由图 1-3 可见，若该反应正向进行，反应物分子先必须吸收 E_a(正)的能量，才能达到活化状态[A…B…C]的能峰，反应后与反应前的能量差 $E_Ⅱ-E_Ⅰ>0$，故为吸热反应。如果反应逆向进行；反应物分子也要先吸收能量 E_a(逆)达到能量为 $E^{\neq}$ 的活化状态，然后立即分解变为产物 A 和 BC，反应后与反应前的能量差为 $E_Ⅰ-E_Ⅱ<0$，故逆反应为放热反应。显然，反应活化能越大，能峰就越高，能越过能峰的反应物分子(活化分子)就越少，反应速率就越慢；反之，反应速率就快。这就是活化能的意义和它对反应速率产生显著影响的本质原因。

从活化分子和活化能的含义来看，增加单位体积内活化分子总数可加快反应速率。其方法除了增大反应物浓度和升高反应温度外，降低活化能也是极有效的措施。因为降低活化能，虽然总分子数不变，但能使更多分子成为活化分子，活化分子分数可显著增加，从而增大单位体积内活化分子总数。

使用催化剂可以达到降低活化能的目的。

四、催化剂对反应速率的影响

1. 催化剂

19 世纪初人们发现，化学反应中，由于某种微量物质的加入，可以加快反应速率，这种微

量物质就是催化剂。催化剂在反应过程中不被消耗，反应完成后，可完全恢复它原来的质量和组成，因此，催化剂可以再生和循环使用。

催化剂有正、负两类。正催化剂能加速化学反应速率；负催化剂能抑制反应的进行。负催化剂在材料保护中起着重要作用，如钢铁氧化的缓蚀剂，阻止塑料、橡胶老化的防老化剂等所起的作用。本节所讨论的催化剂，均为正催化剂，简称催化剂。由于催化剂的加入而加速反应进行的现象称为催化作用。

催化剂对反应类型、反应方向和产物的结构具有选择性。例如 V_2O_5 可加速 SO_2 氧化成 SO_3，对 H_2 和 N_2 合成 NH_3 的反应却毫无催化作用。再例如乙烯氧化反应，一般条件下很容易完全氧化成 CO_2 和 H_2O，而采用钯作催化剂可得乙醛（CH_3CHO），如果采用银催化剂而且控制乙烯与催化剂的接触时间，就能得到以环氧乙烷（H_2C—CH_2 bridged by O）为主的产品。因此选择使用不同的催化剂，可以使反应有选择地朝某一个方向进行，得到所需的目的产品。催化剂的选择性还可以从根本上减少或消除副产物的产生，这正是目前人们最大限度地利用资源、减少污染、保护生态环境所要采用的化学工艺过程，即绿色合成化学工艺。

催化剂只能缩短化学反应达到平衡时的时间，而不能改变化学达平衡的状态。如在 H_2 与 N_2 的初始比例为 3∶1 时，控制温度、压力在 500℃，30 MPa 下，反应达平衡时 NH_3 的物质的量浓度为 27%。利用不同的催化剂催化该反应，平衡时 NH_3 的浓度都保持该值不变。

催化剂既能加快正反应速率，也同样加快其逆反应速率。这一规律为寻找新的催化剂提供了理论依据。例如合成氨反应需在高压下进行，但可以在常压下用氨分解反应来寻找合成氨的催化剂。

2. *催化剂加快反应速率的机理*

催化剂为什么能加快反应速率呢？主要原因是催化剂与反应物生成活化中间体，改变反应历程，使反应以活化能低的途径进行。以合成氨反应为例，其反应式如下：

$$N\equiv N + 3H-H \longrightarrow 2NH_3$$

在加入 Fe，Ru，Os，Mo 等催化剂后，因为这些过渡金属以其特有的空 d 轨道，与 N_2 或 H_2 形成配合物。N_2 或 H_2 与金属间的键合作用，削弱了 N≡N 三键和 H—H 键，这时使它们断裂所需活化能要比自由状态时低得多，即过渡金属使 N_2 和 H_2 活化，从而加速了生成氨的反应速率。例如采用铁催化剂时，合成氨反应分以下三个步骤进行。

(1) $\frac{1}{2}N_2 + x\mathrm{Fe} \longrightarrow \mathrm{Fe}_xN$

(2) $\mathrm{Fe}_xN + \frac{1}{2}H_2 \longrightarrow \mathrm{Fe}_xNH$

(3) $\mathrm{Fe}_xNH + H_2 \longrightarrow \mathrm{Fe}_xNH_3 \longrightarrow x\mathrm{Fe} + NH_3$

其中，步骤(1)所需活化能最大，是决定反应速率的步骤。

总之，催化剂的加入，改变了反应的途径，降低了反应的活化能，见图 1－5。这一作用是非常惊人的，例如，H_2O_2 分解为 H_2O 和 O_2 反应的 $E_a=75.3\ kJ\cdot mol^{-1}$，用铂作催化剂，其 E_a 降为 49 $kJ\cdot mol^{-1}$；当用过氧化氢酶催化时，活化能仅为 8 $kJ\cdot mol^{-1}$，此时 H_2O_2 的分解速率可提高 10^9 倍。

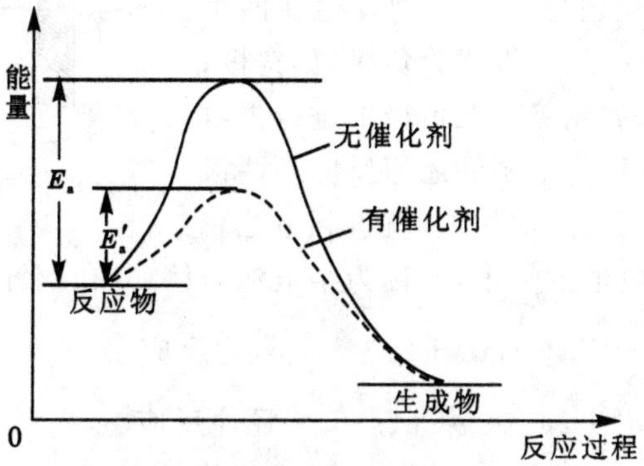

图 1－5　催化剂降低活化能的示意图

E_a—非催化反应活化能；　E'_a—催化反应活化能

催化剂是一些化学反应实现工业应用的关键，是化工工艺的基础。在现代化工生产中，使用催化剂的反应占 80％以上，而且催化剂简化工艺、消除污染所创造的经济价值，更是难以用数字估算。解决当前能源和生态环境危机的迫切需要，呼唤着新一代催化剂的出现。

第 6 节　氧化还原反应的能量转化和电极电势

一、氧化还原反应的能量转化

1. 氧化还原反应及其能量转化

氧化还原反应与非氧化还原反应相比，其不同之处在于氧化还原反应中有电子得失；相同之处是均伴随有能量转化。

根据前几节学过的知识，对于一个能自发进行的氧化还原反应，很容易算出它在一定条件下的热效应 $\Delta_r H_m^{\ominus}$ 和可用来做非体积功（如电功）的那部分能量 $\Delta_r G_m^{\ominus}$。例如：反应 $Zn(s)+Cu^{2+}(aq)=Zn^{2+}(aq)+Cu(s)$ 在 298.15 K 时，其标准摩尔焓变 $\Delta_r H_m^{\ominus}=-217.2\ kJ\cdot mol^{-1}$，标准摩尔吉布斯函数变 $\Delta_r G_m^{\ominus}=-212.69\ kJ\cdot mol^{-1}$。这些热力学数据表明：如果还原剂（锌片）与氧化剂（如 $CuSO_4$）直接进行反应，其反应的焓变仅仅表现为热量的散失，即可放出 217.20 $kJ\cdot mol^{-1}$ 的热量，没有电能产生；如果把反应物放在一定装置（如原电池）中进行，就能实现把化学能转变成电能的目的，而且最多只能获得 212.69 $kJ\cdot mol^{-1}$ 的电能。实验室中常采用如图 1－5 的装置来实现这一转变。这种把氧化还原反应的化学能直接转变为电能的装置称为原电池。

2. 原电池

（1）原电池的组成：原电池必须由三部分组成：电极、盐桥、金属导线。

图 1－6 装置即称为 Cu—Zn 原电池。一个烧杯中放入硫酸锌溶液并插入锌片，另一个烧

杯中放入硫酸铜溶液并插入铜片。将两种电解质溶液用盐桥联系起来，用导线连接锌片和铜片，并在导线中间联一个电流计，可以看到电流计的指针发生偏转，说明有电子流从锌片流向铜片。

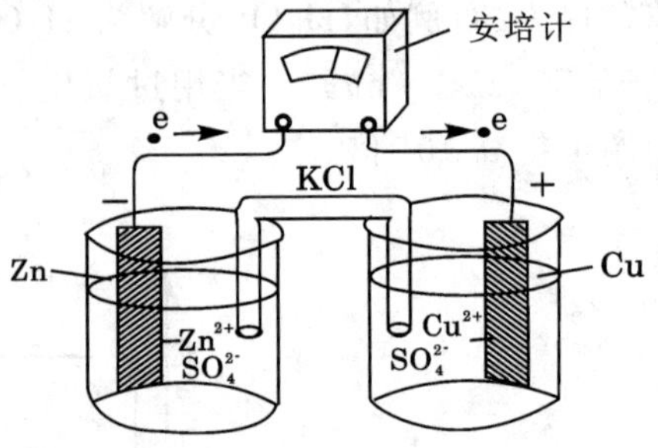

图 1－6　铜锌原电池的装置示意图

原电池中所进行的氧化还原反应分别发生在两个电极上。通常规定，电子流出的一极称为负极，如锌极；电子流入的一极称为正极，如铜极。在负极上进行失电子的氧化反应，在正极上进行得电子的还原反应。两极上的反应称为电极反应。两极反应相加，就得到电池总反应。因为每一电极是原电池的一半，又称为半电池。例如，在铜锌原电池中，则有

负极　　$Zn(s) \rightleftharpoons Zn^{2+}(aq) + 2e^-$　　氧化反应

正极　　$Cu^{2+}(aq) + 2e^- \rightleftharpoons Cu(s)$　　还原反应

电池反应　　$Zn(s) + Cu^{2+}(aq) \rightleftharpoons Zn^{2+}(aq) + Cu(s)$

盐桥通常是一 U 形管，其中装有琼脂的饱和氯化钾溶液。在上述原电池反应中，Zn 失电子变成 Zn^{2+} 进入 $ZnSO_4$ 溶液，使 $ZnSO_4$ 溶液因正离子增加而带正电荷；Cu^{2+} 还原成 Cu 沉积在铜片上，使硫酸铜溶液因 Cu^{2+} 减少、$SO_4{}^{2-}$ 过剩而带负电荷。这两种状况会阻碍原电池反应的继续进行，以致中断电流的产生。当有盐桥时，盐桥中的 K^+ 移向 $CuSO_4$ 溶液，Cl^- 移向 $ZnSO_4$ 溶液，使溶液中正、负离子得到补充，电流便可持续产生。

(2)氧化还原电对：从上面的半反应式可以看出，每一个电极反应中都有两种物质：一种可作还原剂，称为还原态物质；另一种可作氧化剂，称为氧化态物质。氧化态和还原态组成了半电池反应的电对，称为氧化还原电对，并用符号表示为氧化态/还原态。每一个电极都包含一个电对，例如铜锌原电池中的两个电对可分别表示为 Zn^{2+}/Zn 和 Cu^{2+}/Cu。电对的种类很多。如组成气体电极的非金属电对 H^+/H_2，O_2/OH^-；组成离子型电极的电对 Fe^{3+}/Fe^{2+}，Sn^{4+}/Sn^{2+}；组成难溶金属盐电极的电对 AgCl/Ag，Hg_2Cl_2/Hg；等等。

(3)原电池的符号表示：原电池装置可以用符号表示。按规定，负极写在左边，正极写在右边，以双垂线“‖”表示盐桥，以单垂线“|”表示两个相之间的界面。正、负两极中的电解质溶液紧靠盐桥左、右两侧。左右两端以导电材料表示。无导电材料的电极，应附加 Pt，C(石墨)等惰性导电材料作为电极载体。通常在电解质溶液(或气体)后面以符号“c”(或“p”)表示其浓度(或分压)。参加电极反应的介质，如 H^+，OH^- 等，也影响原电池反应的进行，因此，应随有关的半电池表示其中。同种电解质溶液中的不同离子，应加逗号“，”分隔，如 | Fe^{2+}，Fe^{3+} |。举例如下：

1)铜锌原电池符号表示为

$$(-)Zn \mid ZnSO_4(c_1) \parallel CuSO_4(c_2) \mid Cu(+)$$

2)电池反应为　　$2Ag(s) + Cl_2(p) = 2Ag^+(c_1) + 2Cl^-(c_2)$

电池符号表示为　　$(-)\ Ag \mid Ag^+(c_1) \parallel Cl^-(c_2) \mid Cl_2(p) \mid (C)(+)$

3)电池反应为　　$Sn^{2+}(c_1) + I_2(s) = Sn^{4+}(c_2) + 2I^-(c_3)$

电池符号表示为　　$(-)(Pt) \mid Sn^{2+}(c_1), Sn^{4+}(c_2) \parallel I^-(c_3) \mid I_2 \mid (Pt)(+)$

4)电池反应为

$2MnO_4^-(c_1)+5SO_3^{2-}(c_2)+6H^+(c_3)=2Mn^{2+}(c_4)+5SO_4^{2-}(c_5)+3H_2O$

电池符号表示为

$(-)(Pt)|\ SO_3^{2-}(c_2),SO_4^{2-}(c_5),H^+(c_3)\ \|\ MnO_4^-(c_1),Mn^{2+}(c_4),H^+(c_3)|(Pt)(+)$

二、电极电势及其应用

原电池中有电流产生，说明正、负电极之间有电势差，称为电动势，同时也说明了正、负电极有电势，分别表示为 $\varphi_{正}$ 和 $\varphi_{负}$，原电池的电动势就是不接负载时，组成该电池的两个电极的电极电势之差，即 $E=\varphi_{正}-\varphi_{负}$。如果能够确定电极电势的大小，就可以定量比较氧化剂和还原剂的强弱等。那末正、负电极的电势是怎样产生的呢？

1. 双电层理论

原电池产生电流的机理可以用能斯特(W. Nernst)的双电层理论进行解释。

双电层理论的基本要点：金属晶体是由金属原子、金属正离子和自由电子所组成。当把金属放在它的盐溶液中时，金属表面层的正离子受水分子极性的作用，有进入溶液的倾向，金属表面将有过剩的电子而使金属带负电荷。金属越活泼，金属离子浓度越小，这种倾向就越大。与此同时，溶液中的金属正离子也有与金属表面的自由电子结合成中性原子而沉积于金属表面的倾向。当金属溶解和金属离子沉积的速率相等时，在金属表面和附近溶液间将会建立起如下平衡：

$$\underset{(金属)}{M} \underset{沉积}{\overset{溶解}{\rightleftharpoons}} \underset{(在溶液中)}{M^{n+}} + \underset{(在金属上)}{ne^-}$$

此时，金属上的自由电子和溶液中的金属正离子由于静电吸引而聚集在固一液界面附近，便形成了类似于电容器一样的双电层(见图 1-7)。由于双电层的形成，在金属与其溶液之间便存在一个电势差，称为电极电势。

不同的电极，溶解和沉积的平衡状态是不同的，因此不同电极有不同的电极电势。将两个不同的电极组成原电池，由于两个电极之间有电势差，因而产生了电流。

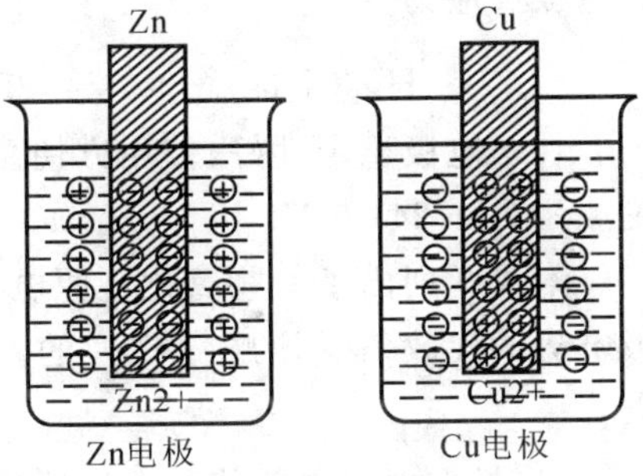

图 1-7 双电层示意图

2. 电极电势的测定

迄今为止，电极电势的绝对值尚无法直接测量，但可以用比较的方法确定其相对值。通常采用一个标准电极作为参比电极，然后将参比电极和待测电极组成原电池，测量出电池的电动势，就可算出待测电极电势的相对值。

目前国际上选用标准氢电极作为标准参比电极，将其电极电势值定为零。标准氢电极的组成如图 1-8 所示。将镀有一层海棉状铂黑的铂片，浸入氢离子浓度为 1 mol·L^{-1} 的 H_2SO_4 溶液中，在温度为 298.15 K 时，不断通入压力为 100 kPa 的纯氢气流。这时溶液中的氢离子与被铂黑吸附而达到饱和的氢气，建立起下列动态平衡，即

$$2H^+(aq)+2e^- \rightleftharpoons H_2(g)$$

这样就构成了标准氢电极。电化学中规定，标准氢电极的电极电势为零，记为 $\varphi^{\ominus}(H^+/H_2)=0.000\ 0$ V。以锌电极为例，用标准氢电极与标准锌电极(即在 298.15 K，$c(Zn^{2+})=1$ mol·L^{-1}时的锌电极)组成原电池，见图 1-9，用直流电位计测知电流从锌电极流向氢电

极，故氢电极为正极，锌电极为负极。电池反应为

$$Zn(s)+2H^+(aq) \rightleftharpoons Zn^{2+}(aq)+H_2(g)$$

用电位差计测得在标准状态下上述电池的电动势——标准电动势($E^\ominus$)为 0.761 8 V。根据 $E^\ominus=\varphi^\ominus(H^+/H_2)-\varphi^\ominus(Zn^{2+}/Zn)$，可计算得到 Zn^{2+}/Zn 电对的标准电极电势为

$$\varphi^\ominus(Zn^{2+}/Zn)=\varphi^\ominus(H^+/H_2)-E^\ominus=0-0.761\,8=-0.761\,8(V)$$

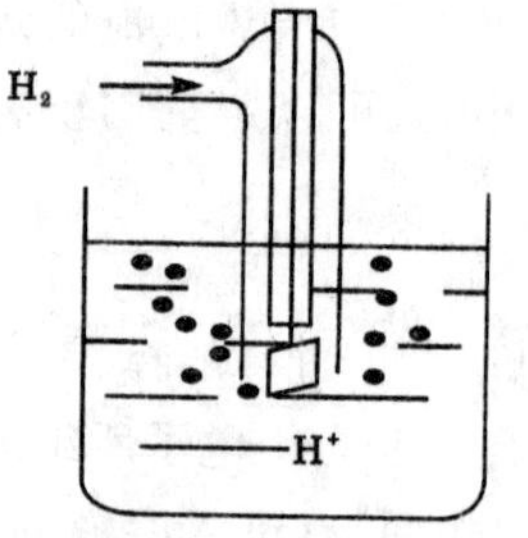

图 1-8 标准氢电极

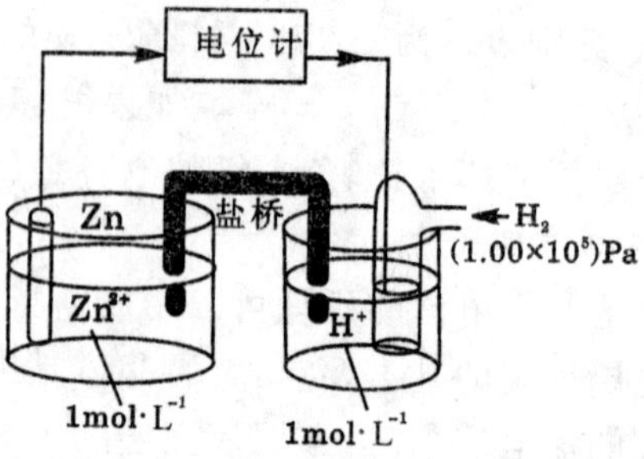

图 1-9 标准电极电势的测定

在实际工作中，由于标准氢电极需要纯氢气和铂黑作材料，使用又不方便，常用甘汞电极(见图 1-10)代替标准氢电极作为参比电极。

以饱和甘汞电极为例，它是由 Hg 和糊状 Hg_2Cl_2 及 KCl 饱和溶液组成，符号表示为

$$(Pt)Hg(l)\,|\,Hg_2Cl_2(s)\,|\,KCl(aq)$$

其电极反应为

$$Hg_2Cl_2(s)+2e^- \rightleftharpoons 2Hg(l)+2Cl^-(aq)$$

甘汞电极稳定性好、使用方便。饱和甘汞电极的电极电势经精确测量为 0.241 5 V。

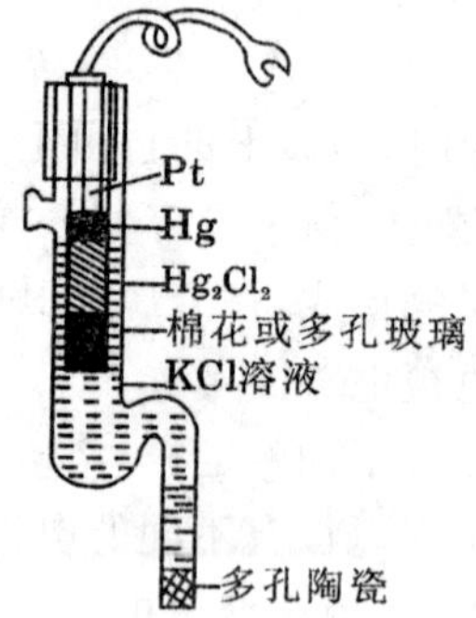

图 1-10 甘汞电极示意图

附录 9 列出了一些氧化还原电对的标准电极电势，它是按照电极电势的代数值递增顺序排列的。在使用该表时，应注意如下几点：

(1)标准电极电势值与电极反应物质的计量无关。例如：

$$Cu^{2+}(aq)+2e^- \rightleftharpoons Cu,\quad \varphi^\ominus(Cu^{2+}/Cu)=+0.345\ V$$

$$2Cu^{2+}(aq)+4e^- \rightleftharpoons 2Cu,\quad \varphi^\ominus(Cu^{2+}/Cu)=+0.345\ V$$

(2)表中的数值适用于水溶液和标准态，而在非水溶液或非标准态则不适用。表常分为酸表和碱表。酸表是指在 $c(H^+)=1\ mol\cdot L^{-1}$ 的酸性介质的标准电极电势，碱表是指在 $c(OH^-)=1\ mol\cdot L^{-1}$ 的碱性介质的标准电极电势。如未标明酸碱介质的表，则看其列出的电极反应式，式中有 H^+ 出现的为酸性介质，有 OH^- 出现的为碱性介质。

3. 电极电势的计算

前面讨论的电极电势是电极处于标准状态(各离子浓度 1 mol·L⁻¹，各气体的分压力 100 kPa)的电势，但实际上电极往往不是处于标准状态。影响电极电势的因素很多，主要有溶液中离子的浓度(或气体的分压)、温度等等。非标准状态的电极电势如何求得呢？

能斯特(W. Nernst)从理论上推导出电极电势与浓度、温度的关系式，称能斯特方程式。

任意给定的电极反应，可用通式表示为

$$a\ \text{氧化态}+ne^- \rightleftharpoons b\ \text{还原态}$$

能斯特方程式(从热力学推导得出)为

$$\varphi(\text{氧化态/还原态})=\varphi^{\ominus}(\text{氧化态/还原态})+\frac{RT}{nF}\ln\frac{[c(\text{氧化态})/c^{\ominus}]^a}{[c(\text{还原态})/c^{\ominus}]^b}$$

由于 $c^{\ominus}=1\ \text{mol}\cdot\text{L}^{-1}$，若不考虑对数项中的单位时，$c^{\ominus}$ 也可不写。

式中，φ(氧化态/还原态)表示电对在任意状态下的电极电势；$\varphi^{\ominus}$(氧化态/还原态)表示电对的标准电极电势；指数 a，b 表示电极反应中物质的化学计量数；n 表示电极反应中电子的计量系数；R 为摩尔气体常数，T 为热力学温度；F 为法拉第常数。

当温度 $T=298.15$ K 时，因为 $F=96\ 485\ \text{C}\cdot\text{mol}^{-1}$，$R=8.314\ \text{J}\cdot\text{K}^{-1}\cdot\text{mol}^{-1}$，并把自然对数换算成常用对数，则能斯特方程式变为

$$\varphi(\text{氧化态/还原态})=\varphi^{\ominus}(\text{氧化态/还原态})+\frac{0.059\ 17}{n}\lg\frac{[c(\text{氧化态})/c^{\ominus}]^a}{[c(\text{还原态})/c^{\ominus}]^b}$$

应用能斯特方程式时应注意以下几点：

(1)电极反应中若某一物质是固体或纯液体时，不列入方程式中。若为气体时，方程式的相对浓度改为相对分压($p_B/p^{\ominus}$)。例如，对氢电极而言，

电极反应为 $\quad 2H^+(aq)+2e^- \rightleftharpoons H_2(g)$

则

$$\varphi(H^+/H_2)=\varphi^{\ominus}(H^+/H_2)+\frac{0.059\ 17}{2}\lg\frac{[c(H^+)/c^{\ominus}]^2}{[p(H_2)/p^{\ominus}]}$$

(2)电极反应中，如有 H^+，OH^- 等其他离子参与反应，则这些物质也应表示在方程式中。如

$$MnO_4^-+8H^++5e^- \rightleftharpoons Mn^{2+}+4H_2O$$

$$\varphi(MnO_4^-/Mn^{2+})=\varphi^{\ominus}(MnO_4^-/Mn^{2+})+\frac{0.059\ 17}{5}\lg\frac{c(MnO_4^-)\cdot[c(H^+)]^8}{c(Mn^{2+})}\quad (c^{\ominus}\text{不写})$$

由于 H^+ 浓度的方次很高，对 φ 值的影响较大，因此，酸碱介质对某些氧化还原反应影响很大。

例 1-10 计算在 25℃时，Zn^{2+} 浓度为 $0.001\ \text{mol}\cdot\text{L}^{-1}$ 时，Zn^{2+}/Zn 电对的电极电势。

解 电极反应

$$Zn^{2+}+2e^- \rightleftharpoons Zn(s)$$

利用能斯特方程式代入得

$$\varphi(Zn^{2+}/Zn)=\varphi^{\ominus}(Zn^{2+}/Zn)+\frac{0.059\ 17}{2}\lg[c(Zn^{2+})/c^{\ominus}]$$

查表得 $\qquad \varphi^{\ominus}(Zn^{2+}/Zn)=-0.761\ 8\ \text{V}$

而 $\qquad \dfrac{c(Zn^{2+})}{c^{\ominus}}=\dfrac{0.001}{1}=0.001$

将数据代入上式，得

$$\varphi(Zn^{2+}/Zn)=-0.761\ 8+\frac{0.059\ 17}{2}\lg 0.001=-0.850\ \text{V}$$

例 1-11 计算中性溶液中，$p(O_2)=p^{\ominus}$ 时，O_2/OH^- 电极的电极电势(298.15 K)。

解 电极反应为

$$O_2+2H_2O+4e^- \rightleftharpoons 4OH^-$$

已知：$\varphi^{\ominus}(O_2/OH^-)=+0.401\ V$，中性溶液 $c(OH^-)=1.0\times10^{-7}\ mol\cdot L^{-1}$，所以

$$\varphi(O_2/OH^-)=\varphi^{\ominus}(O_2/OH^-)+\frac{0.059\ 17}{4}\lg\frac{p(O_2)/p^{\ominus}}{[c(OH^-)/c^{\ominus}]}=$$

$$0.401+\frac{0.059\ 17}{4}\lg\frac{1}{(10^{-7})^4}=0.814\ V$$

4. 电极电势的应用

电极电势的应用范围很广，仅介绍以下几个方面。

(1)比较氧化剂和还原剂的相对强弱：电极电势的大小，反映了氧化还原电对中氧化态物质和还原态物质在水溶液中氧化还原能力的相对强弱。电极电势值越小，该电对的还原态物质越易失去电子，是越强的还原剂，其对应的氧化态物质就越难得到电子，是弱的氧化剂。相反，电极电势值越大，该电对的氧化态物质越易得电子，是越强的氧化剂，其对应的还原态物质则难失电子，是弱的还原剂。例如，已知

$$\varphi^{\ominus}(Cu^{2+}/Cu)=0.341\ 9\ V$$

$$\varphi^{\ominus}(O_2/OH^-)=0.401\ V$$

$$\varphi^{\ominus}(Ag^+/Ag)=0.799\ 0\ V$$

可以看出，在标准条件下，氧化态物质的氧化能力 $Ag^+>O_2>Cu^{2+}$，还原态物质的还原能力 $Cu>OH^->Ag$。上列三个电对的物质中，Ag^+ 是最强的氧化剂，Cu 是最强的还原剂。

(2)计算原电池的电动势和氧化还原反应的吉布斯函数变：一个能自发进行的氧化还原反应，可以组成一个原电池，把化学能直接转变为电能。原电池通常在恒温、恒压下工作，根据化学热力学，如果在能量转变过程中无其他能量损失，则在等温、等压条件下，摩尔吉布斯函数变等于原电池可能做的最大电功，即

$$\Delta_r G_m=W'_{max}=W_e$$

此时，电子从原电池的负极移到正极的电荷总量为 Q，测得电动势为 E，原电池所做的电功 $W_e=-QE$。当原电池的两极在氧化还原反应中有单位物质的量的电子发生转移时，就产生 1 法拉第(F)的电量，$1F=96\ 485\ C\cdot mol^{-1}$。如果氧化还原反应中有 n mol 电子得失，则产生 nF 电量，从而可得

$$\Delta_r G_m=W'_{max}=-QE=-nFE$$

式中，负号表示系统向环境做功。

当原电池处于标准状态时，有关离子浓度为 $1\ mol\cdot L^{-1}$，气体压力为 100 kPa，温度通常选用 298.15 K，此时电动势就是标准电动势 $E^{\ominus}$，$\Delta_r G_m$ 就是 $\Delta_r G_m^{\ominus}$，则

$$\Delta_r G_m^{\ominus}=-nFE^{\ominus}$$

式中，$E^{\ominus}$ 的 SI 单位是 V，$\Delta_r G_m^{\ominus}$ 的 SI 单位是 $J\cdot mol^{-1}$。

根据此式就可以从电极电势计算电池反应的吉布斯函数变。

例 1-12 计算由标准氢电极和标准镁电极组成的原电池的电动势和电池反应的标准吉布斯函数变。

解 查书末附录可得

$$\varphi^{\ominus}(Mg^{2+}/Mg)=-2.372\ V,\quad \varphi^{\ominus}(H^+/H_2)=0.000\ 0\ V$$

$\varphi^\ominus$值较小的标准镁电极应作为原电池的负极，$\varphi^\ominus$值较大的标准氢电极作为正极。原电池的符号表示为

$(-)Mg|\ Mg^{2+}(1\ mol \cdot L^{-1})\ \|\ H^+(1\ mol \cdot L^{-1})|H_2(100\ kPa)|(Pt)(+)$

电池反应为

$$Mg(s)+2H^+(aq)=Mg^{2+}(aq)+H_2(g)$$

$$E^\ominus=\varphi_{正}^\ominus-\varphi_{负}^\ominus=0\ V-(-2.372)V=2.372\ V$$

电池反应中 $n=2$，则

$$\Delta_r G_m^\ominus=-nFE^\ominus=-2\times 96\ 485\ C\cdot mol^{-1}\times 2.372\ V=$$
$$-457\ 725\ J\cdot mol^{-1}=-457.73\ kJ\cdot mol^{-1}$$

(3)判断氧化还原反应自发进行的方向：一个氧化还原反应能否自发进行，可用 $\Delta_r G_m$ 来判断，若 $\Delta_r G_m<0$，反应就能自发进行。

氧化还原反应的 $\Delta_r G_m$ 与原电池电动势的关系为 $\Delta_r G_m=-nFE$。其中 $n>0$，$F>0$，因而只有 $E>0$ 时才有 $\Delta_r G_m<0$，即 $\varphi_{正}>\varphi_{负}$ 时，反应就能自发进行。也就是说，电极电势值小的还原态物质可以和电极电势大的氧化态物质自发进行反应。因此，根据组成氧化还原反应的两电对的电极电势，就可以判断氧化还原反应进行的方向。

例 1-13 判断下列氧化还原反应进行的方向。

(1)$2Ag(s)+Hg^{2+}(1\ mol\cdot L^{-1})\rightleftharpoons 2Ag^+(1\ mol\cdot L^{-1})+Hg(l)$

(2)$2Ag(s)+Hg^{2+}(0.01\ mol\cdot L^{-1})\rightleftharpoons 2Ag^+(1\ mol\cdot L^{-1})+Hg(l)$

解 先从附录 9.1 中查出各电对标准电极电势。

$$\varphi^\ominus(Ag^+/Ag)=0.799\ V,\quad \varphi^\ominus(Hg^{2+}/Hg)=0.851\ V$$

(1)因为 $c(Hg^{2+})=c(Ag^+)=1\ mol\cdot L^{-1}$，所以可用 $\varphi^\ominus$ 值直接比较：

$$\varphi^\ominus(Hg^{2+}/Hg)>\varphi^\ominus(Ag^+/Ag)$$

此时 Hg^{2+} 是较强的氧化剂，Ag 是较强的还原剂，反应(1)可正向进行。

(2)Ag^+ 仍为标准态，而 $c(Hg^{2+})=0.01\ mol\cdot L^{-1}$ 且两电极的标准电极电势相差很小(0.052 V)，此时需计算出 $\varphi(Hg^{2+}/Hg)$ 再作判断。

$$\varphi(Hg^{2+}/Hg)=\varphi^\ominus(Hg^{2+}/Hg)+\frac{0.059\ 17}{2}\lg c(Hg^{2+})=$$

$$0.851+\frac{0.059\ 17}{2}\lg(0.01)=0.792\ V$$

此时 $\varphi(Hg^{2+}/Hg)<\varphi^\ominus(Ag^+/Ag)$，反应(2)将逆向进行。

例 1-14 25℃，控制溶液呈酸性(pH=5)，其他离子或气体处于标准态，能否用下列氧化还原反应制取氧气？计算说明。

$$2MnO_4^-+5H_2O_2+6H^+\rightleftharpoons 2Mn^{2+}+5O_2+8H_2O$$

解 依题意 $c(H^+)=1.000\times 10^{-5}\ mol\cdot L^{-1}$，$p(O_2)=100\ kPa$，

$$c(MnO_4^-)=c(Mn^{2+})=1.000\ mol\cdot L^{-1},\quad T=298.15\ K$$

两电极反应及标准电极电势为

$$MnO_4^-+8H^++5e\rightleftharpoons Mn^{2+}+4H_2O,\quad \varphi^\ominus(MnO_4^-/Mn^{2+})=1.507\ V$$

$$O_2+2H^++2e\rightleftharpoons H_2O_2,\quad \varphi^\ominus(O_2/H_2O_2)=0.695\ V$$

H^+浓度的改变对电极电势的影响用能斯特方程式计算如下：

$$\varphi(MnO_4^-/Mn^{2+})=\varphi^{\ominus}(MnO_4^-/Mn^{2+})+\frac{0.059\ 17}{5}\lg\frac{c(MnO_4^-)[c(H^+)]^8}{c(Mn^{2+})}=$$

$$1.507+\frac{0.059\ 17}{5}\lg(1.000\times10^{-5})^8=$$

$$1.507-0.472=1.035\ V$$

$$\varphi(O_2/H_2O)=\varphi^{\ominus}(O_2/H_2O)+\frac{0.059\ 17}{2}\lg\frac{[p(O_2)/p^{\ominus}][c(H^+)]^2}{c(H_2O_2)}=$$

$$0.695+\frac{0.059\ 17}{2}\lg(1.000\times10^{-5})^2=$$

$$0.695-0.295=0.400\ V$$

因为 $\varphi(MnO_4^-/Mn^{2+})>\varphi(O_2/H_2O_2)$，所以可以用题给反应制取氧气。

此例说明，有介质参与的氧化还原反应，酸度对电极电势的影响是很大的，有时还会影响到含氧酸根(如 MnO_4^-)被还原的产物，改变反应的方向等。

(4)衡量氧化还原反应进行的程度：氧化还原反应进行程度的大小，可用标准电极电势计算出 $K^{\ominus}$ 值进行衡量，$K^{\ominus}$ 值越大，程度越大，反应越完全。

根据

$$\Delta_r G_m^{\ominus}=-RT\ln K^{\ominus}=-nFE^{\ominus}$$

$$\lg K^{\ominus}=\frac{-\Delta_r G_m^{\ominus}}{2.303RT}=\frac{nFE^{\ominus}}{2.303RT}$$

式中，$E^{\ominus}$，$K^{\ominus}$ 和 $\Delta_r G_m^{\ominus}$ 都与温度 T 有关。如果 $T=298.15$ K，将它与其他常数 F，R 一并代入得

25℃时

$$\lg K^{\ominus}=\frac{nE^{\ominus}}{0.059\ 17}=\frac{n(\varphi_{正}^{\ominus}-\varphi_{负}^{\ominus})}{0.05917}$$

从此式可以看出，在 $T=298.15$ K 时氧化还原反应的平衡常数 $K^{\ominus}$ 只与 $E^{\ominus}$ 有关，而与溶液的起始浓度无关。只要知道由氧化还原反应所组成的原电池的正、负极的标准电极电势，就可以计算出用以衡量反应程度的 $K^{\ominus}$。

例 1-15 计算下列反应在 298.15 K 时的标准平衡常数 $K^{\ominus}$，并讨论反应的彻底性。

$$Cu(s)+2Ag^+(aq)\rightleftharpoons Cu^{2+}(aq)+2Ag(s)$$

解 先将上述反应组成一个标准条件下的原电池

负极由电对 Cu^{2+}/Cu 组成，$\varphi^{\ominus}(Cu^{2+}/Cu)=0.341\ 9$ V

正极由电对 Ag^+/Ag 组成，$\varphi^{\ominus}(Ag^+/Ag)=0.799\ 0$ V

则

$$E^{\ominus}=\varphi_{正}^{\ominus}-\varphi_{负}^{\ominus}=\varphi^{\ominus}(Ag^+/Ag)-\varphi^{\ominus}(Cu^{2+}/Cu)=$$

$$0.799\ 0-0.341\ 9=0.457\ 1\ V$$

$$\lg K^{\ominus}=\frac{nE^{\ominus}}{0.059\ 17}=\frac{2\times0.457\ 1}{0.059\ 17}=15.45$$

$$K^{\ominus}=2.82\times10^{15}$$

从以上结果可以看出，该反应可能进行的程度是相当大的。一般，当 $n=1$ 时，$E^{\ominus}>0.3$ V 的氧化还原反应的 $K^{\ominus}>10^5$；当 $n=2$ 时，$E^{\ominus}>0.2$V 的氧化还原反应的 $K^{\ominus}>10^6$，就可认为反应进行得相当完全。

电极电势的应用除了以上几个方面外，还可以用于判断电解产物、判断金属腐蚀的可能性

和程度，设计新型化学电源、计算溶度积和配离子的不稳定常数、判断水环境的氧化还原能力以及排放工业废水的质量监控等等。

思 考 题

1. 使用“摩尔”这个单位时，为什么必须指明它所对应的基本单元？基本单元有哪些？

2. “10 摩尔氧”、“0.5 摩尔水”、“氧化锰的物质的量”的说法是否正确？为什么？

3. “系统”的含义是什么？它与环境有哪些联系？

4. 什么是状态函数？它有何重要特性？

5. 对热和功的正、负号是如何规定的？举例说明。

6. 焓变的物理意义是什么？

7. 相与聚集状态有何联系与区别？

8. 说明下列各组符号所代表意义的不同之处。

(1)S，$S_m^\ominus$，$\Delta_r S_m^\ominus$；

(2)G，$\Delta_r G_m^\ominus$，$\Delta_r G_m$；

(3)Q'_p 与 $K_p^\ominus$；

(4)Q_p 与 Q_v。

9. 什么是热力学标准状态？为什么要规定热力学标准状态？

10. 什么是自发过程？正向不能自发进行的过程，其逆向是否一定能自发进行？

11. 不必计算，判断下列过程的 ΔH，ΔS 的正、负号；并指出哪个过程的自发性与温度高低有关。

(1)铁水凝固为铁块；

(2)食盐溶于水制成饱和溶液；

(3)$2SO_2(g)+O_2(g) \rightarrow 2SO_3(g)$；

(4)$CaSO_4 \cdot 2H_2O(s) \rightarrow CaSO_4(s)+2H_2O(l)$

12. 在恒温恒压条件下，某反应的 $\Delta_r G_m^\ominus(T)=20\ kJ \cdot mol^{-1}$，能否以此判断该反应不能自发进行？为什么？

13. 浓度和温度对化学平衡的影响有何不同？

14. 试举出三种计算反应的 $K^\ominus$ 值的方法，写出有关的计算公式。

15. 在下列平衡系统中，采取以下措施时，平衡将向哪一方移动？

$$PCl_3(g)+Cl_2(g) \rightleftharpoons PCl_5(g),\quad \Delta_r H_m^\ominus=-9.29\ kJ \cdot mol^{-1}$$

(1)通入 Cl_2；

(2)降低温度；

(3)增加系统总压；

(4)加入催化剂。

16. 能否直接根据化学方程式来书写反应速率方程式和确定反应级数？为什么？

17. 写出阿仑尼乌斯公式的两种形式，说明它们的应用。

18. 两个反应的活化能分别为 250 kJ·mol⁻¹ 和 86 kJ·mol⁻¹，在相同条件下，哪个反应进行较快？为什么？

19.“催化剂只能使正反应活化能降低，因此仅能增大正反应速率”的说法是否正确？

20.什么是氧化还原电对？如何表示？

21.原电池的组成有哪几部分？如何用符号来表示原电池？

22.标准电极电势是如何规定的？查阅标准电极电势表时应注意哪些问题？

23.非标准条件下的电极电势和电动势如何计算？在应用能斯特方程式时应注意哪些问题？

24.下列物理量中，哪些与离子浓度有关？哪些与温度有关？

(1)φ　(2)$\varphi^{\ominus}$　(3)$K^{\ominus}$　(4)ΔG

25.判断氧化还原反应方向的原则是什么？什么情况下可以直接用 $\varphi^{\ominus}$ 值？什么情况下必须计算出 φ 值？

26.试从有关电对的电极电势如 $\varphi(Fe^{2+}/Fe)$，$\varphi(Fe^{3+}/Fe^{2+})$ 及 $\varphi(O_2/H_2O)$，说明为什么在 $FeCl_2$ 溶液中加入纯铁屑可以防止 Fe^{2+} 被空气氧化？

27.由标准锌电极和标准铜电极组成原电池：(—) Zn | $ZnSO_4$ (1 mol · L^{-1}) ‖ $CuSO_4$(1 mol · L^{-1}) | Cu(+)，回答下列问题：

(1)改变下列条件对原电池电动势有何影响？

1)增加 $ZnSO_4$ 溶液的浓度；

2)在 $ZnSO_4$ 溶液中加入过量的 NaOH；

3)增加铜片的电极表面积；

4)在 $CuSO_4$ 溶液中加入 H_2S。

(2)在铜锌原电池工作一段时间后，原电池的电动势是否会发生改变？为什么？

28.在标准状态下 Fe^{3+} 与 I^- 离子能否共存于溶液中？为什么？如果 $c(Fe^{2+})=1$ mol · L^{-1}，$c(I^-)=1$ mol · L^{-1}，那么 $c(Fe^{3+})=$？时才能与 I^- 共存于溶液中？已知 $\varphi^{\ominus}(Fe^{3+}/Fe^{2+})=0.771$ V，$\varphi^{\ominus}(I_2/I^-)=0.535$ V。

29.下列物质都是常见的氧化剂，根据 $\varphi^{\ominus}$ 值排出它们氧化能力的大小顺序，并写出它们的还原产物(设在酸性溶液中)。

O_2，Cl_2，H_2SO_4，HNO_3，$KMnO_4$，$K_2Cr_2O_7$

30.标准电动势 $E^{\ominus}$ 在电化学中有哪些应用？写出有关的关系式？

习　题

1.某乙醇溶液的质量为 196.07 g，其中 H_2O 为 180 g，求所含 C_2H_5OH 物质的量。

2.已知化学反应方程式：$CaCO_3(s)=CaO(s)+CO_2(g)$，求 1 t 含 95%碳酸钙的石灰石在完全分解时最多能得到氧化钙和二氧化碳各多少千克？

3.已知铝氧化反应方程式：$4Al(s)+3O_2(g)=2Al_2O_3(s)$，试问：当反应过程中消耗掉 2 molAl时，该反应的反应进度为多少？分别用 Al，O_2，Al_2O_3 进行计算。

4.水分解反应方程式：$H_2O(l)=H_2(g)+\frac{1}{2}O_2(g)$，反应进度 $\xi=3$ mol 时，问消耗掉多少 H_2O，生成了多少 O_2？

5. 甲烷是天然气的主要成分，试利用标准生成焓的数据，计算甲烷完全燃烧时反应的标准焓变 $\Delta_r H_m^{\ominus}$(298.15 K)。1 mol CH_4 完全燃烧时能释放多少热能？

6. 已知 N_2H_4(l)和 N_2O_4(g)在 298.15 K 时的标准摩尔生成焓分别为 50.63 kJ・mol^{-1} 和 9.66 kJ・mol^{-1}。计算火箭燃料联氨和氧化剂四氧化二氮反应

$$2N_2H_4(l)+N_2O_4(g)=3N_2(g)+4H_2O(l)$$

的标准摩尔焓变。计算 32 g 液态联氨完全氧化时所放出的热量。

7. 比较在同样的压力、温度下，下列物质的熵值大小。

(1) He(l)和 He(g)

(2) H_2O(l)和 H_2O_2(l)

(3) 金刚石和石墨

8. CaC_2 与 H_2O 作用生成用于焊接的乙炔气，其反应为

$$CaC_2(s)+2H_2O(l)=Ca(OH)_2(s)+C_2H_2(g)$$

利用附录 3 的热力学数据计算该反应在 298.15K 时的标准摩尔焓变，标准摩尔熵变，用计算结果说明该反应是吸热还是放热反应？是熵增还是熵减过程？该反应的自发性是否与温度有关？已知 CaC_2 的 $\Delta_f H_m^{\ominus}=-62.76$ kJ・mol^{-1}，$S_m^{\ominus}=70.09$ J・K^{-1}・mol^{-1}。

9. 用二种方法计算反应 $Cu(s)+H_2O(g)=CuO(s)+H_2(g)$在 25℃的标准摩尔吉布斯函数变。如果 $p(H_2O)$∶$p(H_2)=2∶1$，判断该反应能否自发进行。

10. 近似计算下列反应在 1 800 K 时的 $\Delta_r G_m^{\ominus}$ 值，即

$$TiO_2(金红石,s)+C(石墨)=Ti(s)+CO_2(g)$$

当反应处在 $p(CO_2)=80$ kPa 的气氛中时，能否自发进行？

11. 写出下列反应的分压标准平衡常数 $K_p^{\ominus}$ 的表达式。

(1)$H_2(g)+S(s)\rightleftharpoons H_2S(g)$

(2)$C_2H_2(g)+2H_2(g)\rightleftharpoons C_2H_6(g)$

(3)$4NH_3(g)+7O_2(g)\rightleftharpoons 4NO_2+6H_2O(l)$

(4)$SiO_2(s)+2H_2(g)\rightleftharpoons Si(s)+2H_2O(l)$

12. 利用热力学数据，计算下列反应在 298.15 K 时的 $K^{\ominus}$ 值。

(1)$CH_4(g)+2H_2O(g)=CO_2(g)+4H_2(g)$

(2)$SiO_2(s) + 2C(s) = Si(s) + 2CO(g)$

13. 已知反应 $N_2(g)+O_2(g)= 2NO(g)$在 500 K 时的 $K^{\ominus}=8.90\times10^{27}$，$p(N_2)=8.0$ kPa，$p(O_2)=2.0$ kPa，$p(NO)=1.0$kPa。通过计算说明该反应自发进行的方向如何？

14. 已知 973 K 时下列反应的标准平衡常数 $K^{\ominus}$：

(1)$SO_2(g)+O_2(g)\rightleftharpoons SO_3(g)$　　$K_1^{\ominus}=20$

(2)$NO_2(g)\rightleftharpoons NO(g)+O_2(g)$　　$K_2^{\ominus}=0.012$

求反应 $SO_2(g)+NO_2(g)\rightleftharpoons SO_3(g)+NO(g)$的 $K^{\ominus}$。

15. 反应 $CO_2(g)+H_2(g)=CO(g)+H_2O(g)$在 973 K，1 073 K，1 173 K，1 273 K 时的平衡常数分别为 0.618，0.905，1.29，1.66，试问此反应是吸热反应还是放热反应？

16. 某温度时 8.0 mol SO_2 和 4.0 mol O_2 在密闭容器中进行反应生成 SO_3 气体，测得起

始时和平衡时(温度不变)系统的总压力分别为 300 kPa 和 220 kPa。试求该温度时反应 $2SO_2(g)+O_2(g)=2SO_3(g)$ 的平衡常数和 SO_2 的转化率。

17. 已知下列反应

$$Ag_2S(s)+H_2(g)=2Ag(s)+H_2S(g)$$

在 740 K 时的 $K^{\ominus}=0.36$。若在该温度下,在密闭容器中将 1.0 mol Ag_2S 还原为 Ag,试计算最少需用 H_2 的物质的量。

18. 根据实验,下列反应为元反应

$$2NO(g)+Cl_2(g)=2NOCl(g)$$

(1)写出反应速率方程式。

(2)反应的总级数是多少?

(3)其他条件不变,如果将容器的体积增加到原来的 1 倍,反应速率如何变化?

(4)如果容器体积不变而将 NO 的浓度增加到原来的 3 倍,反应速率又将怎样变化?

19. 根据实验结果,在高温时焦炭中碳与二氧化碳的反应为

$$C(s)+CO_2(g)=2CO(g)$$

其活化能为 167.36 $kJ \cdot mol^{-1}$。计算温度由 900 K 升高到 1 000 K 时,反应速率增大多少倍?

20. 将下列各氧化还原反应组成原电池,分别用电池符号表示之。

(1) $Fe+Ni^{2+}=Fe^{2+}+Ni$

(2) $Cu+Cl_2=Cu^{2+}+2Cl^-$

(3) $Sn^{2+}+Hg^{2+}=Sn^{4+}+Hg(l)$

(4) $Cr_2O_7{}^{2-}+6Fe^{2+}+14H^+=2Cr^{3+}+6Fe^{3+}+7H_2O$

21. 写出下列原电池的两极反应,电池反应,并计算原电池的电动势。(未注明的均为标准条件)

(1)$Pb|Pb^{2+}(0.1\ mol \cdot L^{-1}) \| Sn^{2+}|Sn$

(2)$Zn|Zn^{2+} \| H^+(0.001\ mol \cdot L^{-1})|H_2|(Pt)$

22. 在标准条件下,下列反应均按正方向进行:

$K_2Cr_2O_7+6FeSO_4+7H_2SO_4$(稀)$=Cr_2(SO_4)_3+3Fe_2(SO_4)_3+K_2SO_4+7H_2O$

$2FeCl_3+SnCl_2=SnCl_4+2FeCl_2$

指出这两个反应中有几个氧化还原电对?比较它们的电极电势的相对大小、氧化态物质氧化能力的大小,还原态物质还原能力的大小(从大到小列出次序)。

23. 有一种含 Cl^-,Br^- 和 I^- 的溶液,要使 I^- 被氧化而 Cl^-,Br^- 不被氧化,则在下列氧化剂中选择哪一种比较适宜?为什么?

(1)$KMnO_4$ 酸性溶液

(2)$K_2Cr_2O_7$ 酸性溶液

(3)氯水

(4)$Fe_2(SO_4)_3$ 溶液

24. 判断下列氧化还原反应进行的方向(设离子浓度均为 1 $mol \cdot L^{-1}$)。

(1)$Co^{2+}+Cl^- \rightleftharpoons Co+Cl_2$

(2)$2Cr^{3+}+3I_2+7H_2O \rightleftharpoons Cr_2O_7{}^{2-}+6I^-+14H^+$

(3)$Cu+2FeCl_3 \longrightarrow CuCl_2+2FeCl_2$

25. 在25℃和标准条件下，将反应 $Zn+Fe^{2+}(aq)=Zn^{2+}(aq)+Fe$ 组成原电池，

(1)通过计算说明该电池反应最多能转化成多少电能($\Delta G_m^\ominus$)？

(2)计算 $c(Fe^{2+})=1.0\times10^{-2}\ mol \cdot L^{-1}$，其他均为标准条件时原电池的电动势；

(3)利用附录9中有关数据计算该反应的标准平衡常数 $K^\ominus$。

26. 是非题(对的在括号内填"+"号，错的填"−"号)。

(1)各部分的物质组分均相同的体系，一定是单相体系。(　　)

(2)反应放出的热量不一定是该反应的焓变。(　　)

(3)某反应的 $\Delta_r H_m^\ominus(298\ K)>0$，$\Delta_r S_m^\ominus(298\ K)>0$，说明该反应在任何条件下都不能自发进行。(　　)

(4)在水溶液中，还原性最强的物质所处的电对具有最小的电极电势。(　　)

(5)反应级数等于反应物在反应方程式中的系数之和。(　　)

27. 选择题(将正确答案的标号填入空格内)

(1)室温下，下列数值等于零的是________。

A. $\Delta_f G_m^\ominus$(金刚石，s)　　B. $\Delta_f H_m^\ominus(Br_2,g)$

C. $S_m^\ominus(N_2,g)$　　D. $\Delta_f H_m^\ominus$(白磷，s)

(2)下列反应在298 K时的 $\Delta_r H_m^\ominus$ 和 $\Delta_r G_m^\ominus$ 分别为 $-114.42\ kJ \cdot mol^{-1}$ 和 $-76.12\ kJ \cdot mol^{-1}$

$$4HCl(g)+O_2(g)=2H_2O(g)+2Cl_2(g)$$

据此可以推断________。

A. 此反应为吸热反应

B. 在25℃，标准态时，该反应是个自发反应

C. 标准态时，此反应低温自发而高温非自发

D. 此反应永远是个自发反应

(3)已知下列反应的标准摩尔吉布斯函数变和标准平衡常数：

C(石墨)$+O_2(g) \rightleftharpoons CO_2(g)$　　$\Delta_r G_{m,①}^\ominus, K_①^\ominus$

$CO_2(g) \rightleftharpoons CO(g)+\frac{1}{2}O_2(g)$　　$\Delta_r G_{m,②}^\ominus, K_②^\ominus$

C(石墨)$+\frac{1}{2}O_2(g) \rightleftharpoons CO(g)$　　$\Delta_r G_{m,③}^\ominus, K_③^\ominus$

下列关系式正确的是________。

A. $\Delta_r G_{m,③}^\ominus=\Delta_r G_{m,①}^\ominus+\Delta_r G_{m,②}^\ominus$

B. $\Delta_r G_{m,③}^\ominus=\Delta_r G_{m,①}^\ominus-\Delta_r G_{m,②}^\ominus$

C. $K_③^\ominus=K_①^\ominus/K_②^\ominus$

D. $K_③^\ominus=K_①^\ominus K_②^\ominus$

(4)升高同样的温度，反应速率增加较大的是________。

A. 活化能较小的反应　　B. 活化能较大的反应

C. 双分子反应　　D. 多分子反应

(5)在标准态时，往 H_2O_2 酸性溶液中加入适量的 Fe^{2+} 离子，其反应产物可能是________。

A. Fe，O_2 和 H^+　　B. Fe^{3+} 和 O_2

C. Fe^{3+} 和 H_2O　　D. Fe 和 H_2O

(6)对于由下列反应组成的原电池来说，欲使电动势增加，可采取的措施有________。

$$Zn+Cd^{2+} \rightarrow Zn^{2+}+Cd$$

A. 降低 Zn^{2+} 浓度　　B. 增加 Cd^{2+} 的浓度

C. 加大锌电极　　D. 降低 Cd^{2+} 的浓度

第 2 章　化学能源与新能源的开发利用

能源是指可以从其中获得能量的资源。能源消费水平的高低是衡量一个国家经济技术发展水平的重要标志。随着社会的发展,能源供需之间的矛盾越来越突出,20 世纪 70 年代的石油危机向世人敲响了警钟,人们第一次意识到能源资源的重要性,迫使人们必须开发新能源。能源的开发和利用都离不开化学。我们把存在于自然界中可直接利用其能量的能源称为一次能源。把需要由一次能源经过加工(不限一次转化过程)而取得的能源称为二次能源。在一次能源中,不随人类的利用而显著减少的能源称为再生能源,随着人类的利用而减少的能源称为非再生能源。已经大规模生产和广泛利用的能源称为常规能源,也称为传统能源。所谓新生能源不是指新发现的能源,而是指以新技术和新材料为基础,使能源得到现代化的开发和利用的能源。目前,新能源的研究重点在于开发利用太阳能、风能、生物能、海洋能、氢能、核能和地热能等。以上对能源的分类可归纳如下:

- 能源
  - 一次能源
    - 常规能源
      - 可再生能源(如水能)
      - 非再生能源(如煤炭、石油、天然气、核裂变燃料)
    - 新能源
      - 可再生能源(如太阳能、风能、生物能、海洋能)
      - 非再生能源(如核聚变燃料、油砂)
  - 二次能源
    - 煤制品(如洗煤、焦炭、煤气)
    - 石油制品(如汽油、煤油、柴油、燃料油、液化石油气)
    - 其他(电力、氢能、余热、沼气、蒸汽等)

第 1 节　化 石 燃 料 能 源

石油、天然气和煤是远古时代的海洋或湖泊中,动植物遗体在地下经过漫长复杂的变化而形成的可燃性液体、气体和固体物质,它们通常蕴藏在地下,要通过挖掘或钻井进行开采。它们可以以原始状态,也可以精制产品经燃烧而产生能量。因此,人们称其为化石燃料,也称生物化石燃料或矿物燃料。化石燃料不仅是现代人们所使用的燃料的主要来源,而且也是许多工业产品诸如化肥、橡胶、合成纤维、塑料、药物等的基础原料,因此其在现代国民经济建设中起着举足轻重的作用。

一、石油和天然气

1. *石油*

石油又称为原油,是多种烃的混合物,经过炼制可得到汽油、柴油、煤油、渣油等燃料,最重要的燃料是汽油,汽油中最主要的组分是辛烷(C_8H_{18})。辛烷完全燃烧的热化学方程式为

$$C_8H_{18}(l)+\frac{25}{2}O_2(g)=8CO_2(g)+9H_2O(l)$$

$$\Delta_r H_m^{\ominus}(298.15\ K)=-5440\ kJ\cdot mol^{-1}$$

对于 1.000 gC_8H_{18}来说，$\Delta_r H^{\ominus}(298.15\ K)=-47.7 kJ \cdot g^{-1}$

其他详细内容见第七章《工业用油》。

2. 天然气

天然气是一种低级烷烃的混合物，主要组分为甲烷(CH_4)，尚含少量乙烷、丙烷等，它常和石油伴生，但一般埋藏部位较深。甲烷完全燃烧的热化学方程式为

$$CH_4(g)+2O_2(g)=CO_2(g)+2H_2O(l) \quad \Delta_r H_m^{\ominus}(298.15\ K)=-890\ kJ \cdot mol^{-1}$$

对于 1.000 gCH_4 来说，$\Delta_r H^{\ominus}(298.15\ K)=-55.6\ kJ \cdot g^{-1}$。

天然气的用途主要是作为工业或家庭的燃料气。早在公元前 221 年，我国就在四川省自流井气田钻成深约 100 m 的天然气井。富含甲烷的天然气也是驱动汽车发动机的优良燃料，其突出的优点是抗震性能好和排出的废气不污染环境。天然气代替焦炭用来炼铁的技术正不断扩大。这种“直接还原法”炼铁对那些没有煤炭资源的国家来说具有特殊意义。

二、煤炭

煤炭是我国的重要能源，被誉为“黑色金子”。我国煤炭资源极为丰富，总储量为 1.5×10^{12} t，居世界第三位。虽然 20 世纪 60 年代以来，石油工业迅速发展，煤炭所占能源消费量的比例逐渐下降，但仍保持其优势地位。

1. 煤的分类和组成

煤的分类方法很多，通常根据煤的干燥无灰基挥发分(Vdaf)，并参考发热量、水分、灰分的含量来进行分类，一般分成如下四类。

(1)无烟煤：挥发分含量低，一般 $V\leqslant 10\%$，含碳质量分数很高，最高可达 0.95，发热量高。

(2)烟煤：挥发分含量高且变化范围大，一般 $V=10\%\sim 45\%$，炭化程度低于无烟煤，发热量也较高。其表面呈乌黑色，质松软，易结焦，可供炼焦工业用，故又称为炼焦煤。

(3)褐煤：挥发分含量较高，$V=40\%\sim 50\%$，呈褐色，质脆，易风化，故不易长途运输。

(4)泥煤：炭化程度最低，在结构上还保留有植物遗体的痕迹，由于它质地疏松，吸水性很强，一般含水分 40%以上，工业价值不大，可用作锅炉燃料和气化原料。

煤是由有机物、无机物组成的一种混合物，以有机物为主，目前公认的平均组成如表 2-1 所示。

将其折算成原子比，可用 $C_{135}H_{96}O_9NS$ 代表，此外还含有微量的其他非金属和金属元素。

表 2-1　煤中有化学元素的平均组成

元　素	C	H	O	N	S
质量分数/10^{-2}	85.0	5.0	7.6	0.7	1.7

2. 煤的综合利用

煤在我国能源消费结构中位居榜首(约占 70%)，通常煤完全燃烧所放出的热量约为 30 $kJ \cdot g^{-1}$(煤)，而且大部分是直接燃烧掉的，这样不仅只利用了煤应有价值的一半，而且由于 S 及 N 燃烧时变成 SO_2 和 NO_x 而污染环境，还有煤灰和煤渣等固体垃圾的处理与利用问题困扰人们。所以，如何合理利用和综合利用煤资源，既能使煤转化为清洁能源，又能提取分离煤中所含的宝贵化工原料，具有十分深远的意义。

(1)煤的气化：让煤在氧气不足的条件下进行部分氧化，使煤中的有机物转化为可燃气体，以气体燃料的方式经管道输送到车间、实验室和千家万户等，也可以作为原料气体送进反应塔。煤的气化涉及的主要反应如下：

化学反应	$\Delta_r H/kJ \cdot mol^{-1}$	特 征
① $C(s)+O_2(g)=CO_2(g)$	−393.5	完全燃烧
② $C(s)+\frac{1}{2}O_2(g)=CO(g)$	−110.5	不完全燃烧
③ $C(s)+CO_2(g)=2CO(g)$	+172.5	还原反应
④ $C(s)+H_2O(g)=CO(g)+H_2(g)$	+131.3	水煤气的生成
⑤ $C(s)+2H_2(g)=CH_4(g)$	−75	甲烷的生成
⑥ $2CO(g)+2H_2(g)=CH_4(g)+CO_2(g)$	−247.5	甲烷的生成
⑦ $CO_2(g)+4H_2(g)=CH_4(g)+2H_2O(g)$	−165	甲烷的生成

其中反应①和④是制取水煤气的重要反应。将空气通过装有灼热焦炭的塔柱，发生放热反应①，放出的大量热可使焦炭的温度上升到约 1 500℃。切断空气，将水蒸气通过热焦炭，发生反应④，生成水煤气。由于反应④吸热，焦炭的温度将逐渐降低，因此这一方法需要间歇操作。水煤气中的 CO 和 H_2 完全燃烧时放出大量热。

$$CO(g)+\frac{1}{2}O_2(g)=CO_2(g),\quad \Delta_r H_m^{\ominus}(298.15\ K)=-283.0\ kJ \cdot mol^{-1}$$

$$H_2(g)+\frac{1}{2}O_2(g)=H_2O(l),\quad \Delta_r H_m^{\ominus}(298.15\ K)=-285.8\ kJ \cdot mol^{-1}$$

水煤气的缺点是 CO 有剧毒，H_2 易爆，制备操作方法复杂，有待改进。

根据煤气的不同用途，可通过调节煤和空气或水和空气的比例、改进汽化炉结构，控制反应温度和压力等条件来强化所需要反应，获取所需要的反应产物。作为燃料用的煤气实际是 H_2，CO，CO_2，CH_4，N_2(由空气带入)的混合气体。

(2)煤的焦化：也叫煤的干馏。这是把煤置于隔绝空气的密闭炼焦炉内加热，煤分解生成固态的焦炭、液态的煤焦油和气态的焦炉气。随干馏温度不同而得到不同的干馏产品。低温(500～600℃)干馏所得焦炭的数量和质量都较差，但焦油产率较高，其中所含轻油部分，经过加氢可以制成汽油。中温(750～800℃)法的主要产品是城市煤气，而高温(1 000～1 100℃)法的主要产品则是焦炭(见图 2-1)。

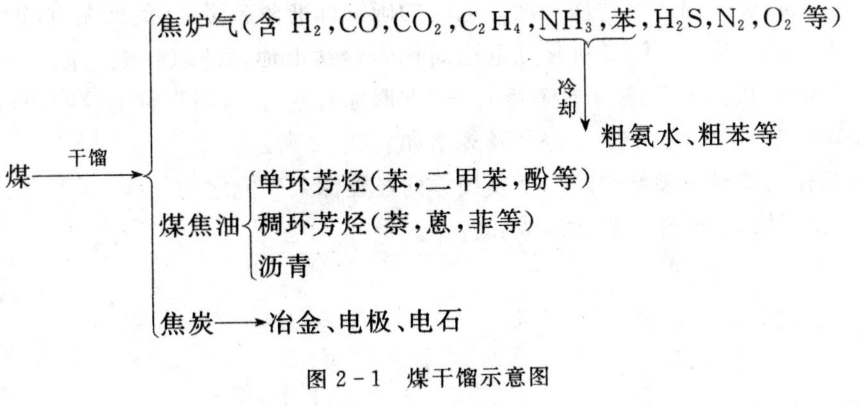

图 2-1 煤干馏示意图

总之，煤经过焦化加工，使其中各成分都能得到有效利用，而且用煤气作燃料要比直接烧煤干净得多，可减少环境污染。

(3)煤的液化：煤炭液化油也叫人造石油。煤的相对分子质量大约是石油的10倍，且煤的含氢量比石油低得多。所以将煤加热裂解，使大分子变小，然后在温度为450～480℃、压力12～30 MPa和催化剂作用下加氢(氢化)可以得到多种燃料油。这种先裂解再氢化的方法称为直接液化法。另一种方法是先使煤气化得到CO和H_2等气体小分子，然后在一定的温度、压力和催化剂的作用下合成液体燃料，这种方法叫做间接液化法。主要反应如下：

$$6CO+13H_2=C_6H_{14}+6H_2O$$

(己烷)

$$8CO+17H_2=C_8H_{18}+8H_2O$$

(辛烷)

$$8CO+4H_2=C_4H_8+4CO_2$$

(丁烯)

从而可制得汽油、柴油和液化石油气，但目前成本还偏高。

将水煤气和二分之一体积的氢气，在200 MPa和300～400℃下通过催化剂$ZnO-Cr_2O_3$可生成甲醇，即

$$CO+2H_2 \longrightarrow CH_3OH$$

甲醇作为汽车燃料，尚在摸索之中。

综上所述，煤是个宝贵资源，但据统计我国有70%的煤是直接用作燃料，既浪费资源，又污染环境，因此积极开展煤的综合利用研究具有深远的实际意义。

第2节 化学电源

通过化学反应释放出来的能量直接转换成电能的装置称为化学电源，理论上任何自发的氧化还原反应都可以装置成化学电源。但实际上，在制造时要考虑电池的体积、重量、电压、放电容量、寿命、维护及价格等。目前使用的有干电池、蓄电池和燃料电池等。化学电源的分类方法较多，若按电极上活性物质保存方式来分，不能再生的叫一次电池(如普通干电池)，能再生的叫二次电池(如铅蓄电池)；若按电解质的形态、性质来分，又有碱性电池、酸性电池、中性电池、有机电解质电池、固体电解质电池。电池的国家标准命名法是：负极在前，正极在后。有时可以简化电池的名称，如锌-二氧化锰电池简称为锌锰电池，锌-氧化银电池简称锌银电池。单体电池的不同形状标记：圆柱形标有字母R，方形标有字母S，扁形标有字母F，L表示电池中电解质是碱性液体。常用干电池编号及规格如表2-2所示。

化学电源作为高科技领域中的一个发展方向还在深入研究之中。

下面介绍几种化学电源的具体组成和特点。

表 2-2　常用干电池的编号及规格

市售民用电池编号	型号		最大电池规格	
	IEC①	ANSI②	直径/mm	高/mm
8#	R1	N	12.0	30.2
7#	RO3	AAA	10.5	44.5
5#	R6	AA	14.5	50.5
2#	R14	C	26.2	50.5
1#	R20	D	34.2	61.5
7#	LR03	AAA	10.5	44.5
5#	LR6	AA	14.5	50.5
2#	LR14	C	26.2	50.5
1#	LR20	D	34.2	61.5

① 国际电工协会(International Electrotechnical Commission)

② 美国国家标准局(American National Standards Institute)。

一、干电池

1. 锌锰干电池

锌锰干电池负极材料是金属锌筒，正极物质为 MnO_2 和石墨棒(导电材料)，两极间填有 $ZnCl_2$ 和 NH_4Cl 的糊状混合物(见图 2-2)。

锌锰干电池的电池符号表示为

(—)Zn|$ZnCl_2$，NH_4Cl(糊状)|MnO_2|C(+)

接通外电路放电时的电极反应为

负　　极　　$Zn(s)=Zn^{2+}(aq)+2e^-$

正　　极　　$2MnO_2(s)+2NH_4^+(aq)+2e^-=Mn_2O_3(s)+2NH_3(aq)+H_2O(l)$

电池总反应为　$Zn(s)+2MnO_2(s)+2NH_4^+(aq)=Zn^{2+}(aq)+Mn_2O_3(s)+2NH_3(aq)+H_2O(l)$

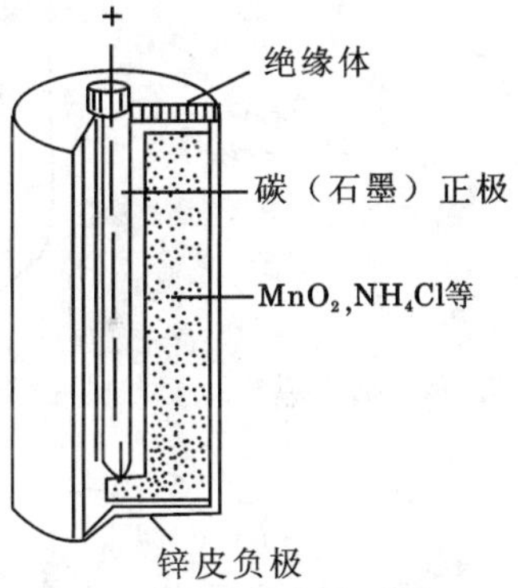

图 2-2　普通锌锰干电流示意图

锌锰干电池的电动势为 1.5 V，与电池的大小无关，电容量的大小与体积有关。其优点是携带方便，是日常生活中常用的直流电源。缺点是产生的 NH_3 能被石墨棒吸附，引起极化，导致电动势的下降。锌锰干电池在放电以后不能使电池复原，所以称为一次电池。

如果用高导电的糊状 KOH 代替 NH_4Cl，正极导电材料改用钢筒，就变成碱性锌锰电池，其电池符号表示为

(—)Zn | KOH(糊状)| MnO_2|C(+)

电池总反应为

$$MnO_2+Zn+2H_2O+2OH^-=Mn(OH)_2+Zn(OH)_4^{2-}$$

与普通锌锰干电池比较，由于采用了离子导电性强的碱作为电解质溶液，电池内没有气体

生成，使电池内阻减少，因而放电电压平稳，放电后电压恢复能力强，大电流连续放电容量是普通锌锰电池的 5 倍左右，正常电动势稳定在 1.5 V，工作温度在 −20～60℃之间，广泛用于 BP 机、对讲机等现代通信系统中。

2. 锌银碱性电池

锌银干电池正极的电极材料是 Ag_2O，负极是金属锌。锌银电池的电池符号为

$$(-)Zn|ZnO|KOH(40\%)|Ag_2O|Ag(+)$$

放电时的电极反应为

负　极　　$Zn(s)+2OH^- -2e^- = Zn(OH)_2(s)$

正　极　　$Ag_2O(s)+H_2O+2e^- = 2Ag(s)+2OH^-$

总反应　　$Zn(s)+Ag_2O(s)+H_2O = 2Ag(s)+Zn(OH)_2(s)$

$$E^\ominus = \varphi^\ominus(Ag_2O/Ag)-\varphi^\ominus[Zn(OH)_2/Zn] = 0.34-(-1.245) = 1.585\ V$$

它的能量大，能大电流放电，常用于电子表、电子计算器、自动曝光照相机。近年来又制成了可长期以干态储存的一次电池，已大量用在运载火箭、导弹系统上。

3. 锌汞碱性电池（钮扣电池）

它是以锌汞齐为负极，HgO 和碳粉（导电材料）为正极，含有饱和 ZnO 的 KOH 糊状物为电解质，其中 ZnO 与 KOH 形成$[Zn(OH)_4]^{2-}$配离子，如图 2－3 所示。

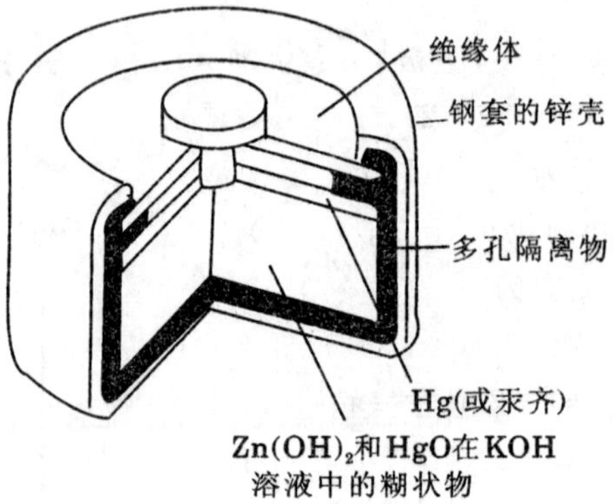

图 2－3　锌汞电池示意图

它的电池符号表示为

$$(-)Zn(Hg)|KOH(糊状，含饱和 ZnO)|HgO|Hg(+)$$

放电时的电极反应为

负　极　　$Zn(汞齐)+2OH^- -2e^- = ZnO(s)+H_2O$

正　极　　$HgO(s)+H_2O+2e^- = Hg(l)+2OH^-$

总反应　　$Zn(汞齐)+HgO(s) = ZnO(s)+Hg(l)$

锌汞电池的特点是工作电压稳定，整个放电过程中其电压变化不大，保持在 1.34 V 左右。锌汞电池可制成钮扣形状（钮扣电池），用作助听器、心脏起搏器等小型装置的电源。缺点是汞对人体有害，废弃物会对环境带来污染。

二、蓄电池

上述干电池是一次性电池，蓄电池是二次性电池。它在使用前，借助外来直流电使蓄电池内部进行氧化还原反应，把电能转变为化学能储蓄起来，这个过程叫充电。充电后的蓄电池就可当电源使用，此时化学能又转变为电能，这个过程叫放电。蓄电池可反复充电、放电。下面介绍几种常见的蓄电池。

1. 酸性蓄电池

铅蓄电池是常用的酸性蓄电池，它是用两组铅锑合金格板（相互间隔）作为电极导电材料，其中一组格板的孔穴中填充二氧化铅，在另一组格板的孔穴中填充海绵状金属铅，并以稀硫酸（密度为 1.25～1.30 $g \cdot cm^{-3}$）作为电解质溶液而组成的。如图 2-4 所示。

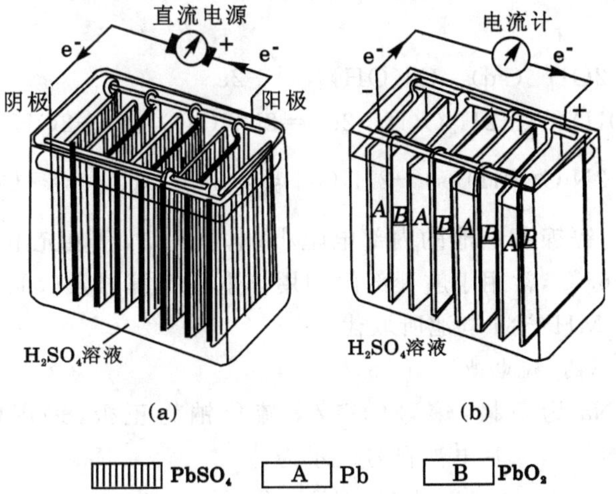

图 2-4　铅蓄电池充放电示意图

(a)充电；(b)放电

铅蓄电池在放电时相当于一个原电池的作用，如图 2-4(b)，其电池符号表示为

$$(-)Pb|H_2SO_4(1.25\sim1.30\ g\cdot cm^{-3})|\ PbO_2(+)$$

放电时的电极反应为

负　极　　$Pb(s)+SO_4^{2-}(aq)=PbSO_4+2e^-$

正　极　　$PbO_2(s)+4H^+(aq)+SO_4^{2-}(aq)+2e^-=PbSO_4(s)+2H_2O(l)$

总反应　　$Pb(s)+PbO_2(s)+2H_2SO_4(aq)=2PbSO_4(s)+2H_2O(l)$

铅蓄电池在放电以后，可以利用外界直流电源进行充电，输入能量如图 2-4(a)所示，使两极恢复原状，而使铅蓄电池可以循环使用。此时铅蓄电池相当于一个电解池的作用，两极反应为

阴　极　　$PbSO_4(s)+2e^-=Pb+SO_4^{2-}$

阳　极　　$PbSO_4(s)+2H_2O=PbO_2+4H^++SO_4^{2-}+2e^-$

总反应　　$2PbSO_4(s)+2H_2O=Pb+PbO_2+2H_2SO_4$

充电和放电用一个方程式表示为

$$Pb + PbO_2 + 2H_2SO_4 \underset{充电}{\overset{放电}{\rightleftharpoons}} 2PbSO_4 + 2H_2O$$

注意此时仅是为了记忆方便而写成一个方程式，并不表示可逆反应的平衡系统。

在正常情况下，铅蓄电池的电动势为 2.0V。电池放电时，随着 $PbSO_4$ 沉淀的析出和 H_2O 的生成，H_2SO_4 溶液的浓度降低，密度减小，因而用密度计测量硫酸溶液的密度低于 1.20 $g \cdot cm^{-3}$，则表示已部分放电，需充电后才能使用。

铅蓄电池的充放电可逆性好，稳定可靠，温度及电流密度适应性强，价格便宜，因此使用广泛。主要用作汽车和柴油机车的启动电源，搬运车辆、坑道、矿山车辆和潜艇的动力电源以及电站的备用电源。其主要缺点是笨重、抗震性差，而且浓 H_2SO_4 有腐蚀性。

2. 碱性蓄电池

镉镍电池是常见的一种碱性蓄电池，其电池符号表示为

$$(-)Cd|KOH(1.19 \sim 1.21\ g \cdot cm^{-3})|NiO(OH)|C(+)$$

放电时的电极反应为

负　极　　$Cd(s) + 2OH^-(aq) = Cd(OH)_2(s) + 2e^-$

正　极　　$2NiO(OH)(s) + 2H_2O(l) + 2e^- = 2Ni(OH)_2(s) + 2OH^-(aq)$

总反应　　$Cd(s) + 2NiO(OH)(s) + 2H_2O(l) \underset{充电}{\overset{放电}{\rightleftharpoons}} 2Ni(OH)_2(s) + Cd(OH)_2(s)$

电池电动势为 1.3 V。镉镍蓄电池的内部电阻小，电压平稳，反复充电次数多，使用寿命长，使用温度范围在 −20～65℃，常用于航天部门和用作电子计算器及收录机、航标灯等的电源。缺点是镉污染，逐渐被 MH−Ni 电池所取代。

3. 固体电解质电池——钠/硫电池

钠/硫电池是以熔融 Na 为负极，熔融的硫/多硫化钠为正极，采用仅让 Na^+ 通过的 β-Al_2O_3陶瓷材料为固体电解质。其电池符号表示为

$$(-)Na(l)|\beta\text{-}Al_2O_3|S(Na_2Sx\ 液)|C(+)$$

放电时电极反应为

负　极　　$2Na - 2e^- = 2Na^+$

正　极　　$xS + 2e^- = S_x^{2-}$

总反应　　$2Na + xS \underset{充电}{\overset{放电}{\longrightarrow}} Na_2Sx$

该电池采用固体电解质 β−Al_2O_3，有较高的电导率、机械强度和化学稳定性。在 350℃时的电动势为 2.074 V。其优点是多硫化钠导电性好，功率是同重量的铅蓄电池 3～4 倍，可用于需要高功率的电动机车。日本已制造了世界上最大的钠/硫电池群，输出功率为 1 000 kW，可供 500 个家庭需要。

4. 金属氢化物镍电池

MH－Ni 电池是近几年发展起来的一种新型碱性蓄电池。

1984 年荷兰菲利普(philips)公司以 $LaNi_{2.5}Co_{2.5}$ 储氢合金制备出实用 MH－Ni 电池，掀起开发 MH－Ni 电池的热潮。

该电池的电池符号表示为

$$(-)MH|KOH|NiOOH(+)$$

放电时电机有反应为

负　极　　　$MH+OH^{-}=H_2O+M+e^{-}$

正　极　　　$NiOOH+H_2O+e^{-}=Ni(OH)_2+OH^{-}$

电池总反应为　　$NiOOH+MH \underset{充电}{\overset{放电}{\rightleftharpoons}} Ni(OH)_2+M$

电极反应的活性物质是氢，而吸氢合金则是作为活性物质的储存介质，故 M 担负着储氢和电化学反应的双重任务。

MH－Ni 电池具有以下特点：比能量高，是 Cd－Ni 电池的 1.5～2 倍；工作电压为 1.2～1.3 V，与 Cd－Ni 电池有互换性，可快速充放电，耐过充，过放电性能优良，无记忆效应；不产生镉污染，被誉为“绿色电池”，因此，MH－Ni 电池广泛用于现代移动电话，便携式计算机等市场中。

5. 锂电池

锂电池是用锂作为负极材料的各类系列电池的统称，包括一次电池和金属锂、锂离子二次电池。锂离子蓄电池是 1990 年索尼公司推出的新型电池，1992 年才商品化。

锂离子电池因电解质不同，分为液态和固态锂离子电池两种。液态的电解质为非水电解质，它由有机溶剂和导电锂盐组成；固态电解质尚未规模生产。比较成熟的锂离子电池的正极有 $LiCoO_2$，$LiNiO_2$ 和 $LiMn_2O_4$ 等化合物，负极有能嵌入 Li^+ 的碳素材料或石墨插层化合物等材料。充电时，Li^+ 从正极脱嵌经过电解质嵌入负极，负极处于富锂态；放电时则相反。

锂离子电池放电时的电极反应为

负　极　　　$Li_xC_6=xLi^{+}+6C+ne^{-}$

正　极　　　$xLi^{+}+Li_{1-x}CoO_2+ne^{-}=LiCoO_2$

总反应　　　$Li_xC_6+Li_{1-x}CoO_2 \underset{充电}{\overset{放电}{\rightleftharpoons}} 6C+LiCoO_2$

锂电池的工作电压为 3.6 V 左右，约为 Cd－Ni 和 MH－Ni 电池的 3 倍，且重量轻，体积小，储存寿命长，工作温度范围宽（－20～60℃），比能量高（是 Cd－Ni 电池的 2.6 倍，是 MH－Ni 电池的 1.75 倍），无记忆效应，无污染。目前广泛应用于计算机和移动电话中。

三、燃料电池

燃料电池是由燃料（氢、甲烷、肼、烃等）、氧化剂（氧气、氯气等）、电极和电解质溶液等组成。燃料（如氢）连续不断地输入负极，作为还原性物质，把氧化剂（如氧）连续不断输入正极，作为氧化性物质，通过反应把化学能转变成电能，连续产生电流。这是一种很有发展前途的电池，可以大大提高化学能的利用率（理论上可达 100%），实际上转化率为 70%。

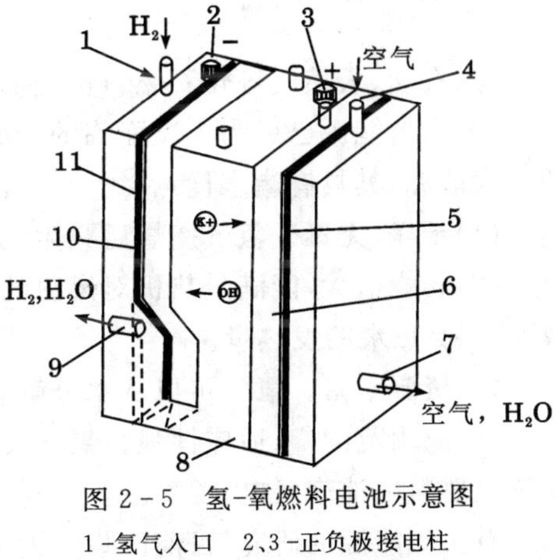

图 2－5　氢-氧燃料电池示意图

1－氢气入口　2、3－正负极接电柱
4－空气入口　5,11－隔板
6－多孔正极板　7－空气和水蒸气出口
8－由氢氧化钾溶液组成的电解质
9－氢气　10－多孔负极板

现以用 30%KOH 溶液作为电解质溶液的氢-氧电池为例（见图 2－5）。为了使燃料便于进行电极反应，要求电极材料兼具有催化剂的特性，可用多孔碳、多孔镍和铂、银等贵金属作电极材料。电池符号可表示为

$(-)C|H_2|KOH(30\%)|O_2|C(+)$

氢氧电池放电时的电极反应为

负　极　　$2H_2+4OH^- - 4e^- = 4H_2O$

正　极　　$O_2+2H_2O+4e^- = 4OH^-$

总反应　　$2H_2+O_2 = 2H_2O$

若按 H_2,O_2 的分压均为 100 kPa,30%的 KOH 的物质的量浓度为 6.9 mol·L^{-1}计,即 $c(OH^-)=6.9\ mol \cdot L^{-1}$,则

$$\text{负极}\quad \varphi(H_2O/H_2)=\varphi^{\ominus}(H_2O/H_2)+\frac{0.059\ V}{4}\lg\frac{1}{(6.9)^4}=$$

$$(-0.8277-0.0496)\ V=-0.877\,3\ V$$

$$\text{正极}\quad \varphi(O_2/OH^-)=\varphi^{\ominus}(O_2/OH^-)+\frac{0.059}{4}\lg\frac{1}{(6.9)^4}=$$

$$(0.401-0.049\,6)V=0.352\ V$$

电池电动势　　$E=\varphi_{正}-\varphi_{负}=0.352-(-0.877\,3)=1.23\ V$

即每个电池可产生 1.23 V 的电压。它的优点是生成物不会污染环境,而且比从燃烧同量的这种燃料所获得的热能转化成的电能要高得多,目前已用于航天飞机。

尽管燃料电池目前还存在着很多技术上的问题,例如氢的来源、材料的腐蚀、电极的催化作用等等。但从长远看,能源系统必将进入"氢能"时代,因此其发展前景是极其广阔的。

除以上介绍的以外,锂-锰电池、锂-碘电池、太阳能电池等多种高效、安全、价廉的电池都在研究之中。化学电源的研究和开发是化学科学的重要研究领域之一,也是能源工作者研究领域之一。由于电子技术,通信事业,信息产业的飞速发展及国际上对环境和资源保护的日益重视,促使化学电源产品向高容量、高性能、低消耗、无公害、体积小和重量轻的方向发展,化学电源领域必将成为21世纪世界科技璀璨的明珠。

第 3 节　氢能源

煤、石油、天然气等化石燃料都是非再生能源,它们的储量是有限的,随着化石燃料的逐渐减少,开发新能源已成为人类面临的十分重要的课题。在新能源的探索中,氢气被认为是理想的二次能源,其具有诸多优点。

(1)干净、无毒。氢气燃烧后只生成水,不污染环境。

(2)燃烧值大,能满足热机对燃料的要求。燃烧 1kg 氢气所产生的热值相当于 3 kg 汽油或 4.5 kg 焦炭的发热量。

(3)资源丰富。氢气可以从水分解制得,而地球表面拥有取之不尽的水资源。

(4)应用范围广、适应性强。氢气发动机既可用于飞机和宇宙飞船,也可用于汽车,还可制成氢氧燃料电池来发电。

有关氢能源的研究,目前面临三大课题:氢气的制取、氢的储存和输送、氢的利用。

一、氢气的制备

氢气作为能源利用,传统的制氢工艺有不尽人意之处。普通电解水制氢,制备 1 m^3 的 H_2

约需耗电 4.0 ～4.5 kW·h之多，能源利用率只有 15%～20%，浪费大，得不偿失；用天然气、石油制氢气，要消耗大量燃料，还需催化剂和氧气，能源平衡不合理；用煤制氢气，工艺流程长，且产生较多的废气和废渣污染环境。

下面介绍几种很有发展前途的制氢方法。

1. 低电耗法

1979 年，美国科学家研究出一种在煤水浆液中进行电解制氢的方法。该法是在酸性电解质液中，从阳极室加入煤粉作为去极化剂，以降低水电解的电压。反应为

阳　极　$C(s)+2H_2O \rightleftharpoons 4H^+ + CO_2\uparrow + 4e^-$

阴　极　$4H^+ + 4e^- \rightleftharpoons 2H_2$

总反应为　$C(s)+2H_2O \rightleftharpoons 2H_2 + CO_2\uparrow$

这种电解法制氢可在 1.0 V 电压下进行。采用此法，美国在墨西哥州建立了一座年产 3×10^5 m^3(标准状态下)氢气的工厂，每生产 1 m^3(标准状态下)H_2，耗电量为 2.4 kW·h，只有普通电解法的一半。此种方法实际是电催化氧化法制氢。

2. 光化学法

光化学法主要是利用太阳光的能量，在催化剂作用下，使水分子分解制取氢气。实验证明，太阳光线中紫外光或蓝光最理想。由于紫外光未达地面之前，大部分已被大气中的臭氧分子和水蒸气分子吸收，因此，地面上要实现光分解水分子必须借助于光催化剂，如一些无机复合盐、复合半导体、合成染料等。这些光催化剂吸收太阳辐射之后，将能量传给水分子从而使水分子释放出氢。其光分解反应过程可表示如下：

第一步　$H_2O+\text{光催化剂} \xlongequal{\text{光}} 2H^+ + \frac{1}{2}O_2 + \text{被还原的光催化剂}$

第二步　$2H^+ + \text{被还原的光催化剂} = H_2 + \text{光催化剂}$

总反应为　$H_2O = H_2 + \frac{1}{2}O_2$

光催化剂一般经过再生处理后，又可以重新使用。光化学制氢关键在于选择合适的光催化剂。这一问题如得以解决，太阳能制氢完全有可能实现工业化制氢。

3. 生物化学法

生物化学法是模拟叶绿植物的光合作用，并使光合作用仅仅停留在分解水的阶段。目前，世界上许多国家科学家先后发明了叶绿体装置，前苏联科学家，以 1 g 的叶绿体在 1 h 内产生出 $11gH_2$，不过 6 h 后叶绿体就失效了。近年来，也有人利用海水中某些微生物，如小球藻、固氮蓝藻等，在阳光照射下，能不断将水分解放出氢气的性质进行了开发性研究。尽管目前生物制氢的机制还未被人们完全认识，但人工掌握生物化学制氢的前途是光明的。

除上述制氢方法外，目前还有等离子化学法、热水解法等，都有待于进一步发展。

二、氢的储存与输送

氢气的密度很小，性质又活泼，不易储存。一个 0.04 m^3 的钢瓶，在 1.50×10^7 Pa 压力下，只能储氢 0.5 kg。若将氢气液化，耗能差不多相当于其燃烧能的 1/4～1/3，容器还必须采取特殊的绝热措施，不仅能耗高，而且不安全。若不把氢的储存解决好，将阻碍氢能的推广应用。目前采用固化法，就是利用氢与过渡元素及 s 区的 Be 和 Mg 等金属，在一定条件下作用，

固化成金属氢化物，在需要时对这种氢化物进行加热，则可分离释放出 H_2。例如，1 m^3 钛可吸收 1 600 m^3 氢气，其反应为

$$Ti + H_2 \rightleftharpoons TiH_2$$
$$\Delta_r H_m^\ominus (298.15\ K) = -144.3\ kJ \cdot mol^{-1}$$

近年来人们比较注意多组分金属合金氢化物，例如镁系金属氢化物，稀土类金属氢化物、钛系金属氢化物、锆系金属氢化物等。如最受人注意的镧镍合金吸氢反应为

$$LaNi_5 + 3H_2 \xrightleftharpoons[\text{微热}]{(200\sim300)\ kPa} LaNi_5H_6$$

$LaNi_5$ 合金合成较简便，在空气中稳定，可相当长期地反复进行吸氢和放氢，且储量大，目前 1 kg$LaNi_5$合金在室温和 2.5×10^5 Pa 压力下可储存 15 g 以上氢气，我国具有丰富的稀土资源，发展廉价的稀土合金储氢材料，有十分诱人的前景。

三、氢的用途

在民用方面，氢气可用作城市燃气，用管道输送到千家万户，装有储氢材料的储氢罐，也可用于家庭烹饪、取暖和冷气空调等。

20 世纪 50 年代，美国利用液氢作超音速飞行的燃料，1957 年前苏联宇航员加加林乘坐人造地球卫星遨游太空和 1963 年美国宇宙飞船上天，1968 年阿波罗号飞船登月都是依靠氢作燃料。

氢能汽车是最清洁的交通工具。氢能汽车的供氢，将以金属氢化物作为储氢材料，释放氢气所需的热可由发动机冷却水和尾气余热提供。现有两种氢能汽车，一种是全燃氢汽车，另一种是氢气与汽油混合的掺氢汽车。德国奔驰汽车公司已陆续推出各种燃氢汽车。我国于 1980 年已研制成功燃氢汽车。若在汽油中加入 4%的氢气，则可节油 40%，而且无须对汽油发动机作很大改进，废气中的 CO 也可减少 90%。由于氢气的大量供应和成本问题，全面推广燃氢汽车，尚需一段时间。

氢气燃烧后变成水，不会产生 CO，CO_2，SO_2，NO_x 和废渣等污染环境，因此，无论从地球资源，还是从环境保护角度来看，氢能作为 21 世纪的很有前途的理想能源都是当之无愧的。

第 4 节　太阳能

地球上最根本的能源是太阳能，也就是太阳辐射能。煤、石油中的化学能是由太阳能转化而成的，风能、生物能、海洋能等也是来自太阳能。太阳每年辐射到地球上的能量高达 2.55×10^{21} kJ，大体相当于地球上所储藏的矿物燃料的 12.5 倍。只要能利用它的万分之一就可满足目前世界上所需的能量，真可谓取之不尽用之不竭。太阳能具有分布普遍、无污染、使用时间无限制和能量大等优点。近年来人们把开发新能源的目标集中到了如何开发利用太阳能上，并取得了很大进展。太阳能的利用方式有光热转化、太阳能致冷和光电转化等。

一、太阳能热利用

太阳能的热利用是通过集热器进行光热转化的，集热器也就是太阳能热水器。随涂层、材

料、封装技术和热水器的结构设计不同，终端使用温度较低的在100℃以下，如普通真空管热水器，可供生活用热水、取暖等。真空管热水器是由性能优良的高硼硅玻璃制成，具有强度高耐冷热、耐酸碱、热膨胀系数小、含铁量少、透光率高等特点。该管由双层套封而成，内管的外表面涂吸热率高、辐射率低的涂料，玻璃夹层间抽成真空，对流和传导的热损失很小，因而集热效率高，即使在冬季仍然具有良好的使用效果。中等温度在100～300℃之间，可供烹调、工业用热等，高温的可达300℃以上，可以供发电站使用。

二、利用太阳能制冷、空调

利用太阳能制冷和空调有多种途径，它和普通制造冷源一样，有吸收式、压缩式和蒸汽喷射式等。由于后两者致冷方法要求温度高，一般太阳集热器不易满足需要，所以较常见的是吸收式太阳能致冷。

1. 吸收式致冷的工作原理

利用两种不同沸点的物质组成工质对，其中沸点低的物质为致冷剂，沸点高的物质为吸收剂。较常用的工质对有氨和水，也有水和溴化锂，以氨-水工质对为例，氨的沸点为-33.5℃可作为致冷剂，水的沸点为100℃可作为吸收剂。

太阳能吸收式制冷系统按其作用原理可分为直接式和间接式。直接太阳能吸收式制冷系统中工质对直接在太阳能集热器内被加热，而后进行制冷，这种系统只能作为制冷用。间接式是太阳能集热器加热出来的热水，一年四季均可用来加热生活用水。在冬季用来通入暖风机为供暖之用，在夏季通入吸收式制冷机的发生器作为制冷之用。

2. 氨-水吸收式太阳能致冷机理

将平板型太阳集热器作为氨发生器，太阳辐射把氨发生器加热，使压力升高，氨-水溶液中的氨不断气化而进入冷凝器，并冷凝成纯液氨，冷凝时所放出的热量由冷却水带走。同时随着氨的不断气化，集热-氨发生器内的溶液浓度不断下降，稀氨水就通过热交换器传热后进入氨吸收器，以待吸收来自蒸发器的纯氨水，使溶液浓度恢复。当打开冷凝器至氨蒸发器的膨胀阀时，纯液氨进入蒸发器，并在其中急速膨胀而气化，气化时要吸收大量热量，这时通过致冷循环泵就能使冰箱的温度下降，即达到致冷的目的。纯氨水进入吸收器后，被其中的稀氨水溶液喷淋及冷却水降温，溶液的浓度提高，最后用循环泵打回集热-氨发生器，整个循环完成。图2-6为氨-水太阳能吸收式致冷的流程。这种装置晴天每日能造36 kg冰，适合于乡镇夏季制配冷饮等用。也可用来粮库降温，解决储粮防腐问题。

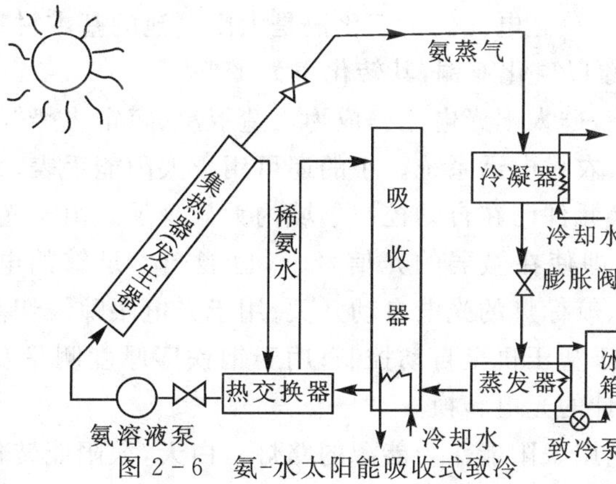

图2-6　氨-水太阳能吸收式致冷

太阳能致冷的关键在于集热器的效率和各部件运行时温度及压力的控制，同时也取决于当地的水温，若冷却水温底，致冷效率就高。

三、太阳能的光电转换

太阳能的光电转换是指太阳的辐射能光子通过半导体物质转变为电能的过程。图 2－7 是太阳能电池光电转换示意图。

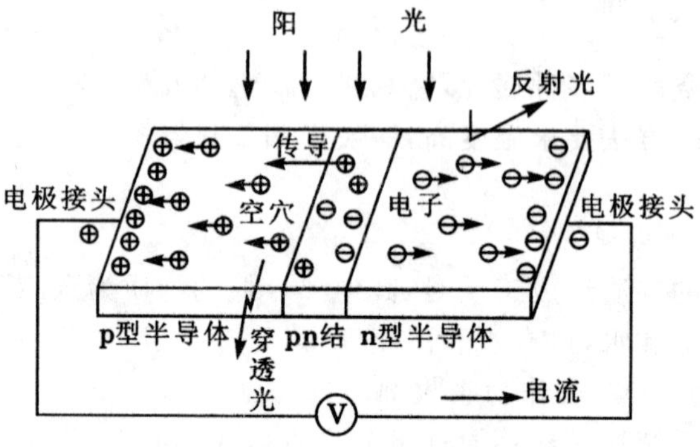

图 2－7　太阳能电池光电转换示意图

当太阳光照射到一种特制的半导体材料上，其中一部分光被表面反射掉，其余部分被半导体吸收或透过。被吸收的光，有些会变成热，另一些光子则同组成半导体的原子价电子碰撞，产生电子-空穴对。这样光能就以产生电子-空穴对的形式转变为电能。如果半导体内存在 p－n结，则在 p 型和 n 型交界面两边形成势垒电场，就能将电子驱向 n 区，空穴驱向 p 区，从而使得 n 区有过剩电子，p 区则有过剩的空穴。这样在 p－n 结附近就形成与势垒方向相反的光生电场。光生电场的一部分除抵消势垒电场外，还使 p 型层带正电，n 型层带负电。在 n 区与 p 区之间的薄层产生光生伏打电动势。若分别在 p 型层和 n 型层焊上金属引线，接通负载，则外电路便有电流通过。如此形成的一个个电池元件、经串联和并联，就能产生一定的电压和电流，输出人们所需要的电能。

太阳光电池是由半导体材料构成，所用的半导体材料主要有硫化镉（CdS），碲化镉（CdTe）、砷化镓（GaAs）、硒化铜铟（CuInSe）、锗（Ge）及最普通的 Si。硅太阳电池的基本材料是硅，其最大优点是资源丰富。砷化镓的温度感应较硅电池小，可利用集中器增加入射光才能使用，且对高能辐射之抵抗较硅电池优。硫化镉是太阳电池的基本材料，价格最便宜。以硫化锌镉（CdZnS）为基材，上覆以硫化亚铜，其转化率为 15%。

光电池应用范围很广，硅太阳光电池已成为人造卫星、宇宙飞船等的主要能源。还可用于微波中继站、卫星地面站、农村电话系统。小的还可用于太阳能手表、太阳能充电器等。

光电池作为光电转换元件已在自动控制领域内大显身手。由于光电池光谱响应灵敏区域为 400～1 100 nm，因此，即使在微弱的光信号下，也能产生足够的电信号，而不需要附加电源。例如，用于照明电路、航标灯的光电自动开关；用于光电跟踪线切割机床；用于棉纺织厂的无梭织布和次布检验；用于塑压机全自动控制；用于钢铁厂厚度测量及表面光洁度的检查；用于光电计数器、光电比色计的光电转换。

太阳能路灯是一种利用太阳能作为能源的路灯。白天，太阳能转化为电能，通过控制器给蓄电池充电；夜晚，蓄电池通过控制器给照明电路供电以点亮路灯。此种路灯的优点是：只要阳光充足就可以就地安装，不受供电线路影响，不用开沟埋线，不消耗常规电能，是一种绿色环保型产品，因而受到广泛关注。要想把2008年北京奥运会办成绿色奥运会，太阳能路灯必将成为太阳能开发利用的新亮点。

总之，目前对太阳能的利用还处于初始开发阶段，从长远来看，太阳能是人类最基本的能源，如果在技术和成本上有较大突破的话，将会给人类能源的利用提供极大的便利。

第5节　其他新能源

一、风能

由于地球表面各处情况不同，接受太阳辐射能不同，各地区的温差或气压不同，结果形成风。因此，风能也是来自太阳能。太阳传给地球的辐射能约有2%被转化成风能。风力具有的能量E(kW)与受风面积A(m^2)和风速的三次方成正比，即

$$E=0.00066Av^3$$

风速与地面的高度关系为　$v=v_0(h/h_0)^n$

式中　v——标高为h处地面的风速；

v_0——标高为h_0处(地面)的风速；

n——一个随高度而变化的数，$n=0.096\lg h+0.016(\lg h)^2+0.24$。

尽管风能转变成电能的效率只有15%～30%，但全世界可利用的风能还是相当可观。1997—2001年全球风电用量增长率如表2-3所示。风能属于洁净的、取之不尽的能源，但风能也存在分散、间歇、能量密度不高，风力不均匀等弱点。我国属于季候风国家，风能时效不稳定，大小波动及空间分布差异大，而且风能储量也低于美、英、俄等国的风能储量。

表2-3　1997—2001年全球风电用量增长率统计

年　份/年	增设容量/MW	增长率/(%)	累计容量/MW	增长率/(%)
1997	1 568	21	7 636	26
1998	2 597	66	10 153	33
1999	3 922	51	13 932	37
2000	4 495	15	18 449	32
2001	6 824	52	24 927	35
平均增长率(五年)		39.5		32.6

二、海洋能

海洋能是指来自海洋的波浪能、海洋温差能、潮汐能、盐浓度梯度中的能量，它们均属于间接的太阳能。

波浪能是一种在风的作用下产生的，并以动能和位能的形式由短周期波储存的机械能，波浪的能量与波高的平方和波动水域面积成正比。对于典型的一般海面，在8s的一个周期内约有1.5 m的波浪。每段海域的这种波浪动力的平均通量达10 kW/m。

海水温差能是热能，在赤道两旁南北回归线之间约2 000 km宽的海域海面水温较高，与深层(750～1 000 m)冷水存在温度差(15～25℃)，而储存着温差热能，其能量与温差大小和水量成正比。潮汐能是地球旋转所产生的能量，通过太阳和月亮的引力作用而传递给海洋的并由长周期波储存的能量，潮汐的能量与潮差的大小和潮量成正比。

海水盐浓度梯度能是化学能，入海径流的淡水与海洋盐水间有浓度差，若隔以半透膜，淡水向海水一侧渗透可产生渗透压力，其能量与压力差和渗透流量成正比。

三、地热能

地热能是利用地下热蒸汽通过汽轮机－发电机组发电，其发电的基本原理与一般的蒸汽发电大致相同。地热蒸汽是地下水在某种地质条件下受地热的作用而产生的：作为热源的岩浆侵入地壳某处并加热不透水的晶型岩层，使其上的地下水升温到270℃左右，但由于顶岩封盖压力很高，所以蒸汽仍处于液体状态，需要打井才能喷出地面。

据估计，在地壳表面3 km以内，可利用地热能约为8.4×10^{20} J(接近全世界煤储量的含热量)。按10％的转换率计，相当于50年内5 800万kW的发电量。截止到2001年底，全世界地热发电站约有300座，总装机容量接近1×10^{4} MW，分布在20多个国家，其中美国占40％。

我国地热资源比较丰富，全国的地下热水点有2 500多处，其中80℃以上的有600多处，遍及全国各省、市、自治区。但我国利用地热发电还刚刚开始，近年来一些地方只是利用地下热水建立小型发电站取得成功，这是地热能利用的一个良好开端。

四、天然气水合物

天然气水合物是一种由水分子和碳氢气体分子组成的结晶状固态简单化合物。天然气水合物外形如冰雪状，通常呈白色，其主要成分是甲烷与水分子($CH_4\cdot H_2O$)，甲烷占80％～99.9％，可以直接点燃，因此又称之为“可燃冰”、“易燃冰”、“气冰”或“固体瓦斯”。充填甲烷的1 m^3的可燃冰可转化为164 m^3的天然气和0.8 m^3的水，其能量密度是煤和黑色页岩的10倍左右，而且在燃烧以后几乎不产生任何残渣或废弃物，污染比煤、石油、天然气等要小得多，是一种能量密度高的能源。

天然气水合物受其特殊的性质和形成时所需条件的限制，它分布于特定的地理位置和地质构造单元内。一般来说，除在高纬度地区出现的与永久冻土带相联系的天然气水合物之外，在海底发现的天然气水合物通常存在于水深300～500 m以下，其中大陆边缘大陆坡和内陆海及边缘海深水盆地是天然气水合物分布和富集的主要场所。海底可燃冰分布的范围约4 000万km^2，占海洋总面积的10％，海底可燃冰的储量够人类使用1000年。

1960年，前苏联在西伯利亚发现了第一个可燃冰气藏，并于1969年投入开发，采气14 a，总采气50.17亿m^3。美国于1969年开始实施可燃冰调查。1998年，把可燃冰作为国家发展的战略能源列入国家级长远计划，计划到2015年进行商业性试开采。

我国从1999年起才开始对天然气水合物开展实质性的调查和研究，近5年来已在南海北部陆坡、南沙海槽和东海陆坡3处发现其存在的证据。仅南海北部的“可燃冰”储量，就已达到我国陆上石油总量的一半左右。此外，在西沙海槽已初步圈出“可燃冰”分布面积5 242 km^2，其资源估算达4.1万亿 m^3。在未来10年，我国将投入8.1亿元对这项新能源的资源量进行勘测，有望到2008年前后摸清“可燃冰”家底，2015年进行“可燃冰”试开采。

天然气水合物的开采方法主要有热激化法、减压法和注入剂法三种。开发的最大难点是保证井底稳定，使甲烷气不泄漏、不引发温室效应。天然气水合物矿藏的最终确定必须通过钻探，其难度比常规海上油气钻探要大得多，一方面是水太深，另一方面由于天然气水合物遇减压会迅速分解，极易造成井喷。因而研究天然气水合物的钻采方法已迫在眉捷，尽快开展室内外天然气水合物分解、合成方法和钻采方法的研究工作刻不容缓，天然气水合物研究的未来仍面临着挑战。由此可见，"可燃冰"带给人类的不仅是新的希望，同样也有新的困难，只有合理的、科学的开发和利用，“可燃冰”才会真正的为人类造福。

思　考　题

1. 简述煤的综合利用的实际意义。
2. 目前大规模应用氢能源存在哪些问题？
3. 从能量守恒的角度来看“水变油”是否可行？
4. 简述核电站工作的基本原理和注意事项。
5. 简述开发利用太阳能的前景及实际意义。
6. 结合实际谈谈你所感兴趣的新能源。

习　　题

1. 填空：

(1)如果用________代替 NH_4Cl，正极导电材料改用________，普通锌锰干电池就变成碱性锌锰电池。

(2)电池的国家标准命名法是________。

(3)铅蓄电池的主要缺点是________，镉镍电池的主要缺点是________。

(4)燃料电池是由________、________、________和电解质溶液等组成。燃料连续不断地输入________，作为________物质，把氧化剂连续不断输入________，作为________物质，通过化学反应把化学能转变成电能。

(5)煤的综合利用通常包括________、________、________，这样既可以________，又可________。

(6)现有的两种氢能汽车是________、________。若在汽油中加入4%的氢气，则可节油________，废气中的CO也可减少________。

(7)太阳能具有________和能量大等优点。

2. 锌锰干电池中 NH_4Cl 和 MnO_2 的作用是什么？

3. 写出铅蓄电池放电时的两个电极的电极反应式和电极电势的能斯特方程式。

4. 一种新型的锂-铬酸银电池，以锂作负极，碳酸丙烯酯（含 $LiClO_4$）为电解质，Ag_2CrO_4

(Ag)为正极，它可用于埋藏式心脏起搏器及其他微电流工作的仪器设备中，试写出它的电极反应式。

5. 为何燃料电池比燃烧这种燃料所获得的能量高？

6. 氢-氧燃料电池的电池反应为

$$H_2(g)+\frac{1}{2}O_2(g)=H_2O(l),\Delta_r G_m^{\ominus}(298.15\ K)=-237.19\ kJ\cdot mol^{-1}$$

试计算(1)该电池的标准电动势；(2)燃烧 1 molH_2 可获得的最大功；(3)若该燃料电池的转化率为 83%，燃烧 1 mol H_2 又可获得多少电功？

第3章 溶　液

第1节　溶液的通性

溶液是由溶质和溶剂组成的。由不同的溶质或不同的溶剂组成的溶液，由于溶质和溶剂本身性质的不同可以具有不同的性质，例如溶液的颜色、导电能力以及各自不同的化学性质。但是所有的溶液都具有一些共同的性质，这些性质与溶质和溶剂本身的性质无关，因而称为溶液的通性。它包括溶液的蒸气压下降、沸点升高、凝固点降低以及渗透压。

一、溶液的蒸气压下降

1. 蒸气压

液体如水表面的能量较大的分子会克服液体分子间的引力从表面逸出成为蒸气分子。这个过程称为蒸发或气化，是一个吸热和熵值增大的过程。相反，某些蒸气分子可能撞到液面，为液体分子所吸引而重新进入液体中，这个过程称为凝聚，是一个放热和熵值减小的过程。在某一温度下，当凝聚的速率和蒸发的速率达到相等时，液体和它的蒸气就处于平衡状态。此时，蒸气所具有的压力称为该温度下液体的饱和蒸气压，简称蒸气压。显然，蒸气压随温度的升高而增大。

2. 溶液的蒸气压下降

实验证明，在纯溶剂（如水）中加入难挥发的溶质时，所得溶液的蒸气压比纯溶剂的低。在同一温度下，两者之差称为溶液的蒸气压下降 Δp，如图 3-1 所示。

难挥发溶质组成的溶液的蒸气压，实际上就是溶剂的蒸气压（由于溶质是难挥发的，其蒸气压可忽略不计）。由于溶质的加入，溶剂表面被溶质分子部分地占据，逸出表面的溶剂分子数相对地要比纯溶剂时为少。因此，达到平衡时，溶液的蒸气压必然低于纯溶剂的蒸气压。溶液的浓度越大，溶液的蒸气压下降越多。

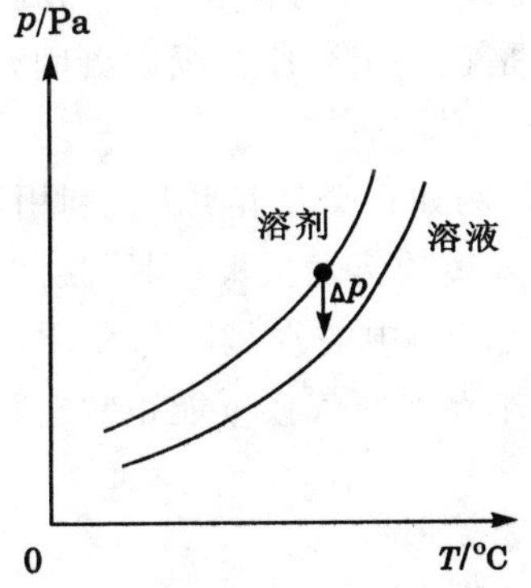

图 3-1　溶液的蒸气压下降

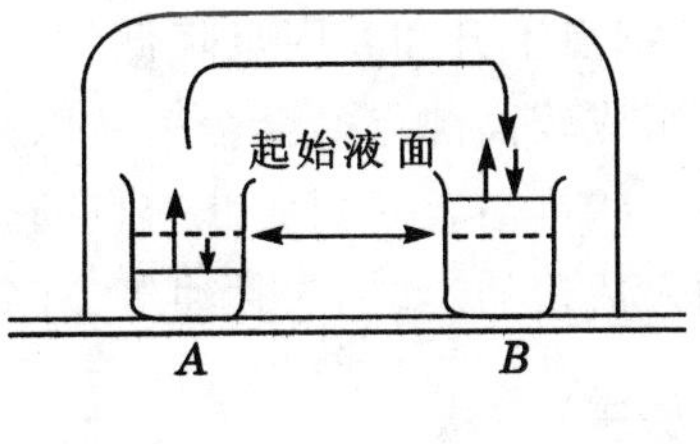

图 3-2　水从蒸气压高处向低处的转移

必须指出，与纯溶剂一样，溶液的蒸气压也随温度而变化。

溶液蒸气压下降很容易由实验证明。如图 3-2 所示，在一密闭的钟罩内放 A、B 两只烧杯，分别盛等体积的纯水和难挥发物质的溶液。经过一段时间后，可观察到烧杯 A（纯水）中液面下降，而烧杯 B 中液面相应上升。这是由于溶液的蒸气压下降，两只烧杯上面的蒸气压不等，从而引起了水从蒸气压较高的区域烧杯 A 不断向蒸气压较低的区域烧杯 B 转移。

某些难挥发物质如氯化钙（$CaCl_2$）、五氧化二磷（P_2O_5）、浓硫酸等常用作干燥剂就是根据这个道理。这些物质由于其强吸水性而使其在空气中形成饱和溶液，其蒸气压比空气中水蒸气的蒸气压小，从而使空气中的水蒸气不断凝结进入"溶液"，达到使空气干燥的目的。

二、溶液的沸点升高和凝固点降低

难挥发物质溶液蒸气压下降的主要结果，就是使溶液的沸点上升和凝固点降低。现以水溶液为例，讨论水、冰和溶液的蒸气压和温度的关系。在图 3-3 中，FB，AF 和 $F'B'$ 分别表示水、冰和溶液的蒸气压随温度变化的曲线。

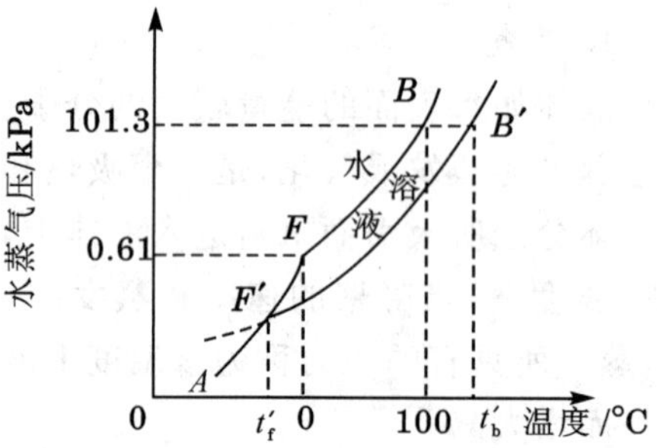

图 3-3　水溶液的沸点升高和凝固降低示意图

从图中可见，纯水的沸点为 100℃，此时水的蒸气压为 101.3 kPa。由于加入难挥发溶质，溶液蒸气压要比同温度时水的蒸气压低，所以在 100℃时，溶液的蒸气压必然低于 101.3 kPa，只有升高温度至 t_b'，溶液的蒸气压达到 101.3 kPa 时，溶液才沸腾。因此，难挥发物质的溶液的沸点总比纯溶剂的要高，常用 Δt_b 表示溶液沸点升高值。溶液浓度越大，蒸气压下降越显著，其沸点 t_b'越大。从图中还可看到，当曲线 FB 和 AF 相交于 F 点时，水和冰的蒸气压相等，为 0.61 kPa，此时温度为 0℃，即为水的凝固点，所以，凝固点是水、冰和水蒸气三相达到平衡时对应的温度。因为溶液的蒸气压低于溶剂的蒸气压，曲线 FB'和 AF 交点要在 F'点，此时的温度 t_f'为溶液的凝固点，Δt_f 为其凝固点降低值。溶液浓度越大，Δt_f 值越大。

需要说明的是，溶液的凝固过程，先是溶剂凝固为固体析出。如在水溶液中，随着冰的析出，溶液的浓度就逐渐增大，凝固点也不断降低，直到某一温度时，溶剂和溶质全部凝固成固体，形成低熔点混合物。所以，溶液不是在某一温度凝固，而是在一定温度范围内凝固，溶液的凝固点通常是指开始析出固态溶剂时的温度。

溶液的沸点上升和凝固点降低的性质有着广泛的应用。例如在金属熔炼时，利用沸点升高的性质，组成较高沸点的合金溶液以减少在高温下易挥发金属的蒸发损失；利用凝固点降低的性质，将一些难熔金属制成低熔点的合金；汽车的散热器（水箱）中的水是冷却介质，为防止结冰，常加入适量的乙二醇、甘油等以降低冻结温度，保证汽车在严寒气候下能正常运行。

三、渗透压

渗透必须通过一种膜来进行，这种膜上的孔只能允许溶剂的分子通过，而不能允许溶质的分子通过，因此称为半透膜。若被半透膜隔开的两边溶液的浓度不等（即单位体积内溶剂的分子数不等)，则可发生渗透现象。如图 3-4 所示，用半透膜将 U 型管两端等高的水和蔗糖溶液隔开，经过一段时间后，U 型管右边蔗糖溶液的液面升高，说明左边的水进入了蔗糖溶液。这种溶剂分子通过半透膜向溶液单向扩散的过程称为渗透。

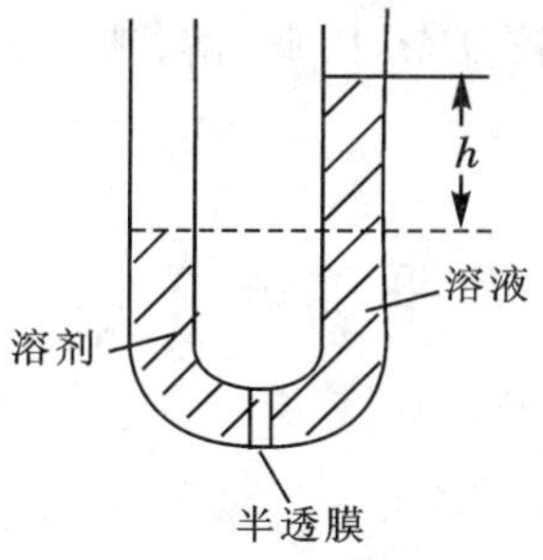

图 3-4 溶液的渗透现象

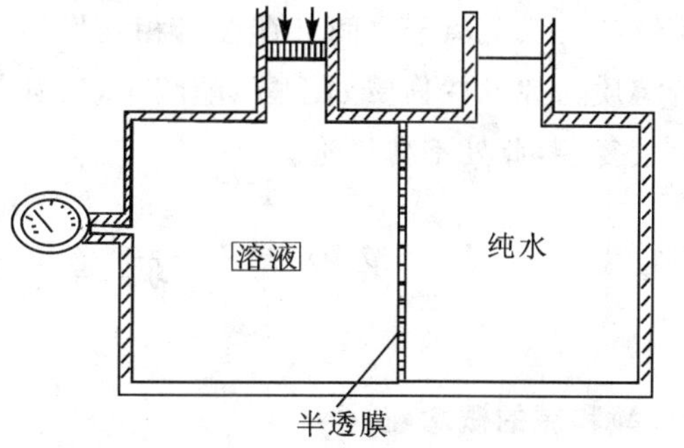

图 3-5 测定渗透压装置示意图

实质上，水分子是以两个相反方向通过半透膜而扩散的。不过左边单位体积中水分子数比右边多，因此，在单位时间内从纯水中穿过半透膜向溶液扩散的水分子要比从蔗糖溶液中经半透膜向纯水中扩散的分子要多，所以右边的液面升高。随着右边液面的上升，管内的静液压逐渐增加，使溶液的水分子经半透膜向纯水中扩散的速度增加。当静液压增大到一定数值时，向两个相反方向扩散的水分子数目就达到平衡，即系统达到动态平衡，渗透作用停止。此时，U 型管两边的压力差就是此溶液的渗透压，所以渗透压就是为维持被半透膜所隔开的溶液与纯溶剂之间的渗透平衡而需要的额外压力。其大小可由高为 h 的液柱的压力来衡量，也可由图 3-5 所示意的装置来测定。

在一只耐压容器里，溶液与纯水间以半透膜隔开。加压于溶液上方的活塞上，使观察不到溶剂的转移(即维持溶液和纯溶剂的液面相平)。这时所必须施加的压力就是该溶液的渗透压，可以从与溶液相连接的压力计读出。

渗透压在生物学中具有重要意义。有机体的细胞膜大多具有半透膜的性质，渗透压是引起水在生物体中运动的重要推动力。一般植物细胞液的渗透压约可达 2 000 kPa，所以水分可以从植物根部运送到数十米高的树的顶端叶片中。人体血液的渗透压约为 780 kPa，因此在对人体注射或静脉输液时，应使用渗透压与之相当的溶液，在生物学和医学上称为等渗溶液，否则会由于渗透作用而产生严重后果。

在图 3-5 中，如果外加在溶液上的压力超过了渗透压，则反而会使溶液中的溶剂向纯溶剂方向流动，使纯溶剂的体积增加，这个过程称为反渗透。利用反渗透可以进行海水的淡化、工业废水处理、重金属盐的回收和溶液的浓缩等。例如，把淡水和海水用半透膜隔开，在海水的一侧施加比海水渗透压 2.5×10^{5} Pa 大一些的外压，海水中的水分子就能通过半透膜反渗到淡水一侧，而无机盐等杂质则不能通过，从而使海水脱盐、淡化。

四、稀溶液的依数性

上述难挥发物质溶液的蒸气压下降、沸点升高、凝固点降低及渗透压等性质是所有溶液的通性，并且这些性质均与溶液的浓度有关，也就是与单位体积溶液中溶质的粒子数有关，因此称为依数性。如果难挥发物质是非电解质，溶液又是稀溶液，则这些依数性就和溶液的浓度成正比。难挥发非电解质的这一定量规律称为稀溶液定律。浓溶液中，由于溶质粒子浓度大，粒子间相互作用加强，而使这些性质与浓度之间不存在正比关系。电解质溶液由于溶质在溶液中发生解离，正、负离子之间又存在着相互作用，这些性质与浓度也不成正比关系。

若溶质为挥发性物质如乙醇、醋酸等，其蒸气压变化比较复杂，因此，溶、沸点等性质的变化也比较复杂，此处不再讨论。

第2节　弱酸、弱碱的解离平衡

一、酸和碱的概念

对于酸和碱的概念，阿仑尼乌斯在1884年提出的电离理论是这样定义的：溶于水并且解离时所生成的正离子全部都是 H^+ 的化合物称为酸；溶于水并且解离时生成的负离子全部是 OH^- 的化合物称为碱。酸碱反应是 H^+ 和 OH^- 中和生成 H_2O 的反应。这也是中学阶段所学习的酸碱概念。

电离理论的主要缺点是把酸碱概念限制在以水为溶剂的系统中，并把碱限制为氢氧化物。因此，这个理论在解释 $NH_3 \cdot H_2O$ 是碱时，认为 NH_3 溶于 H_2O 生成了"氢氧化铵"，但实验证明"氢氧化铵"这种物质是不存在的；它也无法解释气态的 NH_3 是碱，气态的 HCl 是酸，因为 NH_3(气)和 HCl(气)反应得到的 NH_4Cl 与 $NH_3 \cdot H_2O$ 和 HCl(盐酸)反应得到的 NH_4Cl 是完全相同的物质。即上述两个反应的本质上是一样的。但 NH_3(气)并未解离出 OH^- 离子，HCl(气)也未解离出 H^+ 离子，反应后也无 H_2O 生成。

1923年布朗斯特德和劳莱提出了酸碱的质子理论，成功地解释了上述两个事实。酸碱质子理论认为：凡能给出质子的物质(分子或离子)都是酸；凡能与质子结合的物质(分子或离子)都是碱；酸碱反应是质子传递反应。简单地说，酸是质子的给予体，而碱是质子的接受体。这个理论把酸碱的概念扩展到不限于以水为溶剂的系统中，而且离子也可以是酸或碱。

酸给出质子或碱接受质子的过程都是可逆的。因此，酸给出质子后，余下的部分能接受质子，它们都是碱。碱接受质子后生成的部分又能给出质子，它们都是酸。酸与对应的碱存在如下相互依赖关系，即

$$\text{酸} \rightleftharpoons \text{质子} + \text{碱}$$

$$HCl \rightleftharpoons H^+ + Cl^-$$

$$NH_4^+ \rightleftharpoons H^+ + NH_3$$

$$H_2PO_4^- \rightleftharpoons H^+ + HPO_4^{2-}$$

$$H_2SO_4 \rightleftharpoons H^+ + HSO_4^-$$

$$HSO_4^- \rightleftharpoons H^+ + SO_4^{2-}$$

这种相互依存、相互转化的关系称为酸碱的共轭关系。酸失去质子后形成的碱称为该酸

的共轭碱，例如 NH_3 是 NH_4^+ 的共轭碱。碱结合质子后形成的酸称为该碱的共轭酸，例如 NH_4^+ 是 NH_3 的共轭酸。酸与它的共轭碱（或碱与它的共轭酸）一起称为共轭酸碱对。上边列出的就是一些共轭酸碱对。从上边列出的共轭酸碱对可以看出：

(1)酸和碱可以是分子，也可以是阳离子或阴离子；

(2)有些物质在某个共轭酸碱对中是碱，但在另一个共轭酸碱对中却是酸，这些物质称为两性物质。如 HSO_4^- 等；

(3)质子理论中没有盐的概念，电离理论中的盐，在质子理论中都是离子酸或离子碱。例如，NH_4Cl 中的 NH_4^+ 是酸，Cl^- 是碱；

(4)酸越强，即酸给出质子的能力越强，正反应进行的趋势越大，则其共轭碱接受质子的能力就越弱。如 HCl 是强酸，其共轭碱 Cl^- 是极弱的碱。

根据酸碱质子理论，酸碱反应的实质，就是两个共轭酸碱对之间质子传递的反应。例如：

$$\overset{\text{H}^+}{\text{HCl} \rightarrow \text{NH}_3}\quad \text{HCl} + \text{NH}_3 = \text{NH}_4^+ + \text{Cl}^-$$

酸 1　碱 2　　酸 2　碱 1

NH_3 和 HCl 的反应，无论是水溶液中，苯溶液中或气相中，其实质都是酸 HCl 放出质子给 NH_3，转变为它的共轭碱 Cl^-；而碱 NH_3 接受质子转变为它的共轭酸 NH_4^+。

酸碱质子理论不仅扩大了酸碱的范围，而且把电离理论中的中和作用，解离作用，水解作用等，都包括在酸碱反应的范畴中，即它们都是质子传递反应。

二、弱酸、弱碱在水溶液中的解离平衡及 pH 值的计算

1. 弱酸、弱碱在水溶液中的解离平衡

根据质子理论，酸碱在水溶液中的解离实质上是酸碱与水发生的质子传递反应。在水溶液中，酸解离时放出质子给水，并产生共轭碱。强酸给出质子的能力很强，其共轭碱很弱，几乎不能结合质子，因此，质子传递反应几乎完全进行（相当于电离理论的完全解离）。

$$HCl + H_2O \longrightarrow H_3O^+ + Cl^-$$

弱酸给出质子的能力相对较弱，其共轭碱具有接受质子的能力，因此，为可逆反应（相当于电离理论中的部分解离），即

$$\overset{\text{H}^+}{\text{HAc} \rightarrow \text{H}_2\text{O}}\quad \text{HAc} + \text{H}_2\text{O} \rightleftharpoons \text{H}_3\text{O}^+ + \text{Ac}^-$$

这个质子传递反应的平衡常数为

$$K=\frac{[c^{eq}(H_3O^+)/c^{\ominus}][c^{eq}(Ac^-)/c^{\ominus}]}{[c^{eq}(HAc)/c^{\ominus}][c^{eq}(H_2O)/c^{\ominus}]}$$

H_3O^+ 一般简写作 H^+，$c^{eq}(H_2O)$ 在水溶液中变化很小，可作为常数，又由于 $c^{\ominus}=1\ mol \cdot L^{-1}$，因此，上式可简化为

$$K=\frac{c^{eq}(H^+)c^{eq}(Ac^-)}{c^{eq}(HAc)}$$

这就是电离理论所定义的弱酸的解离平衡常数，用 K_a 表示。

$$K_a(HAc)=\frac{c^{eq}(H^+)c^{eq}(Ac^-)}{c^{eq}(HAc)} \tag{3-1}$$

弱碱 NH_3 和 H_2O 反应时，NH_3 接受 H_2O 给出的质子。NH_3 接受质子的能力较弱，因此反应程度很小，也是可逆反应（相当于 $NH_3 \cdot H_2O$ 在水中的解离过程）

H^+

$$NH_3 + H_2O \rightleftharpoons NH_4{}^+ + OH^-$$

这个质子传递反应的平衡常数简写为

$$K=\frac{c^{eq}(NH_4{}^+)c^{eq}(OH^-)}{c^{eq}(NH_3)}$$

这是电离理论所定义的弱碱的解离平衡常数，用 K_b 表示。即

$$K_b(NH_3)=\frac{c^{eq}(NH_4{}^+)c^{eq}(OH^-)}{c^{eq}(NH_3)} \tag{3-2}$$

K_a，K_b 的数值可由热力学数据算得，也可由实验测定。附录 5 和附录 6 列出了一些弱电解质及其共轭酸碱的解离常数 K_a 和 K_b。

2. 一元弱酸溶液 pH 值的计算

若以 HA 表示一元弱酸，则有如下通式，即

$$HA + H_2O \rightleftharpoons H_3O^+ + A^-$$

或简写为

$$HA \rightleftharpoons H^+ + A^-$$

$$K_a=\frac{c^{eq}(H^+)c^{eq}(A^-)}{c^{eq}(HA)} \tag{3-3}$$

设一元弱酸的浓度为 c，解离度为 α，则

$$K_a=\frac{c\alpha \cdot c\alpha}{c(1-\alpha)}=\frac{c\alpha^2}{1-\alpha} \tag{3-4}$$

当 α 很小时，$1-\alpha \approx 1$，则

$$K_a \approx c\alpha^2 \tag{3-5}$$

$$\alpha=\sqrt{\frac{K_a}{c}} \tag{3-6}$$

$$c^{eq}(H^+)=c\alpha=\sqrt{K_a c} \tag{3-7}$$

式(3-6)表明：弱电解质的解离度与其浓度的平方根成反比。即浓度越稀，解离度越大，这个关系称为稀释定律。

例 3-1 计算 $0.100\ mol \cdot L^{-1}$ HAc 溶液的 H^+ 浓度，pH 值及 HAc 的解离度。

解 从附录 5 查得 HAc 的 $K_a=1.76\times10^{-5}$

方法Ⅰ 设 $0.100\ mol \cdot L^{-1}$ HAc 溶液中 H^+ 的平衡浓度为 $x\ mol \cdot L^{-1}$，则

$$HAc \rightleftharpoons H^+ + Ac^-$$

平衡时浓度　　$0.100-x$　　x　　x

$$K_a(HAc)=\frac{c^{eq}(H^+)c^{eq}(Ac^-)}{c^{eq}(HAc)}=\frac{xx}{0.100-x}$$

由于 $K_a(HAc)$ 很小，　　$0.100-x \approx 0.100$

$$\frac{x^2}{0.100} \approx 1.76\times10^{-5}, \quad x\approx1.33\times10^{-3}$$

即 $$c^{eq}(H^+)\approx1.33\times10^{-3}\ mol\cdot L^{-1}$$

方法Ⅱ 直接代入式(3-7)

$$c^{eq}(H^+)\approx\sqrt{K_a c}=\sqrt{1.76\times10^{-5}\times0.100}=1.33\times10^{-3}\ mol\cdot L^{-1}$$

从而可得 $$pH=-\lg(1.33\times10^{-3})=2.88$$

HAc 的解离度 $\alpha=\dfrac{x}{c(HAc)}=(1.33\times10^{-3}/0.100)\times100\%=1.33\%$

计算结果表明，$1-\alpha\approx1$ 的近似处理是合理的。

例 3-2 计算 0.100 $mol\cdot L^{-1}$ NH_4Cl 溶液中的 H^+ 浓度及 pH 值。

解 NH_4Cl 在水溶液中以离子酸 NH_4^+ 和离子碱 Cl^- 存在。由于 Cl^- 是强酸 HCl 的共轭碱，因而它接受质子的能力极弱，可以认为不与 H_2O 发生质子传递反应(电离理论认为是不水解)。因而 NH_4Cl 的水溶液只考虑 NH_4^+ 的质子传递反应(离子酸 NH_4^+ 的解离)即可。

$$NH_4^+ + H_2O \rightleftharpoons H_3O^+ + NH_3$$

简写为

$$NH_4^+ \rightleftharpoons H^+ + NH_3$$

查附录 6 得 NH_4^+ 的 $K_a=5.65\times10^{-10}$，所以

$$c^{eq}(H^+)=\sqrt{K_a c}=\sqrt{5.65\times10^{-10}\times0.100}=7.5\times10^{-6}\ mol\cdot L^{-1}$$

$$pH=-\lg(7.5\times10^{-6})=5.12$$

3. 多元弱酸溶液 pH 值的计算

多元弱酸的解离是分级进行的，每一级都有一个解离常数，以在水溶液中的 H_2CO_3 为例，其一级解离为

$$H_2CO_3 \rightleftharpoons H^+ + HCO_3^-$$

$$K_{a1}=\frac{c^{eq}(H^+)c^{eq}(HCO_3^-)}{c^{eq}(H_2CO_3)}=4.30\times10^{-7}$$

二级解离为

$$HCO_3^- \rightleftharpoons H^+ + CO_3^{2-}$$

$$K_{a2}=\frac{c^{eq}(H^+)c^{eq}(CO_3^{2-})}{c^{eq}(HCO_3^-)}=5.61\times10^{-11}$$

式中，K_{a1} 和 K_{a2} 分别表示 H_2CO_3 的一级解离常数和二级解离常数。一般情况下，二元弱酸的 $K_{a1}\gg K_{a2}$。H_2CO_3 的二级解离使 HCO_3^- 进一步给出 H^+，这比一级解离要困难得多，因为带有两个负电荷的 CO_3^{2-} 对 H^+ 的吸引比带一个负电荷的 HCO_3^- 对 H^+ 的吸引要强得多。又由于一级解离所生成的 H^+ 能促使二级解离的平衡强烈地偏向左方，所以二级解离的解离度比一级解离的要小得多。计算多元弱酸的 H^+ 浓度时，若 $K_{a1}\gg K_{a2}$，则可忽略二级解离平衡，与计算一元弱酸 H^+ 浓度的方法相同，即用式(3-7)作近似计算，不过式中的 K_a 应改为 K_{a1}。

4. 弱碱溶液 pH 值的计算

若以 B 表示弱碱，则有如下通式，即

$$B+H_2O \rightleftharpoons HB^+ + OH^-$$

$$K=K_b=\frac{c^{eq}(HB^+)c^{eq}(OH^-)}{c^{eq}(B)} \tag{3-8}$$

与一元弱酸相仿，一元弱碱的解离平衡中：

$$K_b=c\alpha^2/(1-\alpha) \tag{3-9}$$

当 α 很小时，

$$K_b \approx c\alpha^2 \tag{3-10}$$

$$\alpha=\sqrt{K_b/c} \tag{3-11}$$

$$c^{eq}(OH^-)=c\alpha \approx \sqrt{K_b c} \tag{3-12}$$

由 $K_w=c^{eq}(H^+)c^{eq}(OH^-)$ 得

$$c^{eq}(H^+)=K_w/c^{eq}(OH^-)$$

用式(3-12)不仅可计算分子碱如 $NH_3 \cdot H_2O$ 溶液的 pH 值，也可用来计算诸如 Ac^-，CO_3^{2-} 等离子碱水溶液的 pH 值。以 0.100 mol·L^{-1} NaAc 溶液为例，由于 Na^+（实际上是 $Na(H_2O)^+$）是强碱 NaOH 的共轭酸，因此它给出质子的能力极弱，可以认为不与 H_2O 发生质子传递反应（电离理论认为是不水解）。因而 NaAc 的水溶液只考虑 Ac^- 的质子传递反应（离子碱 Ac^- 的解离）。查附录 6，$K_b(Ac^-)=5.68\times10^{-10}$，按式(3-12)计算：

$$c^{eq}(OH^-)\approx\sqrt{K_b c}=\sqrt{5.68\times10^{-10}\times0.100}=(7.5\times10^{-6})\ \text{mol}\cdot\text{L}^{-1}$$

$$c^{eq}(H^+)=K_w/(7.5\times10^{-6})=1.3\times10^{-9}\ \text{mol}\cdot\text{L}^{-1}$$

$$\text{pH}=-\lg(1.3\times10^{-9})=8.9$$

对于 CO_3^{2-} 这个二元弱碱，其计算方法与多元弱酸一样，按一级解离计算，式(3-12)中的 K_b 换成 K_{b1} 即可。

三、缓冲溶液和 pH 值的控制

1. 同离子效应

与所有的化学平衡一样，弱电解质在水溶液中的解离平衡也会随温度、浓度等条件的改变而发生移动。弱酸、弱碱在溶液中达到解离平衡后，如果加入具有相同离子的强电解质，改变该种离子的浓度，则原先的平衡就会遭到破坏，平衡将向着解离的相反方向，即结合成弱酸或弱碱的方向移动，这种现象称为同离子效应，它使弱电解质的解离度降低。例如 HAc 溶液中，存在解离平衡，即

$$HAc \rightleftharpoons H^+ + Ac^-$$

当向 HAc 溶液中加入 NaAc 后，增加了 Ac^- 的浓度，HAc 的解离平衡向左移动。达到新的平衡时，HAc 的解离度降低了。又如在 $NH_3 \cdot H_2O$ 溶液中加入 NH_4Cl，NH_4^+ 浓度的增加使 $NH_3 \cdot H_2O$ 的解离度降低。

从酸碱质子理论来看，加入的同离子是弱电解质的共轭酸碱。如 HAc 溶液中加入的同离子 Ac^- 是 HAc 的共轭碱，而 $NH_3 \cdot H_2O$ 溶液中加入的同离子 NH_4^+ 是 $NH_3 \cdot H_2O$ 的共轭酸。因此，同离子效应就是在弱电解质溶液中加入该弱电解质的共轭酸或碱，而使弱电解质的解离度降低的现象。

2. 缓冲溶液

上述弱电解质与其共轭酸或碱组成的溶液有一种很重要的性质，其 pH 值能在一定范围内不因稀释或外加少量的酸或碱而发生显著变化，也就是说，对外加的少量酸和碱具有缓冲能力。这种对酸和碱具有缓冲作用的溶液称为缓冲溶液。

可用通式来表示缓冲溶液中这种共轭酸碱之间存在的平衡

$$\underset{(\text{大量})}{\text{共轭酸}} \rightleftharpoons H^+ + \underset{(\text{大量})}{\text{共轭碱}}$$

在缓冲溶液中大量存在着共轭酸分子(或离子)及共轭碱离子(或分子)，它们保护着少量存在的 H^+。外加少量酸，平衡向左移动，共轭碱与 H^+ 结合生成共轭酸，抵消了 H^+ 的增加；外加少量碱，平衡向右移动，共轭酸转变成共轭碱和 H^+，抵消了 OH^- 的增加。组成缓冲溶液的一对共轭酸碱也称为缓冲对。

根据共轭酸碱之间的平衡，可得计算缓冲溶液中 H^+ 浓度的公式为

由
$$K_a = \frac{c^{eq}(H^+)c^{eq}(\text{共轭碱})}{c^{eq}(\text{共轭酸})}$$

得
$$c^{eq}(H^+) = K_a \frac{c^{eq}(\text{共轭酸})}{c^{eq}(\text{共轭碱})} \tag{3-13}$$

式中，K_a 为共轭酸的解离常数，如在 $HAc - Ac^-$ 缓冲对中，K_a 为 HAc 的解离常数；在 $NH_3 - NH_4{}^+$ 缓冲对中，K_a 为 $NH_4{}^+$ 的解离常数。

例 3-3 (1)计算含有 0.100 $mol \cdot L^{-1}$ NaAc 和 0.100 $mol \cdot L^{-1}$ HAc 的缓冲溶液中 H^+ 的浓度，pH 值和 HAc 的解离度。

(2)若往 0.1 L 上述缓冲溶液中加入 0.001 L 的 1.00 $mol \cdot L^{-1}$ HCl 溶液后，溶液的 pH 值变为多少？

解 (1)根据式(3-13)可知

$$c^{eq}(H^+) = K_a \frac{c^{eq}(HAc)}{c^{eq}(Ac^-)}$$

由于 $K_a = 1.76 \times 10^{-5}$，则有

$$c^{eq}(HAc) = c(HAc) - x \approx c(HAc) = 0.100\ mol \cdot L^{-1}$$
$$c^{eq}(Ac^-) = c(Ac^-) + x \approx c(Ac^-) = 0.100\ mol \cdot L^{-1}$$

此时，式(3-13)可改为

$$c^{eq}(H^+) = K_a \frac{c(HAc)}{c(Ac^-)}, \quad \left[c^{eq}(H^+) = K_a \frac{c(\text{共轭酸})}{c(\text{共轭碱})} \right] \tag{3-14}$$

所以
$$c^{eq}(H^+) \approx 1.76 \times 10^{-5} \times \frac{0.100}{0.100} = 1.76 \times 10^{-5}\ mol \cdot L^{-1}$$

$$pH = 4.75$$

HAc 的解离度为

$$\alpha = \frac{1.76 \times 10^{-5}}{0.100} \times 100\% = 0.017\ 6\%$$

与例 3-1 的计算结果比较，由于同离子 Ac^- 的加入，HAc 的解离度大大降低了。

(2)加入的 0.001L 的 1 $mol \cdot L^{-1}$ 的 HCl 由于稀释，浓度变为

$$\frac{0.001\ \text{L}}{(0.001+0.1)\ \text{L}}\times 1.00\ \text{mol}\cdot\text{L}^{-1}=0.010\ 0\ \text{mol}\cdot\text{L}^{-1}$$

因 HCl 在溶液中完全解离，也即加入的 $C(H^+)=0.010\ 0\ \text{mol}\cdot\text{L}^{-1}$。由于加入的 H^+ 的量相对于缓冲溶液中 Ac^- 的量来说是较小的，可以认为这些加入的 H^+ 可与 Ac^- 完全结合成 HAc 分子，从而使溶液中 Ac^- 浓度减小，HAc 浓度增大。若忽略溶液体积微小改变的影响，则加入 HCl 后各物质的浓度为

$$c(\text{HAc})\approx 0.100+0.010\ 0\ \text{mol}\cdot\text{L}^{-1}=0.110\ \text{mol}\cdot\text{L}^{-1}$$

$$c(\text{Ac}^-)\approx 0.100-0.010\ 0\ \text{mol}\cdot\text{L}^{-1}=0.09\ \text{mol}\cdot\text{L}^{-1}$$

代入式(3-14)

$$c^{\text{eq}}(\text{H}^+)=1.76\times 10^{-5}\times\frac{0.110}{0.09}=2.15\times 10^{-5}\ \text{mol}\cdot\text{L}^{-1}$$

$$\text{pH}=4.66$$

上述缓冲溶液中不加盐酸时，pH 值为 4.75，加入 0.001 L 的 $1.00\ \text{mol}\cdot\text{L}^{-1}$ HCl 后，pH 值为 4.66。两者仅相差 0.09，说明 pH 值基本不变。若加入 0.001 L 的 $1.00\ \text{mol}\cdot\text{L}^{-1}$ NaOH 溶液后，则 pH 值变为 4.84(怎样计算?)，也基本不变。

从式(3-14)和例 3-3 可以看出：c(共轭酸)与 c(共轭碱)的比值越接近于 1，也即缓冲溶液的 H^+ 浓度越接近于共轭酸的 K_a，则缓冲溶液抵抗外来酸碱的能力就越大，即缓冲能力越大；c(共轭酸)和 c(共轭碱)的浓度越大，缓冲能力也越大。所以，在配制缓冲溶液时，要按照缓冲溶液 pH 值的要求，选择其共轭酸的 K_a 值尽量接近所需 H^+ 浓度的共轭酸碱对作缓冲对，并要求共轭酸和共轭碱的浓度尽可能大些。例如，要配制 pH=10 的缓冲溶液，应选择 $NH_3-NH_4{}^+$ 缓冲对来配制。因为该缓冲对中共轭酸 $NH_4{}^+$ 的 $K_a=5.65\times 10^{-10}$，最接近要求的 H^+ 浓度，即 10^{-10}。这样配成的缓冲溶液的 c(共轭酸)/c(共轭碱)才接近于 1，缓冲能力较大。(如用 $HAc-Ac^-$ 缓冲对配制 pH=10 的缓冲溶液，c(共轭酸)/c(共轭碱)= ?)

3. 缓冲溶液的应用

缓冲溶液在工程技术中有重要应用，与人类生命活动也有重要关系。在电子工业的硅半导体器件加工过程中，需要用氢氟酸腐蚀以除去硅表面没有用胶膜保护的那部分氧化膜 SiO_2。如果单独用 HF 作腐蚀液，H^+ 的浓度会随着反应的进行而发生变化，造成腐蚀的不均匀。因此需用 HF 和 NH_4F 组成的缓冲溶液进行腐蚀，才能达到工艺的要求。金属器件电镀时的电镀液中，也要用缓冲液来控制一定的 pH 值。在土壤中，由于含有 $H_2CO_3-NaHCO_3$ 和 $NaH_2PO_4-Na_2HPO_4$ 以及其他有机弱酸及其共轭碱所组成的复杂的缓冲系统，能使土壤维持一定的 pH 值，从而保证植物的正常生长。因而在进行土壤改良或施肥时，必须考虑不能破坏这一缓冲系统。动植物的各种体液更是先天的、精确的缓冲溶液，它们的 pH 值必须在一定范围内才能使相应机体的各项功能活动保持正常。如人体血液的 pH 值需维持在 7.4 左右。如果酸碱度突然发生改变，就会引起“酸中毒”或“碱中毒”，当 pH 值的改变超过 0.5 时，就可能会导致生命危险。

第 3 节　难溶电解质的多相离子平衡

在科学研究和工业生产中，经常要利用生成难溶电解质的沉淀反应来制备材料、分离杂

质、处理污水以及鉴定离子等。怎样判断沉淀能否生成？如何使沉淀析出更趋完全？又如何使沉淀溶解？这些问题都需要讨论在含有难溶电解质和水的系统中所存在的固相与液相中离子之间的平衡问题，也就是多相系统的离子平衡及其移动。

一、溶度积

将难溶电解质放入水中，则总会有一定数量的难溶电解质的离子进入水中，并建立起固体与溶液中的离子之间的沉淀-溶解平衡，这时的溶液称为饱和溶液，这种动态平衡称为多相离子平衡：

$$A_nB_m(s) \rightleftharpoons nA^{m+} + mB^{n-}$$

其平衡常数表达式为

$$K = K_{sp}(A_nB_m) = [c^{eq}(A^{m+})]^n[c^{eq}(B^{n-})]^m$$

为了表明这种平衡常数的特殊性，通常用 K_{sp} 代替 K 以示区别，并把难溶电解质的化学式注在后面。K_{sp} 称为溶度积，它表明在一定温度时，难溶电解质的饱和溶液中，其离子浓度（以该离子在平衡关系中的化学计量系数为指数的幂）的乘积为一常数。K_{sp} 的数值可由实验测定，也可由热力学数据计算。附录 8 给出了一些难溶电解质的溶度积。

二、溶度积和溶解度的关系

溶度积和中学时介绍的溶解度 S 都反映物质的溶解能力，但溶度积仅仅是对难溶电解质而言的。溶解度对易溶物质常用 100 g 水在达到饱和时所能溶解的溶质的质量(g)来表示，而对难溶电解质则用每升饱和溶液中溶解的溶质的物质的量（摩尔）来表示。

对于同类型的难溶电解质如 AgCl 和 AgBr，$CaSO_4$ 和 $BaSO_4$ 等，在相同温度下，溶度积 K_{sp} 越大，则溶解度 S 也越大。反之亦然。对于不同类型的难溶电解质，不能用 K_{sp} 直接比较其溶解度的大小，必须通过具体计算。

例 3-4 在 25℃时，AgCl 的溶度积为 1.77×10^{-10}，Ag_2CrO_4 的溶度积为 1.12×10^{-12}，试比较 AgCl 和 Ag_2CrO_4 溶解度的大小。

解 (1)设 AgCl 的溶解度为 S_1（以 $mol\cdot L^{-1}$ 为单位，下同），则根据

$$AgCl(s) \rightleftharpoons Ag^+ + Cl^-$$

可得

$$c^{eq}(Ag^+) = c^{eq}(Cl^-) = S_1$$

$$K_{sp} = c^{eq}(Ag^+)c^{eq}(Cl^-) = S_1S_1 = S_1^{\ 2}$$

$$S_1 = \sqrt{K_{sp}} = \sqrt{1.77\times10^{-10}} = 1.33\times10^{-5}\ mol\cdot L^{-1}$$

(2)设 Ag_2CrO_4 的溶解度为 S_2，则根据

$$Ag_2CrO_4(s) \rightleftharpoons 2Ag^+ + CrO_4^{\ 2-}$$

可得

$$c^{eq}(CrO_4^{\ 2-}) = S_2$$

$$c^{eq}(Ag^+) = 2S_2$$

$$K_{sp} = [c^{eq}(Ag^+)]^2c^{eq}(CrO_4^{\ 2-}) = (2S_2)^2S_2 = 4S_2^{\ 3}$$

$$S_2 = \sqrt[3]{K_{sp}/4} = \sqrt[3]{\frac{1.12\times10^{-12}}{4}} = 6.54\times10^{-5}\ mol\cdot L^{-1}$$

计算结果表明，虽然 Ag_2CrO_4 的 K_{sp} 小于 AgCl 的 K_{sp}，但 Ag_2CrO_4 的溶解度却大于 AgCl 的溶解度。

三、溶度积规则及其应用

1. 溶度积规则

对一给定的难溶电解质来说，在一定条件下沉淀能否生成或溶解，实际上是一个判断沉淀-溶解平衡的平衡移动方向问题。当溶液中有关两种离子浓度（以溶解平衡式中该离子的化学计量系数为指数的幂）的乘积（称为离子积，即第一章讨论的任意浓度商 Q'）大于由该两种离子所组成的物质的溶度积（K_{sp}）时，就会产生该物质的沉淀，浓度商 Q' 小于其溶度积 K_{sp}，则没有沉淀生成且溶液中原先有的沉淀也会溶解。由此可知，根据溶度积可以判断沉淀的生成和溶解，这称为溶度积规则。

这时离子积 Q' 的表达式为　$Q'=[c(A^{m+})]^n[c(B^{n-})]^m$　（注意 c 没有上标 eq）

$Q'=[c(A^{m+})]^n[c(B^{n-})]^m>K_{sp}$　溶液过饱和，有沉淀生成

$Q'=[c(A^{m+})]^n[c(B^{n-})]^m=K_{sp}$　饱和溶液

$Q'=[c(A^{m+})]^n[c(B^{n-})]^m<K_{sp}$　不饱和溶液，沉淀溶解

2. 溶度积规则的应用

(1)沉淀的生成与同离子效应：根据溶度积规则，当溶液中 $[c(A^{m+})]^n[c(B^{n-})]^m>K_{sp}(A_nB_m)$ 时，则会生成 A_nB_m 沉淀。

例 3-5　已知 $BaSO_4$ 的 $K_{sp}=1.07\times10^{-10}$，将 0.01 $mol\cdot L^{-1}$ 的 $BaCl_2$ 溶液与 0.01 $mol\cdot L^{-1}$ 的 H_2SO_4 溶液等体积混合，是否有 $BaSO_4$ 沉淀生成？

解　两种溶液等体积混合，则有

$$c(Ba^{2+})c(SO_4{}^{2-})=\frac{1}{2}\times0.01\times\frac{1}{2}\times0.01=2.5\times10^{-5}>K_{sp}(BaSO_4)$$

故有 $BaSO_4$ 沉淀生成，离子方程式为

$$Ba^{2+}+SO_4{}^{2-}\rightleftharpoons BaSO_4(s)$$

当 $BaSO_4$ 固体与溶液中的 Ba^{2+} 和 $SO_4{}^{2-}$ 之间建立起平衡时，该溶液为 $BaSO_4$ 的饱和溶液。此时 $c(Ba^{2+})c(SO_4{}^{2-})=K_{sp}(BaSO_4)$，在给定条件下，$Ba^{2+}$ 和 $SO_4{}^{2-}$ 的浓度不再改变。

与其他化学平衡一样，难溶电解质的多相离子平衡也是相对的，有条件的。如果上述 $BaSO_4(s)\rightleftharpoons Ba^{2+}+SO_4{}^{2-}$ 的平衡系统中加入 $SO_4{}^{2-}$ 溶液，由于 $SO_4{}^{2-}$ 的浓度增大，使 $c(Ba^{2+})c(SO_4{}^{2-})>K_{sp}(BaSO_4)$，平衡向生成 $BaSO_4$ 沉淀的方向移动，直至溶液中离子浓度的乘积重新等于溶度积为止。当达到新平衡时，溶液中 Ba^{2+} 的浓度相对于原来平衡时减小了，也就是沉淀更完全了。同时也意味着，在新的条件下，$BaSO_4$ 的溶解度降低了。因为此时在 1.00 L 溶液中溶解的 $BaSO_4$ 的物质的量等于 Ba^{2+} 在溶液中的物质的量，即 $S=c^{eq}(Ba^{2+})$ [注意：此时 $c^{eq}(Ba^{2+})\neq c^{eq}(SO_4{}^{2-})$]。这种因加入含有共同离子的强电解质，而使难溶电解质溶解度降低的现象称为同离子效应。同离子效应在工业生产、污水处理及分析化学中应用广泛。例如，在用 $BaSO_4$ 重量法测定 Ba^{2+} 时，就需要加入过量的 $SO_4{}^{2-}$，利用 $SO_4{}^{2-}$ 的同离子效应使 Ba^{2+} 沉淀完全。

(2)沉淀的溶解：在实际工作中，经常会遇到要使难溶电解质溶解的问题。根据溶度积规则，只要设法降低难溶电解质饱和溶液中有关离子的浓度，使离子浓度乘积小于它的溶度积，难溶电解质就会溶解。常用的方法如下：

1)利用酸碱反应，生成 H_2O，H_2CO_3，H_2S 等弱电解质或气体。

金属氢氧化物易溶于酸，生成盐和水，反应如下：

$$Fe(OH)_2(s)+2H^+=Fe^{2+}+2H_2O$$

这一反应的实质就是利用酸碱反应使 OH^- 的浓度不断降低，使溶液中 $c(Fe^{2+})[c(OH^-)]^2<K_{sp}(Fe(OH)_2)$，平衡 $Fe(OH)_2(s)\rightleftharpoons Fe^{2+}+2OH^-$ 向右移动，因而使 $Fe(OH)_2$ 沉淀溶解。

碳酸盐沉淀溶于酸，生成弱电解质水和二氧化碳，反应如下：

$$BaCO_3(s)+2H^+=Ba^{2+}+H_2O+CO_2\uparrow$$

$$CaCO_3(s)+2H^+=Ca^{2+}+H_2O+CO_2\uparrow$$

某些硫化物溶于酸，生成弱电解质硫化氢，反应如下：

$$FeS(s)+2H^+=Fe^{2+}+H_2S\uparrow$$

$$MnS(s)+2H^+=Mn^{2+}+H_2S\uparrow$$

2)利用氧化—还原反应：有些硫化物如 Ag_2S，CuS，PbS 等不溶于非氧化性酸，这是由于它们的溶度积太小，饱和溶液中的 S^{2-} 浓度太小，不能与 H^+ 结合形成 H_2S。但加入氧化性酸可使之溶解。例如，加入 HNO_3 使发生如下反应：

$$3CuS(s)+8HNO_3(稀)=3Cu(NO_3)_2+3S(s)+2NO(g)+4H_2O$$

由于 HNO_3 能将 S^{2-} 氧化成单质 S，从而大大降低了 S^{2-} 的浓度，使溶液中 $c(Cu^{2+})c(S^{2-})<K_{sp}(CuS)$，CuS 即可溶解。

3)利用形成配离子的反应：当难溶电解质中的金属离子能与某些试剂形成配离子时，也能使难溶电解质溶解。例如

$$Cu(OH)_2(s)+4NH_3=[Cu(NH_3)_4]^{2+}+2OH^-$$

3. 沉淀的转化

锅炉或蒸气管内锅垢的存在，不仅阻碍传热、浪费燃料，而且还有可能引起爆裂，造成事故。锅垢的主要成分 $CaSO_4$ 不溶于酸，难以除去，但可以用 Na_2CO_3 溶液处理，使其转化为疏松而可溶于酸的 $CaCO_3$ 沉淀，即

$$\begin{array}{c}CaSO_4(s)\rightleftharpoons Ca^{2+}+SO_4^{\ 2-}\\ \quad\quad\quad\quad + \\ \quad\quad\quad\quad CO_3^{\ 2-}\\ \quad\quad\quad\quad \Downarrow \\ \quad\quad\quad\quad CaCO_3(s)\end{array}$$

由于 $CaSO_4$ 的溶度积（$K_{sp}=7.10\times10^{-5}$）大于 $CaCO_3$ 的溶度积（$K_{sp}=4.96\times10^{-9}$），在溶液中与 $CaSO_4(s)$ 平衡的 Ca^{2+} 与加入的 $CO_3^{\ 2-}$ 结合生成溶度积更小的 $CaCO_3$，从而降低了溶液中的 Ca^{2+} 浓度，破坏了 $CaSO_4$ 的溶解平衡，使 $CaSO_4$ 不断溶解并转化为 $CaCO_3$。上述

转化反应可表示为

$$CaSO_4(s)+CO_3{}^{2-}=CaCO_3(s)+SO_4{}^{2-}$$

反应进行的程度可用转化反应的平衡常数来表达，即

$$K=\frac{c^{eq}(SO_4{}^{2-})}{c^{eq}(CO_3{}^{2-})}=\frac{c^{eq}(SO_4{}^{2-})c^{eq}(Ca^{2+})}{c^{eq}(CO_3{}^{2-})c^{eq}(Ca^{2+})}=\frac{K_{sp}CaSO_4}{K_{sp}CaCO_3}=\frac{7.10\times10^{-5}}{4.96\times10^{-9}}=1.43\times10^{4}$$

平衡常数较大，表明沉淀转化的程度较大。

4. 分步沉淀

如果溶液中有几种离子共存，当加入一种可与这几种离子都生成难溶电解质的试剂(称为沉淀剂)时，离子积先达到其难溶电解质的溶度积的离子先沉淀。例如，含有 Cl^-，Br^-，I^- 的溶液，假定它们的离子浓度各为 0.10 mol・L^{-1}，因 $K_{sp}(AgCl)>K_{sp}(AgBr)>K_{sp}(AgI)$，所以沉淀 AgI 所需沉淀剂 $AgNO_3$ 的浓度最小，沉淀 AgBr 次之。当在上述混合溶液中逐滴加入 $AgNO_3$(使 Ag^+ 浓度逐渐增加)时，Ag^+ 和 I^- 浓度的乘积先达到 AgI 的 K_{sp}，因此首先沉淀的是 AgI，其次是 AgBr，最后是 AgCl，这种现象称为分步沉淀。如果两种难溶电解质的溶解度差别较大，可用分步沉淀的方法加以分离。在一般分离过程中，当一种离子在溶液中的残留量小于 10^{-5} mol・L^{-1}时，可以认为已沉淀完全。若一种离子已沉淀完全，另一种离子还未开始沉淀，则称这两种离子可以完全分离。

第 4 节　配离子的解离平衡

由一个简单正离子(金属离子)和几个中性分子或阴离子配位结合而成的复杂离子称为配离子，又称为络离子。如$[Ag(NH_3)_2]^+$，$[Cu(NH_3)_4]^{2+}$，$[Fe(CN)_6]^{3-}$等，含有配离子的化合物称为配位化合物，简称配合物，如$[Ag(NH_3)_2]Cl$，$[Cu(NH_3)_4]SO_4$，$K_3[Fe(CN)_6]$等，方括号[　]内的部分是配离子，又称为配合物的内界，内界以外的部分称为外界。在配离子中，金属离子位于配离子几何结构的中心，所以称为中心离子，如上述配离子中的 Ag^+，Cu^{2+}，Fe^{3+}。与中心离子配位结合的中性分子或阴离子称为配位体，上述配离子中，NH_3，CN^- 是配位体。在配位体中与中心离子直接结合的原子叫配位原子，NH_3 分子中的配位原子是 N 原子，CN^- 离子中的配位原子是 C 原子。与中心离子结合的配位原子总数叫中心离子的配位数。上述三种配离子中，中心离子的配位数分别为 2，4，6。

一、配离子的解离平衡

配位化合物在溶液中可以发生解离，在解离时，外界和内界间全部解离成内界离子和外界离子，这与强电解质类似；而内界配离子中的中心离子和配位体之间，则与弱电解质相似，在溶液中或多或少地解离出中心离子和配位体，并存在解离配位平衡。例如，$[Ag(NH_3)_2]^+$ 配离子总的解离平衡可简单表达为

$$[Ag(NH_3)_2]^+ \rightleftharpoons Ag^+ + 2NH_3$$

其总的解离常数为

$$K=\frac{c^{eq}(Ag^+)[c^{eq}(NH_3)]^2}{c^{eq}(Ag(NH_3)_2{}^+)}$$

对同一类型(配位体数目相同)的配离子来说，K 越大，表明配离子越易离解，即配离子越

不稳定。所以配离子的解离常数 K 又称为不稳定常数，用 K_i 表示。

解离反应的逆反应为配位反应，即

$$Ag^+ + 2NH_3 \rightleftharpoons [Ag(NH_3)_2]^+$$

其平衡常数
$$K=\frac{c^{eq}(Ag(NH_3)^+)}{c^{eq}(Ag^+)[c^{eq}(NH_3)]^2}$$

K 的大小表明配离子的稳定性，称为配离子的稳定常数，用 K_f 表示。显然 $K_i=\frac{1}{K_f}$，书后附录7 列出一些常见配离子的 K_i 和 K_f。

二、配离子解离平衡的移动

与所有的平衡系统一样，改变配离子解离平衡的条件，平衡将发生移动，使配离子被破坏或转化为另一种更稳定的配离子。

例如在深蓝色的$[Cu(NH_3)_4]^{2+}$溶液中加入少量稀 H_2SO_4，溶液会由深蓝色转变为浅蓝色。这是由于加入的 H^+ 与$[Cu(NH_3)_4]^{2+}$解离出的 NH_3 结合，形成 NH_4^+，促使$[Cu(NH_3)_4]^{2+}$进一步解离，即

$$[Cu(NH_3)_4]^{2+} \rightleftharpoons Cu^{2+} + 4NH_3$$

$$+$$

$$H^+$$

$$\Downarrow$$

$$NH_4^+$$

又如在$[Ag(NH_3)_2]^+$配离子的溶液中加入 KI 溶液，则会生成黄色 AgI 沉淀，$[Ag(NH_3)_2]^+$被破坏，即

$$[Ag(NH_3)_2]^+ \rightleftharpoons Ag^+ + 2NH_3$$

$$+$$

$$I^-$$

$$\Downarrow \; c(Ag^+)c(I^-) > K_{sp}(AgI)$$

$$AgI\downarrow$$

总反应式可写为 $[Ag(NH_3)_2]^+ + I^- = AgI\downarrow + 2NH_3$

其平衡常数为

$$K=\frac{[c^{eq}(NH_3)]^2}{c^{eq}(Ag(NH_3)_2^+)c^{eq}(I^-)}=$$

$$\frac{[c^{eq}(NH_3)]^2 c^{eq}(Ag^+)}{c^{eq}(Ag(NH_3)_2^+)c^{eq}(I^-)c^{eq}(Ag^+)}=$$

$$K_i(Ag(NH_3)_2^+)/K_{sp}(AgI)$$

将 $K_i(Ag(NH_3)_2^+)=8.93\times10^{-8}$，$K_{sp}(AgI)=8.51\times10^{-17}$代入，得

$$K=8.93\times10^{-8}/8.51\times10^{-17}=1.05\times10^{9}$$

K 很大，表明转化反应进行的很完全。

在配离子反应中，一种配离子可以转化为另一种更稳定的配离子，即平衡向生成更难解离的配离子的方向移动。例如

$$[HgCl_4]^{2-}+4I^-=[HgI_4]^{2-}+4Cl^-$$

由于是相同配位数的配离子，通常可根据配离子的 K_i 来判断反应进行的方向。由于 $K_i(HgCl_4{}^{2-})=8.55\times10^{-16}\gg K_i(HgI_4{}^{2-})=1.48\times10^{-30}$，即$[HgCl_4]^{2-}$更不稳定，因此，若往含有$[HgCl_4]^{2-}$的溶液中加入足够的 I^-，则$[HgCl_4]^{2-}$将解离而转化生成$[HgI_4]^{2-}$。其转化反应的平衡常数(怎样计算?)是非常大的。

第 5 节　表面活性剂

人们在长期的生产、生活实践中发现，某些物质即使少量溶于水也能使水的表面性质发生很大的变化。例如使水的表面张力降低，改变润湿性能、乳化性能、洗涤性能及起泡性能等。人们把这类物质称为表面活性剂。工业生产中表面活性剂广泛地用作化学助剂，它与人们的日常生活更是密切相关。

一、表面张力与表面活性剂

多相系统中相之间存在着界面。习惯上人们仅将气-液，气-固界面称为表面。液体表面的分子与内部的分子所受力是不同的。在水内部的分子受到周围水分子的作用力的合力为零，但在表面的水分子却不如此。因上层空间气相分子对它的吸引力小于内部液相分子对它的吸引力，所以该分子所受合力不等于零，其合力方向垂直指向液体内部，结果导致液体表面具有自动缩小的趋势，这种使液体表面尽量缩小的力称为表面张力。水滴自动呈球形就是这个道理。从能量观点来看，要将液体内部的分子移到表面，需对它做功，因此液体具有表面能。表面张力是物质的特性，其大小与温度和界面两相物质的性质有关。在 293K 下水的表面张力为 $72.75\times10^{-3}\ N\cdot m^{-1}$。在加入溶质形成溶液后水的表面张力会发生改变。如果加入无机盐、不挥发的酸、碱等，由于这些物质的离子对表面水分子的吸引，会增大表面张力。如果加入有机物，由于碳链的疏水性，会降低水的表面张力。凡能明显降低水的表面张力的物质称为表面活性剂。

二、表面活性剂的特点和分类

1. 特点

所有的表面活性剂都具有“双亲结构”，一端具有易溶于水的亲水基团，即极性基团，而另一端具有不溶于水却易溶于油的亲油基团(疏水基团)。水是极性分子，而通常油类含有大量的长链烃基，属非极性分子。根据相似相溶原理，表面活性剂具有的极性基团如羧基、磺酸基、羟基、胺基等具有亲水性质，是亲水性基团；而烃基是亲油基团，包括烷基和芳香基。烷基又有直链和支链的，并且链越长，亲油性往往越强，带支链脂肪烃基的比不带支链的亲油性强。当在水中加入少量的表面活性剂时，其亲水基强烈水化，而亲油基则与水相互排斥，从而使表面活性剂分子富集于表面，并且极性头(亲水基)指向水内而亲油基指向空气。这种排列方式改变了表面分子的受力状况，从而起到降低表面张力的作用。

2. 分类

表面活性剂分子结构中亲油基一般由碳氢原子团(烃基)构成,通常以长链状烃基为主,不同的亲油基主要表现在碳氢链的变化上,差别较小。亲水基部分的原子团种类繁多,性质差异较大,因而表面活性剂的分类一般以亲水基结构为主要依据,分为阴离子型、阳离子型、两性离子型和非离子型四大类。表 3-1 列出了一些常见的表面活性剂的分类、特点及用途。

表 3-1　一些表面活性剂的分类、特点及用途。

按离子型分类	特点	按亲水基的种类分类		性能	用途
阴离子型表面活性剂	亲水基为阴离子	脂肪羧酸盐类	R-COONa	润湿性好,去污力强	洗涤剂,乳化剂,增溶剂
		脂肪醇硫酸盐类	R-OSO_3Na		
		烷基磺酸盐类	R-SO_3Na		
		烷基芳基磺酸盐类	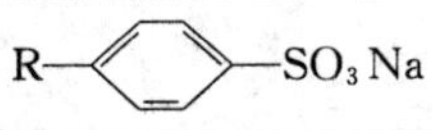		
		磷酸酯类	R-OPO_3Na_2		
阳离子型表面活性剂	亲水基为阳离子	伯胺盐	R-NH_2 · HCl	杀菌力强,洗涤性差,优良的抗静电性和柔软作用	杀菌消毒剂、织物抗静电剂和柔软剂
		仲胺盐	CH_3 | R—N · HCl | H		
		叔胺盐	R-$N(CH_3)_3$ · HCl		
		季铵盐	R-$\overset{+}{N}(CH_3)_3$ · Cl^-		
两性离子型表面活性剂	兼有阴、阳离子基团	氨基酸型	R-$NHCH_2$-CH_2COOH	良好的润湿性,洗涤性,乳化性,优良的杀菌性,对皮肤刺激小	与食品接触器具的消毒洗涤剂,洗发香波、化妆品、织物柔软剂和抗静电剂
		甜菜碱型	R-$\overset{+}{N}(CH_3)_2CH_2COO^-$		
			R-$\overset{+}{N}(CH_3)_2$ · SO_3^-		
非离子型表面活性剂	在水中不产生离子	脂肪醇聚氧乙烯醚	R-O-$(CH_2CH_2O)_nH$	优异的润湿和洗涤功能,不受硬水的影响,可与其它表面活性剂兼容	家用重垢洗涤剂、金属表面清洗剂,润湿剂、乳化剂等
		烷基酚聚氧乙烯醚	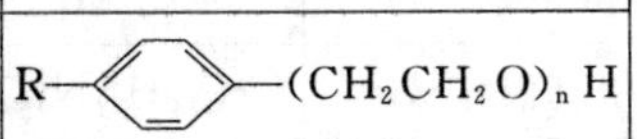		
		多元醇脂型	R-$COOCH_2C(CH_2OH)_3$		
		脂肪醇酰胺型	R-$CON(CH_2CH_2CH_2OH)_2$		

三、表面活性剂在溶液中的状态——界面吸附、界面定向和生成胶团

向水中加入表面活性剂时,随着浓度的增加,其在水中的分布状态的变化过程如图 3-6

所示。图 3-6(a)表示浓度极稀时，表面活性剂分子在水中的分布情况。由于这类分子为“两亲分子”，所以绝大部分集中于溶液表面，亲水基在水中而亲油基背离水面。随着浓度的增加，表层中表面活性剂分子不断增加，如图 3-6(b)，(c)，(d)所示。当浓度增加至图 3-6(d)状态时，水的极性表面已被两亲分子所覆盖，相当于形成了一层由亲油基(碳氢链)构成的表面层，使溶液具有很低的表面张力。这时若再增加浓度，表面张力不再下降，增加的表面活性剂分子在溶液内形成胶团，如图 3-6(e)所示。

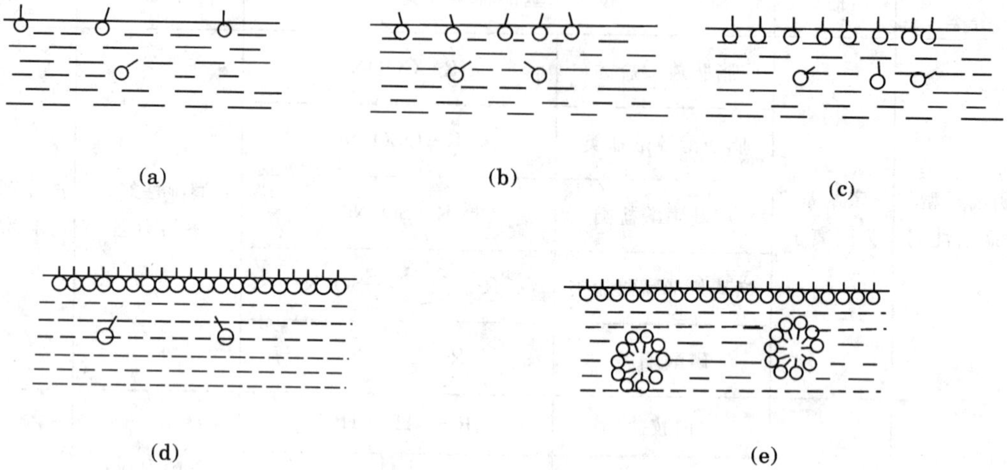

图 3-6　胶团的形成

当表面活性剂的浓度增加至一定值，表面张力不再降低或变化不大时，此时的浓度称临界胶团浓度，通常以符号 c_{mc} 表示。一般表面活性剂的临界胶团浓度都很低，通常为 10^{-1} $mol \cdot L^{-1}$ 以下，即浓度极稀时即可达到表面张力的最低值。

液体物质的某些性质如乳化、起泡、增溶等与表面活性剂在溶液中形成的胶团结构有关，当浓度小于 c_{mc} 时，由于未形成胶团而不能发挥表面活性剂的作用，只有当浓度大于 c_{mc} 时才能起到表面活性剂的作用。因此，临界胶团浓度 c_{mc} 是表面活性剂表面活性效率的一个重要指标。表 3-2 列举了几种常用表面活性剂的临界胶团浓度。

表 3-2　一些表面活性剂的临界胶团浓度

名称	分子式	$c_{mc}/(mol \cdot L^{-1})$
十二烷基硫酸钠	$C_{12}H_{25}OSO_3Na$	8.7×10^{-3}
十二烷基磺酸钠	$C_{12}H_{25}SO_3Na$	9.7×10^{-3}
十四烷基-N-三甲基溴化铵	$C_{14}H_{29}N(CH_3)_3Br$	4.1×10^{-3}
十六烷基聚氧乙烯(6)醚	$C_{16}H_{33}O(C_2H_4O)_6H$	1.0×10^{-6}

四、表面活性剂的功能

1. 润湿作用

润湿是生产、科研和生活中一种常见的表面现象，也称浸润。若液体能在固体表面均匀扩展称润湿；若液体在固体表面不能扩展，甚至呈小珠状称不润湿。例如各滴一滴水于干净的玻璃板和石蜡片上，水能在玻璃表面展开，而不能在石蜡表面展开，即水能润湿玻璃，而不能润湿石蜡。凡能被液体所润湿的固体，称为亲液性的固体；不被液体所润湿者，则称为憎液性固体。固体表面的润湿性能与固体、液体的结构及相互间作用力有关。当液体与固体接触时，在接触处形成一液体薄层，称附着层。附着层里的分子既受固体粒子的吸引，又受液体内部分子的吸引。如果受到固体粒子的吸引力比较弱，在附着层里就出现象表面张力一样的表面收缩力，形成不润湿现象；如果受到固体粒子的吸引力较强，甚至超过液体内部分子的吸引力，则附着层就能在固体表面扩展而出现润湿现象。水是极性化合物，对极性固体表面（如玻璃、水泥、金属等）结合力较强，呈润湿现象；对极性较弱或非极性固体表面（如石蜡、塑料等）结合力较弱，呈不润湿现象。

使用表面活性剂能改变液体与固体表面的结合力，即改变固体表面的润湿性能。例如，水不能湿润石蜡表面，但在水中加入表面活性剂后，也能润湿；亲水的织物经甲基氯硅烷处理后，就变成憎水性表面而不被水润湿。通常称能显著改善固体表面润湿性的表面活性剂为润湿剂。不同固体表面，不同液体，应选用不同的润湿剂。

2. 乳化作用

乳浊液是由两种互不相溶的液体组成的。在乳液中分散相和分散剂都是液体。两液相中的一相大多是水，另一相是与水不相溶的液体，一般称为油。如牛奶就是脂肪、蛋白质分散在水中组成的乳浊液。

在乳浊液中，分散相成细小的液滴分散在介质中，相界面积很大，体系能量很高，所以乳浊液是热力学的不稳定体系。当分散相的小液滴互相接触时就有可能聚集成大液滴，使相界面积缩小，体系吉布斯函数随之降低，因此乳浊液分层是个自发过程。例如煤油和水混合振荡后在短时间形成乳浊液，静止片刻又分成两层。如果在煤油和水组成的乳浊液里加入少量肥皂，一起振荡，就能得到稳定性较好的乳浊液。能增加乳浊液稳定性的物质称为乳化剂，乳化剂也是一种表面活性剂，它的极性基亲水，非极性基亲油，在油水界面上以一定取向排列形成一层牢固的乳化膜将液滴包住，减弱了液滴碰撞而凝聚的能力，增加了乳浊液的稳定性。有些乳化剂（如纸浆废液里的木质素磺酸钙）还能解离出离子，使乳化膜带有同种电荷，阻止液滴的接近，增加了乳浊液的稳定性。

乳浊液中连续相为水而非连续相为油，则称为水包油型乳浊液，以 O/W 表示，如图 3-7 所示。若连续相为油非连续相为水，则称为油包水型乳浊液，以 W/O 表示，如图 3-8 所示。

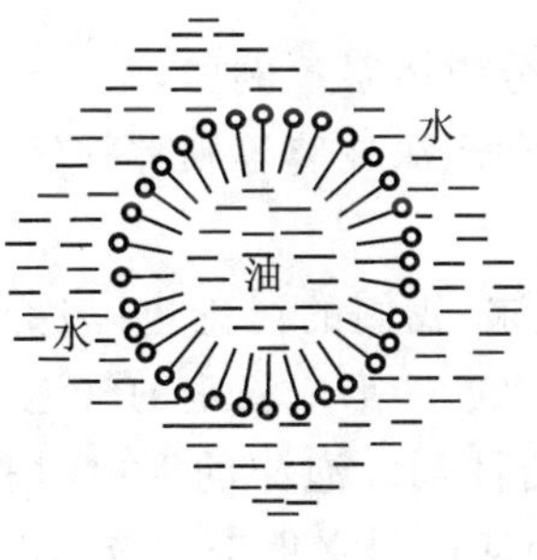

图 3-7　O/W 型乳状液

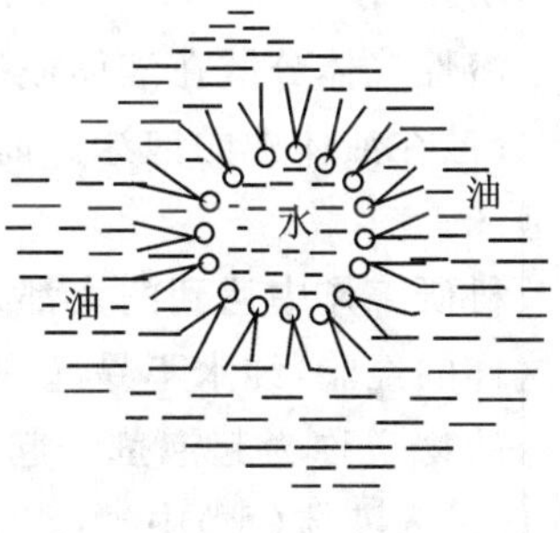

图 3-8　W/O 型乳状液

与乳化相似，将磨细的固体微粒（粒径 $10^{-5}\sim10^{-7}$ m）分散到液体中时，加入少量的表面活性剂可增加液体对固体的润湿程度，抑制固体微粒凝聚成团的倾向，从而能稳定均匀地分散在液体中。

在工程技术中，有时乳化状态会带来十分不良的影响。例如，开采的原油是一种 W/O 型乳浊液，溶入水相的盐使原油的运输和加工产生极大困难。因此，必须进行破乳脱盐处理。常用的破乳方法有物理机械法及物理化学法两类。所谓物理机械法即使用电沉降、超声、过滤等方法进行破乳处理；物理化学法，即在乳浊液中加入某些表面活性剂，使乳浊液的界面稳定性下降，而达到破乳的要求。

3. 增溶作用

水溶性较差的物质，由于表面活性剂存在而使其在水中的溶解量达到溶解度以上的溶解现象称增溶。增溶作用在表面活性剂临界胶团浓度以上时表现更为显著。引起增溶作用的表面活性剂称为增溶剂。实际上增溶是乳化的极限阶段，此时液体外观完全透明，好像真溶液一样。

关于增溶作用的机理，许多实验证明是由胶团引起的。在增溶过程中，原来溶解度很小的物质(例如油)，当加入到浓度超过 c_{mc} 的表面活性剂溶液中去时，这些难溶的溶质钻入表面活性剂胶团中心为亲油基所吸附，因而增加了它们的溶解度，如图 3－9 所示。

在洗涤中，由于表面活性剂的增溶作用，增加了表面活性剂胶团对油污的溶解能力，使油污不可能再沉积，提高了洗涤效果。油性的药物在水溶液中被表面活性剂增溶后成为连续的均匀体系，易被有关器官吸收，因此增溶剂被广泛应用在医药生产中作为药物的增效剂。

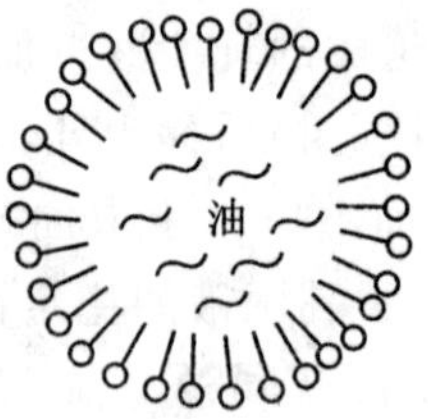

图 3－9　增溶作用示意图

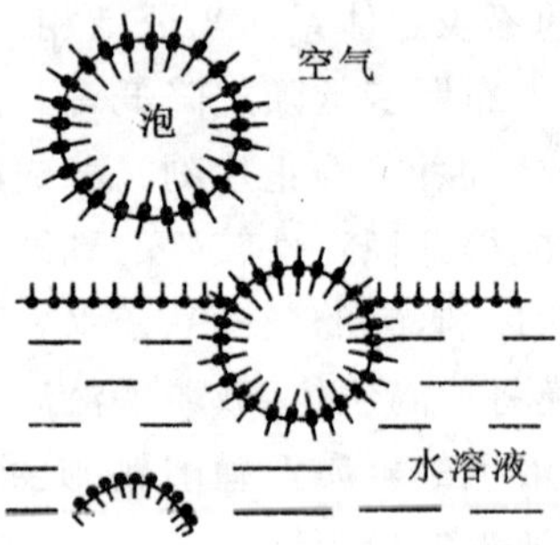

图 3－10　泡沫生成模式图

4. 起泡和消泡作用

泡沫是由不溶性气体分散在液体或熔融固体中所形成的分散体系。例如，肥皂泡沫、啤酒泡沫，都是气体分散在液体中的泡沫。而泡沫塑料、泡沫橡胶和泡沫玻璃等则都是气体分散在固体中形成的泡沫。

由于生产及科研工作中遇到的大都是以液体为介质的泡沫，我们的讨论也以这类泡沫为主。大家都有这样的经验，纯水不易起泡，而搅拌加入肥皂的水就能形成稳定的气泡。我们把能形成稳定泡沫的物质称为起泡剂。起泡剂大多数是表面活性剂。泡沫的形成过程可用图 3－10表示。气体进入液体(水)中被液膜包围形成气泡。表面活性剂富集于气液界面，以它的疏水基伸向气泡内，它的亲水基指向溶液，形成单分子层膜，这种膜的形成降低了界面的张力而使气泡处于较稳定的热力学状态。当气泡在溶液中上浮到液面并逸出时，泡膜已形成双分子膜了。起泡剂常用来制造洗涤剂、泡沫灭火器、浮选剂等，广泛用于科研、生产各部门。但有些场合，泡沫会给我们造成困难，例如电镀、印染、涂刷等工艺中，泡沫存在会引起操作不便及影响产品质量等一系列问题，甚至危及安全，所以有时在生产中要破坏泡沫。化学消泡常用表面活性物质，常称这类表面活性剂为消泡剂。在许多情况下，将溶解度较小的表面活性物质如庚醇、辛醇、壬醇等高级醇加入泡沫时，由于这些物质的分子能把气泡膜里的起泡剂分子替代出来而本身的碳链短、极性弱、分子间的引力小，使得气泡膜的强度降低，泡沫的稳定性下降，易于消泡。另外，两种起泡剂同时应用，例如肥皂加皂素，也能达到消泡的目的。

5. 洗涤作用

从固体表面除掉污渍的过程称为洗涤。洗涤作用是基于表面活性剂降低界面的表面张力而产生的综合效应。污物在洗涤剂（即表面活性剂）溶液中浸泡一定时间后，由于表面活性剂明显降低了水的表面张力，故使油污易被湿润。表面活性剂夹带着水润湿并渗透到污物表面，经揉洗及搅拌等机械作用，污物发生乳化、分散和增溶而进入洗涤液中，部分还随着产生的泡沫浮上液面，经清水反复漂洗即可达到去污的目的。

五、表面活性剂的应用

表面活性剂被广泛用作洗涤剂。人们很早就开始用从皂荚中提取出来的皂素作洗涤剂（是带有类固醇的糖苷结构的复杂化合物），后来采用较为容易制得的肥皂。肥皂是含 12 至 18 个碳的饱和或不饱和的脂肪酸钠盐，如硬脂酸钠（$C_{17}H_{35}COONa$）等。不过肥皂水溶液呈碱性，在中性或酸性情况下，会游离出脂肪酸；在硬水中，因会生成脂肪酸钙沉淀而降低洗涤效果。因此人们又合成出效率更高的洗涤剂，如十二烷基苯磺酸钠，它的水溶性、浸润性更好，洗涤力更强，并且可以在酸性溶液中使用。进而人们又合成了非离子型的表面活性剂，它们的洗涤力更强，形成泡沫较少，且可在硬水、酸性或碱性溶液中使用。人们常将阴离子型和非离子型表面活性剂混合使用，从而起到协同效应，增加洗涤力。此外还在洗涤剂中添加相当数量的碳酸钠作为碱性组分以及相当数量的三聚磷酸钠作为软化硬水组分。含磷洗涤剂的使用会造成河流湖泊营养成分过多，使水草生长过于繁茂，破坏了水中的生态平衡，引起磷公害。因此开始出现无磷洗衣粉，用硅酸钠、硅铝酸钠（沸石）代替三聚磷酸钠，以消除钙离子的影响。反应如下：

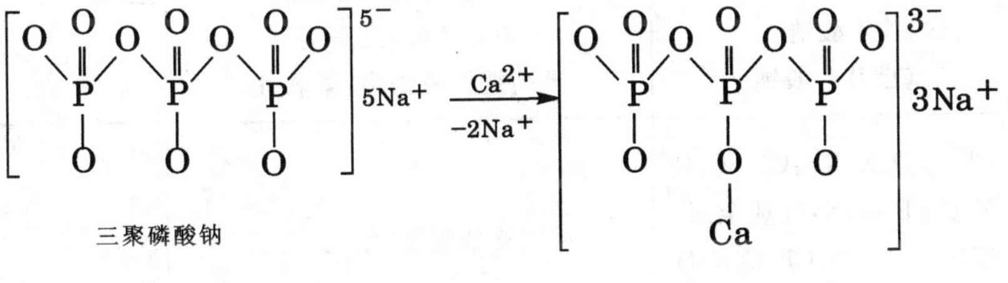

三聚磷酸钠

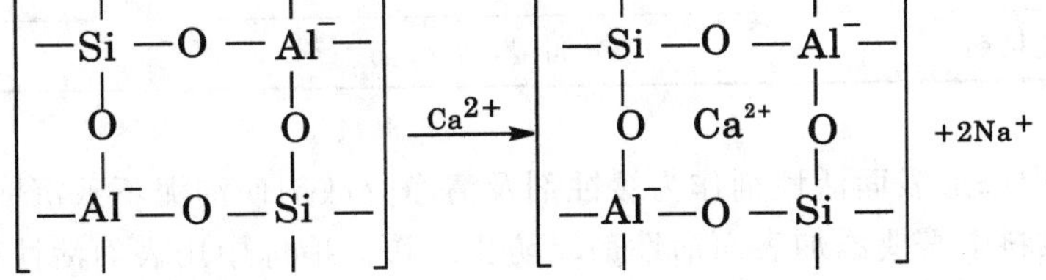

沸石

至于厨房用洗涤剂及洗发用香波，除了有高效去污能力外，还要求是液态、无毒，不损伤皮肤、毛发，易于冲洗。常用高级醇环氧乙烯醚硫酸酯油作为其主要成分之一。

表面活性剂作为乳化剂在生产技术中应用很广泛。如金属切削加工时，广泛应用乳化油（又称切削油），作用是在加工过程中起冷却和润滑作用，它的组成通常有矿物油、乳化剂、防锈剂、耐磨损剂等各种添加剂。锅炉以喷射重油为燃料时，由于重油黏度大，操作困难，常在重油中加入一定量的水及乳化剂，制成乳化重油，这样既便于操作又提高了燃料效率。乳化剂主要用阴离子型表面活性剂，如烷基磺酸盐、环烷酸盐以及非离子型表面活性剂。

阳离子表面活性剂更多地用作纤维柔软剂。它可降低摩擦因数，改善平滑性，也可用作抗静电剂。此外，由于它们能与蛋白质起作用，可用作杀菌消毒剂。

金属电镀液中加入表面活性剂，可使镀层均匀、致密、牢固、平整、光亮等。按加入表面活性剂的作用可分为光亮剂、分散剂、防蚀剂、烟雾防止剂等。其作用概括如下：

均镀作用：使镀层均匀；

整平作用：避免镀层出现针孔和毛刺或密集麻点；

增光作用：促使电沉积结晶致密，定向沉积，使镀层表面平滑，不乱反射可见光；

消泡作用：防止烟雾产生，特别在镀铬时尤为明显；

改善镀层结合力：影响沉积反应超电势，提高润湿、乳化、分散作用，使镀层致密，结合牢固。

表 3-3 列出一些表面活性剂在电镀工业中的具体应用。

表 3-3　表面活性剂在电镀中的应用实例

电镀类型	电镀液添加剂	作用	参考用量/(%)
镀铜	硬脂酸聚氧乙烯酯 十二烷基硫酸钠 十二烷基聚氧乙烯醚	增光作用 减少极化，防止针孔，改善镀速， 提高镀液稳定性	0.005～0.01
镀锌	平平加 OP 乳化剂	润湿，防碱雾，光亮剂	0.03～0.5
镀镍	十二烷基硫酸钠 2-乙基已基硫酸钠	防止凸痕，光亮剂 提高镀层覆盖力，柔软性	0.005～0.04
镀铬	$RF-SO_3X$，RF：$C_4\sim C_8R$ 的 C-F 基，X：H 或金属 $Cl(CF_2CFCl)_nCF_2COOH$ $n=2\sim6$	抑制铬酸烟雾，增光，防凸	0.003～0.01
镀锡	OP 乳化剂	润湿，增光，防毛剂	0.1～0.4

另外，润滑油中添加表面活性剂作为缓蚀剂及清净分散剂使油泥不致沉淀影响机器运转。化肥或灭火粉末填料中需要添加表面活性剂以防止结块。冶炼中用表面活性剂作为捕集剂和起泡剂。喷洒液体化肥、农药时，为了加强作物或虫体对其的吸收，通常都加入一定的表面活

性剂作为润湿剂，以提高肥效和药效，等等。

总之，表面活性剂在工农业生产、科学研究及日常生活的各个领域，都直接或作为助剂被广泛应用。每个领域使用的表面活性剂，根据用途不同有不同的名称。尽管在使用时其添加量一般都很少，但却能起到别的物质不能替代的作用。

思 考 题

1. 为什么水中加入乙二醇可以防冻？比较在内燃机水箱中使用乙醇或乙二醇的优缺点。

[提示：查阅溶质的沸点，乙二醇的沸点为 470 K]

2. 什么称为渗透压？什么称为反渗透？盐碱土地上栽种植物难以生长，试以渗透现象解释之。

3. 为什么氯化钙和五氧化二磷可作为干燥剂？而食盐和冰的混合物可以作为冷冻剂？

4. 酸碱质子理论如何定义酸和碱？什么是共轭酸碱对？

5. 为什么某酸越强，则其共轭碱越弱，或某酸越弱，其共轭碱越强？

6. 下列说法是否正确？若不正确，则予以更正。

(1)根据 $K_a \approx c\alpha^2$，弱酸的浓度越小，则解离度越大，因此酸性越强(即 pH 值越小)。

(2)在相同浓度的一元酸溶液中，$c^{eq}(H^+)$都相等，因为中和同体积同浓度的醋酸溶液或盐酸溶液所需的碱是等量的。

7. 往氨水中加入少量下列物质时，NH_3 的解离度和溶液的 pH 值将发生怎样的变化？

(1)$NH_4Cl(s)$　　(2)$NaOH(s)$

(3)$HCl(aq)$　　(4)$H_2O(l)$

8. 下列几组等体积混合物溶液中哪些是较好的缓冲溶液？哪些是较差的缓冲溶液？还有哪些根本不是缓冲溶液？

(1)10^{-5} mol·L^{-1}HAc+10^{-5} mol·L^{-1}NaAc

(2)1.0 mol·L^{-1}HCl+1.0 mol·L^{-1}NaCl

(3)0.5 mol·L^{-1}HAc+0.7 mol·L^{-1}NaAc

(4)0.1 mol·L^{-1}NH_3+0.1 mol·L^{-1}NH_4Cl

(5)0.2 mol·L^{-1}HAc+0.000 2 mol·L^{-1}NaAc

9. 欲配制 pH 值为 3 的缓冲溶液，已知有下列物质的 K_a 数值：

(1)HOOCH　$K_a=1.77\times10^{-4}$

(2)HAc　$K_a=1.76\times10^{-5}$

(3)NH_4^+　$K_a=5.65\times10^{-10}$

问选择哪一种弱酸及其共轭碱较合适？

10. 如何从化学平衡观点来理解溶度积规则？试用溶度积规则解释下列事实。

(1)$CaCO_3$ 溶于稀 HCl 溶液中。

(2)$Mg(OH)_2$ 溶于 NH_4Cl 溶液中。

(3)ZnS 能溶于盐酸和稀硫酸中，而 CuS 不溶于盐酸和稀硫酸中，却能溶于硝酸中。

(4)$BaSO_4$ 不溶于盐酸中。

11. 往草酸($H_2C_2O_4$)溶液中加入 $CaCl_2$ 溶液，得到 CaC_2O_4 沉淀。将沉淀过滤后，往滤液中加入氨水，又有 CaC_2O_4 沉淀产生。试从离子平衡观点予以说明。

12. 试从难溶物质的溶度积的大小及配离子的不稳定常数或稳定常数的大小定性地解释下列现象。

(1)在氨水中 AgCl 能溶解，AgBr 仅稍溶解，而在 $Na_2S_2O_3$ 溶液中 AgCl 和 AgBr 均能溶解。

(2)KI 能自配盐 $[Ag(NH_3)_2]NO_3$ 溶液中将 Ag^+ 沉淀为 AgI，但不能从配盐 $K[Ag(CN)_2]$ 溶液中使 Ag^+ 以 AgI 沉淀形式析出。

13. 表面活性剂的分子结构特点是什么？它是怎样发挥表面活性的？

14. 按表面活性剂在水溶液中的解离情况，可分成哪几类？各举例说明。

15. 乳化剂为什么能增加乳浊液的稳定性？

16. 为什么使用表面活性剂可以改变固液表面的润湿现象？

17. 乳浊液有两种类型，即 W/O 型与 O/W 型，这两种符号是什么含义？

18. 什么是增溶作用？在什么条件下才能达到增溶效果？

习　题

1. 是非题(对的在括号内填"+"号，错的填"－"号)

(1)两种分子酸 HX 溶液和 HY 溶液有同样的 pH 值，则这两种酸的浓度($mol \cdot L^{-1}$)相同。(　　)

(2)0.10 $mol \cdot L^{-1}$ NaCN 溶液的 pH 值比相同浓度的 NaF 溶液的 pH 值要大，这表明 CN^- 的 K_b 值比 F^- 的 K_b 值要大。(　　)

(3)有一由 $HAc-Ac^-$ 组成的缓冲溶液，若溶液中 $c(HAc)>c(Ac^-)$，则该缓冲溶液抵抗外来酸的能力大于抵抗外来碱的能力。(　　)

(4)PbI_2 和 $CaCO_3$ 的溶度积均近似为 10^{-9}，从而可知两者的饱和溶液中 Pb^{2+} 的浓度与 Ca^{2+} 的浓度近似相等。(　　)

2. 选择题(将正确答案的标号填入空格内)

(1)往 0.1 L 0.10 $mol \cdot L^{-1}$ HAc 溶液中加入一些 NaAc 晶体并使之溶解，会发生的情况是________。

(a)HAc 的 K_a 值增大　　(b)HAc 的 K_a 值减小

(c)溶液的 pH 值增大　　(d)溶液的 pH 值减小

(2)设氨水的浓度为 c，若将其稀释 1 倍，则溶液中 $c^{eq}(OH^-)$ 为________。

(a)$\frac{1}{2}c$　　(b)$\frac{1}{2}\sqrt{K_b c}$

(c)$\sqrt{K_b c/2}$　　(d)$2c$

(3)设 AgCl 在水中，在 0.01 $mol \cdot L^{-1}$ $CaCl_2$ 中，在 0.01 $mol \cdot L^{-1}$ NaCl 中以及在 0.05 $mol \cdot L^{-1}$ $AgNO_3$ 中的溶解度分别为 S_0，S_1，S_2 和 S_3，这些量之间的正确关系是________。

(a)$S_0>S_1>S_2>S_3$　　(b)$S_0>S_2>S_1>S_3$

(c)$S_0>S_1=S_2>S_3$　　(d)$S_0>S_2>S_3>S_1$

(4)下列物质在同浓度 $Na_2S_2O_3$ 溶液中溶解度(以 1 L $Na_2S_2O_3$ 溶液中能溶解该物质的物质的量计)最大的是(　　)。

(a)Ag_2S　　(b)AgBr

(c)AgCl　　(d)AgI

[提示:考虑 K_{sp}]

3. 填空题

在下列各系统中,各加入约 1.00 g NH_4Cl 固体并使其溶解,对所指定的性质(定性地)影响如何?并简单指出原因。

(1)0.01 L 的 0.10 mol·L^{-1}HCl 溶液(pH 值)________。

(2)0.01 L 的 0.10 mol·$L^{-1}$$NH_3$ 水溶液(氨在水溶液中的解离度)________。

(3)0.01 L 纯水(pH 值)________。

(4)0.01 L 的 $PbCl_2$ 的饱和溶液($PbCl_2$ 的溶解度)________。

4.(1)写出下列各种物质的共轭酸。

(a)CO_3^{2-}　　(b)HS^-

(c)H_2O　　(d)HPO_4^{2-}

(e)NH_3　　(g)S^{2-}

(2)写出下列各种物质的共轭碱。

(a)$H_2PO_4^-$　　(b)HAc

(c)HS^-　　(d)HNO_2

(e)HClO　　(f)H_2CO_3

5. 在某温度下 0.10 mol·L^{-1}氢氰酸(HCN)溶液的解离度为 0.010%,试求在该温度时 HCN 的解离常数。

6. 计算 0.050 mol·L^{-1}次氯酸(HClO)溶液中的 H^+ 的浓度和次氯酸的解离度。

7. 已知氨水溶液的浓度为 0.20mol·L^{-1}。

(1)求该溶液中的 OH^- 的浓度、pH 值和氨的解离度。

(2)在上述溶液中加入 NH_4Cl 晶体,使其溶解后 NH_4Cl 的浓度为 0.20 mol·L^{-1}。求所得溶液的 OH^- 的浓度、pH 和氨的解离度。

(3)比较上述(1)、(2)两小题的计算结果,说明了什么?

8. 根据书末附录 5 和附录 6,将下列化合物的 0.10 mol·L^{-1}溶液按 pH 值增大的顺序排列之。

(1)HAc　(2)NaAc　(3)H_2SO_4　(4)NH_3　(5)NH_4Cl　(6)NH_4Ac

9. 取 0.05 L 的 0.100 mol·L^{-1}某一元弱酸溶液,与 0.02 L 的 0.100 mol·L^{-1}KOH 溶液混合,将混合溶液稀释至 0.1 L,测得此溶液的 pH 值为 5.25。求此一元弱酸的解离常数。

10. 在烧杯中盛放 0.02 L 的 0.100 mol·L^{-1}氨的水溶液,逐滴加入 0.100 mol·L^{-1}HCl 溶液。试计算:

(1)在加入 0.01 L HCl 后,混合液的 pH 值;

(2)在加入 0.02 L HCl 后,混合液的 pH 值。

11. 现有 1.0 L 由 HF 和 F^- 组成的缓冲溶液。试计算:

(1)当该缓冲溶液中含有 0.10 mol HF 和 0.30 mol NaF 时,其 pH 值等于多少?

(2)往(1)缓冲溶液中加入 0.40 g 的 NaOH(s),并使其完全溶解(设溶解后溶液的总体积仍为 1.0 L),问该溶液的 pH 值等于多少?

(3)当缓冲溶液 pH=6.9 时,$c(HF)$与$c(F^-)$的比值为多少?

12. 现有 0.125 L 的 1.0 $mol \cdot L^{-1}$ NaAc 溶液,欲配制 0.25 L,pH 值为 5.0 的缓冲溶液,需加入 6.0 $mol \cdot L^{-1}$ HAc 溶液多少 L?

13. 在 1 L 的 0.10 $mol \cdot L^{-1}$ HAc 溶液中,需加入多少克的 $NaAc \cdot 3H_2O$ 才能使溶液的 pH 值为 5.5(假设 $NaAc \cdot 3H_2O$ 的加入不改变溶液的体积)。

14. 根据 PbI_2 的溶度积,计算(在 25℃时):

(1)PbI_2 在水的溶解度($mol \cdot L^{-1}$);

(2)PbI_2 饱和溶液中的 Pb^{2+} 和 I^- 离子的浓度;

(3)PbI_2 在 0.010 $mol \cdot L^{-1}$ KI 溶液中的溶解度;

(4)PbI_2 在 0.010 $mol \cdot L^{-1}$ $Pb(NO_3)_2$ 溶液中的溶解度。

15. 将 $Pb(NO_3)_2$ 溶液与 NaCl 溶液混合,设混合液中 $Pb(NO_3)_2$ 的浓度为 0.20 $mol \cdot L^{-1}$问:

(1)当混合溶液中 Cl^- 的浓度等于 5.0×10^{-4} $mol \cdot L^{-1}$时,是否有沉淀生成?

(2)当混合溶液中 Cl^- 的浓度多大时,开始生成沉淀?

(3)当混合溶液中 Cl^- 的浓度为 6.0×10^{-2} $mol \cdot L^{-1}$时,残留于溶液中 Pb^{2+} 的浓度为多少?

16.(1)在 0.01 dm^3浓度为 0.001 5 $mol \cdot L^{-1}$ 的 $MnSO_4$ 溶液中,加入 0.005 L 浓度为 0.15 $mol \cdot L^{-1}$氨水,能否生成 $Mn(OH)_2$ 沉淀?

(2)若在上述 $MnSO_4$ 溶液中,先加入 0.495 g 的$(NH_4)_2SO_4$ 固体,然后加入 0.005 L 浓度为 0.15 $mol \cdot L^{-1}$的氨水,能否生成 $Mn(OH)_2$ 沉淀(假设加入固体后,体积不变)。

17. 在含有 Cl^-,Br^- 和 I^- 等离子的混合溶液中,各离子浓度均为 0.10 $mol \cdot L^{-1}$。若向混合溶液中逐滴加入 $AgNO_3$ 溶液,问哪种离子先沉淀?当最后一种离子开始沉淀时,其余两种离子的浓度为多少?

18. 判断下列反应进行的方向,并作简单说明(设各物质的浓度均为 1 $mol \cdot L^{-1}$)。

(1)$[Cu(NH_3)_4]^{2+} + Zn^{2+} = [Zn(NH_3)_4]^{2+} + Cu^{2+}$

(2)$PbCO_3(s) + S^{2-} = PbS(s) + CO_3^{2-}$

(3)$[Cu(CN)_2]^- + 2NH_3 \rightleftharpoons [Cu(NH_3)_2]^+ + 2CN^-$

(4) $[FeF_6]^{3-} + 3C_2O_4^{2-} = [Fe(C_2O_4)_3]^{3-} + 6F^-$

($K_f(FeF_6)^{3-} = 1.0 \times 10^{16}$　　$K_f(Fe(C_2O_4)_3)^{3-} = 1.6 \times 10^{20}$)

第4章　环境的化学污染与保护

《中华人民共和国环境保护法》规定："环境是指大气、水、土地、矿藏、森林、草原、野生动植物、水生生物、名胜古迹、风景游览区、温泉、疗养区、自然保护区、生活居住区等。"其实，环境的范围不限于上述内容，它泛指与人类活动有关的所有外界影响和力量的总和，比当前科技发展水平和人类影响所涉及的范围大得多，但上述范围是与我们关系最密切，为大家所公认并以法律条文加以确定所必须保护的环境。

人类在发展自身的生存条件的过程中，向环境中排放了大量的污染物，其数量和速度都超过了环境自净能力。使环境的化学、物理和生物特征发生不良变化，影响人类健康和生产活动，或影响生物生存的现象均称为环境污染。环境的污染就其造成因素可分为化学污染与物理污染两类。化学污染是指人类向环境排放有害的化学物质所造成的污染，如排放的废渣、废水、废气(简称"三废")等；由噪声、振动、放射性、电磁辐射、热等造成的污染称物理污染。环境污染破坏自然资源和自然界的生态平衡，影响生物的生长和生存，危害人类的生活与健康，而要恢复被破坏的生态环境，人类将花费高昂的代价，有些破坏甚至是不可恢复的。

环境保护一般是指对于人的健康有关的人类生活和生产的环境的保护。中华人民共和国环境保护法明确规定，环境保护包括"保护自然环境"与"防治污染和其他公害"。也就是保护自然生态和自然资源。

环境保护工作的任务是非常广泛的，它包括保护自然资源和生态平衡，合理开发和利用自然资源，防治污染和其他公害等。这些问题涉及到相互渗透的多个学科和基础性研究，不是本书讨论的范围。本书仅就环境污染和保护所涉及的化学问题作一简单的讨论。

第1节　大气污染与保护

一、大气圈的结构与组成

人们赖以生存的大气是多种气体组成的混合物。就其组成可分为恒定的、可变的和不定的三种组分。氮气(78.09%)、氧气(20.95%)、氩气(0.93%)及微量的氖、氦、氪、氙等稀有气体构成大气的恒定组分。恒定组分的比例在地球表面的任何地方几乎不变。二氧化碳和水蒸气构成大气的可变组分，组分含量随季节和气象的变化及人们生活活动而发生变化。不定组分与自然灾害和人类活动有直接关系，其组成有尘埃、硫氧化物、氮氧化物等物质。不定组分是造成大气污染的主要根源。

由于重力的作用，大气的质量在垂直方向上的分布是不均匀的。50%的质量集中在离地面5 km以下，90%的质量分布在30 km以下。根据大气的物理性质和化学性质及其垂直分布的特点，将大气圈分成对流层、平流层、中间层、暖层和逸散层等5个层次。图4-1表示各层离地球表面的高度、温度和压力。

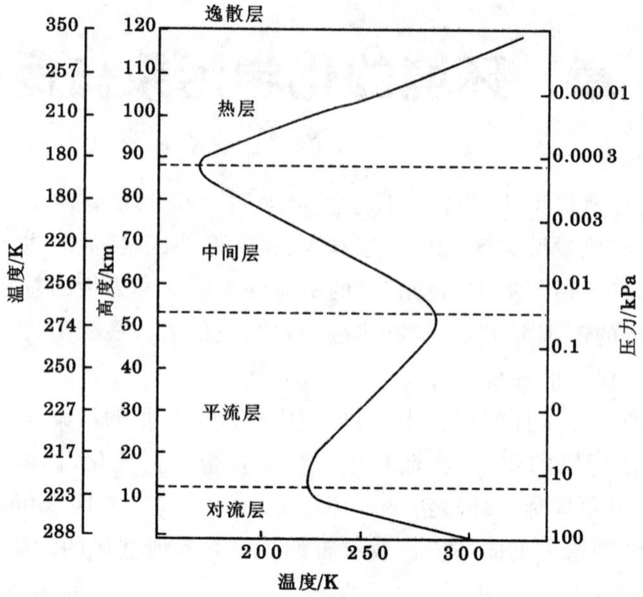

图 4－1　大气圈的结构

对流层是大气圈的最低层，厚度约 12 km，集中了整个大气圈质量的 80%～95%。对流层与人类活动关系最为密切，特别是厚度 2 km 以内的大气，最容易受人类活动的影响，产生污染。正常条件下，对流层下热上冷，空气可以形成对流，空气对流对污染气体的扩散十分有利。但若形成下冷上热的"逆温"现象，污染气体就难以通过对流扩散，这时将产生大气污染事件。20 世纪的 10 大公害事件中，马斯河谷大气污染事件、洛杉矶光化学烟雾事件、多诺拉大气污染事件、伦敦烟雾事件都是在逆温情况下发生的。平流层位于地球表面 12～50 km 处，含有大量的臭氧。平流层的温度下冷上热，没有上下大气对流。这层空气十分稀薄，污染气体一旦进入平流层，很长时间不会散去，而且对臭氧层有极大的破坏。

二、大气污染源与一次污染

1. *大气污染源的形成*

由于人类社会生产的发展，大量的燃料废气和工业废气排入大气中，对空气造成污染。城市人口增加和集中，使局部空气中污染物的浓度提高，而且不容易扩散到广大地区中去。空气污染的危害主要取决于污染气体在空气中的浓度。这些污染气体在空气中改变大气圈中某些原有成分，使大气质量恶化，影响地球的生态平衡体系，威胁着人类健康和正常的工农业生产，同时对建筑物和设备财产等构成损害。这些大气污染物主要是：

(1)煤、石油、煤气、天然气等燃烧时排放的烟尘及废气（主要是氮氧化物、硫氧化物）。例如：工业生产中燃料燃烧的排放物，家庭取暖和煮食的燃煤排放物。

(2)工业生产过程中排出的各种废气及排放的各类粉尘。例如：各类化工厂向大气排放具有刺激性、腐蚀性的有机或无机气体，化纤厂排放的硫化氢、二硫化碳、甲醇、丙酮等气体。

(3)采矿采煤时产生的粉尘。

(4)汽车尾气，主要是氮氧化物，也成为大气污染的主要污染物。目前全世界的汽车超过

2 亿辆。2000 年全国汽车保有量为 2 000 万辆，年排放污染物 CO 为 1 412 万 t，HC 为 650 万 t，NO_x 为 119 万 t。据国家信息中心预测，2010 年，我国汽车保有量可达 4 500～5 000 万辆，CO 排放量达 2 470 万 t，HC 排放量 930 万 t，NO_x 排放量 228 万 t。我国大城市的汽车年增长率平均以 20%的速度递增，大城市增长率为 30%～40%左右。快速增长的汽车数量带来的大气污染是相当严重的。据统计，全球每年排放进大气的二氧化硫约 1 亿 t，二氧化氮约 5 000 万吨。

要解决大气污染问题，必须了解和研究污染气体的组成及其在空气中发生的变化，只有这样才能有效地防止和治理大气污染问题。

2. 一次污染物

世界卫生组织把那些含量和存在时间达到一定程度，对人体、动植物和物品危害达到可测程度的物质定为大气污染物。一次污染物是指从各类工厂、汽车等污染源中直接排放出来的大气污染物。一次污染物排放量大，影响范围广，危害也较大。它们主要是一氧化碳、硫氧化物(SO_x)、氮氧化物(NO_x)、碳氢化合物（烷烃、烯烃、芳烃等）及各种粉尘等。一次污染物又可分为反应性污染物和非反应性污染物。反应性污染物在大气中可以发生各种反应，又产生许多新的大气污染物，称为二次污染物。一次污染物、二次污染物在大气中集中很大浓度时，在光的照射下协同作用，造成各类污染事件，给工农业生产及人们身体健康，带来更大的危害。

(1)一氧化碳：一氧化碳是一种无色、无味、无臭的气体，是各种燃料燃烧过程中，由于氧气不足或火焰温度不够高，燃烧不完全的产物。在大气污染物中，其排放总量居首位。一般城市空气中的一氧化碳水平对植物及一些微生物无害，但是对人类却有害。当一氧化碳被人吸入体内，就迅速与血液中的血红蛋白结合（一氧化碳与血红蛋白的结合能力是氧气的 200～300 倍），使血红蛋白失去了与氧结合的能力。这样，造成人体体内缺氧，常伴随有头痛、晕眩等症状，严重则使人窒息死亡。当空气中 CO 含量超过 10^{-11}时，会导致神经机能障碍，对外界条件反应迟钝，这对驾车行驶的司机来说是一种潜在危险。空气中 CO 含量超过 1.5×10^{-5}，持续 8 h，会发生有害影响。当含量达到一定浓度时，可使人窒息死亡，这就是常说的煤气中毒。一般城市中的 CO 浓度，随行车类型和行车速度而变化。早晚上下班，浓度出现高峰值，车速越高，CO 排出越少。因此，城市的交叉路口及交通繁忙的道路上，CO 的浓度很高。此外，CO 还是产生光化学烟雾的有害气体之一。

(2)硫氧化物：含硫燃料在燃烧时会放出硫氧化物（大部分是 SO_2，也有一部分是 SO_3），这是硫氧化物的主要来源；硫矿石的冶炼及硫的生产过程中也会有硫氧化物放出。全世界每年排入大气中的 SO_2 大约在 1.5 亿 t。在空气中 SO_2 遇水蒸气生成亚硫酸(H_2SO_3)，一部分 SO_2 还可以氧化成 SO_3，SO_3 遇水蒸汽很快又形成 H_2SO_4 雾。其反应如下：

$$SO_2+H_2O=H_2SO_3$$

$$2SO_2+O_2=2SO_3$$

$$SO_3+H_2O=H_2SO_4$$

SO_2 是一种有强烈刺激性气味的气体，对人的呼吸道有强烈的刺激，并且还有致癌作用。当空气中 SO_2 的浓度在 4×10^{-8}左右时，可使支气管炎及肺癌患者的死亡率明显增高，使植物的叶落增多，产生慢性植物损伤，降低产量。SO_2 与空气中的水形成酸雾，酸雾比干燥的硫氧化物的危害更大。在干燥空气中，SO_2 浓度达到 8×10^{-4}时人还可以忍受，但酸雾浓度在 8×10^{-7}时人已不能忍受。二氧化硫还是一种腐蚀性较大的气体，如果加上酸雾的协同作用，会造成金属严重腐蚀，使橡胶制品老化，皮革失去强度，建筑材料变色变质，甚至使石雕、壁画等艺术品毁损。英国伦敦烟雾就是硫酸雾造成的大气污染事件。另外，大气中的粉尘与 H_2SO_4 作用生成硫酸盐(固体颗粒中约5%～20%为硫酸盐)，一定颗粒的硫酸盐在空气形成气溶胶，对人体健康有很大影响。气溶胶还会吸附大气中的 SO_2，这将进一步增大其危害性。

(3)氮氧化物：大气污染物氮氧化物主要是一氧化氮(NO)和二氧化氮(NO_2)，主要来自燃料的燃烧过程或制造硝酸、硝酸盐、氮肥、炸药、染料及其中间体的工厂排出的尾气。汽车和内燃机排放气也有大量的氮氧化物。

NO是无色无味气体，浓度低时，能刺激呼吸系统，浓度高时人急性中毒可使中枢神经受损。在空气中NO可以转化成 NO_2，NO_2 是一种棕红色有刺激臭味的气体，毒性比NO大，能强烈地刺激人的呼吸系统，浓度大时可导致死亡。NO_2 还损害植物，在体积浓度为 NO_2 下持续35 d，能使柑桔落叶并发生萎黄病。NO_2 具有腐蚀性，能腐蚀各种材料的织物，破坏染料，使其褪色；对于各种镍铜材料，也具有一定的腐蚀作用。

除了燃料燃烧时产生的NO和 NO_2，含氮有机化合物燃烧时放出的 N_2 或空气中的 N_2 在高温条件下和 O_2 反应也生成NO，NO进一步与 O_2 生成 NO_2，该反应为

$$N_2 + O_2 = NO$$

$$2NO + O_2 = 2NO_2$$

实验证明，NO的生成速度随燃烧温度增高而增大。温度在300℃以下，产生的NO很少；但1 500℃以上，NO的生成量明显增加(表4-1可以看出)，而且燃烧温度越高，氧气的浓度越大，反应时间越长，生成NO的量就越多。

表4-1 NO的生成量与温度的关系(空气中)

温度/K	800	1 590	1 810	2 030	2 250
生成NO的体积浓度/10^{-6}	0.77	550.0	1 380.0	2 600.0	4 150.0

但高温条件下，NO转化成 NO_2 的量很小。随着温度降低，NO_2 的量逐渐增加。氮氧化物是形成光化学烟雾的主要污染物之一。汽车排出大量 NO_x 及碳氢化物，经太阳光曝晒，就会产生光化学烟雾，使空气污染更为严重。

(4)碳氢化合物：造成大气污染的碳氢化合物主要是饱和烃、不饱和烃、芳香烃等。主要来自：

1)石油开采及运输过程的泄漏，散失；

2)石油制品在生产和使用过程中的散发物；

3)燃料燃烧的排放物，其中汽车尾气占很大比例；

4)生物的分解产物。

随着石油制品的大量应用，石油的开采地和加工厂也大幅度增加。大量的石油生产排放物，不仅污染大气，而且对河流土壤也造成严重污染。另外，交通运输工具的运行，排放的大量废气，加重了大气污染。尤其，汽车、拖拉机的尾气中含有一种毒性很大的碳氢化合物——苯

并芘。苯并芘是芳香烃族化合物的一种，其中以 3,4 -苯并芘（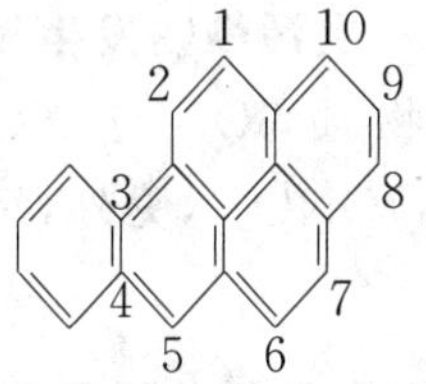）对人的危害最大，是一种致癌物质，最低致癌量为 0.4～2μg。具有关资料表明：一般汽车行驶 1 h，大约产生 3,4 -苯并芘 300μg，燃烧 1 000 g 煤能产生 0.21 mg 苯并芘；许多纤维素物质在燃烧时也能生成苯并芘，例如在农村，焚烧农作物桔杆、城市中焚烧秋季落叶都会产生苯并芘。生物分解产生的碳氢化合物，对环境也有影响。如：生物分解产生的乙烯对植物有害，产生的甲醛对人的呼吸系统和眼睛有刺激作用。碳氢化合物在一定条件下也会产生光化学烟雾，造成更严重的污染。

(5)粉尘：粉尘是大气中的固体污染物。主要来自煤和燃料油的燃烧、冶炼工业及其他工业生产中。其主要成分是二氧化硅、氧化铝、氧化铁和其他金属氧化物。

粉尘直径大于 10 μm 的颗粒，由于自重可以迅速沉降到地面，称为降尘。呼吸时被鼻腔阻挡，几乎不会进到人的肺部，所以对人的危害不大。直径小于 10 μm 的粉尘，可以长时间在空中漂浮，称为漂尘，对人体健康危害最大，尤其是粒径为 2～4 μm 的粉尘，可以自由进入肺部沉积在肺泡中，引起哮喘、气管炎、肺气肿、矽肺等各种肺病。有些粉尘（石棉尘、铅尘）还导致肺癌。空气中如存在大量的粉尘，会遮挡日光，减少日照时间，使气温降低，使云雾和雨水增多，以致影响气候。同时，能见度降低，造成交通事故。粉尘对仪器设备和建筑物有污染，还具有加速金属腐蚀的作用。细小的粉尘在空气中与其他污染物作用，诱发二次污染，产生的危害更大。1952 年英国伦敦烟雾事件，燃料燃烧产生的烟雾聚集在空气中长时间不扩散，烟雾中的 Fe_2O_3 粉尘使 SO_2 发生催化氧化，生成 H_2SO_4 雾，大量的 H_2SO_4 弥漫空中，造成严重的大气污染事件（事故发生的 4 天中死亡 4 000 人）。近年随着工业生产的加快，大气中的粉尘污染越来越严重。2002 年，全国排出的工业粉尘 804.2 万 t，生活粉尘 208.5 万 t。

三、二次污染与四大环境问题

排放到大气中的污染物经过各种复杂的反应，变成二次污染物。一次污染物、二次污染物共同作用，造成综合性污染现象：光化学烟雾、臭氧层空洞，“温室效应”加剧，酸雨等。

1. 光化学烟雾

大气中的 HC（碳氢化合物），CO，NO_x 等一次污染物，在太阳光（紫外光）的照射下，发生复杂的光化学反应，生成二次污染物。一次污染物和二次污染物混合形成污染烟雾，称为光化学烟雾。在 1940 年美国洛杉矶首次发生光化学烟雾事件，因此又称为洛杉矶型烟雾。

造成光化学烟雾的主要原因是，排放到大气中的一次污染物，在“逆温层”出现的条件下，无法扩散，长时间聚集，经强烈的太阳光照射，发生如下的光化学反应，即

$$2NO(g)+O_2(g)=2NO_2(g)$$
$$NO_2(g)=NO(g)+O(g)$$
$$O(g)+O_2(g)=O_3(g)$$

$$CO+NO_x+HC+\text{阳光}+O_2 \longrightarrow O_3(g)+NO_x(g)+CO_2(g)+\text{各种有机产物}$$

各种燃料燃烧放出的 NO，NO_2 会循环上述反应。生成的 O_3 是一种强氧化剂，O_3 与

HC,NO_x 等一次污染物发生复杂的氧化反应,生成二次污染物。如:O_3 与碳氢化合物反应生成醛、酮等物质,O_3 与 NO_2 生成具有强烈刺激气味的硝酸过氧化乙酰(PAN) $CH_3—\underset{\underset{O}{\|}}{C}—OONO_2$,另外,污染物中还有一些不易挥发的小分子凝聚成气溶胶,降低能见度。光化学烟雾是一种强烈刺激性的烟雾,对人和动物的眼睛,呼吸系统有影响。轻的引起眼红流泪,喉部肿痛;严重者会引起视力减退,呼吸困难,手足抽搐,生理机能衰退,甚至死亡。光化学烟雾对农作物危害严重,1940 年在美国洛杉矶发生光化学烟雾期间,洛杉矶郊区的玉米、烟草、葡萄等农作物和树木都遭到不同程度的毁坏。光化学烟雾集中了大量的氧化性物质 O_3 和 PAN,会造成橡胶制品老化龟裂,染料褪色,金属腐蚀,对涂料、丝织物、塑料制品等也有不同程度的损坏。同时,NO_X 在大气中可形成 HNO_3 和硝酸盐细颗粒,发生远距离漂移,从而加速区域性酸雨的恶化。已有研究表明,HNO_3 对酸雨的形成的贡献有增加趋势,降水中 NO_3/SO_4^{-2} 比值在全国范围内逐渐增加,使我国酸雨状况有恶化趋势。所以,在大气环境的治理方面 NO_X 的控制和治理尤为重要。

2. 酸雨

降雨是正常的自然气象。漂浮在大气中的酸性化学物质随雨水到达地面,对地面的物质平衡产生一定影响,对环境造成破坏,这就是通常所说的酸雨现象。雨水的酸度值通常用 pH 值表示。正常的雨水呈微酸性,pH 值约 6～7,这是由于大气中大量的 CO_2 溶于雨水形成的结果,雨水形成微酸性的过程为

$$CO_2+H_2O=H_2CO_3$$
$$H_2CO_3=H^++HCO_3^-$$

这种微酸性的雨水,使土壤中的养分溶解,供植物吸收、生长。如果雨水的 pH 值小于5.6 就是酸雨。目前酸雨已是世界公众注意的一种大气污染问题。酸雨的形成是非常复杂的物理、化学过程。主要认为是工业生产和汽车排放的污染物 SO_x 和 NO_x,在大气中发生如下化学反应,即

$$2SO_2+O_2=2SO_3$$
$$SO_3+H_2O=H_2SO_4$$
$$SO_2+H_2O=H_2SO_3$$
$$2H_2SO_3+O_2=2H_2SO_4$$
$$2NO+O_2=2NO_2$$
$$2NO_2+H_2O=HNO_3+HNO_2$$

大气中的烟尘、臭氧等作为催化剂。生成的 H_2SO_4 和 HNO_3 随雨水落下,形成酸雨。

科学家将酸雨称作"空中死神"、"看不见的杀手"。酸雨造成的危害大致有:① 对人体健康的危害。硫酸雾和硫酸盐雾可以侵入肺的深部组织,引起肺水肿等疾病而使人致死。② 对水生动植物的危害。酸雨使河流、湖泊的水体酸化,抑制水生生物的生长和繁殖,杀死水中的浮游生物,从而减少鱼类食物来源,使水下生物、鱼、虾等大量死亡,甚至使稀有珍奇鱼类绝迹。使水生生态系统紊乱,严重影响其生长。③ 对土壤、植被、森林的破坏。酸雨降落在地面以后首先污染土壤,使土壤 pH 下降变成强酸土,阻碍有机物分解,土壤肥力降低,营养物质循环降低,导致植物发育不良或死亡。森林中的植物生长期长,酸雨对植物作用时间也较长,酸雨

对森林生态系统的影响要比农田生态系统多，一旦酸化就需很长的时间，甚至几十年才能恢复。酸雨还对植物茎、叶等有直接伤害，诱使病虫害暴发，造成森林大片死亡。④ 腐蚀金属、塑料、橡胶等材料。酸雨会造成金属制品生锈、油漆涂料变色、衣服褪色、塑料及橡胶制品老化等。另外，酸雨加速了桥梁、水坝、建筑结构、工业装备、通讯设备的损坏。对名胜古迹等人文景观会造成严重损害，世界上许多以大理石和石灰石为材料的古建筑和石雕艺术品遭酸雨腐蚀而严重损坏。⑤ 酸雨将落到地上，渗人地下，会引起地下水酸化，使水中的铝、铜、锌、镉、汞等金属的含量增加很多倍，长期饮用这种水会中毒。

由于 SO_2 的大量排放，致使我国出现大面积的酸雨，并不断扩大，已引起中国各方面的广泛关注。1974 年我国开始对酸雨进行监测；1981 年 11 月召开了在北京召开了全国第一次酸雨科学讨论会；1982 年国家环境保护局组织全国进行酸雨普查，并对酸雨的形成、影响、防治的综合性研究。1995 年对全国 82 个城市酸雨沉降监测结果，年均pH低于 5.6 的城市有 39 个，占统计城市数的 47.6%；年均 pH 值小于 5.0 大于 4.5 的城市占统计城市数的 18.3%；南方城市降水 pH<3.2 的城市有长沙、重庆、南充和梧州。此外，酸雨还会随风漂移，降至几千公里以外的地区，造成大范围的公害，甚至引起国际纠纷。

3.“温室效应”加剧

太阳光是由各种波长的光组成的。太阳光照射地球时，平流层中臭氧能吸收太阳光中的紫外光(紫外光能量很高)，太阳光中的红外光可被大气层中的水蒸气和二氧化碳吸收，能照射到地球表面的只有可见光。大部分可见光能被地球表面吸收，使地球表面温度升高。地球吸收的能量又以红外长波辐射的形式返回空间，向外散发时被大气层中的二氧化碳吸收。可见大气层中的二氧化碳起着"温室玻璃"的作用。这样地球吸收的热量多，散失的热量少，保持在一个温室环境中，这就是“温室效应”。几千年来，人类和生物就是靠这温室环境保持着生态平衡。其中，生物呼吸，燃料燃烧产生二氧化碳，二氧化碳可溶解在江河湖泊里，又可被植物光合作用吸收，产生和消耗的二氧化碳之间达到平衡，使地球的温度维持在一定范围。近几十年来，现代工业迅速发展，煤、石油的大量开采，人口剧增，人类消耗的矿物燃料迅速增加，燃烧后产生的 CO_2 在大气层中大量聚积。据资料，19 世纪 60 年代每年排放到大气中的 CO_2 只有 0.9 亿 t 左右，而 1995 年，全球的 CO_2 总排放量达到 220 亿 t。同时，大面积森林被毁坏，使自然环境对二氧化碳的自净化能力下降，“温室效应”不断增加。除了二氧化碳，大气中的甲烷、水蒸气、氟氯烃等物质也会使“温室效应”加剧。

“温室效应”加剧，导致全球气候变暖。给人类生活及工业生产带来影响。随着“温室效应”增强，气温升高，海水将由于升温而膨胀，促使海平面升高，使广大沿海地区受到威胁。海水倒罐，洪水排泄不畅，土地盐渍化加重，航运、水产养殖业也会受影响。内陆地区，全球气候变暖使农业生产不稳定，一方面升温可提高作物光合作用，使农业增产。但另一方面，温度升高使地表水蒸发量增大，使土地干旱化、沙化及草原退化加重(如我国华北和西北地区)。另外高温天气也会使病虫害变得更加严重。气候变暖有利于病菌、霉菌和有毒物质的生长，导致食物受污染或变质，还将引起全球疾病的流行，严重威胁人类健康。控制 CO_2 的排放正在引起国际社会的重视，世界各国都在研究 CO_2 的减少排放措施。

4. 臭氧层空洞

臭氧层空洞是目前人们普遍关注的又一个全球性的大气环境问题。

臭氧是氧的同素异性体，存在于离地面 25～30 km 高空的平流层中，在平流层中有一个臭氧浓度较大的区域，称为臭氧层。臭氧层可以吸收太阳光中的紫外光(对人和生物有害，波长为200～400 nm)。是地球生物赖以生存的天然屏障。

臭氧层中臭氧的形成，主要是氧分子吸收能量分解成氧原子，氧原子又与其他氧分子结合而成；而臭氧的消耗是光分解所致，具体反应如下：

$$O_2 \xrightarrow{h\nu} O+O \quad (\lambda<243\ nm)$$

$$O+O_2 \rightarrow O_3$$

$$O_3 \xrightarrow{h\nu} O_2+O \quad (\lambda<300\ nm)$$

正常情况下，氧原子通过光化学反应产生的 O_3 和光分解反应减少的 O_3 处于动态平衡。

过去人类的活动未涉及到平流层，对平流层中臭氧层的认识及保护没有足够的重视。近年来科学家的测试结果证明，臭氧层遭到破坏开始变薄，甚至出现臭氧层空洞。1989 年，日本、美国、欧洲一些国家的科学家联合监测了北极区上空的臭氧层，发现臭氧层中臭氧量每年平均减少 15%，最高达 30%。北极上空已经形成臭氧层空洞，而且在不断扩大。一旦形成臭氧层空洞，有更多的紫外线辐射到达地面。紫外线对人的眼睛和皮肤有伤害，引起免疫系统的变化，导致癌症。强紫外线会影响鱼虾及其他水生动物的生存，甚至造成某些生物灭绝。过度紫外线照射，会导致植物枯萎死亡。

臭氧层破坏，主要是由于大量释放的氟里昂和氮氧化物与 O_3 反应的结果。氟里昂(Freon)是化学性质稳定的物质，被用作致冷剂、发泡剂、空气喷雾剂等。喷气式飞机，尤其是超音速飞机所涉及的高度达到平流层，这些飞行器排出的氟里昂及氮氧化物直接进入平流层。这些气体与臭氧的光化学反应为

$$CFCl_3(\text{氟里昂 11}) \xrightarrow{h\nu} CFCl_2\cdot+Cl\cdot$$

$$CF_2Cl_2(\text{氟里昂 12}) \xrightarrow{h\nu} CF_2Cl\cdot+Cl\cdot$$

$$Cl\cdot+O_3 \xrightarrow{h\nu} ClO\cdot+O_2$$

$$ClO\cdot+O_3 \xrightarrow{h\nu} Cl\cdot+2O_2$$

$$NO+O_3 \longrightarrow NO_2+O_2$$

$$NO_2+O_3 \longrightarrow NO+2O_2$$

由上式可以看出，一旦产生 Cl 原子和 NO_2，它们会循环反应，使 O_3 不断分解，引起臭氧层破坏。臭氧层空洞现象已引起世界各国领导的普遍关注，为了保护臭氧层，1987 年在加拿大蒙特利尔召开了保护臭氧层国际大会，签署了“蒙特利尔保护臭氧层议定书”，规定逐步禁止使用氟里昂及其他卤化烃。

四、大气污染的防治

由上述讨论中可以看出，大气污染现象如温室效应、光化学烟雾、酸雨等，都与一次污染物 CO_2，SO_x，NO_x，粉尘等有关，这些污染物主要来自燃料燃烧的排放物。燃烧污染物的控制和治理是大气保护的主要任务，要使气体污染物严格按照国家规定的标准达标排放。

1. 粉尘

采用除尘设备，对生产过程产生的粉尘进行处理，降低粉尘的排放量，净化空气。除尘方

法一般有干法除尘和湿法除尘。应用最多的是干法除尘，主要用旋风除尘和袋式除尘器来除尘。湿法除尘则是在烟气进入烟囱的降温烟管时，在此管道中喷水雾，使烟气冷却并充分加湿，然后再进入除尘设备中进行处理。

2. 硫氧化物

处理方法可以采用燃烧前处理法，预先对煤或石油进行燃烧前的脱硫处理。或采用燃烧后处理法，即在燃料燃烧后，产生的废气排入大气之前，用化学方法脱硫。

对含有 SO_2 废气的治理方法，可以有吸收法和吸附法。

(1)吸收法：吸收法是利用酸碱反应，用各种碱性物质对酸性 SO_2 进行吸收、处理。

碱吸收： $Na_2CO_3+SO_2 = Na_2SO_3+CO_2\uparrow$

氨吸收： $2NH_3+SO_2+H_2O = (NH_4)_2SO_3$

$$NH_3+SO_2+H_2O = NH_4HSO_3$$

再进行酸化处理：

$$(NH_4)_2SO_3+H_2SO_4 = (NH_4)_2SO_4+2SO_2\uparrow+2H_2O$$

$$NH_4HSO_3+H_2SO_4 = (NH_4)_2SO_4+SO_2\uparrow$$

得到纯度较高的 SO_2 用于生产 H_2SO_4。

国内许多中小型硫酸厂对尾气 SO_2 的处理，采用氨吸收。这样不仅使尾气达到国家排放标准，同时生产出合格的液体 SO_2 和硫酸铵，具有较好的经济效益和社会效益。

石灰乳吸收： $Ca(OH)_2+SO_2 = CaSO_3+H_2O$

$$2CaSO_3+O_2 = 2CaSO_4$$

副产物 $CaSO_3$ 在空气中氧化可得到 $CaSO_4$，$CaSO_4$ 可制造建筑板材或水泥，也可作为路基填充物。

(2)吸附法：此方法主要利用多孔活性吸附物质对 SO_2 的吸收，常用的吸附剂有活性炭、分子筛等。

3. 氮氧化物

改进燃烧炉的燃烧结构，提高燃烧效率，可有效降低 NO_x 的排放量。新型的流化床锅炉燃烧效率极高，几乎达到99%，能除去80%～95%的氮氧化物。另外，氮氧化物具有氧化性，可以在催化剂作用下，与还原剂反应生成 N_2，除去氮氧化物。反应式如下：

$$6NO+4NH_3 = 5N_2+6H_2O$$

$$6NO_2+8NH_3 = 7N_2+12H_2O$$

汽车尾气中 NO_x 的处理，可以在燃料中加入某些添加剂，改变燃料组分，降低污染物含量。例如目前许多城市采取在汽油中加入10%左右乙醇的措施，目的是降低汽车尾气中 NO_x 等有毒气体的排放量。还可以采用改进尾气排放装置的方法，如在汽车排气装置内安装催化净化器，在 NO_x 进入净化器后，在催化剂作用下，发生一系列复杂反应，生成无污染气体排出，达到净化空气的作用。

4. 碳氧化物

化石燃料电厂是 CO_2 的集中排放源，对 CO_2 的处理可以采用吸收法。例如：美国 DOW 化学公司在 20 世纪 80 年代初期开发的适用从电厂烟道气中回收 CO_2 的 MEA 法（用乙酸胺为吸收剂），分离效果非常好。也可采用低温蒸馏法处理 CO_2，即利用 CO_2 与其他气体组分沸点的差异，先进行低温液化，然后蒸馏，来实现 CO_2 与其他气体分离的目的。

第 2 节　水体污染及保护

一、水中的污染物

水是自然环境中最宝贵的资源之一，是人类生活、动植物生长、工农业生产不可缺少的物质。水是构成生物体的基础，没有水就没有生命。据报导，地球上约有 136×10^8 km^3 的水，其分布如表 4-2 所示。

表　4-2

水体	海水	冰川和冰帽	地面水	地下水	大气中水蒸气
含量	97.3%	2.14%	0.02%	0.61%	<0.01%

在目前技术条件下，被人类利用的水只是浅层地下水和湖泊河川的淡水，仅占地球水量总和的 0.63%。随着社会生产力的发展，工农业生产对水的需求量迅速增加。而工业废水、城市排污等又使水源污染，可利用的水量急剧下降，地区性的缺水现象愈来愈严重，全世界已有 100 多个国家缺水。据统计，我国有 80%的城市缺水。而我国的水污染状况却十分严重。例如我国的 24 条主要江河有 15 条已受到严重污染。许多以江河水为水源的自来水厂在枯水期必须改用其他水源，因为这些江河在枯水期时废水已占其总水量的 30%以上。地下水甚至是深层地下水的污染状况也日趋严重。

水体污染有两类：一类是自然污染，另一类是人为污染，而后者是主要的。自然污染主要是自然原因造成的，如特殊地质条件使某些地区有某种化学元素大量富集，天然植物在腐烂过程中产生某种毒物，以及降雨淋洗大气和地面后挟带各种物质流入水体等等。人为污染是人类生活和生产活动中产生的废、污水排入水体，它们包括生活污水、工业废水、农田排水和矿山排水等，此外废渣和垃圾倾倒在水中或岸边甚至堆积在土地上，经降雨淋洗流入水体，也会造成污染。排入水体的污染物种类繁多，一般分为无机污染物、重金属污染物和有机污染物。

1. 无机污染物

水体中无机污染物又可分为无机无害物、无机有害物、无机有毒物 3 类。

（1）无机无害物：天然水中溶解有许多物质，但其化学组成中有 8 种离子占全部溶解物的 95%～99%。它们是 Na^+，K^+，Ca^{2+}，Mg^{2+}，Cl^-，$HCO_3{}^-$，$CO_3{}^{2-}$，$SO_4{}^{2-}$。它们在一定浓度范围内是无害的，但它们同许多有毒污染物在水体中的行为往往是有联系的。

（2）无机有害物：无机有害物从其本身的性质看虽然是无毒的，但它给人类或生态平衡会产生某些不良的影响。固体悬浮物属于无机有害物，天然来源的固体悬浮物本身可能是无毒的，但它漂浮在水体中能够散射光线，减少水生植物的光合作用。固体悬浮物也会吸附一些有毒物质，随着水流迁移到其他地区，使污染范围扩大。无机酸、碱、盐类也属于有害物，冶金、化工、造纸等工业废水是水体酸的污染源；而制碱、制革、炼油等工业废水是水体碱的污染源。水体遭到酸碱污染后，可以改变水体溶解物质的存在形式，又可腐蚀水下建筑物，使水中生物的种群发生变化。

(3)无机有毒物：无机有毒物包括金属氰化物、砷、硒、氟等非金属化合物及放射性物质。氰化物主要来自含氰化物的工业废水，如电镀废水、炼焦炼油废水、有色金属冶炼厂废水等。氰化物毒性很强，它对细胞中的氧化酶有损伤作用。中毒后呼吸困难，细胞缺氧，直至窒息死亡。氰化物在水体中可与二氧化碳发生反应，生成 HCN，即

$$CN^- + CO_2 + H_2O \rightleftharpoons HCN + HCO_3^-$$

氰化物能被溶解氧所氧化，即

$$2CN^- + O_2 \rightleftharpoons 2CNO^-$$

$$CNO^- + 2H_2O \rightleftharpoons NH_4^+ + CO_3^{2-}$$

总反应：

$$CN^- + O_2 + 4H_2O \rightleftharpoons 2NH_4^+ + 2CO_3^{2-}$$

此外，氰化物还会发生生化氧化。一般来说，微生物分解氧化速度较慢，只有在光照、较高水温及较快水流时，分解速度才加快。

2. 重金属污染物

水体中有毒重金属污染物有汞、镉、铅、铬、铜、锌等。重金属污染物有如下几个特征。

(1)形态多：重金属属于过渡元素，它们有多种化合价，有较强的化学活性。化学反应随条件不同常产生不同形态的化合物。不同形态化合物其毒性是不相同的。如铝离子能穿过血脑屏障进入人脑，引起痴呆症，而铝的其他形态则没有这种毒性。因此评价重金属对环境的危害，不了解它们的形态会得出错误的结论。

(2)易形成金属有机化合物：重金属形成金属有机化合物后毒性比金属无机化合物大，如甲基氯化汞的毒性大于氯化汞；四乙基铅、四乙基锡的毒性分别大于二氧化铅、二氧化锡。

(3)不同价态毒性不同：如 6 价铬毒性大于 3 价铬；2 价汞大于 1 价汞；亚砷酸盐的毒性是砷酸盐的 60 倍。此外，重金属的价态相同，若化合物不同其毒性也不相同，氧化铅的毒性大于碳酸铅。

(4)可发生多种化学过程：重金属在环境中迁移，转化形式多变，几乎包括水体中全部的物理、化学过程。化学反应有水合、水解、中和、沉淀、络合、氧化还原、有机化等；胶体化学过程有离子交换、表面络合、吸附、解吸、吸收、聚合等；生化过程有生物摄取、富集、生物甲基化等。在水体中重金属迁移的主要载体以悬浮物、沉淀物为主。

(5)产生毒性效应的浓度范围较低：一般仅 $1 \sim 10\ mg \cdot L^{-1}$，毒性较强的重金属汞、镉等浓度范围仅 $0.001 \sim 0.01\ mg \cdot L^{-1}$（汞、镉、铅、铬、砷俗称重金属五毒）。对水生生物而言，不同生物对金属耐毒能力是不一样的，金属毒性顺序是 $Hg > Ag > Cu > Cd > Zn > Pb > Ni > Co$。

(6)对人体、生物的毒害具有积累性。有人推算，重金属对人体的毒性往往经过几年或几十年时间的长期潜伏。

此外，重金属在环境中不能被降解及消除。目前对重金属污染的控制只能是制定排放标准，使用立法手段对重金属污染源进行控制，使其必须达标排放。我国规定工业废水中重金属

的最大允许排放浓度汞(以 Hg 计)为 0.05 $mg \cdot L^{-1}$,镉(以 Cd 计)为 0.1 $mg \cdot L^{-1}$,铅(以 Pb 计)为 1.0 $mg \cdot L^{-1}$,铬(以+6 价 Cr 计)为 0.5 $mg \cdot L^{-1}$等。

3. 有机污染物

(1)耗氧有机物:造纸废水、城市生活污水和食品等工业废水中,含有大量的碳氢化合物、蛋白质、脂肪和木质素等有机物质。这些物质直接排入水体,将被水中微生物分解而消耗水中的 O_2,故常称这些有机物质为耗氧有机物。其污染程度一般可以用溶解氧(DO)、生化需氧量(BOD_5)、化学耗氧量(COD)等多种指标来表示。

溶解氧反映水体中存在的 O_2 的数量,可以用来反映水体中有机污染物的多少和水受污染的程度。有机污染物排入水体后,被好氧微生物分解,即发生腐败现象,消耗溶解氧,并产生甲烷、硫化氢、氨等恶臭物质,使水变质发臭。若水体中的 DO 低于 5 $mg \cdot L^{-1}$时,各类浮游生物便不能生存;低于 4 $mg \cdot L^{-1}$,鱼类就不能生存;低于 2 $mg \cdot L^{-1}$,水体就要发臭。溶解氧越低,水体污染越严重。

有机污染物质对水体的污染程度,通常是以微生物分解有机物时消耗的氧量来表示,即生物化学需氧量(BOD)。一般都用水温 20℃时 5 d 的生化需氧量作为统一指标(BOD_5),BOD_5 是评价水质的重要指标之一。水体 BOD 量越高,溶解氧消耗越多,水质越差。生化需氧量测定过程长,所以通常又用化学需氧量(COD)表示。化学需氧量是将强氧化剂(重铬酸钾或高锰酸钾等)在一定条件下,氧化水中有机污染物和一些还原物质所消耗的该氧化剂的量折算为相当的 O_2 的量,以 $mg \cdot L^{-1}$表示。同样,COD 指标越高,水质越差。但 COD 不完全反映水中有机物质污染的情况,它也包括了其他还原性物质污染情况,故实际测定结果是水中还原性物质污染的总量。一般工业废水的 COD 不应大于 100 $mg \cdot L^{-1}$,BOD_5 不应大于 60 $mg \cdot L^{-1}$。

酚类是可分解的重要有机污染物。水中酚主要来自工业废水,如钢铁工业的焦化厂、城市煤气工厂、化工厂、洗煤厂、炼油厂和石油化工厂等所排出的水中均含有酚类。在各种酚中,挥发性酚(苯酚和甲基苯酚)毒性最大,并能与氯气作用生成氯酚,因此,被挥发性酚所污染的水源,当用氯消毒时生成具有恶臭的氯酚,不宜饮用。我国规定工业废水中酚的最大允许排放浓度为 0.5 $mg \cdot L^{-1}$。

在污水中还有一类含氮的有机物,如蛋白质,尿素等。含氮有机物称为有机氮,在最初进入水中时,具有很复杂的组成,但由于水中存在某些微生物的作用,能逐渐被分解,变为组成简单的化合物。例如,蛋白质分解成氨基酸及氨等,如果在没有 O_2 的情况下,氨就是有机氮分解的最后产物,但是如果水中有 O_2 存在,则在硝化细菌作用下,NH_3 先氧化成亚硝酸盐,进而氧化成为硝酸盐。其过程如下:

$$2NH_3 + 3O_2 \longrightarrow 2HNO_2 + 2H_2O$$

$$2HNO_2 + O_2 \longrightarrow 2HNO_3$$

这样,复杂的有机氮化合物就变成无机化合物的硝酸盐,硝酸盐在此过程中是氮的有机物分解后的最终产物。

水中氨、亚硝酸盐、硝酸盐对水质影响极大,其中亚硝酸盐是强致癌性物质,又以亚硝酸铵最为严重。硝酸盐含量过高,造成水体富营养化,也会造成严重危害。

这里还应指出一点,即溶解氧含量过高,不一定是好事,在工业用水中,若氧含量过大,对金属锈蚀发生促进作用，形成吸氧腐蚀。因此，对某些工业用水，例如锅炉用水、冷却用水等必须进行除氧处理。

(2)水体的“富营养化”：流入水体的城市生活污水和食品工业废水中常含有 P，N 等水生植物生长、繁殖所必需的元素。对流动的水体来说，当生物营养元素多时，因为可随流水而稀释，一般影响不大。但在湖泊、水库、内海、河口等地区的水中，水流缓慢，停留时间长，适于植物营养元素的积存，会导致水生植物迅速繁殖。这种由于水体中植物营养成分的污染而使藻类及浮游植物大量生长的现象，称水体的“富营养化”。水体富营养化后，水体中严重缺 O_2，导致水生动植物大量死亡。动植物残骸在水下腐烂，在厌氧菌的作用下，产生 H_2S 等气体，使水质严重恶化。还会由于水生植物大量繁衍导致水流不畅，甚至江河阻塞，对交通带来严重影响。

(3)难降解有机物：随着现代石油化学工业的高速发展，产生了许多种原来自然界没有的、难分解的、有剧毒的有机化合物。它们有合成洗涤剂、有机氯农药(DDT)、多氯联苯(PCB)等。这些化合物在水中很难被微生物降解，而通过食物吸收逐步被浓缩造成危害。这些化合物在制造和使用过程中或使用后，可通过各种途径流入水体造成污染，必须引起注意。

(4)石油：近年来石油的污染十分突出，特别是河口及近海水域，石油污染主要是由于海上采油和运输油船所引起的。炼油厂工业废水也会造成石油污染。

石油比水轻又不溶于水，覆盖在水面上形成薄膜层，阻止大气中的氧在水中的溶解，造成水中溶解氧减少，形成恶臭，恶化水质。同时，油膜堵塞鱼的鳃部，使鱼类呼吸困难甚至引起鱼类死亡。若以含油污水灌溉农田，亦可因油膜黏附在农作物上而使其枯死。

二、水体污染的控制与治理

要防止水体污染，改善环境质量，维护生态平衡，关键是要控制污染源，使其达标排放，即对送回到环境中的工业废水和生活污水进行处理，使污染物总水平与水体的自净能力达到平衡。

工业废水和生活污水的处理方法很多，各种方法都有其特点和适用范围，往往需要配合使用。下面简单介绍各类方法的原理及特点。

1. 物理法

水中的悬浮物质主要利用物理的机械法处理，这是各种污水处理过程中必不可少的先行环节，一般悬浮物上还附着有各种其他可溶性和不溶性杂质，所以有效地去除悬浮物质后，可给水质的进一步处理减轻巨大的负担。这种方法主要根据废水中所含悬浮物质比重的不同，利用物理作用使之分离。最常用的有重力分离法、过滤法、热处理法、曝气法等，可依据工业废水的不同性质采用不同的方法。

在过滤法中，近年来反渗透法发展很快，是水处理技术方面的一种膜法分离的新技术。其原理在第 3 章已有讨论。

2. 化学法

(1)中和法：中和法的目的是调节废水的 pH 值。化工厂、金属酸洗车间、电镀车间等排出酸性废水，有的含无机酸，如硫酸、盐酸等，有的含有机酸，如醋酸等。

酸性废水可直接放入碱性废水进行中和。也可采用石灰、石灰石、电石渣等中和剂。

碱性废水的中和法是向废水中吹入二氧化碳气或用烟道废气中的 SO_2 来中和。

(2)沉淀法：沉淀法是去除水中重金属离子的有效方法，通常使用石灰乳调节污水的 pH，形成重金属氢氧化物沉淀而除去。例如电气工业中的含铜废水的处理反应如下：

$$Cu^{2+} + Ca(OH)_2 \longrightarrow Cu(OH)_2(s) + Ca^{2+}$$

近年来研究成功的 FeS 沉淀转化法是除去水中重金属离子十分有效的方法，操作简便，处理成本低，反应如下：

$$Hg^{2+} + FeS(s) \longrightarrow HgS(s) + Fe^{2+}$$

$$Cu^{2+} + FeS(s) \longrightarrow CuS(s) + Fe^{2+}$$

$$Pb^{2+} + FeS(s) \longrightarrow PbS(s) + Fe^{2+}$$

$$Cd^{2+} + FeS(s) \longrightarrow CdS(s) + Fe^{2+}$$

由于 HgS，PbS，CuS，CdS 等硫化物溶度积远远小于 FeS 的溶度积，使这些反应进行得十分完全。（如何定量说明？）目前，以黄铁矿锻烧（制硫酸）的废渣来治理重金属离子污水的研究，获得十分良好的效果。

(3)氧化还原法：溶解于水中的有毒物质，可利用它在化学过程中能被氧化或还原的性质，使之转化成无毒或毒性较小的新物质，从而达到处理的目的。常用的氧化还原法主要有 3 种：

1)空气氧化法：利用空气中氧作氧化剂进行处理。例如，石油化工厂的含硫废水，硫化物被转化成无毒的硫代硫酸盐或硫酸盐，即

$$2HS^- + 2O_2 \longrightarrow S_2O_3{}^{2-} + H_2O$$

$$2S^{2-} + 2O_2 + H_2O \longrightarrow S_2O_3{}^{2-} + 2OH^-$$

$$S_2O_3{}^{2-} + 2O_2 + 2OH^- \longrightarrow 2SO_4{}^{2-} + H_2O$$

2)漂白粉法：漂白粉[$Ca(OCl)_2$]是一种强氧化剂，溶于水则生成次氯酸（HClO），次氯酸能将废水中的污染物氧化。

目前比较成熟的是用漂白粉处理含氰废水，使有毒的 CN^- 离子变成无毒的 CO_2，N_2，其反应式为

$$Ca(OCl)_2 + 2H_2O \longrightarrow CaCl_2 + Ca(OH)_2 + 2HClO$$

$$2NaCN + Ca(OH)_2 + 2HClO \longrightarrow 2NaCNO + CaCl_2 + 2H_2O$$

$$2NaCNO + 2HClO \longrightarrow 2CO_2\uparrow + N_2\uparrow + H_2\uparrow + 2NaCl$$

3)其他：目前不仅可使用漂白粉，还可以使用其他氧化剂。较常用的有氯气、臭氧等。尤其是臭氧的氧化能力很强，能氧化大部分无机物和很多有机物（如合成洗涤剂等），以臭氧处理后的废水能够进行生物处理。这是目前国际上很重视、且有发展前途的方法。

漂白粉、氯气、臭氧除有极强的氧化性外，还有极强的杀菌作用，也是常用的生活污水及医疗污水的处理剂。

一般机械工厂的酸洗废水与电镀（铬）废水的相互处理是氧化还原法处理污水的良好例证。酸洗废水中含有大量强还原剂 $FeSO_4$，镀铬废水中的主要污染成分 CrO_3 是一种强氧化剂，它们相互反应如下：

$$3Fe^{2+} + CrO_3 + 6H^+ \longrightarrow 3Fe^{3+} + Cr^{3+} + 3H_2O$$

上述反应既除去了 CrO_3，也消耗了 H^+，反应产物再以石灰中和，并调节一定 pH 值，反应如下：

$$Fe^{3+} + Cr^{3+} + 3Ca(OH)_2 = Fe(OH)_3 \downarrow + Cr(OH)_3 \downarrow + 3Ca^{2+}$$

沉渣过滤，即可达到排放标准。

(4)化学凝聚法——混凝法：水中若有很细小的淤泥及其他污染物微粒存在，往往形成不易沉降的胶态物质悬浮于水中，此时可加入混凝剂使其沉降。

铝盐和铁盐是最常用的混凝剂。以铝盐为例，铝盐与水的反应通常可表达如下：

$$Al^{3+} + H_2O = Al(OH)^{2+} + H^+$$

$$Al(OH)^{2+} + H_2O = Al(OH)_2{}^+ + H^+$$

$$Al(OH)^{2+} + H_2O = Al(OH)_3 + H^+$$

根据平衡移动原理可知，pH 值不同，$Al(OH)^{2+}$，$Al(OH)_2{}^+$ 和 $Al(OH)_3$ 三种形态所占比例不同。它们可从三个方面发挥混凝作用。

(1)中和胶体杂质的电荷；

(2)在胶体杂质微粒之间起"黏结"作用；

(3)自身形成氢氧化物絮状体，在沉淀时对水中胶体杂质起吸附卷带作用。

影响混凝过程的因素有 pH 值、温度、搅拌强度等。其中以 pH 值最为重要。采用铝盐作为混凝剂时，pH 值应控制在 6.0～8.5 的范围内。采用铁盐时，pH 值控制在 8.1～9.6 时效果最佳。

在混凝过程中，有时还同时投加细黏土、膨润土等作为助凝剂。其作用是形成核心，使沉淀物围绕核心长大，增大沉淀物重度，加快沉降速度。

3. 生物法

生物法是利用微生物的作用来处理废水的方法。依照微生物对氧气的要求不同，生物法处理废水也相应区分为好气生物处理与嫌气生物处理。好气法处理有机物比嫌气法处理所需时间要短得多。对污水进行生物处理时，首先要培养和引入适当的微生物品种，同时还需要有氧的供应和较复杂的处理设备。一般处理废水多用好气法，处理污泥则用嫌气法。目前，好气生物处理法主要有生物滤池、氧化塘、活性污泥法等。

生物方法虽然广泛地用来处理多种废水，但是也存在不少问题。微生物生命活动与其生活环境密切相关，但工业废水的水量与水质常常发生变化，且四季温差变化较大，都会导致处理效果不稳定。而且，废水中的某些有毒物质至今无法适用生物处理，因此，有一定局限性。

第 3 节　土壤污染与保护

土壤是由地壳岩石及矿物经过长期风化形成的，它是供给植物生长发育必不可少的水、肥、气、热的主要源泉，也是营养元素不断更新的场所。它与外界物质不断进行着交换的循环，也在内部不停地进行着生物、化学和物理变化。从外界进入土壤的物质，在一定限度内能通过这些变化而转化，以维持其正常物质的循环和肥沃的特性，这个限度就是土壤的容量。当进入土壤的污染物质数量和强度超过了这个容量，土壤的特性就会遭到破坏。因此，土壤污染指土壤中积累了化学有毒、有害物质，引起对植物生长的危害，或者残留在农作物中进入食物链而危害人体健康的环境现象。因此凡是能使土壤发生污染现象的物质统称为土壤污染物。土壤污染不仅使土壤成为水体尤其是地下水的严重污染源，更会通过植物尤其是农作物而使污染物质进入食物链中，严重危害动植物健康，破坏生态平衡。因此，我们必须重视土壤污染的严重后果。

一、土壤污染与污染源

1. 土壤污染源

(1)土壤历来被当做工矿废渣、生活垃圾、阴沟污泥等废物堆积、填塞、散布的场所，许多有机和无机污染物由此进入土壤。

(2)利用被工业废水和城市生活污水污染的江河湖水灌溉农田，是土壤污染物的又一主要来源。

(3)工矿企业排放的气体污染物如各种烟尘、金属气溶胶、硫氧化物、氮氧化物等受重力作用或随降雨、降雪而积集于土壤中。

(4)农药、化肥的不当使用，也会引起土壤污染。

2. 土壤的主要污染物

(1)农药：近三四十年来，随着有机合成技术的发展，合成了许多有机杀虫剂、除草剂及各种植物生长助剂。这些物质在带来农业增产的同时，对自然生态系统也造成一定的影响。这类合成的新物质施用于农田、果园之后，总会有一部分残留在植物表面直接或间接地进入土壤之中。这类残留物有的通过一定时间可自行分解成无毒、无害物质，这种分解过程称为降解。降解过程有的是数小时、数天，但有的需数月甚至数年，这称为残留期，有的甚至很难降解而长期残留在土壤中。残留期越长，在土壤中积累量越大，逐渐累积达到有害浓度。目前造成土壤污染的农药有：有机氯制剂如 DDT、六六六等，汞制剂如赛力散，砷制剂如稻脚青及磷制剂乐果等。有的已明令禁止使用。

农药污染的危害，主要是农作物从土壤中吸收营养的同时也吸收了农药，并残留积累在农产品中(粮、菜、果)，通过食物链危害人、畜健康。此外，有些农药在毒杀害虫的同时也杀害了有益生物，如鸟类、蚯蚓、青蛙等，破坏了生态平衡，使农作物的收获间接受到一定的影响。

(2)重金属：污染土壤的重金属主要来自于大气、污水、废渣。重金属进入土壤后可以呈可溶态或不溶性颗粒存在，这与土壤溶液的 pH 值和氧化还原性有关。土壤中其他物质进入也会改变重金属在土壤中的存在形式。通常重金属的硫化物、氢氧化物、碳酸盐、磷酸盐的溶度积较小，重金属离子在土壤中常以上述化合物的沉淀形式存在。

土壤溶液的酸、碱性是土壤的一种重要性质，它随土壤的矿物组成和有机物成分而变化。重金属在不同酸碱性土壤溶液中，各自满足相应的氢氧化物溶度积，形成氢氧化物沉淀或以某种离子存在。铝、锌等离子属于两性金属离子，当 pH 值大于 9 时，以 AlO_2^- 及 ZnO_2^{2-} 形式存在，溶解于土壤溶液中，随溶液迁移而迁移。在还原性土壤溶液中，S^{2-} 可使重金属以硫化物形式沉积，难溶的重金属氢氧化物可转化为更难溶的硫化物，Zn^{2+} 和 Cd^{2+} 在还原性土壤溶液中可转化成难溶性的 ZnS 和 CdS 沉淀。当土壤通风改善、氧气充足、氧化性增大时，上述硫化物可转化为可溶性硫酸盐，提高了 Zn^{2+} 和 Cd^{2+} 在土壤中的迁移能力。重金属转化成易溶态时，容易被植物吸收，富集。

土壤中重金属污染较为复杂，因为土壤本身含有一定量的重金属元素，其中很多是作物生长所需要的微量营养元素，如锰、铜、锌等。因此，只有当进入土壤中的重金属元素积累的浓度超过了作物需要和可忍受的程度而表现出受害的症状，或者作物生长虽未受害，但从土壤吸收并积累在产品中的某种金属含量超过卫生标准造成对人畜危害时，才认为土壤已被重金属污染。

重金属对人、畜的危害已在水污染中略述，此处不再重复。

(3)有机物：污染土壤的有机物主要有洗涤剂、多氯联苯、酚和油等。它们在土壤中的积累、分解情况与农药相似（极难降解）。随生产、生活的发展，这类污染物品种也日益增多。农田用污水灌溉时，给土壤带来极大的污染，例如炼焦厂废水中含酚量较高，以其浇灌时，植物生长会受到严重影响。近年来，由于石油开采及其制品在使用过程中的泄漏，土壤的石油污染也日愈加剧。

土壤的有机物污染治理难度极大，必须引起严重关注。

(4)垃圾和其他废弃物：生活垃圾及生产废弃物是造成土壤污染的严重问题。当人们利用自然资源时，要对矿物进行开采、冶炼和加工，这会破坏土地，并产生废渣和废料。无论是何种来源的固体废弃物，必然堆积在土地上，随着自然的扩散及雨淋漏失，其中的可溶性物质，可悬浮的物质及可逸散于周围大气的各种物质均将进入土壤，造成土壤的污染。以这种来源进入土壤的污染物质，从无机的酸、碱、盐、重金属化合物，有机的天然和合成化合物，到病菌、病毒，因地而异，形形色色，难于尽数，其为害情况也无法估计。据不完全统计，我国每年堆积工业固体废弃物达 6 亿 t 以上，生活垃圾 2 亿 t 以上，至 1997 年底，我国工业废弃物累积堆积总量已达 60 多亿 t，造成了十分严重的污染。

在工农业生产、科学研究及生活活动中，当人们对物质生活达到更高的要求时，也就伴随着产生更多的废弃物，这类废弃物的处理成为当代环境管理的重点项目之一。塑料薄膜及包装制品的发展就是一个很好的例证。

农膜覆盖技术自 1975 年引入我国后，在农村发展十分迅速，使我国农业生产面貌发生了根本变革，当时称为“白色革命”。随着这种技术推广应用，聚乙烯残膜在农田中逐年积累（有关专家统计，聚乙烯薄膜的残留量可达 5 kg/(亩* · a)，这种薄膜在土壤中极难降解，逐年积累形成土壤隔离层，土质严重恶化，影响农作物生长，致使产量下降、质量低劣，“白色革命”导致了“白色灾难”。聚乙烯薄膜包装袋、聚苯乙烯方便食品包装盒的大量使用也导致了“白色灾难”的加剧。据不完全统计这类白色污染物在我国的年废弃量已达 400 万 t 以上，给生态平衡造成了严重的破坏和威胁。目前，正在大力研究可降解薄膜及包装材料，不少城市已明令禁止聚乙烯、聚苯乙烯等难降解薄膜和包装用品生产和销售，生产垃圾及生活垃圾也逐步推广分类包装、综合利用，以保持生态环境的平衡。

(5)化肥：化肥已成为现代农业的必需品，它的好处是很多的，但如使用不当亦可带来一系列问题。在化肥中除了植物必需的氮、磷、钾外，其分子中必然还含有植物不需要的其他元素，可以看成是痕量污染物。这些元素有许多是比较不易移动的，实际上土壤起了浓缩器的作用。当肥料年复一年地施于土壤中，则使这些无用元素在植物根部附近的浓度达到可能损害植物生长的程度，当动物吃了这种植物时，也要发生病害。例如，长期施用硫铵肥料，其铵离子经过

---

* 注 1 亩 $=666.667\ m^2$

土壤的离子交换作用，慢慢被作物吸收，而硫酸根则逐渐积累在土壤中，日久酸性不断加强，土壤就会板结，不利于作物生长。又如在牧草场上若施用氮肥过多，则使牧草饲料中含过多的氮，用它制造青贮饲料时，释放出大量对人畜有害的氮氧化物。牛食用这种饲料，由于在胃中把硝酸盐还原成亚硝酸盐，亚硝酸盐妨碍氧的输送，从而导致牲畜患病或死亡。因此，选用化肥时必须考虑其综合效果。大量使用农家肥料对改良土壤保护生态环境是有一定好处的。

二、土壤治理与土壤保护

遭受污染后的土壤治理是十分困难的，因此，对土壤的保护应以防止污染为主。对已遭受污染土壤的治理，依具体情况而采用不同的方法。

1. 从土壤中除去污染物

对受重金属、农药严重污染的土壤，可采用灌溉稀释及洗毒法，使有毒物质转移于较深土层中，以减少表土中毒物的浓度，或者将含毒的水排出田地之外。这时应注意将毒水排入一定的储水池中，进行净化处理，尽量防止直接排入河、湖或地下水中，以免污染物进一步扩散。

以上这种方法显然只对小面积的土壤可以采用。

2. 降低污染物对植物的污染

当土壤被重金属污染时，如不易将其从土壤中去除，为了减少植物对它们的吸收，可通过一定的办法来降低它们对植物的有效毒性。例如，向土壤中多施有机肥料（如绿肥），以增加土壤中的有机质，有机质与重金属元素结合，形成不易溶解的配合物，就可减少植物的吸收。又如，控制并调节土壤的 pH，也可降低重金属元素的有效性。对于酸性土壤，当使用石灰提高土壤的 pH 至 6.5 以上时，可以显著减少铬、铜、锰、铅、锌和镍等被植物的吸收。

处理污染的土壤尚有许多其他方法，不再一一尽述。土壤的污染主要来自各种工业的废水、废渣，因此，各种工业必须积极改进工艺，尽量减少废水、废渣等污染物的排放量，采用无公害工艺，保证废水达标排放，废渣进行无害化处理，以免使土壤及整个环境受到污染，这是工程技术人员必须承担的责任。另外在农林业生产中要对土地合理使用，积极发展高效、低毒、低残留的农药及化肥，积极推广使用生物肥料及生物农药等。要把促进工业、农业、林业等的发展与保护环境作为一个系统工程来进行。

创造一个清洁美丽的生活环境是人类的共同愿望。在人类活动的早期，自然界天蓝水清，鸟语花香，以其固有生态平衡在发展和变化着。随着现代物质文明及科学技术的发展，人类对其所在的环境无意识地造成了危害，甚至发生了十分严重的影响，破坏了生态平衡，造成了“寂静的春天”。人类在尝到了自己酿成的苦酒之后，才开始认识到环境问题的重要性。

中国是一个发展中国家。如何在发展经济的同时保护我们的生态环境，是一个十分迫切需要解决的问题。中国政府制定的“全面规划、合理布局、综合利用、化害为利、保护环境、造福人民”的环境工作方针，使我国的环境工作出现了一个新的局面，全民族的环境保护意识逐渐增强。作为将要从事各种工业部门有关工作的未来的工程师，如果在设计每一个流程、安排每一个工序时都考虑到环境污染和环境保护问题，从全局出发，以长远利益为重，才能使自己的工作真正造福全人类。

附:20 世纪世界十大公害事件

第二次世界大战前后，一些国家致力于经济起飞，忽视了环境保护，结果发生一系列“公害”事件。不仅直接影响了经济的持续发展，而且对人类本身的健康也产生严重的危害，甚至威胁着人类的生存。其中震惊世界的十大“公害”事件，更使人触目惊心。

1. 马斯河谷大气污染事件

马斯河谷是比利时的工业区。事件发生的起因是 1930 年 12 月 1～5 日，该地区发生逆温现象，工厂排出的有害气体在大气层底部积累，大气中 SO_2 浓度高达 25～100 mg·m^{-3}，超过了排放标准约 100～400 倍，并有氟化物污染，几种有害气体和粉尘对人体的综合作用，造成 1 周内死亡达 60 人。

2. 洛杉机光化学烟雾事件

1940 年初发生在美国洛杉矶市。当时，这个城市拥有 250 万辆汽车，每天消耗大量汽油，向大气排放大量碳氢化合物、氮氧化物和一氧化碳。该市处于 50 km 长的狭长的盆地中，一年约有 300 d 出现逆温现象，汽车排出的废气积累，在日光作用下产生十分严重的光化学烟雾，时间长达好几天，大多数居民出现眼肿、流泪、喉痛、胸痛等症状，65 岁以上的老人死亡 400 余人。

3. 多诺拉大气污染事件

1948 年 10 月 26～31 日，发生在美国宾夕法尼亚州多诺拉镇。该镇处于河谷中，10 月最后 1 周出现逆温现象，同时大雾持续了 5 d，使大气污染在近地层积累(主要污染物为 SO_2)。事件发生后有 5 911 人发病，占全镇总人口 43%，其中 17 人死亡。

4. 伦敦烟雾事件

1952 年 12 月 5～8 日，发生在伦敦市。12 月 5～8 日英国几乎全境为浓雾覆盖，在 40～50 m 低空发生逆温层，致使燃料产生的烟雾不断积累，达到平时 6 倍以上，烟雾中的 Fe_2O_3 粉尘使 SO_2 发生催化氧化继而生成 H_2SO_4 雾沫，4 d 内死亡 4 000 余人，以后两个月陆续死亡 8 000 余人。

5. 水俣病事件

1953—1959 年，发生在日本熊本县水俣湾。因含甲基汞的工业废气污染水体，使水俣湾地区居民出现神经性中毒病症，中毒者 283 人，死亡 60 人。1953 年发病后，一直不明真相，直至 1959 年，历时 7 a 的研究才查明污染的原因。这种中毒病症现在被称为水俣病。

6. 骨痛病事件

1955—1972 年发生在日本富士山县神通川流域。当地的铅、锌冶炼厂排放的含 Cd 废水污染了神通川水体，两岸农民历来以河水灌溉农田，使稻米中 Cd 含量上升，当地人民食用含 Cd 量高的大米、蔬菜、水等，发生 Cd 中毒形成的骨痛病，患者 130 余人，其中死亡 81 人。此事件持续 10 多年。至 1972 年才查明病因。

7. 四日市哮喘事件

1961—1970 年，发生在日本四日市。1955 年以后该市石油炼制及工业燃油产生的废气日益严重，污染城市大气，全市粉尘及 SO_2 排放量每年高达 130kt，大气中 SO_2 浓度超标 5～6 倍以上，造成哮喘病发作，1964 年烟雾连续不断，气喘病患者大量死亡，1967 年甚至出现患者因不堪忍受痛苦而自杀现象，此事件持续时间长达 10 a，至 1970 年才查明原因。

8. 米糠油事件

1963 年 3 月发生在日本九州爱知县一带。生产米糖油时使用多氯联苯，由于生产管理不善污染了水和食物，使几千人中毒，16 人死亡。

9. 印度博帕尔农药厂事件

1984 年 12 月 23 日凌晨，印度博帕尔市美国联合碳化物公司所属一家农药厂地下储气罐压力过大而渗漏出 45t 液体毒气。造成 2 500 人死亡、20 万人受伤，其中 10 万人终身残废、5 万人双目失明。当时博帕尔地区大批食物、水源被污染，牲畜和其他动物亦大量死亡，生态环境遭到严重破坏。

10. 切尔诺贝利核事故

1986 年 4 月 26 日，发生在乌克兰切尔诺贝利核电站。导致 31 人死亡，大批人员被迫撤出污染区，核事故中在地洞中幸免于难的动物，在短短的 3 年多时间里发生了严重的畸形变种，据估计在未来的 40 年内，将会引起 15 000 人患癌症。

上述重大污染事件，给人们留下了深刻而惨痛的教训。它告诫我们，在工业高度发展的今天，在进行建设及发展生产的同时必须加强环境保护工作，才能真正造福于人类，否则会造成不堪设想的后果。

思考题

1. 为什么要进行环境保护？
2. 大气污染的主要污染物是什么？主要来源是什么？
3. 什么是光化学烟雾？由哪些因素造成的？
4. 酸雨是如何形成的？有哪些危害？
5. 什么是“温室效应”？什么是“温室效应”加剧？
6. 平流层中臭氧层是如何被破坏的？“臭氧空洞”有什么危害？
7. 水体的主要污染物有哪些？
8. 水中重金属污染有哪些危害？哪些重金属元素的危害较大？
9. 水中有机物污染主要包括哪些内容？
10. 什么是水体“富营养”化？它有哪些危害？
11. 试述土壤污染的概况。
12. 大气、水体、土壤等污染治理主要有哪些方法？

习题

一、填空：

1. 根据大气的物理性质和化学性质及其垂直分布的特点，将大气圈分成________、________、________、________和________等 5 个层次。其中，________层与人类活动关系最为密切。

2. 从各类工厂、汽车等污染源中直接排放出来的大气污染物称为________。这类污染物排放量大，影响范围广，危害也较大，它们主要是________、________、________、________及________等。这类污染物中的反应性污染物在大气中可以发生各种反应，又产生许多新的大气污染物，称为________。

3. 当今世界四大环境问题是________、________、________、________。

4. 一般雨水呈微酸性，pH 值约________，这是由于大气中大量的________溶于雨水，部分解离形成的结果。这种微酸性的雨水，有利于农作物的生长。如果雨水的 pH 值小于 5.6 通常称为________。造成这种现象主要是工业生产和汽车排放的污染物________和________。

5. 与人类生活和生产有关的大气污染源主要有________、________、________等，它们排放的主要污染物是________、________、________等。

二、含汞废水可以加入固体 FeS，利用沉淀转化反应

$$Hg^{2+} + FeS(s) = HgS(s) + Fe^{2+}$$

降低废水中 Hg^{2+} 的含量，达到排放标准，试讨论上述反应的可能性。

三、某厂排放的废水中含有 96 $mg \cdot L^{-1}$ 的 Zn^{2+} 离子，用化学沉淀法应控制 pH 值为多少时才能达到排放标准(5 $mg \cdot L^{-1}$)？在 1 m^3 这样的废水中应投入多少烧碱？

第 5 章　物质结构基础

不同的物质其性质不同，这是由物质内部结构的不同所引起的。要了解物质的性质及其变化规律，就必须了解原子结构和分子结构。

第 1 节　原子结构和元素的性质

通常情况下，在化学变化中原子核不发生变化，实质上只是核外电子的运动状态发生变化。研究核外电子运动的特性及其规律，对认识原子结构具有十分重要的意义。

一、微观粒子的波粒二象性

1. 氢原子光谱和玻尔理论

实验发现，任何一种元素的气态原子在高温火焰、电火花或电弧作用下均能发出特征的焰色，经过分光镜后都可以得到一种特征的线状光谱，这些光谱是由一系列的线条构成。不同元素的原子所发射的线状光谱是不同的，而相同元素的原子发射的线状光谱都一样，这说明线状光谱与原子结构密切相关。氢原子的线状光谱有五条明亮的谱线（见图 5－1），它们都位于可见光区，在紫外区和红外区还有几组谱线。

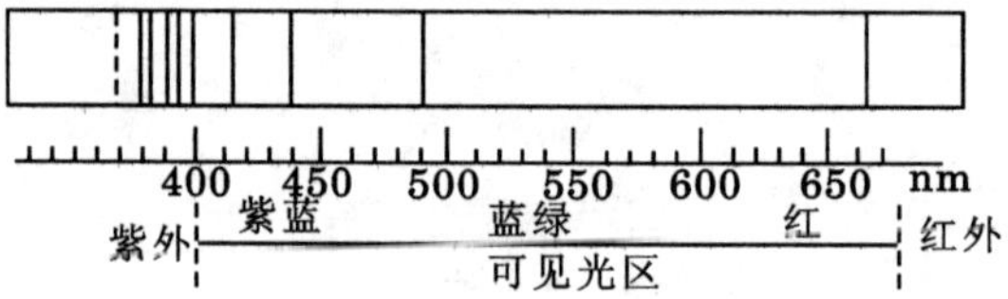

图 5－1　氢原子可见光谱

为了解释氢原子光谱，1913 年，丹麦物理学家玻尔（Bohr）在前人的基础上，提出了 1 个原子结构假说（称为玻尔理论）。假说认为：原子中的电子只能在一些符合量子条件的圆形轨道上绕核旋转，每 1 个特定的圆形轨道都有确定的能量 E（称为轨道能级），电子在这些轨道上运动时，称原子处于定态。原子可以有各种可能的定态，其中能量最低的定态称为基态，其余称为激发态。在定态下运动的电子不辐射能量，只有当电子从 1 个轨道跃迁到另 1 个轨道时才放出或吸收能量。玻尔理论引入了量子化概念，并运用牛顿力学定律，推算了氢原子的轨道半径和能量，以及电子从高能态跃迁至低能态时辐射光的频率，其计算结果与氢原子光谱实验完全一致。

玻尔理论成功地解释了氢原子光谱，指出了原子结构的量子化特征，对原子结构的研究起了积极的作用。但玻尔理论在解释多电子原子光谱和氢原子光谱的精细结构时遇到了困难，更不能用来进一步研究化学键的形成。其原因在于它未能完全冲破经典力学的束缚，只是勉强地加进一些假定。因此，它必然会被新的量子力学理论所取代。

2. 微观粒子的波粒二象性

20 世纪初，对光的研究证实了光既具有波动性，又具有微粒性(称为波粒二象性)。光的波动性表现在与光的传播有关的现象(如干涉、衍射等)中；光的微粒性表现在光与实物相互作用的有关现象(如光压、光电效应等)中。1924 年，法国物理学家德布罗衣(DeBroglie)受光的波粒二象性的启发，提出了具有静止质量的微观粒子(如电子、光子等)也具有波粒二象性的假设。他认为质量为 m，以速度 v 运动着的微粒子，不仅具有动量 $p=mv$(粒子性特征)，而且具有相应的波长 λ(波动性特征)，两者之间可以通过普朗克常数 h(6.625×10^{-34} J·s)相互联系起来，即

$$\lambda=\frac{h}{p}=\frac{h}{mv} \qquad (5-1)$$

德布罗衣的假设在 1927 年被戴维逊(Davisson)等的电子衍射实验所证实。见图 5-2 所示，当电子射线从 A 处射出，穿过晶体粉末 B，投射到屏幕 C 上时，如同光的衍射一样，也会出现明暗交替的衍射环纹。后来发现质子、中子等微观粒子的射线都有衍射现象，证明它们都具有波粒二象性。

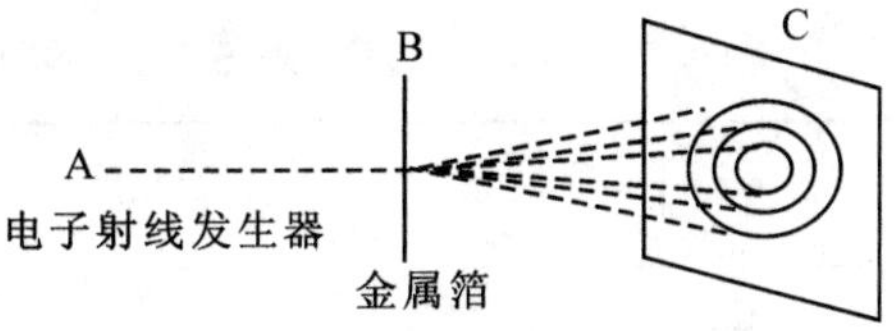

图 5-2　电子衍射装置示意图

根据电子衍射实验，当用很弱的电子流且实验时间较短时，则在照相底片上出现不规则分布的感光点。若经过足够长的时间，通过大量电子后，则底片上就形成了衍射环纹。若用较强的电子流可在较短时间内得到同样的电子衍射环纹。由此可见，电子的波动性是电子无数次行为的统计结果。从衍射图像可知，在衍射强度(波强度)大的区域表示电子出现的次数多，即电子出现的几率较大；衍射强度较小的区域表示电子出现的次数少，即电子出现的几率较小。物质波的强度与微粒出现的几率密度成正比。因此，电子等物质波是具有统计性的几率波。

由于微观粒子具有波粒二象性，因此没有确定的运动轨迹，只能用统计的方法去认识在空间某处出现的几率。

二、电子运动状态的近代描述

1. 波函数和原子轨道

1926 年，奥地利物理学家薛定谔(Schrödinger)提出了 1 个描述氢原子核外电子运动的波动方程，称为薛定谔方程。它是 1 个二阶偏微分方程，即

$$\frac{\partial^2\psi}{\partial x^2}+\frac{\partial^2\psi}{\partial y^2}+\frac{\partial^2\psi}{\partial z^2}+\frac{8\pi^2 m}{h^2}(E-V)\psi=0 \qquad (5-2)$$

式中 ψ 为电子的空间坐标 x,y,z 的波函数，m 为电子的质量，E 为电子的总能量，V 为电子的势能。

薛定谔方程是描述微观粒子运动状态变化规律的基本方程。求解薛定谔方程可以得到描

述电子运动状态的波函数 ψ。波函数不是 1 个具体数目，它是用空间坐标(x,y,z)来描述原子核外电子运动状态的数学函数式。通常波函数又称原子轨道，也就是说波函数和原子轨道是描述原子中电子运动状态的同义词。例如，ψ_{1s}，ψ_{2s}，ψ_{2p}，ψ_{3d}分别称为 1s 轨道，2s 轨道，2p 轨道和 3d 轨道。应该指出，原子轨道并不表示 1 个固定的圆周轨道，不能将它和玻尔的轨道概念相混淆。

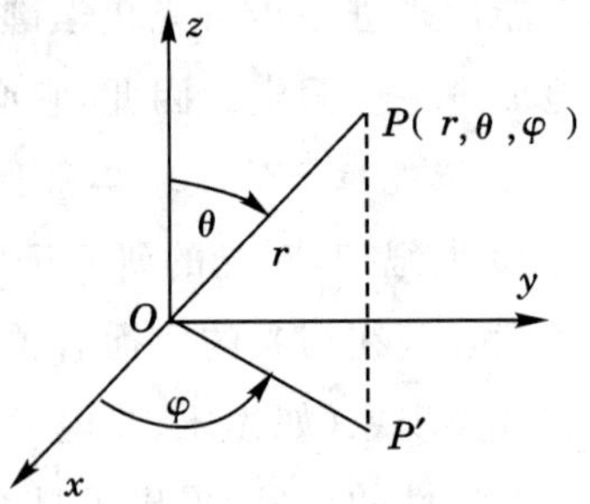

图 5-3 直角坐标与球面坐标的关系

为了方便，在解薛定谔方程时，将空间直角坐标(x,y,z)转换为球面坐标(r,θ,φ)(见图 5-3)。

$$x=r\sin\theta\cos\varphi$$

$$y=r\sin\theta\sin\varphi$$

$$z=r\cos\theta$$

经坐标变换后，得到的 ψ 是变量 r,θ,φ 的函数(见表 5-1)。

表 5-1 氢原子的波函数(a_0=玻尔半径)

轨道	$\psi(r,\theta,\varphi)$	$R(r)$	$Y(\theta,\varphi)$
1s	$\sqrt{\frac{1}{\pi a_0^3}}\,e^{-r/a_0}$	$2\sqrt{\frac{1}{a_0^3}}\,e^{-r/a_0}$	$\sqrt{\frac{1}{4\pi}}$
2s	$\frac{1}{4}\sqrt{\frac{1}{2\pi a_0^3}}(2-\frac{r}{a_0})e^{-r/2a_0}$	$\sqrt{\frac{1}{8a_0^3}}(2-\frac{r}{a_0})e^{-r/2a_0}$	$\sqrt{\frac{1}{4\pi}}$
$2p_z$	$\frac{1}{4}\sqrt{\frac{1}{2\pi a_0^3}}(\frac{r}{a_0})e^{-r/2a_0}\cdot\cos\theta$	$\sqrt{\frac{1}{24\pi a_0^3}}(\frac{r}{a_0})e^{-r/2a_0}$	$\sqrt{\frac{3}{4\pi}}\cos\theta$
$2p_x$	$\frac{1}{4}\sqrt{\frac{1}{2\pi a_0^3}}(\frac{r}{a_0})e^{-r/2a_0}\cdot\sin\theta\cos\varphi$		$\sqrt{\frac{3}{4\pi}}\sin\theta\cos\varphi$
$2p_y$	$\frac{1}{4}\sqrt{\frac{1}{2\pi a_0^3}}(\frac{r}{a_0})e^{-r/3a_0}\cdot\sin\theta\sin\varphi$		$\sqrt{\frac{3}{4\pi}}\sin\theta\sin\varphi$

由于很难用合适的图像将 ψ 随 r,θ,φ 的变化情况表示清楚，因此通常将波函数分成随半径变化和随角度变化两部分，即

$$\psi(r,\theta,\varphi)=R(r)Y(\theta,\varphi) \tag{5-3}$$

式中 $R(r)$表示波函数的径向部分，只随电子离核的距离 r 而变化；$Y(\theta,\varphi)$表示波函数的角度部分，只随角度 θ,φ 而变化。

若将 $R(r)$对 r 作图，就可以了解波函数随 r 的变化情况；将 $Y(\theta,\varphi)$对 θ,φ 作图，就可以了解波函数随 θ,φ 的变化情况。我们通常接触较多的是波函数(原子轨道)的角度分布图。(见图 5-4)。

由图 5-4 可以看出，s 轨道的形状是球形对称的。p 轨道的角度部分分布在 3 个坐标轴上呈哑铃形对称，分别称为 p_x，p_y，和 p_z 轨道。d 轨道形状更为复杂一些，呈花瓣状。图中的 +、− 号表示 Y 值的正、负，它在研究化学键的形成时有着重要的意义。

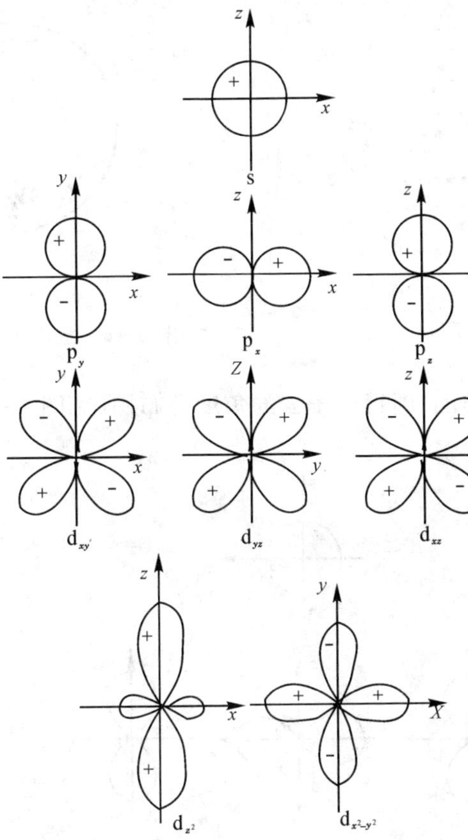

图 5-4　原子轨道角度分布图

2. 电子云

波函数 ψ 虽然能描述核外电子的运动状态,但它不能与任何可以观察的物理量相联系,而波函数的平方$|\psi|^2$ 可以反映核外电子在空间某处单位体积内出现的概率大小,即几率密度。

为了形象地表示核外电子运动的几率分布情况,化学上习惯用小黑点的疏密程度表示电子在空间各处出现几率密度的相对大小。小黑点较密的地方,表示几率密度较大,单位体积内电子出现的机会多;小黑点较疏的地方,表示几率密度较小,单位体积内电子出现的机会少。这种以小黑点疏密形象化表示电子几率分布的图形称为电子云。氢原子 1s 电子云(见图 5-5)是球形对称的,且距核越近,电子出现的几率密度越大,距核越远,几率密度越小。应当指出,电子云是电子行为具有统计性的一种形象化的表示,图中小黑点的数目并不代表电子的数目,而只代表 1 个电子的许多可能的瞬时位置。

核外电子的运动范围从理论讲是没有界限的,但实际上在离核较远的地方电子出现的几率非常小。如果将电子云图中电子几率密度相等的各点联结起来作为 1 个界面,使界面内电子出现的几率达 90%(或 95%),这种球面图形称为电子云的界面图(见图 5-6)。

与原子轨道角度部分 $Y(\theta,\varphi)$相对应,$Y^2(\theta,\varphi)$称为电子云的角度部分。

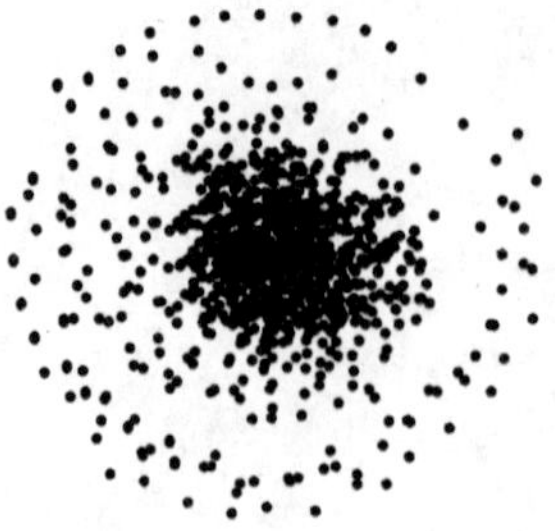

图 5-5　氢原子 1s 电子云

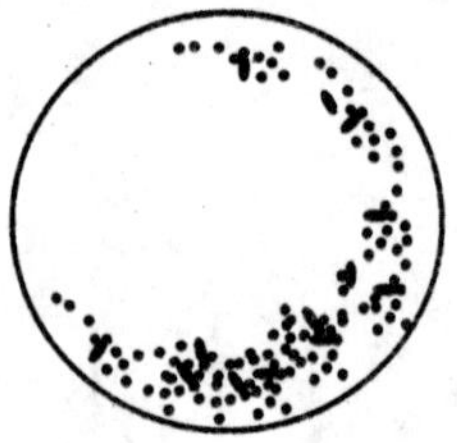

图 5-6　氢原子 1s 电子云界面图

若将 $Y^2(\theta,\varphi)$ 随 θ,φ 变化作图，即得电子云的角度分布图（见图 5-7）。

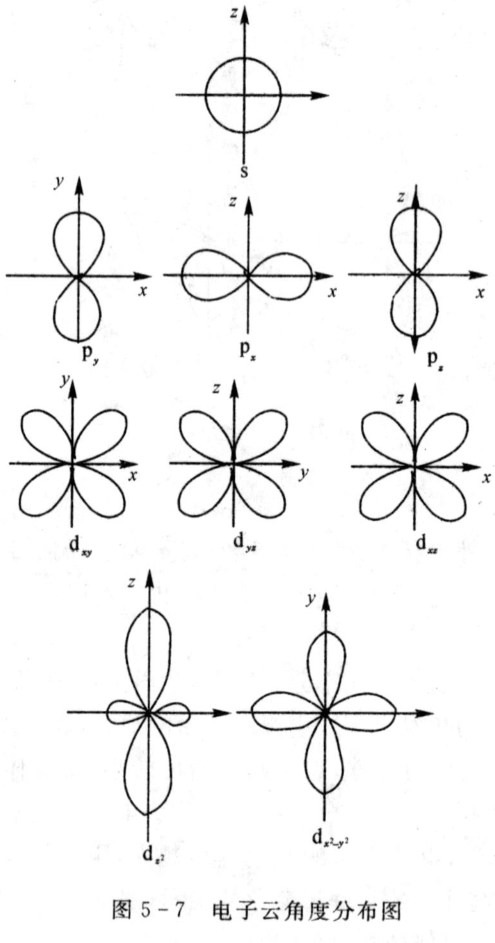

图 5-7　电子云角度分布图

比较图 5-4 和图 5-7 可知，电子云的角度分布图与原子轨道的角度分布图的形状和空间取向相似。但有两点区别：一是原子轨道角度分布图有正、负之分，而电子云角度分布图均为正值，这是因为电子云角度分布是原子轨道角度分布的平方；二是电子云的角度分布图形比原子轨道的角度分布图形要“瘦”一些，这是因为 Y 值小于 1，其 Y^2 就更小。

3. 4 个量子数

解薛定谔方程时，为了得到合理的解，引入了 3 个参数，即 n, l 和 m。因为这些参数具有量子化的特性，所以称为量子数。其中 n 称为主量子数，l 称为角量子数，m 称为磁量子数。将这 3 个量子数按一定规律取值时，可以得到各种波函数。因此，可用量子数来描述核外电子运动状态。另外，通过对光谱精细结构的研究，发现电子除了绕核运动外，其自身还有自旋运动。为了描述核外电子的自旋状态，需要引入第 4 个量子数——自旋量子数 m_s。由此可见，要完整描述每个电子的运动状态需要用 n, l, m, m_s 4 个量子数。

(1)主量子数(n)：n 的取值为 1，2，3…，n 等正整数，它是决定轨道能量的主要因素。对于核外只有 1 个电子的氢原子或类氢离子，其轨道能量 E 仅和主量子数有关，即

$$E=-2.18\times10^{-18}\left(\frac{1}{n^2}\right)\quad(\mathrm{J})\tag{5-4}$$

可见 n 值越大，能量越高。

n 还决定着电子绕核运动时离核的平均距离，也就是电子出现几率密度最大的地方离核的远近，n 值越大，电子离核平均距离越远。通常把具有相同 n 值的各原子轨道称为同一电子层，这样就可以按能量高低将电子分成若干层。当 $n=1,2,3,4,5,6,7$ 时，分别表示第一、二、三、四、五、六、七层，相应的光谱符号为 K，L，M，N，O，P，Q。

(2)角量子数(l)：l 的取值为 0，1，2，…，($n-1$)，其取值受 n 数值的限制。它决定电子运动的轨道角动量，确定原子轨道和电子云的形状。l 的每 1 个取值代表一种原子轨道或电子云的形状。例如 $l=0$ 为球形对称；$l=1$ 为哑铃形；$l=2$ 为花瓣形等。习惯上把 n 相同，l 不同的状态称为电子亚层。$l=0,1,2,3$ 分别称为 s，p，d，f 亚层等，$l=0,1,2,3$ 的轨道分别称为 s，p，d，f 轨道。

为了区别不同电子层的亚层，常把主量子数标在亚层符号的前面。例如，第 1 层的 s 亚层用 1s 表示；第 2 层的 s 亚层用 2s 表示；3p 表示第 3 层的 p 亚层；4d 表示第 4 层的 d 亚层。

在多电子原子中，l 和 n 一起决定轨道的能量。在同一电子层中 l 值越大的轨道能量越高，即能量高低顺序为：$E_{ns}<E_{np}<E_{nd}<E_{nf}$。

(3)磁量子数(m)：m 的取值为 0，±1，±2，…，±l，其取值受 l 数值的限制。它决定原子轨道或电子云在空间的伸展方向。也就是说原子轨道或电子云不仅具有一定的形状，而且在空间还有不同的伸展方向。m 可能取值的数目等于空间伸展方向不同的原子轨道数目。例如，$l=0$，$m=0$，表示 s 亚层只有 1 个原子轨道，即 s 轨道；$l=1$，$m=0,\pm1$，表示 p 亚层有 3 个原子轨道，即 p_x，p_y，p_z 轨道；$l=2$，$m=0,\pm1,\pm2$，表示 d 亚层有五个原子轨道，即 d_{xy}，d_{xz}，d_{yz}，d_{z^2}，$d_{x^2-y^2}$；$l=3$，$m=0,\pm1,\pm2,\pm3$，表示 f 亚层有 7 个原子轨道。

在没有外加磁场的情况下，同一亚层的原子轨道(如 p_x，p_y，p_z)，其能量是相等的，称为等价轨道或简并轨道。

(4)自旋量子数(m_s)：m_s 决定电子自身固有的运动状态，习惯上称为自旋运动状态。m_s 只可能有 2 个取值，即 +1/2 和 −1/2。常用“↑”“↓”表示两种不同的自旋状态。

量子数之间的联系归纳在表 5-2 中。

表 5-2　量子数之间的联系

n	取值	1	2				3								
	电子层符号	K	L				M								
l	取值	0	0	1			0	1			2				
	亚层符号	1s	2s	2p			3s	3p			3d				
m	取值	0	0	+1	0	−1	0	+1	0	−1	+2	+1	0	−1	−2
	轨道符号	1s	2s	$2p_x$	$2p_z$	$2p_y$	3s	$3p_x$	$3p_z$	$3p_y$	$3d_{xz}$	$3d_{x^2-y^2}$	$3d_{z^2}$	$3d_{xy}$	$3d_{yz}$
轨道数	亚层	1	1	3			1	3			5				
	电子层	1	4				9								

综上所述，电子在核外的运动状态可以用 4 个量子数来确定。通常用 4 个量子数的组合来表示，即(n,l,m,m_s)。$n=2$ 时，n,l,m 3 个量子数组合形式有(2,0,0)，(2,1,0)，(2,1，+1)，(2,1,−1)等 4 种，同理可推出 $n=3,4$ 时，它们的组合分别有 9 和 16 种。例如，描述钠原子最外层电子的 4 个量子数为$(3,0,0,+\frac{1}{2})$或$(3,0,0,-\frac{1}{2})$。

第 2 节　原子核外电子分布与周期系

在多电子原子中，电子不仅受原子核的吸引，而且还存在着电子之间的相互排斥。因此，作用于电子上的核电荷数以及原子轨道的能级都较为复杂。

一、核外电子分布原理和电子分布式

1. 原子轨道的能级

氢原子轨道的能量决定于主量子数 n。在多电子原子中，轨道能量除决定于主量子数 n 以外，还与角量子数 l 有关。1939 年鲍林(Pauling)根据光谱实验结果，总结出了多电子原子中轨道能级高低的一般情况，并用小圆圈代表原子轨道，用小圆圈位置的高低表示能量的高低，绘成近似能级图(见图 5-8)。

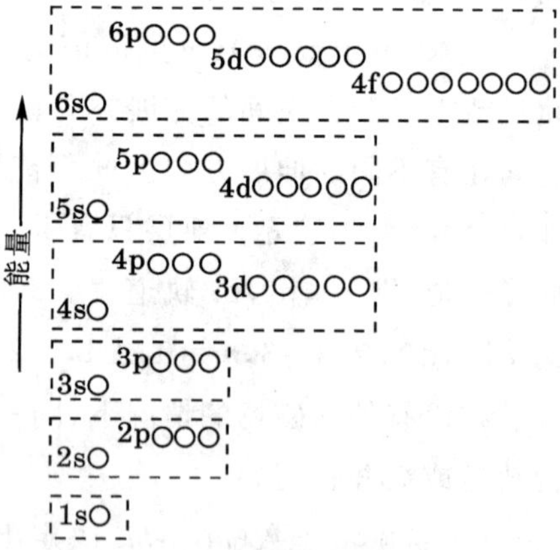

图 5-8　鲍林近似能级图

由近似能级图可以看出：当角量子数 l 相同时，随主量子数 n 的增大，轨道能级升高，例如：$E_{1s}<E_{2s}<E_{3s}$。$E_{2p}<E_{3p}<E_{4p}$。当主量子数 n 相同时，随角量子数 l 的增大，轨道能级升高，例如：$E_{ns}<E_{np}<E_{nd}<E_{nf}$。当主量子数和角量子数都不同时，有时出现能级交错现象。例如：$E_{4s}<E_{3d}$，　$E_{5s}<E_{4d}$，　$E_{6s}<E_{4f}<E_{5d}$。

根据各轨道能量高低的相互接近情况，可把原子轨道划分为若干能级组。图 5-8 中同一方框内各原子轨道能量接近，构成 1 个能级组。

2. *核外电子分布原理*

根据光谱实验结果和对元素周期系的分析，总结出了原子中核外电子分布的 3 个基本原理，即泡利不相容原理、能量最低原理和洪德规则。

(1) 泡利(Pauli)不相容原理：1925 年，泡利根据原子的光谱现象和考虑到周期系中每一周期元素的数目，提出了 1 个原则：1 个原子中不可能存在 4 个量子数完全相同的 2 个电子。这一原则后来被称为泡利不相容原理。按照这一原理，每个原子轨道上最多只能容纳自旋相反的 2 个电子。

(2) 能量最低原理：根据"能量越低越稳定"的规律，电子的分布方式应使得系统的能量最低。这就是能量最低原理。按照这一原理，核外电子的分布，在不违背泡利不相容原理的前提下，电子总是尽先占有能量最低的轨道。这样的状态是原子的基态。

(3) 洪德(Hund)规则：1925 年洪德从光谱实验数据总结出，在等价轨道上分布的电子将尽可能分占不同的轨道，而且自旋平行。量子力学证明，电子按照洪德规则分布，可使原子系统的能量最低，最稳定。

另外，作为洪德规则的特例，等价轨道处于全充满(p^6，d^{10}，f^{14})或半充满(p^3，d^5，f^7)或全空(p^0，d^0，f^0)时，也可使原子处于较稳定的状态。

3. *核外电子分布式和外层电子分布式*

根据核外电子分布的原则和光谱实验的结果，可得到各元素基态原子的核外电子分布。原子的核外电子分布也称原子的电子层结构。各元素基态原子的电子层结构列于表 5-3。

多电子原子核外电子分布的表达式称为电子分布式。例如钛(Ti)原子有 22 个电子，根据电子分布原则和近似能级顺序，其电子分布式为

$$1s^2 2s^2 2p^6 3s^2 3p^6 3d^2 4s^2$$

应当指出，虽然 3d 和 4s 轨道发生能级交错，电子首先填充 4s 轨道，但在书写电子分布式时要把 3d 放在 4s 前面，和同层的 3s，3p 放在一起。

又如，锰(Mn)原子中有 25 个电子，其电子分布式应为

$$1s^2 2s^2 2p^6 3s^2 3p^6 3d^5 4s^2$$

由于必须服从洪德规则，所以 3d 轨道上的 5 个电子应分别分布在 5 个 3d 轨道上，而且自旋平行。此外，铬(Cr)、铜(Cu)、银(Ag)和金(Au)等原子的($n-1$)d 轨道上的电子都处于半充满或全充满状态(见表 5-3)，通常是比较稳定的。

由于化学反应通常只涉及外层价电子的改变，所以一般只需写出原子的外层电子分布式即可。外层电子分布式又称为外层电子构型(或组态)。对主族元素，外层就是最外层，例如 $_{11}Na$ 的外层电子构型为 $3s^1$，$_{17}Cl$ 的外层电子构型为 $3s^2 3p^5$。但对于过渡元素，所谓外层还应包括次外层的 d 电子或外数第 3 层的 f 电子。例如 $_{24}Cr$ 的外层电子构型为 $3d^5 4s^1$，$_{58}Ce$ 外层电子构型为 $4f^1 5d^1 6s^2$。

值得注意的是，当原子失去电子而成为正离子时，一般是能量较高的最外层的电子先失去，并且往往引起电子层数的减少。例如：Fe^{3+} 的外层电子构型是 $3s^2 3p^6 3d^5$，而不是 $3s^2 3p^6 3d^3 4s^2$ 或 $3d^3 4s^2$，也不能只写成 $3d^5$。又如：Ti^{4+} 的外层电子构型是 $3s^2 3p^6$。原子成为负离子时，原子所得的电子总是分布在它的最外电子层上。例如，Cl^- 的外层电子分布式为

$3s^2 3p^6$。

表 5－3　原子的电子层结构(基态)

周期	原子序数	元素符号	电子层																	
			K	L		M			N				O				P			Q
			1s	2s	2p	3s	3p	3d	4s	4p	4d	4f	5s	5p	5d	5f	6s	6p	6d	7s
1	1	H	1																	
	2	He	2																	
2	3	Li	2	1																
	4	Be	2	2																
	5	B	2	2	1															
	6	C	2	2	2															
	7	N	2	2	3															
	8	O	2	2	4															
	9	F	2	2	5															
	10	Ne	2	2	6															
3	11	Na	2	2	6	1														
	12	Mg	2	2	6	2														
	13	Al	2	2	6	2	1													
	14	Si	2	2	6	2	2													
	15	P	2	2	6	2	3													
	16	S	2	2	6	2	4													
	17	Cl	2	2	6	2	5													
	18	Ar	2	2	6	2	6													
4	19	K	2	2	6	2	6		1											
	20	Ca	2	2	6	2	6		2											
	21	Sc	2	2	6	2	6	1	2											
	22	Ti	2	2	6	2	6	2	2											
	23	V	2	2	6	2	6	3	2											
	24	Cr	2	2	6	2	6	5	1											
	25	Mn	2	2	6	2	6	5	2											
	26	Fe	2	2	6	2	6	6	2											
	27	Co	2	2	6	2	6	7	2											
	28	Ni	2	2	6	2	6	8	2											
	29	Cu	2	2	6	2	6	10	1											
	30	Zn	2	2	6	2	6	10	2											
	31	Ga	2	2	6	2	6	10	2	1										
	32	Ge	2	2	6	2	6	10	2	2										
	33	As	2	2	6	2	6	10	2	3										
	34	Se	2	2	6	2	6	10	2	4										
	35	Br	2	2	6	2	6	10	2	5										
	36	Kr	2	2	2	2	6	10	2	6										

续 表

周期	原子序数	元素符号	电子层 K	L		M			N				O				P			Q
			1s	2s	2p	3s	3p	3d	4s	4p	4d	4f	5s	5p	5d	5f	6s	6p	6d	7s
	37	Rb	2	2	6	2	6	10	2	6			1							
	38	Sr	2	2	6	2	6	10	2	6			2							
	39	Y	2	2	6	2	6	10	2	6	1		2							
	40	Zr	2	2	6	2	6	10	2	6	2		2							
	41	Nb	2	2	6	2	6	10	2	6	4		1							
	42	Mo	2	2	6	2	6	10	2	6	5		1							
	43	Tc	2	2	6	2	6	10	2	6	5		2							
	44	Ru	2	2	6	2	6	10	2	6	7		1							
5	45	Rh	2	2	6	2	6	10	2	6	8		1							
	46	Pd	2	2	6	2	6	10	2	6	10									
	47	Ag	2	2	6	2	6	10	2	6	10		1							
	48	Cd	2	2	6	2	6	10	2	6	10		2							
	49	In	2	2	6	2	6	10	2	6	10		2	1						
	50	Sn	2	2	6	2	6	10	2	6	10		2	2						
	51	Sb	2	2	6	2	6	10	2	6	10		2	3						
	52	Te	2	2	6	2	6	10	2	6	10		2	4						
	53	I	2	2	6	2	6	10	2	6	10		2	5						
	54	Xe	2	2	6	2	6	10	2	6	10		2	6						
	55	Cs	2	2	6	2	6	10	2	6	10		2	6			1			
	56	Ba	2	2	6	2	6	10	2	6	10		2	6			2			
	57	La *	2	2	6	2	6	10	2	6	10		2	6	1		2			
	58	Ce	2	2	6	2	6	10	2	6	10	1	2	6	1		2			
	59	Pr	2	2	6	2	6	10	2	6	10	3	2	6			2			
	60	Nd	2	2	6	2	6	10	2	6	10	4	2	6			2			
	61	Pm	2	2	6	2	6	10	2	6	10	5	2	6			2			
	62	Sm	2	2	6	2	6	10	2	6	10	6	2	6			2			
	63	Eu	2	2	6	2	6	10	2	6	10	7	2	6			2			
6	64	Gd	2	2	6	2	6	10	2	6	10	7	2	6	1		2			
	65	Td	2	2	6	2	6	10	2	6	10	9	2	6			2			
	66	Dy	2	2	6	2	6	10	2	6	10	10	2	6			2			
	67	Ho	2	2	6	2	6	10	2	6	10	11	2	6			2			
	68	Er	2	2	6	2	6	10	2	6	10	12	2	6			2			
	69	Tm	2	2	6	2	6	10	2	6	10	13	2	6			2			
	70	Tb	2	2	6	2	6	10	2	6	10	14	2	6			2			
	71	Lu	2	2	6	2	6	10	2	6	10	14	2	6	1		2			
	72	Hf	2	2	6	2	6	10	2	6	10	14	2	6	2		2			
	73	Ta	2	2	6	2	6	10	2	6	10	14	2	6	3		2			

续　表

周期	原子序数	元素符号	电子层																	
			K	L		M			N				O				P			Q
			1s	2s	2p	3s	3p	3d	4s	4p	4d	4f	5s	5p	5d	5f	6s	6p	6d	7s
	74	W	2	2	6	2	6	10	2	6	10	14	2	6	4		2			
	75	Re	2	2	6	2	6	10	2	6	10	14	2	6	5		2			
	76	Os	2	2	6	2	6	10	2	6	10	14	2	6	6		2			
	77	Ir	2	2	6	2	6	10	2	6	10	14	2	6	7		2			
	78	Pt	2	2	6	2	6	10	2	6	10	14	2	6	9		1			
	79	Au	2	2	6	2	6	10	2	6	10	14	2	6	10		1			
6	80	Hg	2	2	6	2	6	10	2	6	10	14	2	6	10		2			
	81	Ti	2	2	6	2	6	10	2	6	10	14	2	6	10		2	1		
	82	Pb	2	2	6	2	6	10	2	6	10	14	2	6	10		2	2		
	83	Bi	2	2	6	2	6	10	2	6	10	14	2	6	10		2	3		
	84	Po	2	2	6	2	6	10	2	6	10	14	2	6	10		2	4		
	85	At	2	2	6	2	6	10	2	6	10	14	2	6	10		2	5		
	86	Rn	2	2	6	2	6	10	2	6	10	14	2	6	10		2	6		
	87	Fr	2	2	6	2	6	10	2	6	10	14	2	6	10		2	6		1
	88	Ra	2	2	6	2	6	10	2	6	10	14	2	6	10		2	6		2
	89	Ac	2	2	6	2	6	10	2	6	10	14	2	6	10		2	6	1	2
	90	Th	2	2	6	2	6	10	2	6	10	14	2	6	10		2	6	2	2
	91	Pa	2	2	6	2	6	10	2	6	10	14	2	6	10	2	2	6	1	2
	92	U	2	2	6	2	6	10	2	6	10	14	2	6	10	3	2	6	1	2
	93	Np	2	2	6	2	6	10	2	6	10	14	2	6	10	4	2	6	1	2
	94	Pu	2	2	6	2	6	10	2	6	10	14	2	6	10	6	2	6		2
	95	Am	2	2	6	2	6	10	2	6	10	14	2	6	10	7	2	6		2
	96	Cm	2	2	6	2	6	10	2	6	10	14	2	6	10	9	2	6		2
	97	Bk	2	2	6	2	6	10	2	6	10	14	2	6	10	10	2	6		2
7	98	Cf	2	2	6	2	6	10	2	6	10	14	2	6	10	11	2	6		2
	99	Es	2	2	6	2	6	10	2	6	10	14	2	6	10	12	2	6		2
	100	Fm	2	2	6	2	6	10	2	6	10	14	2	6	10	13	2	6		2
	101	Md	2	2	6	2	6	10	2	6	10	14	2	6	10	14	2	6		2
	102	No	2	2	6	2	6	10	2	6	10	14	2	6	10	14	2	6		2
	103	Lr	2	2	6	2	6	10	2	6	10	14	2	6	10	14	2	6	1	2
	104		2	2	6	2	6	10	2	6	10	14	2	6	10	14	2	6	2	2
	105		2	2	6	2	6	10	2	6	10	14	2	6	10	14	2	6	3	2
	106		2	2	6	2	6	10	2	6	10	14	2	6	10	14	2	6	4	2
	107		2	2	6	2	6	10	2	6	10	14	2	6	10	14	2	6	5	2
	108		2	2	6	2	6	10	2	6	10	14	2	6	10	14	2	6	6	2
	109		2	2	6	2	6	10	2	6	10	14	2	6	10	14	2	6	7	2

4. *屏蔽效应*

在氢原子和类氢离子中，由于核外只有1个电子，不存在电子之间的相互作用问题。对多电子原子来说，核外任一电子除受核的吸引外，还受到其他电子的排斥。其他电子对某一电子的排斥作用，可以近似地看成是削弱了原子核对该电子的吸引作用，这种对核电荷 Z 的削弱作用称为屏蔽效应。核电荷被削弱的程度即屏蔽效应的大小，可由屏蔽常数 σ 来衡量。削弱后的核电荷称为有效核电荷 Z^*，它们之间的关系为

$$Z^* = Z - \sigma \tag{5-5}$$

屏蔽效应可以解释 l 相同、n 越大的电子其能量越高。因为对同一原子来说，离核较近的电子受其他电子的屏蔽效应较小，屏蔽常数较小，能量较低；离核较远的电子受其他电子的屏蔽效应较大，屏蔽常数较大，能量较高。所以有 $E_{1s}<E_{2s}<E_{3s}$；$E_{2p}<E_{3p}<E_{4p}$。

一般情况下，对于被屏蔽的电子是s电子或p电子，屏蔽常数可近似地按下面方法取值。

(1)1s电子对1s电子的 $\sigma=0.30$；

(2)n 层电子对 n 层电子的 $\sigma=0.35$(n 层 d 电子或 f 电子，对 n 层 s 电子或 p 电子的 $\sigma=0$)；

(3)$(n-1)$层电子对 n 层电子的 $\sigma=0.85$；

(4)$(n-2)$层及更内层电子对 n 层电子的 $\sigma=1.00$。

例如，钠原子的 $Z=11$，作用在最外层电子上的有效核电荷

$$Z^* = (Z-\sigma) = 11-(2\times1.00+8\times0.85) = 2.20$$

又如，氯原子的 $Z=17$，作用在最外层电子上的有效核电荷

$$Z^* = (Z-\sigma) = 17-(2\times1.00+8\times0.85+6\times0.35) = 6.10$$

二、原子电子层结构与元素周期表的关系

元素的性质随着核电荷的递增而呈现周期性的变化称为元素周期律。原子核外电子分布的周期性是元素周期律的基础，元素周期表是周期律的表现形式。常见的是长式周期表(见附录)。

1. *原子的电子层结构和周期数*

元素在周期表所处的周期数等于该元素原子的电子层数。例如 $_{24}$Cr 的电子分布式为 $1s^2 2s^2 2p^6 3s^2 3p^6 3d^5 4s^1$，可知Cr为第四周期元素。

从电子分布规律可以看出，各周期数与各能级组相对应。每一周期元素的数目等于相应能级组内轨道所能容纳的最多电子数(见表5-4)。

表5-4 各周期元素的数目

周期	能级组	能级组内各原子轨道	元素数目
1	1	1s	2
2	2	2s 2p	8
3	3	3s 3p	8
4	4	4s 3d 4p	18
5	5	5s 4d 5p	18
6	6	6s 4f 5d 6p	32
7	7	7s 5f 6d…	23(未完)

2. 原子的电子层结构和族数

元素在周期表中所处的族数：主族以及第Ⅰ、第Ⅱ副族元素的族数等于最外层电子数；第Ⅲ至第Ⅶ副族元素的族数等于最外层 s 电子数与次外层 d 电子数之和；Ⅷ族元素的最外层 s 电子数与次外层 d 电子数之和为 8 至 10；零族元素最外层电子数为 8 或 2。

3. 原子的电子层结构和元素分区

根据原子的外层电子构型，可把周期表中的元素分成 5 个区，即 s 区、p 区、d 区、ds 区和 f 区（见图 5－9）。

（1）s 区——包括第Ⅰ、第Ⅱ主族元素，外层电子构型为 ns^{1-2}。

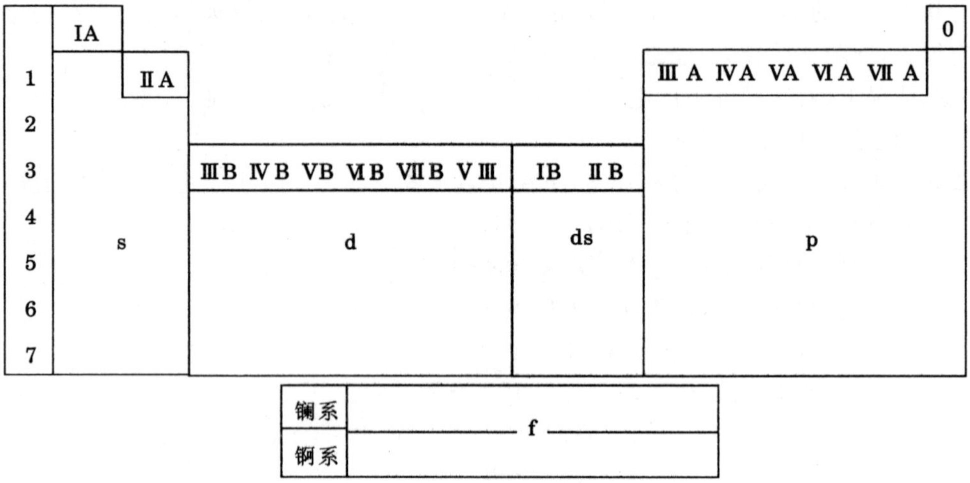

图 5－9　元素周期表分区情况

（2）p 区——包括第Ⅲ至第Ⅶ主族和零族元素，外层电子构型为 ns^2np^{1-6}。

（3）d 区——包括第Ⅲ至第Ⅶ副族和Ⅷ族元素，外层电子构型一般为 $(n-1)d^{1-8}ns^{1-2}$。

（4）ds 区——包括第Ⅰ、第Ⅱ副族元素，外层电子构型为 $(n-1)d^{10}ns^{1-2}$。

（5）f 区——包括镧系、锕系元素，外层电子构型一般为 $(n-2)f^{1-14}ns^2$。

三、原子结构与元素性质的关系

元素的性质取决于原子的结构，周期表中元素性质呈周期性的变化，就是原子结构周期性变化的反映。

1. 元素的金属性和非金属性与元素的电负性

元素的金属性是指在化学反应中原子失去电子的能力，非金属性表示在化学反应中原子得电子的能力。同一周期元素从左到右，有效核电荷数增大，原子半径不断减小，失电子能力逐渐减弱，得电子能力逐渐增强，故金属性逐渐减弱，非金属性逐渐增强，例如钠原子作用在最外层电子上的有效核电荷为 2.20，而氯原子作用在最外层电子上的有效核电荷为 6.10，钠原子半径为 154 pm，氯原子半径为 99 pm。所以钠元素是活泼的金属，而氯元素是活泼的非金属。为了定量地比较原子在分子中吸引电子的能力，鲍林于 1932 年引入了电负性概念。电负性数值越大，表明原子在分子中吸引电子的能力越强，电负性值越小，表明原子在分子中吸引电子的能力越弱。表 5－5 列出了鲍林的电负性数据。

从表 5－5 中可看出，一般金属元素(除铂系，即钌、铑、钯、锇、铱、铂以及金以外)的电负性数值小于 2.0，而非金属元素(除 Si 外)则大于 2.0。主族元素的电负性具有较明显的周期性变化，而副族的电负性数值则较接近，变化规律不明显。f 区的镧系元素的电负性值更为接近。电负性的这种变化规律和元素的金属性与非金属性的变化规律是一致的。

表 5－5　鲍林电负性数据

周期＼族	ⅠA	ⅡA	ⅢB	ⅣB	ⅤB	ⅥB	ⅦB	Ⅷ			ⅠB	ⅡB	ⅢA	ⅣA	ⅤA	ⅥA	ⅦA	0
1	H 2.1																H 2.1	He
2	Li 1.0	Be 1.5											B 2.0	C 2.5	N 3.0	O 3.5	F 4.0	Ne
3	Na 0.9	Mg 1.2											Al 1.5	Si 1.8	P 2.1	S 2.5	Cl 3.0	Ar
4	K 0.8	Ca 1.0	Sc 1.3	Ti 1.5	V 1.6	Cr 1.6	Mn 1.5	Fe 1.8	Co 1.9	Ni 1.9	Cu 1.9	Zn 1.6	Ga 1.6	Ge 1.8	As 2.0	Se 2.4	Br 2.8	Kr
5	Rb 0.8	Sr 1.0	Y 1.2	Zr 1.4	Nb 1.6	Mo 1.8	Tc 1.9	Ru 2.2	Rh 2.2	Pd 2.2	Ag 1.9	Cd 1.7	In 1.7	Sn 1.8	Sb 1.9	Te 2.1	I 2.5	Xe
6	Cs 0.7	Ba 0.9	La-Lu 1.0－1.2	Hf 1.3	Ta 1.5	W 1.7	Re 1.9	Os 2.2	Ir 2.2	Pt 2.2	Au 2.4	Hg 1.9	Tl 1.8	Pb 1.9	Bi 1.9	Po 2.0	At 2.2	Rn
7	Fr 0.7	Ra 0.9	Ac 1.1	Th 1.3	Pa 1.4	U 1.4	Np－No 1.4－1.3											

2. 元素的氧化值

同周期主族元素从左至右最高氧化值逐渐升高，并等于所属族的外层电子数或族数。

副族元素的原子中，除最外层 s 电子外，次外层的 d 电子也可能参加反应。因此，d 区副族元素的最高氧化值一般等于最外层的 s 电子和次外层 d 电子之和(但不大于 8)，第Ⅲ～Ⅶ副族元素与主族相似，同周期从左至右最高氧化值也逐渐升高，并等于所属族的族数，ds 区的第Ⅱ副族元素的最高氧化值为＋2，即最外层 s 电子数。而第Ⅰ副族中 Cu，Ag，Au 的最高氧化值分别为＋2，＋1，＋3，第Ⅷ族中元素除钌和锇外，未发现其他有氧化值为＋8 的化合物。

第 3 节　分子结构和物质的性质

分子或晶体由哪些原子(或离子)组成，原子(或离子)相互之间是怎样结合的，分子或晶体的几何构型如何，以及分子之间存在着什么样的作用力等，是研究分子结构的主要内容。

一、化学键

分子或晶体既然能够稳定存在，说明分子或晶体中的原子(或离子)之间存在着强烈的相互作用。化学上把分子或晶体中相邻的 2 个(或多个)原子(或离子)之间强烈的相互作用称为化学键。化学键主要有离子键、共价健和金属键(金属键将在本章第 4 节中介绍)等类型。

1. 离子键

1916 年柯塞尔(Kosser)根据稀有气体原子具有稳定结构的事实，提出了离子键理论。根据这一理论，不同的原子相互作用时首先形成具有稳定结构的正、负离子，然后通过静电吸引力形成化合物。

(1)离子键的形成和特征：当电负性较小的原子与电负性较大的原子作用时，前者失去电子形成正离子，后者获得电子形成负离子，正、负离子之间由于静电引力而相互吸引，但当它们充分接近时，两种离子的电子云之间又相互排斥，在吸引力和排斥力达到平衡时，整个体系的能量降到最低，正、负离子便稳定地结合形成离子型分子。例如金属钠与氯气的反应，即

$$Na(s)+\frac{1}{2}Cl_2(g)\longrightarrow NaCl(s)$$

NaCl 的形成过程可表示为

$$\left.\begin{array}{l} nNa(3s^1)\xrightarrow{-ne}nNa^+(2s^22p^6) \\ nCl(3s^23p^5)\xrightarrow{+ne}nCl^-(3s^23p^6) \end{array}\right\}\xrightarrow{\text{静电引力}}nNaCl$$

离子键的本质是正、负离子间的静电引力，若近似地把正、负离子的电荷分布看作是球形对称的，则根据库仑定律，带相反电荷(q^+ 和 q^-)的离子间的静电引力 F 与离子电荷的乘积成正比，而与离子间距离(核间距)d 的平方成反比。即

$$F\propto\frac{q^+q^-}{d^2} \tag{5-6}$$

由此可见，离子的电荷越大，离子间的距离越小，则离子间的引力越大，形成的化学键越牢固。

由于离子的电荷分布是球形对称的，因此在空间条件许可的情况下，离子可以从不同的方向上尽可能多地吸引带有相反电荷的离子，这说明离子键既无方向性也无饱和性。

(2)离子的结构：离子的结构特征主要有 3 个，即离子的电荷、离子的电子层结构和离子半径。

1)离子电荷：从离子键的形成过程可以看出，正离子的电荷数就是相应原子失去的电子数；负离子的电荷数就是相应原子获得的电子数。一般说来，离子的电荷越高，对相反离子的吸引力越大。

2)离子的电子层结构：原子得到电子成为负离子时，所得电子总是分布在它的最外电子层上。简单负离子的电子层结构具有稀有气体结构，如 $O^{2-}(2s^22p^6)$，$Cl^-(3s^23p^6)$等。原子失去电子成为正离子时，一般是能量较高的最外层电子先失去。正离子的电子层结构除了具有稀有气体结构外，还有其他多种结构。大致有下列几种：

a)2 电子构型：最外层为 2 个电子的离子。如 Li^+，Be^{2+} 等。

b)8 电子构型：最外层为 8 个电子的离子。如 Na^+，Ca^{2+} 等。

c)18 电子构型：最外层为 18 个电子的离子。如 Zn^{2+}，Hg^{2+}，Ag^+ 等。

d)18+2 电子构型：最外层为 2 个电子，次外层为 18 个电子的离子。如 Pb^{2+}，Sn^{2+} 等。

e)9～17 电子构型：最外层的电子数为 9～17 之间的不饱和构型的离子。如 Fe^{2+}，Cr^{3+}，Mn^{2+} 等。

3)离子半径：在离子型晶体中，正、负离子之间保持着一定的平衡距离，这一距离称为核间距，用 d 表示。核间距可看作是正、负离子半径之和，即 $d=r_++r_-$。核间距 d 的数值可由实验测得，通常以氟离子(F^-)半径为 136 pm 或氧离子(O^{2-})半径为 140 pm 作为标准，根据核间距 d 计算出其他离子半径(见表 5-6)。

离子半径大致有如下一些变化规律。

a)正离子半径较其原子半径小。如 Na 原子的半径是 154 pm，而 Na^+ 离子的半径是 95 pm。相反，简单负离子半径较其原子半径大。如 Cl 原子的半径是 99 pm，而 Cl^- 离子的半径是 181 pm。这是由于原子失去电子成为正离子时，有效核电荷增大，对外层电子引力增大，使半径减小。相反，原子得到电子成为负离子时，外层电子增多，有效核电荷减小，对外层电子引力减小，使半径增大。一般说来，正离子半径较小（100～170 pm），负离子半径较大（130～250 pm）；同一元素形成带不同电荷的正离子时，高价离子的半径小于低价离子的半径，例如 Pb^{2+} 的离子半径是 120 pm，而 Pb^{4+} 的离子半径是 84 pm。

表 5-6 离子半径/pm

	Li^+	Be^{2+}															
	68	35															
F^-	Na^-	Mg^{2+}	Al^{3+}														
136	97	66	51														
Cl^-	K^+	Ca^{2+}	Sc^{3+}	Ti^{4+}	Cr^{3+}	Mn^{2+}	Fe^{2+}	Fe^{3+}	Co^{2+}	Ni^{2+}	Cu^{2+}		Zn^{2+}	Ca^{3+}		Ce^{2+}	As^{3+}
181	133	99	73.2	68	63	80	74	64	72	69	72		74	62		73	58
Br^-	Rb^+	Sr^{2+}										Ag^+	Cd^{2+}	In^{3+}		Sn^{2+}	Sb^{2+}
196	147	112										126	97	81		93	76
I^-	Cs^+	Ba^{2+}											Hg^{2+}	Tl^{2+}	Tl^+	Pb^{2+}	Bi^{2+}
220	167	134											110	95	147	120	96
外层8（或2）个电子			外层9~17个电子									外层18个电子		外层18+2个电子			

b)同一主族中，自上而下由于电子层数增多，具有相同电荷数的同族离子的半径则依次增大。例如：

$$r(Li^+)<r(Na^+)<r(K^+)<r(Rb^+)<r(Cs^+)$$

$$r(F^-)<r(Cl^-)<r(Br^-)<r(I^-)$$

c)同一周期中，自左而右，正离子电荷增多，则离子半径依次减小。例如：

$$r(Na^+)>r(Mg^{2+})>r(Al^{3+})$$

而负离子的电荷自左而右依次减小，半径也略减小。例如：

$$r(N^{3-})>r(O^{2-})>r(F^-)$$

这是由于它们的电子层数相同，而有效核电荷依次递增，电子云趋于收缩的结果。

2. 共价键

离子键理论对电负性相差很大的 2 个原子所形成的分子能较好予以说明，但对同种元素的原子或电负性相差较小的原子所组成的分子（如 H_2，O_2，HCl）等，就显得不适用了。

1927 年海特勒（Heitler）和伦敦（London）成功地把量子力学应用到简单的 H_2 分子结构上，使共价键的本质得到了理论上的解释。后来鲍林等人把这一结果推广到其他分子中，便发展成为近代价键理论。价键理论又称为电子配对法，简称 VB 法。

（1）共价键的本质：用量子力学处理 H_2 分子的结果表明：当电子自旋方向相同的 2 个氢原子相互靠近时，两核间电子出现的几率密度减小，使系统能量升高（见图 5-10E_A 曲线），2 个氢原子间发生相互排斥（见图 5-11(a)），因而不可能形成稳定的氢分子；如果 2 个氢原子的未成对电子自旋方向相反，则这 2 个氢原子相互靠近时，两原子核间电子出现的几率密度增大，使系统的能量降低(见图 5－11(b))。当 2 个氢原子的核间距 $d=74$ pm(实验值)时，其能量最低，低于孤立的 2 个氢原子的能量之和(见图 5－10E_B 曲线)。此时，2 个氢原子之间形成了稳定的共价键而结合成氢分子。

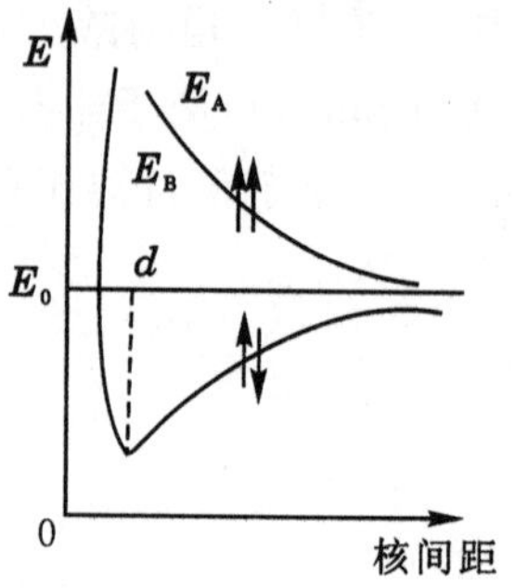

图 5－10　形成氢分子的能量曲线

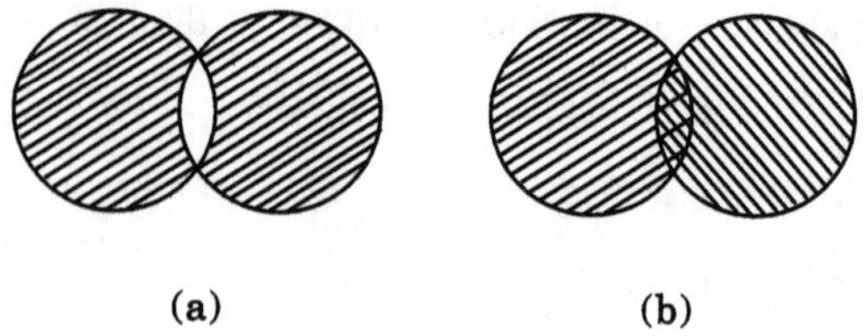

图 5－11　氢分子的两种状态

由以上讨论可知，量子力学阐明的共价键本质是：2 个电子可以相互配对为 2 个原子轨道所共用，2 个未成对电子的自旋方向相反时，2 个原子轨道相互作用而发生重叠，电子云密集于两原子核之间，使系统能量降低而形成稳定的分子。

(2)价键理论的要点：把量子力学处理氢分子的结果推广到其他分子系统，就形成了价键理论，其基本要点如下：

1)如果原子 A 和 B 各有 1 个未成对电子，且自旋方向相反，当它们相互靠近时，这 2 个电子可以配对形成共价单键，例如 H－H，H－Cl 等；如果原子 A 和 B 各有 2 个或 3 个未成对电子，这些电子可俩俩配对形成共价双键或共价 3 键。例如 O＝O，N≡N 等；如果原子 A 有 2 个未成对电子，原子 B 只有 1 个未成对电子，则 1 个 A 原子可以和 2 个 B 原子结合形成 AB_2 分子，例如 H_2O，H_2S 等。

2)原子轨道重叠时，必须考虑原子轨道的"＋"、"－"号。只有同符号的原子轨道才能实现有效重叠。轨道的正、负号相当于机械波中的波峰和波谷，2 个同号原子轨道相遇时相互加强，异号原子轨道相遇时相互削弱甚至抵消。原子轨道重叠时总是沿着重叠最多的方向进行，重叠越多，形成的共价键越牢固，这就是原子轨道最大重叠原理。

(3)共价键的特征：与离子键不同，共价键具有饱和性和方向性。

1)共价键的饱和性：所谓饱和性是指 1 个原子所能形成的共价键的总数是一定的。自旋方向相反的 2 个电子配对之后，就不能再与另 1 个原子中的未成对电子配对。例如 2 个氯原子各有 1 个未成对电子，在形成 Cl_2 后，2 个原子的成单电子都已配对，不能再与第 3 个氯原子的未成对电子配对而形成 Cl_3。

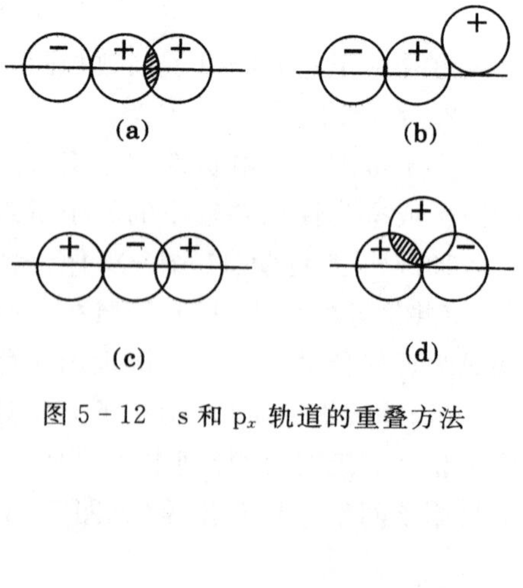

图 5－12　s 和 p_x 轨道的重叠方法

2)共价键的方向性：所谓方向性是指原子轨道重叠时总是沿着重叠最多的方向取向。在形成共价键时，已知 s 轨道在空间呈球形对称，而 p,d,f 等轨道在空间都有一定的伸展方向。所以 s 和 s 轨道可以在任何方向上达到最大程度的重叠。而有 p,d,f 轨道参加的重叠，则只有沿着一定的方向才能发生轨道的最大重叠。例如，形成氯化氢分子时，氢原子的 1s 轨道和氯原子的 $3p_x$ 轨道有四种可能的重叠方式(见图 5－12)，其中只有采取图 5－12(a)的重叠方式成键才能使 s 轨道和 p_x 轨道的有效重叠最大。

(4)共价键的类型：由于原子轨道重叠的方式不同，所以形成不同类型的共价键。共价键可分为 σ 键和 π 键。

若原子轨道沿键轴(即两核联线)方向以“头碰头”方式进行重叠而成键，这种键称为 σ 键。例如 H_2 分子中的 s－s 重叠，HCl 分子中的 s－p_x 重叠，Cl_2 分子中的 p_x－p_x 重叠(见图 5－13(a))等；若原子轨道沿键轴方向以“肩并肩”方式进行重叠而成键(见图 5－13(b))，这种键称为 π 键。共价单键一般是 σ 键，在共价双键和叁键中，除了 σ 键外，还有 π 键。例如，N_2 分中的 N 原子有 3 个未成对的 p 电子(即 p_x,p_y,p_z)，如果 2 个 N 原子以 p_x 轨道沿键轴方向以“头碰头”方式重叠形成 1 个 σ 键，则其余的 p_y－p_y 和 p_z－p_z 只能以“肩并肩”的方式重叠而形成 2 个相互垂直的 π 键(见图 5－14)。

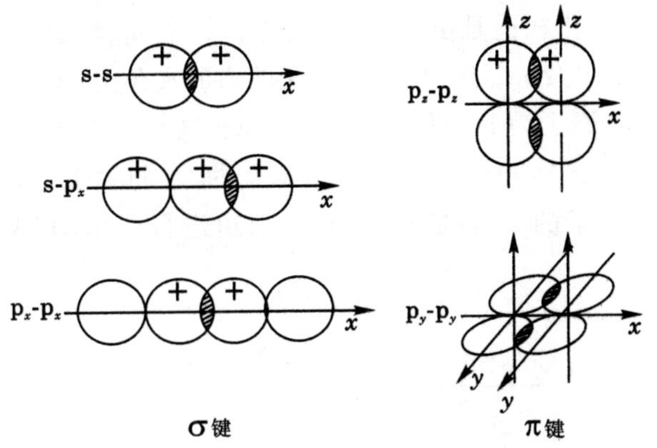

图 5－13　σ 键和 π 键

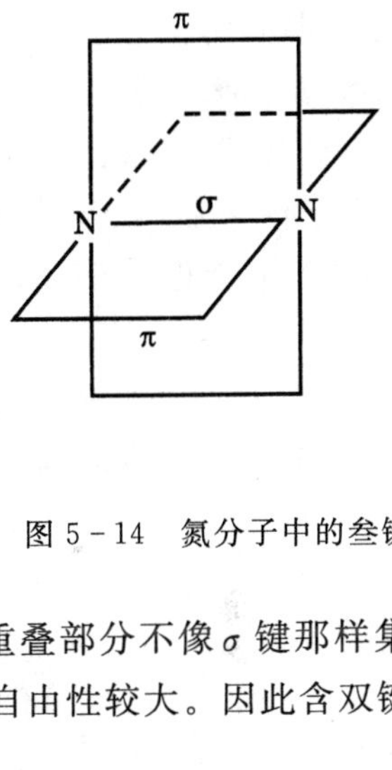

图 5－14　氮分子中的叁键

一般说来，π 键没有 σ 键牢固，比较容易断裂。因为 π 键轨道重叠部分不像 σ 键那样集中在两核的连线上，所以原子核对 π 电子的束缚力较小，电子运动的自由性较大。因此含双键或叁键的化合物(如不饱和烃)一般容易参加反应。

二、杂化轨道和分子结构

价键理论阐明了共价键的形成过程和本质，能较好地解释许多双原子分子的结构，但在解释多原子分子的空间构型时却出现了矛盾。例如 CH_4 分子为正四面体的空间构型，键角为 109°28′，但 C 原子的电子层结构为 $1s^2 2s^2 2p^2$，只有 2 个未成对电子，根据共价键的饱和性，碳原子只能形成 2 个共价单键，键角应为 90°，这显然与事实不符。1931 年鲍林在价键理论的基础上提出了杂化轨道理论，较好地解释了多原子分子的空间构型。

1. 杂化轨道理论的要点

(1)在成键过程中，由于原子间的相互影响，同一原子中某些不同类型而能量相近的原子轨道可以“混合”起来，重新分配能量和确定空间方向，组合成一组新的原子轨道，从而改变了原有轨道的状态。这一过程称为原子轨道的杂化。杂化后形成的新轨道称为杂化轨道。

(2)杂化轨道比原来未杂化的轨道成键能力强。成键能力的相对大小可以通过轨道图形给予说明。如图 5－15 所示，sp 杂化轨道的形状与原来的 s 和 p 轨道都不相同，其形状一头大一头小，成键时用较大的一头进行轨道重叠，因而成键能力更强，形成的共价键更稳定。

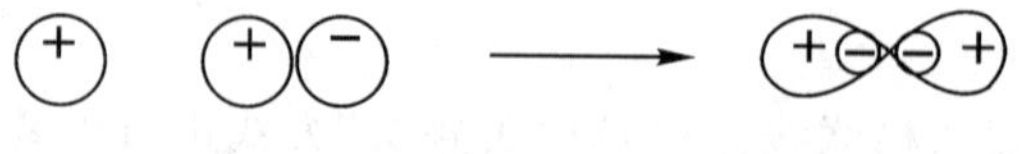

图 5－15　sp 杂化轨道的形成

(3)杂化轨道的数目等于参与组合的原子轨道数。每个杂化轨道都含有参与组合的各原子轨道成分，且在所有杂化轨道中，各原子轨道成分之和等于 1。

2. 杂化轨道的类型和分子的空间构型

根据参与杂化的原子轨道的种类和数目的不同，可分为不同的杂化类型。

(1)sp 杂化和 $BeCl_2$ 分子的空间构型：sp 杂化轨道是由 1 个 ns 轨道和 1 个 np 轨道组合而成，其特点是每个 sp 杂化轨道含 1/2s 成分和 1/2p 成分；2 个 sp 杂化轨道的夹角为 180°，呈直线形(见图 5－15)。例如 $BeCl_2$ 分子，其中心原子为 Be 原子，基态 Be 原子的外层电子构型为 $2s^2$，杂化轨道理论认为，成键时 Be 原子的 1 个 2s 电子被激发到 1 个空的 2p 轨道上，形成外层电子构型为 $2s^1 2p^1$ 的激发态，激发态 Be 原子的 2s 轨道和 1 个 2p 轨道进行杂化，形成 2 个等同的 sp 杂化轨道(见图 5－16)。

图 5－16　$BeCl_2$ 中 Be 原子的 sp 杂化

Be 原子以 2 个 sp 杂化轨道分别与 Cl 原子的 3p 轨道重叠，形成 2 个 sp－p 的 σ 键，键角为 180°。所以 $BeCl_2$ 分子的空间构型为直线形(见图 5－17)。

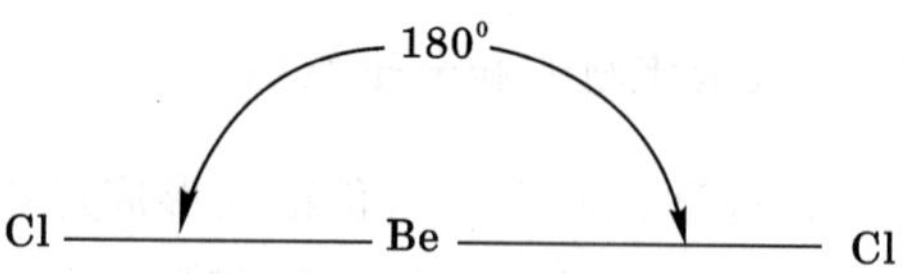

图 5－17　二氯化铍的空间构型

(2)sp^2 杂化和 BF_3 分子的空间构型：sp^2 杂化轨道是由 1 个 ns 轨道和 2 个 np 轨道组合而成。其特点是每个 sp^2 杂化轨道含有 1/3s 成分和 2/3p 成分；3 个 sp^2 杂化轨道间的夹角互成 120°，呈平面三角形(见图 5－18(a))。例如 BF_3 分子，其中心原子为 B 原子，基态 B 原子的外层电子构型为 $2s^2 2p^1$，在成键过程中，B 原子的 1 个 2s 电子被激发到 1 个空的 2p 轨道上，形成外层电子构型为 $2s^1 2p^2$ 的激发态，2s 轨道和 2 个 2p 轨道进行杂化，形成 3 个等同的 sp^2 杂化轨道(见图 5－18)。

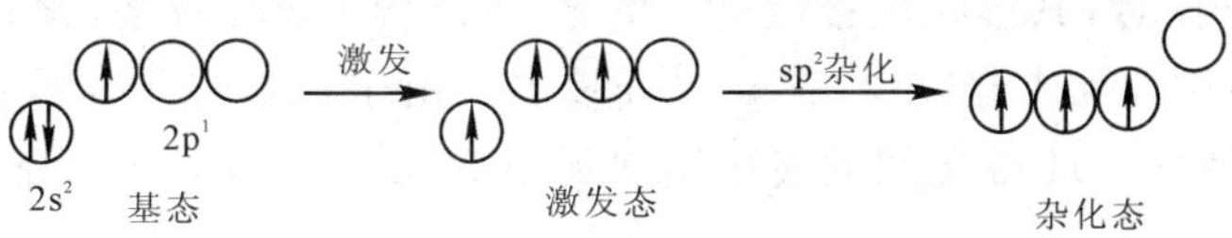

图 5-18　BF_3 中 B 原子的 sp^2 杂化

B 原子以 3 个 sp^2 杂化轨道分别与 F 原子的 2p 轨道重叠，形成 3 个 sp^2-p 的 σ 键，键角互成 120°。所以 BF_3 分子的空间构型为平面三角形(见图 5-19(b))。

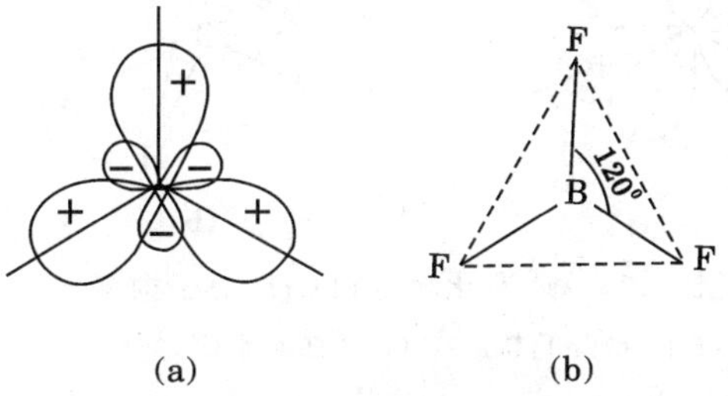

图 5-19　sp^2 杂化轨道和 BF_3 分子构型

(a)3 个 sp^2 杂化轨道；(b)平面三角形的 BF_3

(3)sp^3 杂化和 CH_4 分子的空间构型：sp^3 杂化轨道是由 1 个 ns 轨道和 3 个 np 轨道组合而成。其特点是每个 sp^3 杂化轨道含 1/4s 成分和 3/4p 成分；4 个 sp^3 杂化轨道在空间互成 109°28′夹角，呈正四面体形(见图 5-21(a))。例如 CH_4 分子，中心原子 C 原子的基态外层电子构型为 $2s^22p^2$，在成键过程中，C 原子的 1 个 2s 电子被激发到 1 个空的 2p 轨道上，形成外层电子构型为 $2s^12p^3$ 的激发态，激发态 C 原子的 2s 轨道和 3 个 2p 轨道进行杂化，形成 4 个等同的 sp^3 杂化轨道。(见图 5-20)。

图 5-20　CH_4 中 C 的 sp^3 杂化

C 原子以 4 个 sp^3 杂化轨道分别与 4 个 H 原子的 1s 轨道重叠，形成 4 个 sp^3-s 的 σ 键，键角在空间互成 109°28′。所以 CH_4 分子的空间构型为正四面体形(见图 5-21(b))。

(4)sp^3 不等性杂化和 NH_3，H_2O 分子的空间构型：前述的 sp，sp^2 和 sp^3 杂化中，参与杂化的轨道都含有未成对电子，每种杂化所形成的杂化轨道的性质完全相同，所以这类杂化称为等性杂化。但轨道杂化并非仅限于含未成对电子的原子轨道，含有孤对电子的原子轨道也可以和含未成对电子的轨道杂化，这时所形成的杂化轨道的性质不完全相同。这种由于孤对电子的存在，使各个杂化轨道的性质不完全相同的杂化称为不等性杂化。例如，NH_3 分子和 H_2O 分子中的轨道杂化属于不等性杂化。

在 NH_3 分子形成过程中，中心原子 N 原子的 1 个 2s 轨道和 3 个 2p 轨道杂化，形成 4 个 sp^3 杂化轨道。其中 3 个含未成对电子的杂化轨道分别与 3 个 H 原子的 1s 轨道重叠，形成 3 个 N—H 键。而另 1 个杂化轨道含有 1 对电子，不参与成键，称为孤对电子，孤对电子的电子云比较密集于N原子附近，其形状更接近于s轨道，所以含s成分较多，含p成分较少，而成键电子占据的杂化轨道中含s成分较少，含p成分较多。由于孤对电子对成键电子所占据的杂化轨道有排斥作用，使N—H键之间的夹角压缩到107°18′。因此，NH_3分子的空间构型为三角锥形（见图5-22(a)）。

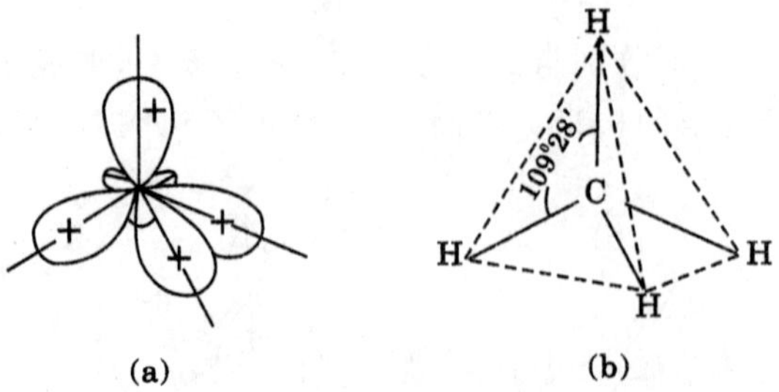

图5-21　sp^3杂化轨道和CH_4分子构型

(a)4个sp^3杂化轨道；(b)正四面体CH_4分子

在H_2O分子中，由于O原子有两对孤对电子，使O—H键之间的夹角压缩到104°45′。因此H_2O分子的空间构型为"V"字形（见图5-22(b)）。

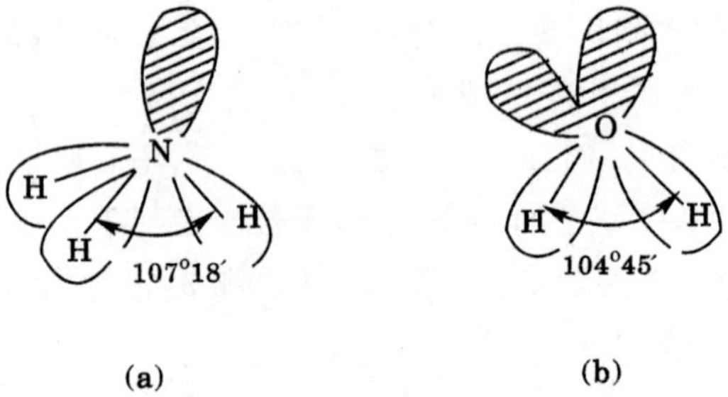

图5-22　NH_3分子和H_2O分子的空间构型

(a)NH_3分子；(b)H_2O分子

由s轨道和p轨道形成的杂化轨道和分子的空间构型列于表5-7。

表5-7　一些杂化轨道(s—p型)分子空间构型

杂化轨道类型	sp	sp^2	sp^3	sp^3(不等性)	
参加杂化轨道	1个s,1个p	1个s,2个p	1个s,3个p	1个s,3个p	
杂化轨道数	2	3	4	4	
成键轨道夹角θ	180°	120°	109°28′	$90°<\theta<109°28'$	
空间构型	直线形	平面三角形	正四面体形	三角锥形	"V"字形
实例	$BeCl_2$ $HgCl_2$	BF_3,BCl_3	CH_4,$SiCl_4$	NH_3 PH_3	H_2O H_2S

三、分子间力与氢键

分子间力与化学键不同，它是指分子与分子之间存在着的一种较弱的作用力。气体分子的液化和液体分子的凝固等现象，主要靠分子间的作用力。分子间力也称为范德华(Vnader-Waals)力。范德华力是决定物质的熔点、沸点、溶解性等物理性质的重要因素。

分子间的作用力与分子的极性密切相关。

1. 分子的极性和分子的极化

(1)分子的极性：在分子中，由于原子核所带正电荷的电量和电子所带负电荷的电量是相等的，所以整个分子呈电中性。但根据分子内部正、负电荷的分布情况，可把分子分为极性分子和非极性分子两类。设想在分子中正、负电荷都有一个“电荷中心”，则正、负电荷中心重合的分子称为非极性分子，正、负电荷中心不重合的分子称为极性分子。

分子的极性与键的极性有关。对于双原子分子，键的极性决定着分子的极性。由同种元素组成的双原子分子(如 H_2，N_2，O_2，Cl_2 等)，键无极性，所以为非极性分子；由不同元素组成的双原子分子(如 HF，HCl，HBr，HI 等)，键为极性键，所以为极性分子。对于多原子分子，分子的极性除与键的极性有关外，还与分子的空间结构是否对称有关。例如 CO_2 分子，C=O 键是极性键，但由于分子为对称的直线形结构，键的极性互相抵销，正、负电荷中心重合，所以为非极性分子。在 H_2O 和 NH_3 分子中，O—H，N—H 键为极性键，分子分别为不对称的“V”字形和三角锥形结构，正、负电荷中心不重合，所以 H_2O 和 NH_3 分子都为极性分子。

分子的极性可以用电偶极矩来衡量。电偶极矩 μ 定义为分子中正、负电荷中心间的距离 d 与正、负电荷中心所带的电量 q 的乘积。即

$$\mu = qd \tag{5-7}$$

分子电偶极矩的数值可以通过实验测出，它的单位是 C·m(库·米)。表 5-8 列出了一些物质分子的电偶极矩和分子的空间构型。

根据电偶极矩数值可以比较分子极性的相对强弱，电偶极矩数值越大，表示分子的极性越强。电偶极矩等于零的分子为非极性分子。

表 5-8　一些物质的电偶极矩(在气相中)

物质	电偶极矩 $\mu/(10^{-30}\,C\cdot m)$	分子空间构型	物质	电偶极矩 $\mu/(10^{-30}\,C\cdot m)$	分子空间构型
H_2	0	直线形	H_2S	3.07	V 字形
CO	0.33	直线形	H_2O	6.24	V 字形
HF	6.40	直线形	SO_2	5.34	V 字形
HCl	3.62	直线形	NH_3	4.34	三角锥形
HBr	2.60	直线形	BCl_3	0	平面三角形
HI	1.27	直线形	CH_4	0	正四面体形
CO_2	0	直线形	CCl_4	0	正四面体形
CS_2	0	直线形	$CHCl_3$	3.37	四面体形
HCN	9.94	直线形	BF_3	0	平面三角形

(2)分子的极化：如果把非极性分子放在电极的平板之间，在外电场的影响下，带正电荷的核向负电极偏移，核外电子(或电子云)向正电极偏移，结果使核和电子云发生相对位移，分子发生变形，导致原来重合的正电荷中心与负电荷中心彼此分离，使分子产生了偶极(见图 5-23)。这一过程称为分子的极化，所形成的偶极称为诱导偶极。当外电场取消时，则诱导偶极消失，分子重新变为非极性分子。

外界电场对极性分子也有影响。由于极性分子本身存在着偶极(称为固有偶极)，在外电场作用下，它的正极被引向外电场的负极，负极被引向外电场的正极。极性分子的偶极有秩序地取向一定的方位(见图 5-24)，这种作用称为取向作用。同时，在电场作用下，分子发生变形而产生诱导偶极。这时，极性分子由于诱导偶极加上固有偶极，使极性增强。因此，极性分子的极化是分子的取向和变形的总结果。

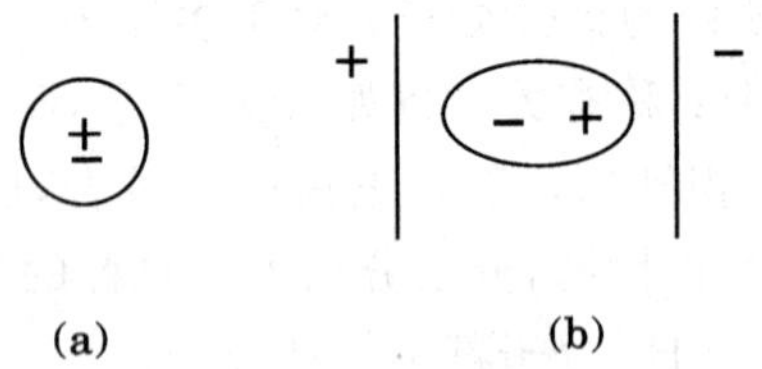

图 5-23　非极性分子的极化

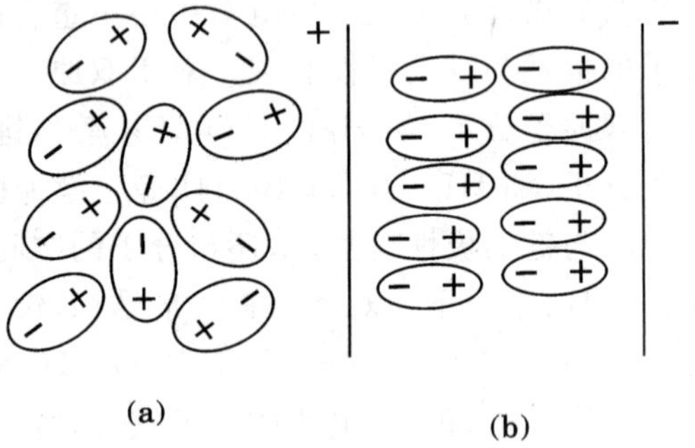

图 5-24　极性分子的极化

2. 分子间力

分子间力一般包括色散力、诱导力和取向力 3 部分。

(1)色散力：当非极性分子相互靠近时(见图 5-25)，由于电子的不断运动和原子核的不断振动，要使每一瞬间正、负电荷中心都重合是不可能的。因此，在每一个瞬间都会有偶极存在，这种偶极称为瞬时偶极。

瞬时偶极总是处于异极相邻的状态。由瞬时偶极之间产生的吸引力称为色散力。虽然瞬时偶极存在的时间极短，但异极相邻的状态总是不断地重复着，使得分子间始终存在着色散力。

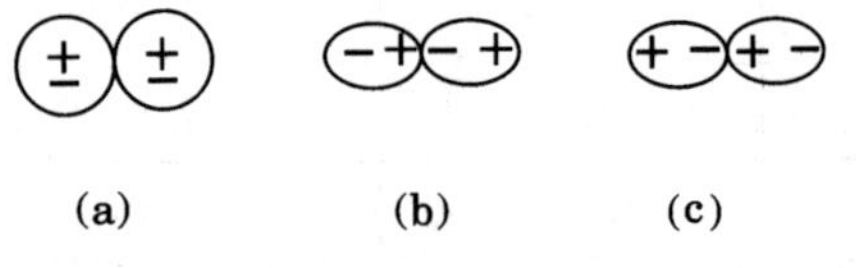

图 5-25　非极性分子相互作用的情况

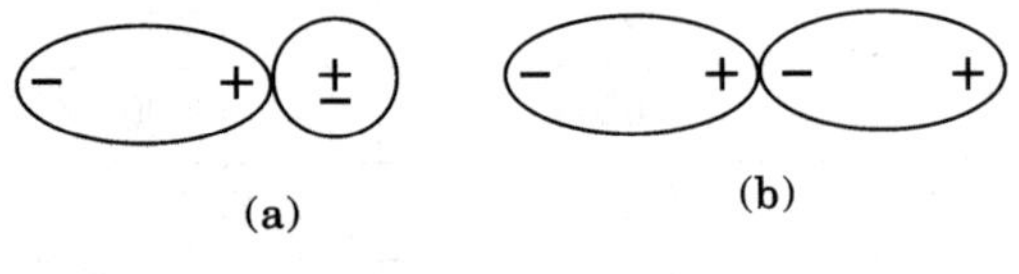

图 5-26　非极性分子与极性分子相互作用的情况

(2)诱导力：当极性分子和非极性分子相互靠近时(见图 5-26)，除存在色散力外，由于非极性分子受极性分子电场的影响而被极化，产生诱导偶极。由诱导偶极和极性分子的固有偶极之间产生的吸引力称为诱导力。同时，诱导偶极又作用于极性分子，使偶极长度增加，极性增强，从而进一步加强了它们之间的吸引。

(3)取向力：当极性分子相互靠近时(见图 5－27)，除存在色散力外，由于它们固有偶极之间的同极相斥，异极相吸，使它们在空间按异极相邻状态取向。由固有偶极之间的取向而产生的分子间力称为取向力。由于取向力的存在，使极性分子更加靠近，同时在相邻分子的固有偶极作用下，使每个分子的正、负电荷中心更加分开，产生诱导偶极，因此在极性分子之间还存在着诱导力。

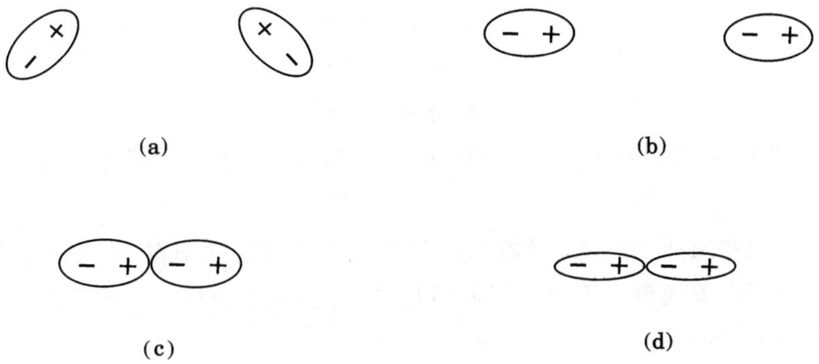

图 5－27　极性分子与极性分子相互作用的情况

总之，在非极性分子之间只有色散力；在极性分子和非极性分子之间存在着色散力和诱导力；在极性分子之间存在着色散力、诱导力和取向力。色散力在各种分子间都有，而且一般也是最主要的；只有当分子的极性很大(如 H_2O 分子)时，才以取向力为主；而诱导力一般较小。如表 5－9 所示。

表 5－9　分子间作用能的分配

物质分子	取向能/(kJ・mol^{-1})	诱导能/(kJ・mol^{-1})	色散能/(kJ・mol^{-1})	总作用能/(kJ・mol^{-1})
H_2	0	0	0.17	0.17
Ar	0	0	8.49	8.49
Xe	0	0	17.41	17.41
CO	0.003	0.008	8.74	8.75
HCl	3.30	1.10	16.82	21.22
HBr	1.09	0.71	28.45	30.25
HI	0.59	0.31	60.54	61.44
NH_3	13.30	1.55	14.73	29.58
H_2O	36.36	1.92	9.00	47.28

分子间力普遍存在于各种分子之间，其强度较小(一般为 0.2～50 kJ・mol^{-1})，与共价键的键能(一般为 100～450 kJ・mol^{-1})相比小 1～2 数量级。分子间力没有方向性和饱和性。分子间力的作用范围很小(约为 300～500 pm)，它随分子之间的距离增大而迅速减弱，因此分子间力是一种近距离的作用力。分子间力一般随相对分子质量的增大而增大。因为相对分子质量越大，分子体积就越大，因而变形性越大，则分子间的色散力越强。例如，卤素单质的熔

点、沸点随相对分子质量的增大而升高，所以在常温下，F_2，Cl_2 为气体，Br_2 和 I_2 分别为液体和固体。

3．氢键

当 H 原子与电负性较大、半径较小的 X(如 F，O，N)原子形成共价键时，由于键的极性很强，共用电子对强烈地偏向 X 原子一边，使得 H 原子几乎成为“裸露”的质子，因此它还能吸引另 1 个电负性较大、半径较小的 Y 原子的孤对电子而形成氢键。简单示意如下：

X—H　···Y

↑　　↑

共价键　氢键

X 和 Y 可以是同种元素的原子(如 O—H···O，N—H···N)，也可以是不同种元素的原子(N—H···O)。

能形成氢键的物质相当广泛，例如 HF，H_2O，NH_3，无机含氧酸、有机酸、醇、胺、蛋白质等物质的分子间都存在着氢键。不仅分子间可形成氢键，分子内也可以形成氢键，例如硝酸和水杨酸分子内都有氢键形成。

氢键具有方向性和饱和性。方向性是指 Y 原子与 X—H 形成氢键时，在可能范围内要尽量使 X—H···Y 在一直线上。因为这样所形成的氢键最强；饱和性是指每 1 个 X—H 只能与 1 个 Y 原子形成氢键。因为 H 原子很小，而 X 和 Y 原子都较大，如果另 1 个 Y 接近，则受到 X—H···Y 中的 X 和 Y 的排斥力比受到 H 的吸引力大。例如 HF 中氢键结构如下：

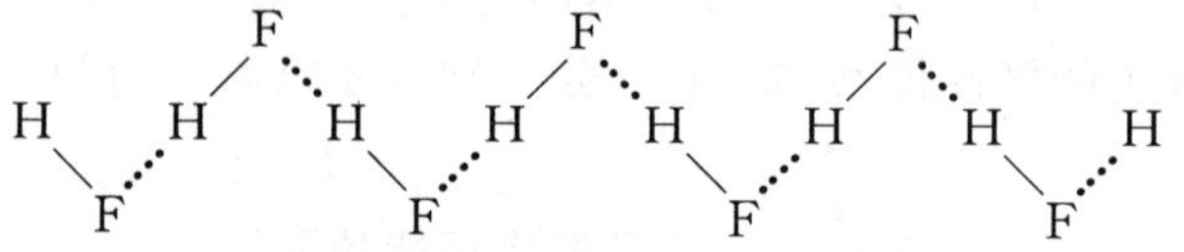

氢键的键能一般小于 40 kJ·mol^{-1}，比化学键的键能小得多，而与分子间力的能量较为接近，属分子间力的范畴。如果物质的分子间存在氢键，会使分子间作用力大大加强，从而对物质的性质(如熔点、沸点、溶解性等)产生明显的影响。

4．分子间作用力对物质性质的影响

由共价型分子组成的物质的物理性质如熔点、沸点、溶解性等与分子的极性、分子间力以及氢键有关。举例说明如下：

(1)物质的熔点和沸点：由共价型分子以分子间力(有的还有氢键)结合成的物质，因分子间的相互作用力较弱，所以这类物质的熔点都较低。从表 5-10 可看出，对于同类型的物质，其熔点一般随摩尔质量(或相对分子质量)增大而升高。这主要是由于在同类型的这些物质中，分子的体积一般随摩尔质量的增加而增大，从而使分子间的色散力随摩尔质量的增大而增强。这些物质的沸点变化规律与熔点类似。

含有氢键的物质的熔点、沸点，比同类型无氢键存在的物质的要高。例如，第Ⅶ主族元素的氢化物的熔点、沸点随摩尔质量增大而升高(HF，HCl，HBr，HI 的沸点分别为 20℃，−85℃，−57℃，−36℃)，但 HF 因分子间存在氢键，其熔点、沸点比同类型氢化物的要高，呈现出反常现象。第Ⅴ，Ⅵ主族元素的氢化物的情况也类似。

表 5-10　某些物质的摩尔质量对物质熔点沸点的影响

物质	摩尔质量/($g \cdot mol^{-1}$)	熔点/℃	沸点/℃
CH_4(天然气主要组分	16.04	−182.0	−164
正 C_8H_{18}(汽油组分)	114.23	−56.8	125.7
正 $C_{13}H_{28}$(煤油组分)	184.37	−5.5	235.4
正 $C_{16}H_{34}$(柴油组分)	226.45	18.1	287

(2)物质的溶解性:影响物质在溶剂中溶解程度的因素较复杂。一般说来,"相似者相溶"是1个简单而较有用的经验规律。即极性溶质易溶于极性溶剂,非极性(或弱极性)溶质溶于非极性(或弱极性)溶剂。溶质与溶剂的极性越相近,越易互溶。例如,碘易溶于苯或四氯化碳,而难溶于水。这主要是碘、苯和四氯化碳等都为非极性分子,分子间存在着相似的作用力(都为色散力),而水为极性分子,分子之间除主要存在取向力外还有氢键,因此碘难溶于水。

通常用的溶剂一般有水和有机物两类。水是极性较强的溶剂,它既能溶解多数强电解质如 HCl,NaOH,K_2SO_4 等,又能与某些极性有机物如丙酮、乙酸等相溶。这主要是由于这些强电解质(离子型化合物或极性分子化合物)与极性分子 H_2O 能相互作用而形成正、负水合离子;而乙酸等分子不仅有极性,且其氧原子借孤对电子能与水分子中的 H 原子形成氢键,因此它们也能溶于水。但强电解质却难被非极性分子的有机溶剂所溶解,或者说非极性溶剂分子难以克服这些电解质本身微粒间的作用力,而使它们分散而溶解。

有机溶剂主要有两类:一类是非极性和弱极性溶剂,如苯、甲苯、汽油以及四氯化碳、三氯甲烷、三氯乙烯、四氯乙烯和某些卤代烃等。它们一般难溶或微溶于水,但都能溶解非极性或弱极性的有机物,如机油、润滑油。因此,在机械和电子工业中常用来清洗金属部件表面的润滑油等矿物性油污;另一类是极性较强的有机溶剂,如乙醇、丙酮以及低分子量的羧酸等。这类溶剂的分子中,既包含有羟基(—OH)、羰基($>C=O$)、羧基($-C(=O)-OH$)这类极性较强的基团,并且还含有烷基类基团,前者能与极性溶剂如水相溶,而后者则能溶解于弱极性或非极性的有机物,如汽油、卤代烃等。根据这一特点,在金属部件清洗过程中,往往先以甲苯、汽油或卤代烃等除去零件表面的油污(主要是矿物油),然后再以这类极性溶剂(如丙酮)洗去残留在部件表面的非极性或弱极性溶剂,最后以水洗净。为使其尽快干燥,可将经水洗后的部件用少量乙醇擦洗表面,以加速水分挥发。这一清洗过程主要依赖于分子间相互作用力的相似,即"相似者相溶"的规律。

第4节　晶体结构和性质

一、晶体的宏观特征

物质常以气态、液态和固态三种形态存在,工程中所应用的材料主要是固体。固体物质可分为晶体和非晶体(无定形体)两类,但绝大多数都是晶体。从微观上说,晶体是指组成物质的微粒(离子、分子、原子)在空间有规律地排列而成的固体,见图 5-28 所示。

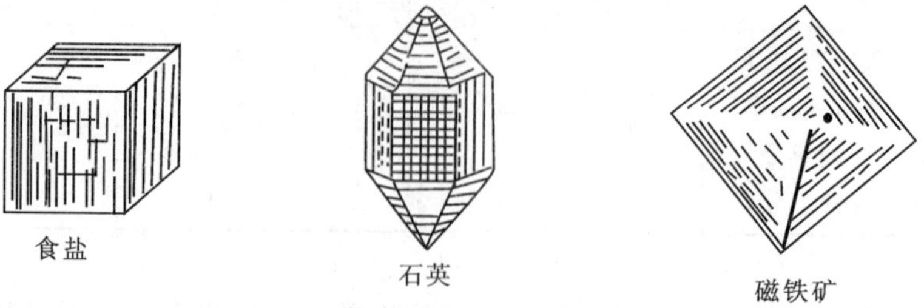

图 5-28　晶体的形状

由于内部结构的这种规律使晶体具有 3 个宏观特征:

(1)有一定的几何外形:由于生成晶体的实际条件不同,所得晶体在外形上可能发生某些缺损,但晶面间的夹角(称晶角)总是不变的。

(2)有固定的熔点。

(3)表现各向异性:即在各个方向上的物理性质(如导热性、热膨胀、导电性、折光率、机械强度等)是不一样的。如云母特别容易沿着和底面平行的方向,平行分裂成很薄的薄片;石墨的导电性能,在与层平行方向上的导电率与层垂直方向上的导电率之比为 $10^4:1$。非晶体则无一定的外形和固定的熔点,加热时先软化,随温度的升高,流动性逐渐增大,直至熔融状态。非晶体往往是各向同性的。

二、晶体的微观结构

对晶体结构的 X 射线衍射研究表明,组成晶体的结构粒子在晶体内部是有规律地排列在一定点上,这些在空间有规律排列的点形成的空间格子称为晶格,见图 5-29(a)所示。晶格中排有微粒的那些点称为格点(或称为结点)。能够代表晶体结构特征的最小组成部分,也即晶格中的最小重复单位称为晶胞,见图 5-29(b)所示。晶胞在空间无限重复排列就形成了晶格。因此晶体的性质与晶胞的大小、形状和组成有关。所有晶体的晶胞都是 1 个平行的六面体。晶胞的大小和形状完全取决于晶胞三向轴的长度(a,b,c)和轴间夹角(α,β,γ)的大小,见图 5-30 所示。晶轴的长度和晶轴夹角的大小称为晶胞常数(也称点阵常数)。

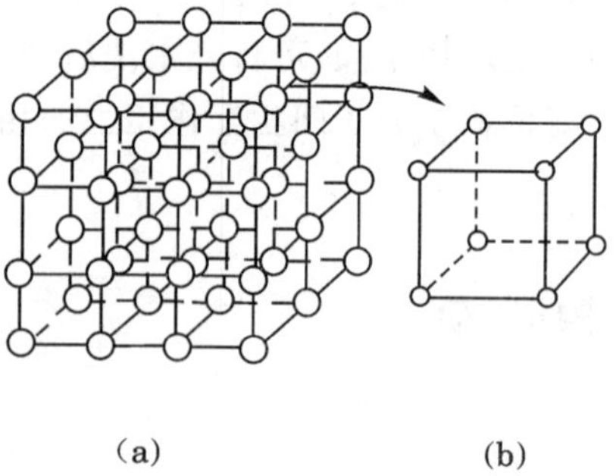

图 5-29　晶格及晶胞

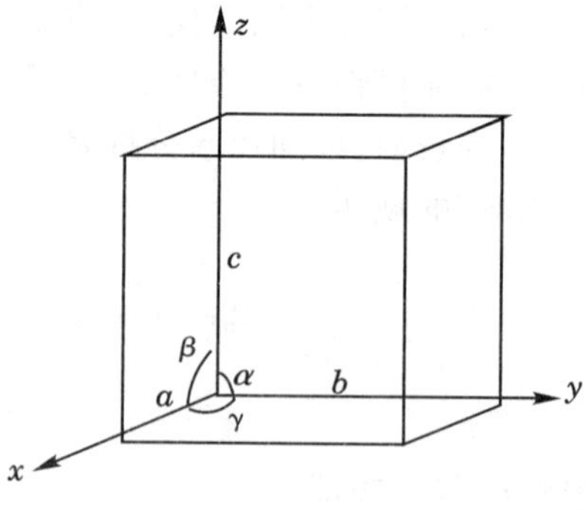

图 5-30　晶体的晶胞常数

三、晶体的基本类型

按晶格格点上微粒间作用力的不同，晶体可分为离子晶体、原子晶体、分子晶体、金属晶体、过渡型晶体及混合型晶体几种类型。

1. 离子晶体

格点上交替排列着正、负离子，其间以离子键结合而构成的晶体称为离子晶体。典型的离子晶体主要是由活泼金属元素与活泼非金属元素形成的离子型化合物。例如 Cl^- 和 Na^+ 可形成 NaCl 离子型晶体。组成离子晶体的正、负离子在空间的排列方式有不同类型，常见的有五种类型离子晶体：NaCl 型、CsCl 型、ZnS 型、CaF_2 型和 TiO_2 型，其特征见表 5-11。

表 5-11　离子晶体结构类型的配位情况

离子晶体的类型	配位情况
NaCl 型	正离子与负离子的配位数均为 6
CsCl 型	正离子与负离子的配位数均为 8
ZnS 型	正离子与负离子的配位数均为 4
CaF_2 型	正离子的配位数为 8；负离子的配位数为 4
TiO_2 型	正离子的配位数为 6；负离子的配位数为 3

由于离子键不具有饱和性和方向性，所以在离子晶体中各离子将尽可能多的与异号离子接触，以使系统尽可能处于最低能量状态而形成稳定的结构。因此离子晶体具有高配位数（晶体中 1 个微粒最邻近的其他微粒数目）。例如在氯化钠晶体中，每个钠离子被六个氯离子所包围，同样每个氯离子也被六个钠离子所包围，交替延伸为整个晶体（见图 5-31）。所以在食盐晶体中并不存在单个的氯化钠(NaCl)分子，仅有钠离子和氯离子，只有在高温蒸汽中才能以单分子形式存在。

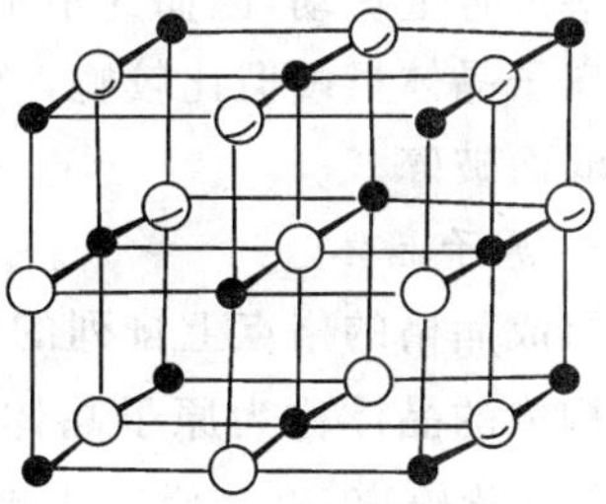

图 5-31　氯化钠的晶体结构示意图

在离子晶体中，正负离子之间有很强的静电作用，离子键的键能比较大，所以离子晶体都具有较高的熔点、沸点和硬度。这些特性都与离子型晶体的晶格能的大小有关。在标准状态下，将 1 mol 离子型晶体中的离子分成相互远离的气态离子时的焓变，称为离子型晶体的晶格能，简称晶格能（也称为点阵能）。用 $\Delta_u H_m^{\ominus}$ 表示，单位 $kJ \cdot mol^{-1}$。晶格能的大小与正、负离子的电荷（分别以 Z_+，Z_- 表示）和正、负离子半径（分别以 r_+，r_- 表示）有关，即

$$\Delta_u H_m^{\ominus} \propto \frac{|Z_+ Z_-|}{r_+ + r_-}$$

很显然，晶格能随离子电荷的变大而迅速地增加，随离子间距离的减小而增大。晶格能愈大，则晶格愈稳定，其熔点也愈高，硬度愈大。一些离子化合物的性质如表 5-12 所示。

表 5-12　一些离子化合物的性质

晶体(NaCl 型)	离子电荷	$r_+ + r_-$/pm	熔点/℃	晶格能/($kJ \cdot mol^{-1}$)	莫氏硬度
NaF	1	230	993	891.19	3.2
NaCl	1	278	801	771	
NaBr	1	293	747	733	
NaI	1	317	661	684	
MgO	2	198	2 852	3 889	5.6～6.5
CaO	2	231	2 614	3 513	4.5
SrO	2	244	2 430	3 310	3.8
BaO	2	266	1 918	3 152	3.3

大多数离子晶体溶于极性溶剂中,特别是水中,而不溶于非极性溶剂中。这是因为极性溶剂分子和离子间的吸引力较大,足以克服晶体内各种离子间的引力,且随溶剂分子电偶极矩增大而溶解度也往往增大。

离子晶体在熔融状态或是在水溶液中都是电的良导体,但在固体状态,离子被局限在晶格的某些位置上振动,因而几乎不导电。

离子晶体虽硬但比较脆,这是因为晶体在受到冲击力时,各层离子发生错动,则吸引力大大减弱而破碎。

2. 原子晶体

组成晶格的格点上排列的微粒是原子,原子间以共价键结合构成的晶体称为原子晶体。在金刚石中,碳原子形成 4 个 sp^3 杂化轨道,以共价键彼此相连,每个碳原子都处于与它直接相连的 4 个碳原子所组成的正四面体的中心,组成了整个 1 块晶体,所以在原子晶体中也不存在单个的小分子,见图 5-32。

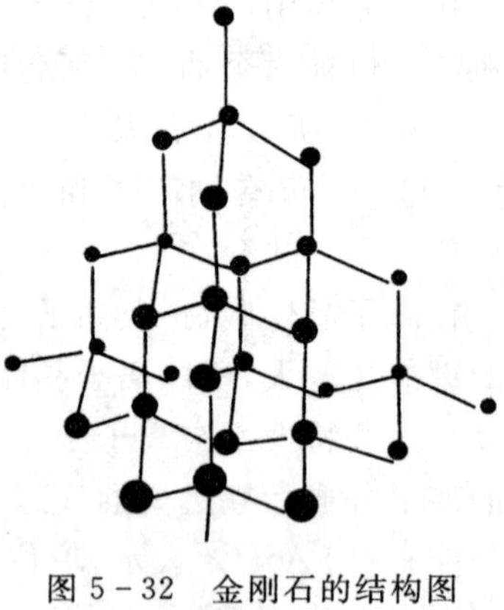

图 5-32　金刚石的结构图

周期系第Ⅳ主族元素碳(金刚石)、硅、锗、锡(灰锡)等单质的晶体是原子晶体;周期系第Ⅲ,Ⅳ,Ⅴ主族元素彼此组成的某些化合物,如碳化硅(SiC)、氮化铝(AlN)、石英(SiO_2)也是原子晶体。碳化硅(工程上称作金刚砂)的晶格与金刚石一样,只是碳原子和硅原子相间地排列起来。而方石英(SiO_2)的晶体结构见图 5-33 所示,每 1 个硅原子位于四面体的中心,每 1 个氧原子与 2 个硅原子相连,硅氧原子个数比为 1∶2。

原子晶体格点上的微粒是通过共价键结合起来的,结合力极强,所以原子晶体的熔点极高,硬度极大，不导电，不溶于常见的溶剂中，延展性差。如金刚石熔点高达 3 750℃，硬度最大（莫氏硬度 10）。

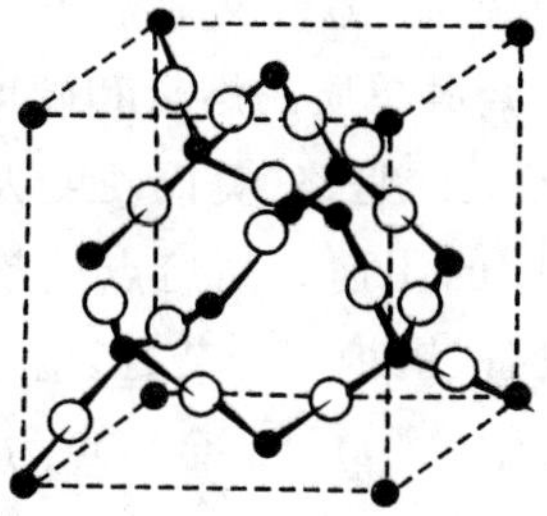

图 5－33　方石英的晶体结构图

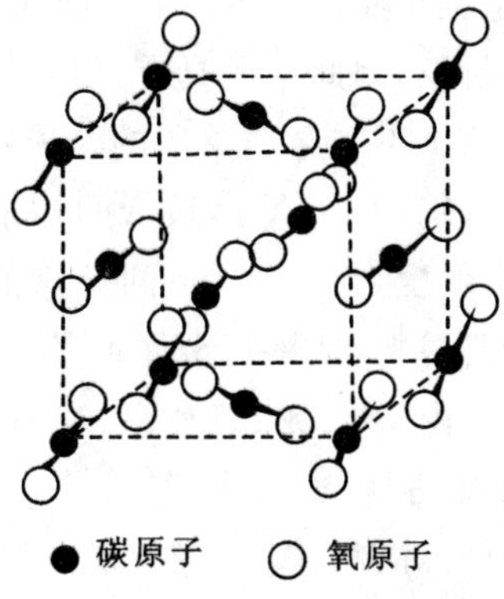

图 5－34　二氧化碳的晶体结构图

原子晶体同离子晶体一样，没有单个分子存在，化学式 SiC，SiO_2 等只代表晶体中各种元素原子数的比例。

3. 分子晶体

格点上排列的微粒为共价分子或单原子分子，微粒间以分子间力或氢键结合构成的晶体称为分子晶体。分子晶体通常包括非金属单质以及由非金属之间（或非金属与某些金属）所形成的化合物。固体二氧化碳（又称为干冰）是分子晶体。如图 5－34 所示，CO_2 分子分别占据立方体的八个顶角和六个面的中心位置，它们之间靠微弱的范德华力结合在一起。二氧化碳气体在低于 300 K 时，加压容易液化。液态二氧化碳自由蒸发时，一部分冷凝成固体二氧化碳。常压下，194.5 K 时固体二氧化碳直接升华为气态 CO_2 分子。

分子间力比分子内部原子间的作用力弱得多，克服分子间的结合力所需的能量是比较小的，所以分子晶体一般具有较低的熔点，硬度小，易挥发。如萘熔点为 80℃，单质碘熔点为 113℃。由于分子间力没有饱和性和方向性，所以分子晶体内部的分子一般尽可能趋于紧密堆积的形式，配位数可高达 12。在干冰晶体中，由于格点上是中性 CO_2 分子，所以化学式 CO_2 代表 1 个分子的组成即分子式。分子晶体在固态和熔融态时均不导电，是电的绝缘体。六氟化硫（SF_6）是非极性分子晶体，它的熔点、沸点低，稳定性好，不着火，能耐高电压而不被击穿，主要用于变压器及高压电装置中。但有一些分子晶体溶于水后生成水合离子而能导电。如 HCl 晶体、HAc 晶体等。

4. 金属晶体

格点上排列的微粒为金属原子或正离子，这些原子或正离子和从金属原子上脱落下来的自由电子以金属键结合构成的晶体称为金属晶体。金属晶体犹如大小相同的钢球堆积而成紧密的结构。

金属原子的半径较大，外层价电子受原子核的吸引力较小，容易失去电子，形成正离子。在这些正离子中间存在着从原子上脱落下来的电子。这些电子能够在离子晶格中自由运动，称为自由电子。由于自由电子不停地运动，把原子或离子联系在一起，形成金属键。金属键没有方向性和饱和性，在空间许可的条件下，每个金属原子或离子尽可能多的与其他金属原子或离子堆积。所以金属结构一般总是按紧密的方式堆积起来，具有较大的密度。配位数也高，可达 12。金属是热和电的良导体。金属受到外力作用时，金属原子层之间发生相对位移，但金属键并没有断裂，因此金属具有延展性。自由电子可吸收可见光，随即又放射出来，所以金属一般呈银白色。不同金属单质的金属键强度差异很大，因此金属单质的熔点和硬度相差较大。熔点最高的是钨(3 410℃)，最低的是汞(－38.87℃)，硬度最大的是铬(莫氏硬度为 9.0)，最小的是铯(莫氏硬度为 0.2)。不同熔点的金属在工程上有不同的用途。高熔点的钨、铼等是测高温用的电偶材料，低熔点金属或其合金可用于自动灭火设备、锅炉安全装置、信号仪表、电路保险丝等。如由 50％铋、25％铅、13％锡和 12％镉组成的伍德(Wood)合金熔点为 71℃。

5. 过渡型晶体

在千姿百态的晶体世界中，有一类晶体的晶格格点上粒子间的键型发生了变异，形成过渡型晶体。离子在外电场的作用下，会变形而产生诱导偶极，导致离子的极化。当正离子和负离子接近时它们各自在相反电场的影响下发生变形而极化。离子使异号离子极化而变形的作用称为离子的极化作用。受异号离子的电场作用而发生离子本身变形的性质称为离子的变形性(被极化性)。由于正离子半径较负离子小，较难变形，所以一般只考虑正离子的极化作用和负离子的变形性。由于离子的极化作用，而使晶体格点上微粒之间的键型发生了变异，使离子键向共价键过渡，从而形成过渡型晶体。极化作用与离子的电荷、半径、电子构型有关。正离子电荷越高，半径越小，它的极化能力越强；负离子电荷越高，半径越大，变形性越大。离子极化的结果，使正、负离子之间发生了额外的吸引力，甚至有可能使 2 个离子的原子轨道或电子云产生变形而导致原子轨道的相互重叠，趋向于生成极性较小的键，即离子键向共价键转变。例如，Fe^{3+} 比 Fe^{2+} 极化能力强，与 Cl^- 形成 $FeCl_3$ 和 $FeCl_2$ 时，$FeCl_2$ 是离子键，$FeCl_3$ 则显示向共价键过渡，其晶体类型也由离子晶体向分子晶体过渡，故 $FeCl_2$ 的熔点(672℃)高于 $FeCl_3$ 的熔点(306℃)。

过渡型晶体的这个特性在工程实际中应用较广。过渡型晶体二碘化钨(WI_2)熔点低易挥发，在灯管中加入少量 I_2 可制得碘钨灯。当钨丝受热温度维持在 250～650℃时，钨升华到灯管壁与 I_2 生成 WI_2，WI_2 在整个灯管内扩散，碰到高温钨丝便重新分解，并把钨留在灯丝上，这样循环不息，可以大大提高灯的发光率和寿命。如果把金属钨改成稀土元素镝、钬，同样的道理可提高灯的发光效率和寿命，而且由于镝和钬原子的能级多，受激发放出与太阳接近的多种颜色的原子发射光谱而成“太阳灯”。

6. 混合型晶体

晶格的格点上的微粒间同时存在几种作用力所形成的晶体称为混合型晶体。主要有层状晶体和链状晶体。

(1)层状晶体：石墨是典型的层状晶体。石墨分子中，同层的碳原子以 sp^2 杂化形成 3 个 sp^2 杂化轨道，每个碳原子与另外 3 个碳原子形成 C－C σ 键，键长 142 pm，键角 120°，6 个碳原子在同一平面上形成正六边形的环，伸展形成片层结构(见图 5－35)。在同一平面的碳原子还各剩 1 个含 1 个电子的 2p 轨道，垂直于该平面，这些相互平行的 p 轨道可以相互重叠形成遍及整个平面层的离域大 π 键。由于大 π 键的离域性，电子能沿着每 1 个平面层方向自由运动，使石墨具有良好的导电性、传热性和一定的光泽。

石墨晶体中层与层之间是以微弱的范得华力结合起来的，距离较大，为 340 pm。所以，石墨片层之间容易滑动。但是，由于同一平面层上的碳原子间结合力很强，极难破坏，所以石墨的熔点也很高，化学性质也很稳定，类似石墨结构的还有氮化硼(BN)，为白色粉末，有“白色石墨”之称，是一种比石墨更耐高温的固体润滑剂。

自然界存在的天然硅酸盐云母也是一种片状晶体。云母很容易一层层地剥离，但垂直劈开则难。这是因为，云母层中是以 Si－O 的共价键连成片状阴离子，而层间是填充的低价阳离子(见图 5－36)。

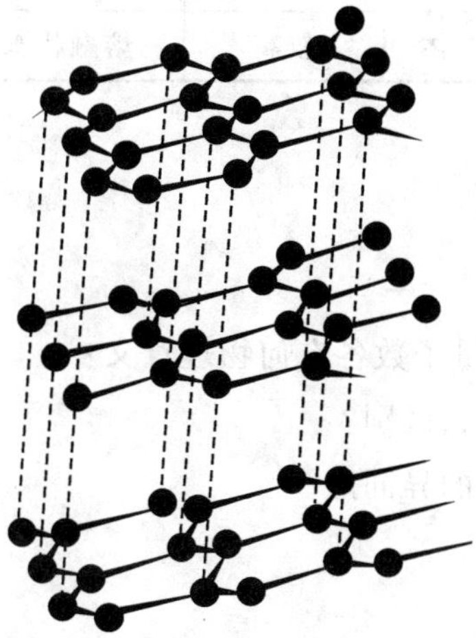

图 5－35　石墨的层状结构示意图

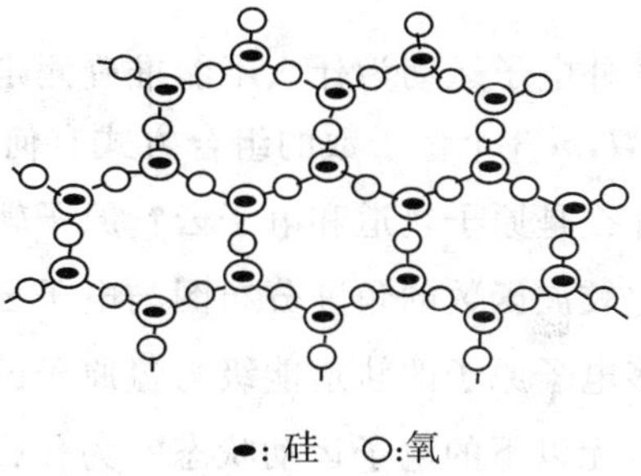

图 5－36　片状硅酸盐结构示意图

(2)链状结构晶体：自然界中硅酸盐的基本结构单位是 1 个硅原子和 4 个氧原子所组成的四面体，根据四面体连接方式不同可得到链状晶体和层状晶体(如云母)。若各个四面体通过 2 个顶角的氧原子分别与另外 2 个四面体中的硅原子相连，便构成链状结构的硅酸盐负离子长链，链与链之间填充着低价金属正离子(如 Na^+，Ca^{2+} 等)(见图 5－37)。

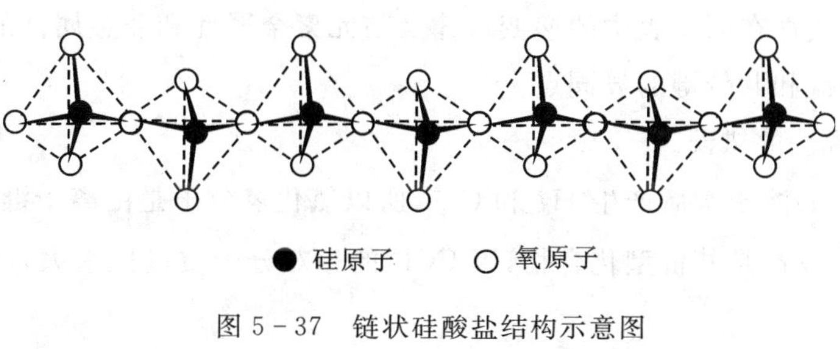

图 5－37　链状硅酸盐结构示意图

由于带负电荷的长链与金属正离子之间的离子键比链内共价键弱，因此沿平行于链的方向用力，晶体往往易裂开成柱状或纤维状。石棉就是类似这类结构的晶体。

例题　根据晶体的性质填充表 5－13。

表 5-13

物质	晶格结点上的微粒	微粒间作用力	晶体类型	熔点	导电性
$BaSO_4$	Ba^{2+},$SO_4{}^{2-}$	离子键	离子晶体	较高	熔融状态导电
SiF_4	SiF_4	分子间力	分子晶体	低	差
SiC	Si 原子 C 原子	共价键	原子晶体	高	差
H_2O	H_2O	分子间力和氢键	分子晶体	低	差
Ag	Ag 原子或离子	金属键	金属晶体	较高	好
MgO	Mg^{2+},O^{2-}	离子键	离子晶体	较高	熔融状态导电

思 考 题

1. 核外电子运动为什么不能准确测定?

2. n,l,m 3 个量子数的组合方式有何规律?这 3 个量子数各有何物理意义?

3. 什么是原子轨道和电子云?原子轨道与轨迹有什么区别?

4. 比较波函数的角度分布图与电子云的角度分布图的异同点。

5. 多电子原子的轨道能级与氢原子的有什么不同?

6. 有无以下的电子运动状态?为什么?

(1)$n=1$, $l=1$, $m=0$

(2)$n=2$, $l=0$, $m=\pm1$

(3)$n=3$, $l=3$, $m=\pm3$

(4)$n=4$, $l=3$, $m=\pm2$

7. 在长式周期表中是如何划分 s 区、p 区、d 区、ds 区、f 区的?每个区所有的族数与 s,p,d,f 轨道可分布的电子数有何关系?

8. 简单说明电负性在周期表中的递变规律及与元素金属性和非金属性的关系。

9. 试比较离子键和共价键的异同点。

10. 指出下列说法的错误。

(1)氯化氢(HCl)溶于水后产生 H^+ 和 Cl^-,所以氯化氢分子是由离子键形成的。

(2)CCl_4 和 H_2O 都是共价型化合物,因 CCl_4 的相对分子质量比水大,所以 CCl_4 的熔点、沸点比水高。

(3)色散力仅存在于非极性分子之间。

(4)凡是含有氢的化合物都可以形成氢键。

11. 如何理解氢键的方向性和饱和性?

12. 什么是晶格和格点?

13. 试说明在碘钨灯中加入碘的作用。

14. 试比较金属晶体和离子晶体的异同点。

15. 为什么 CO_2 和 SiO_2、石墨和金刚石的物理性质相差很大？

习　　题

1. 判断题

(1)s 电子绕核旋转，其轨道为 1 个圆周，而 p 电子是走“8”字形。

(2)当主量子数 $n=1$ 时，有自旋相反的两条轨道。

(3)多电子原子轨道的能级只与主量子数 n 有关。

(4)当 $n=4$ 时，其轨道总数为 16，电子最大容量为 32。

(5)所有高熔点物质都是原子晶体。

(6)分子晶体的水溶液都不导电。

(7)因为 Pb^{4+} 比 Pb^{2+} 的电荷高，所以 $PbCl_4$ 的熔点比 $PbCl_2$ 高。

(8)离子型化合物的水溶液都能很好导电。

2. 填出下列空格中的合理量子数。

n	l	m	m_s
	2	0	+1/2
3		+1	−1/2
4	3	0	
2	0		+1/2
3	2		−1/2

3. 选择题

(1)已知某元素+2 价离子的电子分布式为 $1s^2 2s^2 2p^6 3s^2 3p^6 3d^{10}$，该元素在周期表中所属的区为________。

(A)s 区　　(B)d 区　　(C)ds 区　　(D)f 区　　(E)p 区

(2)杂化轨道是指________的轨道，杂化轨道中不能参与和其他原子成键的一对电子称________。

(A)同 1 个原子内能量相近的轨道叠加

(B)与其他原子的原子轨道叠加

(C)整个分子的

(D)孤对电子

(E)成对电子

(F)成键电子

(3)下列各分子中，中心原子在成键时以 sp^3 不等性杂化的是________。

(A) $BeCl_2$　　(B) PH_3　　(C) H_2S　　(D) $SiCl_4$

(4)下列各物质的分子间只存在色散力的是________。

(A) CO_2　　(B) NH_3　　(C) H_2S　　(D) HBr

(E) SiF_4　　(F) $CHCl_3$　　(G) CH_3OCH_3

(5)下列各种含氢物质中含有氢键的是________。

(A) HCl　　(B) CH_3CH_2OH　　(C) CH_3CHO

(D) HCOOH　　(E) CH_4

(6)下列物质的化学键中，既存在 σ 键又存在 π 键的是________。

(A) CH_4　　(B)乙烷　　(C)乙烯　　(D) SiO_2　　(E) N_2

(7)下列化合物晶体中既存在离子键，又有共价键的是________。

(A) NaOH　　(B) Na_2S　　(C) $CaCl_2$　　(D) Na_2SO_4　　(E) MgO

4. 分别近似计算第 4 周期 K 和 Cu 两种元素的原子作用在 4s 电子上的有效核电荷数，并解释其对元素性质的影响。

5. 填充下表

原子序数	原子的外层电子构型	未成对电子数	周期	族	所属区	最高氧化值
16						
19						
42						
48						

6. 已知某元素的外层电子构型是 $4d^{10}5s^1$，试推算其原子序数。它属于哪一周期？哪一族？哪个区？

7. 有第 4 周期的 A，B，C，D 4 种元素，原子序数依次增大，其外层电子数依次为 1，2，2，7。已知 A 与 B 的次外层电子数为 8，而 C 与 D 为 18，根据原子结构判断：

(1)哪些是金属元素？

(2)D 与 A 的简单离子是什么？

(3)哪一元素的氢氧化物碱性最强？

(4)B 与 D 两原子间能形成何种化合物？试写出化学式。

8. 某元素的最高化合价为 +6，最外层电子数为 1，原子半径是同族元素中最小的，试写出：

(1)元素的名称及核外电子分布式；

(2)外层电子分布式；

(3) +3 价离子的外层电子分布式。

9. 试用杂化轨道理论解释 BF_3 为平面三角形，而 NF_3 为三角锥形。

10. 试写出下列各化合物分子的空间构型，成键时中心原子的杂化轨道类型以及分子的电偶极矩是否为零。

(1) SiH_4　　(2) H_2S　　(3) BCl_3　　(4) $BeCl_2$　　(5) PH_3

11. 说明下列每组分子间存在着什么形式的分子间作用力（取向力、诱导力、色散力、氢键）？

(1) 苯和 CCl_4　　(2) 甲醇和水

(3) HBr 气体　　(4) He 和水

(5) HCl 和水

12. 乙醇和甲醚（CH_3OCH_3）是同分异构体，但前者沸点为 78.5℃，后者的沸点为 −23℃。试解释之。

13. 下列各物质中哪些可溶于水？哪些难溶于水？试根据分子的结构简单说明之。

(1) 甲醇　　(2) 丙酮　　(3) 氯仿　　(4) 乙醚　　(5) 甲醛　　(6) 甲烷

14. 判断下列各组中两种物质熔点的高低。

(1) NaF　MgO　　(2) BaO　CaO

(3) SiC　$SiCl_4$　　(4) CCl_4　CI_4

15. 试判断下列各组化合物熔点高低顺序，并简单解释之。

(1) NaF　NaCl　NaBr　NaI

(2) SiF_4　$SiCl_4$　$SiBr_4$　SiI_4

16. 为什么 $SnCl_2$ 的熔点比 $SnCl_4$ 的熔点高？

17. 填充下表

物质	格点上微粒	微粒间作用力	晶体类型	预测熔点高低
$BaCl_2$				
SiC				
H_2O				
BN				

18. 稀有气体和金刚石晶格格点上都是原子，但为什么它们的物理性质相差甚远？

第 6 章　化学与材料

第 1 节　材料科学概述

材料是人类社会赖以生存和发展的物质基础，也是科学技术发展的支柱条件。原始人利用天然材料，如石块、竹、木、骨等作为渔猎工具维持生计。大约在 6 000 年前，我国的先祖人类在世界上首次发明了钻木取火技术。借助火可以取暖、熟食和驱兽等，进而又发明了将黏土烧结制成陶器的制陶技术，陶制材料的发明和使用创造了新石器时期的仰韶文化。在反复摸索制陶材料和烧结温度的基础上，人类又发明了瓷器，形成了陶瓷材料发展的一次飞跃。

在烧制陶瓷器的实践中，人们熟练地掌握了高温加工技术，将这种技术用来烧炼各种石头（矿石），逐渐炼出铜及其合金青铜，这便是人类社会发现最早的金属材料，它使人类社会由新石器时期进入青铜器时期。我国出土的商代司母戊鼎表明，早在三四千年前我国劳动人民就已掌握了高超的冶铜技术和精湛的铜加工技艺。

掌握了炼铜技术之后，又逐步发展出炼铁技术。以铁质材料制造的农具可以大大地提高农业生产力，由此推动了以农业为中心的科学技术的进步。进入 18 世纪，由欧洲发明的蒸汽机为代表而引发的席卷世界的产业革命，工业技术和生产力得到了空前提高，商品经济的大发展也使铁路、航运随之发展，从而带动以钢铁为中心的金属材料工业大规模发展起来。

二次世界大战之后，质量轻、强度高、耐腐蚀而又价格低廉的化学合成高分子材料应运而生，这是材料发展中的重大突破。从此建立了以金属材料、陶瓷材料和合成高分子材料为主体的比较完整的材料体系，形成了材料科学。

当今世界，以信息、生物、空间、能源、新材料及海洋技术为代表的高新技术迅猛发展，对新材料特别是新型功能材料提出了更高的要求。例如：微电子技术需要超纯、超净和超精细的材料；空间技术需要耐高温、高硬度、耐摩擦冲击及耐低温的材料；海洋技术需要耐高压、耐低温、抗腐蚀的材料以及生物技术需要多种多样的仿生材料等等。因此，新型功能材料是各类高新技术发展的首要物质基础，人们已经认识到新材料、信息和能源是当今社会发展的三大支柱！

一、材料与化学

材料科学是一门多学科交叉的边缘学科，其发展离不开化学、物理学和测试技术等学科的支持。材料的实现形式是物质，物质是由分子、原子等微观粒子以各种形式结合在一起的。化学是研究物质结构、组成、性质变化及应用的科学，因此化学是材料科学发展的基础。到目前为止，化学家们已经研究出数十万种包括自然界不曾发现的化学物质（化合物及单质），而且每年还在以数千种的速度增加。这些化学物质正是材料发展的物质基础。可以说没有化学的进步就没有材料的发展。

材料是指人们利用其某些功能来制作物件时用的化学物质。传统意义的材料有几十万种，新合成的材料以每年大约 5% 的速度增加。现在的材料科学研究已进入物质的微观结构领域。通过研究已知的功能材料的微观结构，找出微观结构与宏观特性之间的关系，进而根据材料的预期性能的要求，运用分子设计技术，由化学家和材料学家共同合成出满足预期要求的新材料。这是今后材料研究的发展方向。

二、材料分类

材料品种很多，其分类方法也有很多。目前，常用的分类法主要是依据材料的用途和材料的化学成分及特性进行分类。

按照材料的用途常将材料分为结构材料和功能材料两大类。结构材料大量用于机械制造、工程建设、交通运输及能源等领域。功能材料主要利用材料的声、光、电、磁和热等特性，而广泛用于微电子、激光、通信和生物工程等许多高新技术领域。智能材料是功能材料的最新发展，它具有环境判断功能、自我修复功能和时间轴功能。智能材料被誉为21世纪的材料。

依据材料的化学成分及特性，通常将材料分为金属材料、非金属材料、高分子材料和复合材料。

1. 金属材料

金属材料可分为黑色金属材料和有色金属材料两大类。黑色金属材料包括铁、锰和铬以及它们的合金。这是一类使用最为广泛的金属材料。除黑色金属外的其他各种金属及其合金通称有色金属。有色金属又可细分为轻金属、重金属、稀土金属、高熔点金属和贵金属。因纯金属强度较低，工业上用的金属材料绝大多数是合金。近年来，金属材料科学发展迅速，相继出现了诸如金属玻璃(非晶态)、准晶、定向共晶、微晶、低维合金以及纳米晶体等一系列从结构到物理力学性质均有特色的新材料。此外各种特殊形态的金属材料如薄膜、非晶态金属等，在电性、磁性强度、耐腐蚀性等方面都有很大进展，预计到21世纪将获得应用。

2. 非金属材料

非金属材料基本上是由非金属元素或其与金属元素所形成的化合物组成的材料。例如，单晶硅、金刚石、陶瓷、水泥等。或者说，无机材料中除金属以外的材料统称为无机非金属材料。传统的无机非金属材料主要有陶瓷、玻璃、水泥和耐火材料4种，其主要化学组成为硅酸盐类，故常把无机非金属材料称为硅酸盐材料，又因其中陶瓷材料历史最为悠久，应用甚为广泛，故国际上也常将无机非金属材料统称为陶瓷材料。

3. 高分子材料

高分子材料就是以高分子化合物为主要成分的材料，其每个分子中可含有几千至几十万个原子，相对分子质量可达几万乃至几百万。高分子化合物有天然的和人工合成的。天然的高分子化合物有松香、纤维素、蛋白质、天然橡胶等，人工合成的有塑料、合成橡胶、合成纤维等。而工程用高分子材料主要是人工合成的。高分子材料具有质量轻、比强度高、比模量高、耐腐蚀性好、绝缘性好的特有性能，其发展速度已超过了钢铁、水泥和木材等传统材料。

4. 复合材料

复合材料是由两种或两种以上性质不同的材料组合起来的一种多相固体材料。它不仅保留了组成材料各自的特点，而且具有单一材料所没有的优异性能。复合材料的组分是人为有意选择和设计的，其性能取决于每种组分相及其相应的含量、尺寸和分布状态。将单一材料进行合理的复合已成为改善材料性能的一种主要手段。

第2节　金属材料

一、钢铁

铁是被人类发现和利用最早的金属之一。钢铁是铁碳合金，属于复合材料的一种。钢铁的消耗量目前约占金属材料的90%左右，是应用最广泛的一类黑色金属。

现在，铁冶炼方法主要是用焦炭高温还原精选过的铁的氧化物矿石，同时加入一些造渣助剂，如石灰石和二氧化硅等。主要反应式为

$$C(s)+O_2(g)\xlongequal{燃烧}CO_2(g)$$

$$CO_2(g)+C(s)\xlongequal{高温}2CO(g)$$

$$Fe_2O_3(s)+3CO(g)\xlongequal{高温}2Fe(l)+3CO_2(g)$$

由于铁与碳相接触，这样生成的铁含碳质量分数高达3%～4%，碳在铁水中以Fe_3C形式存在。当铁水缓慢冷却时，Fe_3C分解为铁和石墨，这样所得的生铁的断口为灰色被称为灰口铁。若将铁水骤冷，Fe_3C来不及分解，其断口为白色故称白口铁。白口铁质硬、性脆，主要用来炼钢；灰口铁柔软，有韧性可切削或浇铸成型，故用于制造各种铸件。若向铁水中加入少量镁或稀土金属，可使生铁中的碳变成球形，得到球墨铸铁。球墨铸铁性能优于灰口铁，更多地用于铸件。

炼钢过程实际上就是调整铁中碳的含量，同时去除一些有害杂质，如硫、磷等。若想得到特殊性能的钢，当然还要加入一些其他金属。如加入一定量的铬和镍等可炼成不锈钢。钢铁分类如下：

生铁	含碳质量分数大于2%
纯铁	含碳质量分数小于0.02%
钢	含碳质量分数0.02%～2%
低碳钢	含碳质量分数0.02%～0.25%
中碳钢	含碳质量分数0.25%～0.60%
高碳钢	含碳质量分数0.60%～2%

纯铁在常温下为体心立方晶格，称α-铁，将其加热，可生成铁的同素异形体，产生相变。

$$\underset{(体心立方晶格)}{\alpha-Fe}\xrightarrow{1\,183\ K}\underset{(面心立方晶格)}{\gamma-Fe}\xrightarrow{1\,663\ K}\underset{(体心立方晶格)}{\delta-Fe}$$

铁的面心立方晶格对钢材的耐高温、耐低温性质有利。

碳在钢中存在的方式是间隙充在铁晶格的空隙中，形成间隙合金结构。碳在钢中能以4种方式间充在铁的金属晶格中，形成奥氏体、马氏体、渗碳体、铁素体4种物相。

在间隙合金结构中，粒子之间一般同时存在金属键和共价键，因此钢铁具有很高的硬度、强度和熔点。其性能既与化学组成有关，也与钢中上述四种物相的组成和分布有关。在炼钢过程中，通过改变化学组成、调节和控制钢中的相组成及分布，便可以获得人们所需要的各种钢材。

二、合金

凡是金属与其他物质(金属、非金属、化合物等)结合而成的金属基混合物都称为合金,如青铜合金、铁碳合金等。但这里主要讨论特种合金,即在特殊条件下作结构材料使用的具有特殊性能的一类合金,如轻质合金、硬质合金等。合金的使用量远不及钢铁多,但在某些特殊条件下合金表现出的性能是钢铁远不能及的。

1. 轻质铝合金

铝是自然界储量最大的金属,它质轻、密度小(2.702 g·cm^{-3})且耐腐蚀,一直被用作轻质合金元素使用。美国的宇宙飞船和超音速飞机制造中所用的金属材料,有75%属于铝及铝合金。此外铝及铝合金还用于火箭和导弹的制造,近年来又被大量用于汽车等工业制造中。

铝的冶炼目前主要采用电解融熔氧化铝,即

$$2Al_2O_3(l) \xlongequal{\text{熔融电解}} 4Al(l) + 3O_3(g)$$

冰晶石作助熔剂,可降低电解温度。

金属铝质软、强度较小,不能用作金属结构材料。但因其导电性良好,常被用作电线材料。作结构材料的都是铝合金。向铝中加入定量的铜、镁等金属可制成硬铝合金,用于铝门窗等建筑材料。再向硬铝中加入5%~7%的锌可以制得超硬铝,它是强度高、密度小、易成型的良好航空轻质材料。

金属锂的密度只有0.535 g·cm^{-3},向铝合金中加入2%~3%的锂,所得铝锂合金强度提高20%~24%,刚度提高19%~30%,而且密度进一步下降。用铝锂合金代替铝锌镁铜合金,可以使飞机的质量减轻15%~20%,并能降低油耗和提高飞机性能,因此铝锂合金是一种很有前途的合金。由于锂元素化学性质十分活泼,使得目前铝锂合金的生产还存在较多技术困难。

2. 硬质合金

硬质合金能够在高温下仍保持良好的热硬性及抗腐蚀性,被广泛用于制作切削金属的刀具、展薄金属的模具以及各种耐磨部件等。大到开山凿岩机械的钻头,小到展薄罐盒的冲头,无一不用到硬质合金,硬制合金对提高工业生产效率有着重要作用。

所谓硬质合金是指第ⅣB,ⅤB,ⅥB族的金属和原子半径小的碳、氮、硼形成的间隙合金。这些合金的硬度和熔点特别高,被称为硬质合金。

硬质合金的成因是由于合金中半径小的原子填充在金属晶格的空隙,这些原子的外层电子可以进入到金属元素空的d轨道形成一定程度的共价键。金属元素的空轨道越多,合金的共价程度就越大,间隙结构就越稳定。钢中虽然也存在间隙合金结构,但与硬质合金相比,其共价程度较小,所以其硬度也小于硬质合金。制备各种工具用的硬质合金材料,是由一种或多种高硬度难熔金属的碳化物与钴粉(作黏合剂用)通过粉末冶金法制成。常见的难熔金属有钨、铬、钛、钽、铌等。我国常用的硬质合金有钨钴类和钛钨钴类。硬质合金中加入碳化铌或碳化钽时可明显提高热硬性。

3. 高温合金

现代工业的许多机器设备要求材料在高温下长时间工作,并能保持较高的强度、韧性和抗腐蚀性能。如火力发电机组、喷气发动机、石油化工的某些设备(如乙烯分解炉等),各种加热炉、热处理炉、垃圾焚烧炉等,它们的工作温度都在1 273 K以上。特别是喷气发动机,其工作温度高达 1 653 K 以上。而且有的高温工作时间长达数万 h，普通钢无法胜任这样极端的工作条件。

高温合金主要由高熔点金属，即ⅤB，ⅥB，ⅦB 族的金属（如钨、钼等）与第ⅧB 族元素的金属形成的合金。

早期使用的耐高温材料是改性后的钢铁。如向钢中加入 Cr，Si 或 Al 等可提高钢的高温抗腐蚀性。随着对高温合金性能的要求越来越高，又由于镍可以使铁基体成为稳定的面心立方结构，使得铁基高温合金中镍含量逐步提高。习惯上把含镍 25%～60%的铁基高温合金称为铁镍高温合金。早在 20 世纪 50 年代中后期镍基合金就被用于制造飞机发动机涡轮叶片和轮盘。之后又发展起来的真空熔炼技术、定向凝固技术及单晶铸造技术，制成了性能优异的高温合金，使飞机发动机更耐高温而不至于使叶片在高温下承受巨大离心力时断裂，从而提高了发动机推动力并延长了发动机寿命。

铁基、镍基高温合金虽已得到广泛应用，但它们不能适用更高温的条件。因为铁、镍的熔点分别为 1 812 K 和 1 726 K，根据合金熔点一般低于纯金属的规律，铁基、镍基合金的使用温度不会超过 1 323 K～1 373 K。难熔金属钨、钼、铌、钽有更高熔点，它们均可以在 1 500 K 以上的温度下使用。这些金属为银白色，延展性好、化学稳定，但杂质含量对其耐高温性、硬度和韧性影响很大，不纯的难熔金属呈现脆性。因此用粉末冶金法进行加工的工艺条件要求很高。

4. 低温合金

低温合金是指在低温下使用不产生脆性破坏的合金。这里的低温是指室温以下直到绝对零度的温度区间。金属及合金在低温情况下一般都会变硬，容易产生脆性破坏。著名的泰坦尼克号沉船事件，就是钢在低温下发生脆性破坏的事故之一。事实上，桥梁、海上石油钻机、工程机械以及液化气体容器等都发生过低温脆性破坏。通过除去钢中有害杂质，在低碳钢中加入少量合金元素如镍、锰等，制成合金元素总量不超过 5%的低温合金钢，便有效地克服了钢材在低温下发生脆性破坏的问题。

液化气体的使用越来越普遍。液化气体一般具有极低的沸点，如液化天然气（110 K）、液氧（90 K）、液氮（77 K）、液氢（20 K）和液氦（4 K）等。如此低的温度对生产、储存和使用这些液化气体的构件提出很高要求。目前人们已研究出可耐不同低温、有不同用途的多种低温合金材料，如镍钢、奥氏体不锈钢、钛合金、铝合金、铜合金等。

镍钢、铝合金及奥氏体不锈钢在防止低温脆性方面性能优异。含镍量在 32%～36%的因瓦合金（属镍钢）、钛合金，不仅可耐低温，同时还具有极小的低温热膨胀系数。铝合金在耐低温的同时又具有抗辐射和不被磁化的特点。奥氏体不锈钢具有较强抗腐蚀性。所以，可根据不同用途选择不同的低温合金材料。

目前，一种可能对低温技术发展产生重大影响的合金正在被研究。它就是铁锰铝新合金钢，即它把铁镍铬不锈钢中镍、铬分别由锰、铝代替，其强度、韧性都十分优异，在常温下有良好的加工性能。

三、金属材料的腐蚀与防护

1. 金属的腐蚀

钢铁是应用量最大、应用范围最广泛的一类金属材料。但钢铁的腐蚀一直是一个严重问题，造成的损失巨大。据悉，目前我国每年因腐蚀而造成的钢铁损失总量几乎占全年产量的

10%。因此研究并掌握金属材料的腐蚀原理及防护的方法,具有重要意义。

金属表面与周围介质发生化学及电化学作用而遭受破坏的现象,称为金属腐蚀。化学腐蚀和电化学腐蚀的机理不同,前者指金属表面与介质如气体或非电解质溶液等因发生化学作用而产生的腐蚀,这种腐蚀作用过程中没有电流产生。后者是指金属表面与介质如潮湿空气、电解质溶液等因发生电化学作用而引起的腐蚀,此种腐蚀作用进行中伴有电流产生。

(1)化学腐蚀:金属与干燥的气体(如 H_2S,O_2,CO_2,Cl_2 等)相接触后,发生不同程度的化学反应而生成相应的化合物(如氧化物等)而引起腐蚀,是一种完全由化学反应而引起的化学侵蚀作用。这种化学腐蚀在较高温度下尤为显著。例如合金的热处理、轧钢过程以及在高温下使用的化工、轻工设备等与介质气体的化学腐蚀问题就非常普遍。

(2)电化学腐蚀:金属与电解质溶液相接触时,形成微小原电池产生电化学作用而引起金属的腐蚀作用。常温下金属主要发生电化学腐蚀。金属表面由于潮湿空气或潮湿环境形成的水膜中溶有 CO_2,O_2 等气体而形成电解质溶液。例如,在一块铜板上有铁质铆钉,长期暴露在潮湿空气中,铆钉部位就特别容易生锈。这是由于铜板暴露在潮湿空气中表面会凝结一层薄薄的水膜,空气中的 CO_2,工厂区的 SO_2,沿海地区潮湿空气中的 NaCl 都能溶解到这一薄层水膜中形成电解质溶液,原电池因此而形成。其中 Fe(铆钉)是负极(即阳极),Cu 是正极(即阴极)。在阳极上发生 Fe 的氧化作用,即

$$Fe-2e=Fe^{2+}$$

在阴极(Cu)上发生的电极反应,因水膜酸碱性的强弱不同可归结为两类。

第一类为吸氧腐蚀,即阴极电极反应有 O_2 参与,发生还原反应,即

$$\frac{1}{2}O_2+H_2O+2e=2OH^-$$

这类反应主要发生在金属表面的水膜酸性较弱或是中性溶液的情况下。把上述两个电极反应相加,便得到腐蚀原电池的总反应式,即

$$Fe+\frac{1}{2}O_2+H_2O=Fe(OH)_2$$

生成的 $Fe(OH)_2$ 进一步被空气中的氧所氧化,则有

$$4Fe(OH)_2+O_2+2H_2O=4Fe(OH)_3$$

$Fe(OH)_3$ 及其脱水产物 Fe_2O_3 是红褐色铁锈的主要成分。

第二类为析氢腐蚀,即阴极电极反应有 H^+ 的参与,电极反应为 $2H^++2e=H_2$,在这种腐蚀过程中由于有氢气放出,故称为析氢腐蚀。这类腐蚀常常发生在化工厂等能够产生或使用挥发性酸性物质(如 SO_3,HCl 气等)的地方,也就是说,金属表面的水膜是较强酸性的电解质溶液。

另外还有一种腐蚀称为浓差腐蚀,也称为差异充气腐蚀,其实质也是吸氧腐蚀。例如埋在土里的铁管,与压实的黏土相接触的部位先被腐蚀,而接触疏松沙土的铁管部位后被腐蚀。根据电极反应

$$\frac{1}{2}O_2+H_2O+2e=2OH^-$$

其电极电势为

$$\varphi(O_2/OH^-)=\varphi^{\ominus}(O_2/OH^-)+\frac{RT}{2F}\ln\frac{[p_{O_2}/p^{\ominus}]^{1/2}}{[OH^-]^2}$$

可以看出，氧的分压 p_{O_2} 越大，相应的 $\varphi_{(O_2/OH^-)}$ 也愈大。砂土部位 p_{O_2} 大于黏土部位的 p_{O_2}，故在砂土部位的钢管作腐蚀原电池的正极。黏土部位作负极，铁管遭腐蚀。

电极反应：负极　$Fe-2e=Fe^{2+}$

正极　$\frac{1}{2}O_2+H_2O+2e=2OH^-$

电极反应与吸氧腐蚀相同。在许多金属构件的各种缝隙或死角发生的腐蚀、水线腐蚀等，其原因均与此类似。

大多数情况下，金属表面的腐蚀都是吸氧腐蚀。

工业上使用的金属不可能完全纯净，经常存在一些杂质，金属的电极电势和杂质的电极电势不同，这就构成了金属和其中杂质的许许多多原电池，通常称之为微电池。例如，钢铁中含有的石墨(C)和 Fe_3C 等不活泼杂质可以在潮湿空气中与铁形成无数微电池。此时铁作阳极，不活泼杂质为阴极，从而使钢铁遭到腐蚀。

2. *金属腐蚀的防护*

防止金属腐蚀的方法很多，可归纳如下：

(1)非金属保护层法：即在金属表面涂刷油漆、沥清、搪瓷，喷塑等，使金属表面与外界潮湿气氛阻隔，无法形成腐蚀原电池。这是一种最常见的防腐蚀方法。

(2)金属保护层法：用电镀方法把耐腐蚀性较强的金属或合金覆盖在被保护的金属表面上。此电镀保护层可分为阳极保护层和阴极保护层。前者是镀上去的金属比被保护的金属有较负的电极电势，如把锌镀在铁上(锌为阳极、铁为阴极)。后者是镀上去的金属有较正的电极电势，如把锡镀在铁上(锡为阴极，铁为阳极)。就保护层把被保护的金属与外界介质隔开这一点来说，两种保护层的作用并无原则性的区别。但当保护层受到损坏而变得不完整时，情况就不同了。阴极保护层将失去保护作用，与被保护的金属形成原电池，由于被保护的金属是阳极，阳极要氧化，所以保护层的存在反而加速腐蚀。但阳极保护层即使被破坏，被保护金属仍不受腐蚀，受腐蚀的是保护层本身。

(3)阴极保护法：此法就是将被保护的金属(Fe)作为阴极而避免腐蚀。此法分为牺牲阳极保护法和外加电流保护法。

牺牲阳极保护法就是将活泼金属(如锌)铆接在被保护的金属(如轮船底部)上，这样较活泼的金属成为阳极而被“牺牲”掉，被保护的金属(如 Fe)成为阴极而被保护。一般常用的牺牲阳极材料有铝、镁、锌合金等。通常被牺牲的阳极的表面积为被保护金属面积的 1%～5%左右。

外加电流保护法主要保护易遭腐蚀的重要而且贵重的金属设备，如埋在土壤、河水或海水中的金属设备。此法把外加电源的负极与金属设备相连，正极接在外加电极(如废铁)上，从而金属设备作阴极受到保护，外加电极作阳极而腐蚀掉。

(4)缓蚀剂法：在腐蚀介质中，加入少量能减小腐蚀速率的物质(称为缓蚀剂)以防止腐蚀的方法称为缓蚀剂法。缓蚀剂的品种很多，如有用于酸性介质的缓蚀剂乌洛托品，用于抑制阳极反应的缓蚀剂 $NaNO_2$ 等，用于抑制阴极反应的缓蚀剂 $Ca(HCO_3)_2$ 等。

总之，防止金属腐蚀的方法很多，采用何种方法要根据金属性质、防护要求及经济性等多方面考虑。

第3节　无机非金属材料

无机非金属材料学是一门多学科相互交叉的新兴学科，主要研究无机非金属材料的成分及其制备工艺、组织结构、材料性能和使用性能4个要素，以及它们之间的相互关系。

传统的无机非金属材料主要有陶瓷、玻璃、水泥和耐火材料4类，其主要化学组成为硅酸盐类。因此无机非金属材料亦称为硅酸盐材料。自20世纪40年代以来随着新技术的发展，除了上述传统材料以外，陆续涌现出了一系列高性能的新型无机非金属材料，如结构陶瓷、复合材料、功能陶瓷、半导体、新型玻璃、非晶态材料和人工晶体等。

在晶体结构上，无机非金属材料的结合力主要是离子键、共价键或离子与共价混合键。这些化学键的键能较大，因此赋予这一大类材料以高熔点、高强度、耐磨损、高硬度、耐腐蚀及抗氧化的基本属性和宽广的导电性、导热性、透光性以及良好的铁电性、铁磁性和压电性等特殊性能。举世瞩目的高温超导性也是近年在这类材料上发现的。

在化学组成上，随着无机新材料的发展，无机非金属材料已不仅仅局限于硅酸盐，还包括其他含氧酸盐、氧化物、氮化物、碳化物、硼化物、氟化物、硫系化合物、硅、锗等，其形状和形态也趋于多样化，复合材料、薄膜、纤维、单晶和非晶材料占有越来越重要的地位。

传统的无机非金属材料主要成分是硅酸盐及硅铝酸盐。硅氧四面体[SiO_4]是硅酸盐结构的基本单元，其中硅原子是以 sp^3 杂化轨道与氧原子成键，[SiO_4]四面体的每个顶点上的O原子只能为2个[SiO_4]四面体所共用。4个顶点O原子按照共用情况不同，可将硅酸盐分为4大类：分立型、链型、层型和立体骨架型。详见表6-1和图6-1。

表6-1　硅酸盐中硅氧骨架的结构

分类	四面体排列	组成基元	实　例
分立型	孤立四面体	[SiO_4]	Mg_2[SiO_4] 橄榄石
	双四面体	[Si_2O_7]	Zn_4[Si_2O_7]$(OH)_2H_2O$ 异极矿
	三环	[Si_3O_9]	BaTi[Si_3O_9]硅酸钡钛矿
	四环	[Si_4O_{12}]	$Ca_2Al_2(Fe,Mn)BO_3$[Si_4O_{12}](OH)斧石
	六环	[Si_6O_{18}]	Be_3Al_2[Si_6O_{18}]绿柱石
	双六环	[$Si_{12}O_{30}$]	$KCa_2(AlBe_2)$[$Si_{12}O_{30}$]$1/2H_2O$ 整柱石
链型	单链	[SiO_3]$_n$	CaMg[SiO_3]$_2$ 透辉石
	双链	[Si_4O_{11}]$_n$	Ca_2Mg_5[Si_4O_{11}]$_2(OH)_2$ 透闪石
		[Si_6O_{17}]$_n$	Ca_6[Si_6O_{17}]$(OH)_2$ 硬硅钙石
		[$AlSiO_5$]$_n$	Al[$AlSiO_5$]硅线石
层型	六元环层	[$AlSi_3O_{10}$]$_n$	KAl_2[$AlSi_3O_{10}$]$(OH)_2$ 白云母
	四元环层	[Si_4O_{10}]$_n$	KCa_4F[Si_4O_{10}]$_2\cdot 8H_2O$ 鱼眼石
	过渡型层	[$AlSi_3O_{10}$]$_n$	Ca_2Al[$AlSi_3O_{10}$]$(OH)_2$ 葡萄石
骨架型	硅石	[SiO_2]$_n$	SiO_2 石英
	长石	[$AlSi_3O_8$]$_n$	$KAlSi_3O_8$ 正长石
	沸石	[$Al_pSi_qO_{2(p+q)}$]$_n$	Na[$AlSi_2O_6$]$\cdot 4H_2O$ 八面沸石

硅铝酸盐的结构与硅酸盐相类似，只是铝原子部分取代了硅原子的位置。

一、陶瓷材料

陶瓷材料分为传统陶瓷材料和精密陶瓷材料。传统陶瓷产品主要是各种氧化物的烧结体。其一般制备方法是将黏土（主要成分为 $Al_2O_3 \cdot 2SiO_2 \cdot 2H_2O$）加水成型，晾干后经过高温加热失水，有些硅氧骨架重新形成，成为硬陶瓷。烧结温度低时形成结构疏松的陶；烧结温度高时便生成结构致密的瓷。

精密陶瓷有别于传统陶瓷，它可以是烧结体，也可以是单晶、纤维、薄膜等，具有高强度、耐高温、耐腐蚀能力，且在声、光、电、磁等方面具有某些优良的性能，常用作结构材料和功能材料。下面介绍几种用作结构材料的精密陶瓷。

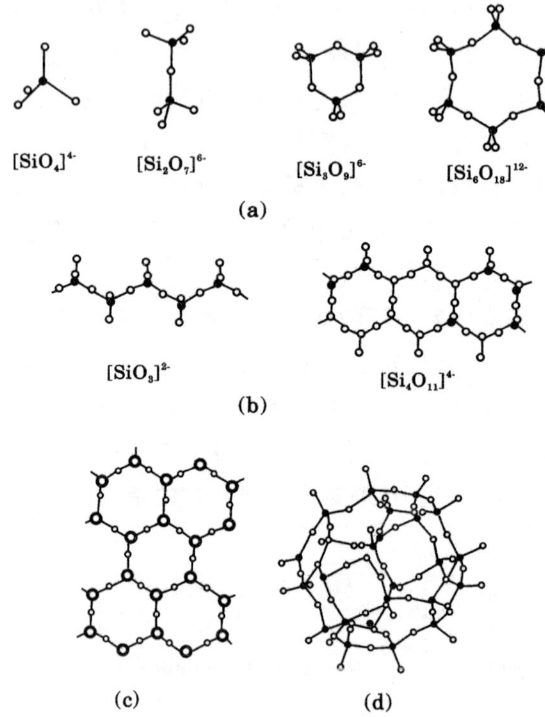

图 6－1　硅酸盐的各种结构形式

(a)分立型；(b)链型；(c)层型；(d)骨架型

(1)高温结构陶瓷：高温结构陶瓷比镍基合金更耐高温，比高熔点金属如钼、钨等更耐腐蚀，是空间技术和能源开发的重要材料。如用于航天器前锥体的 ZrO_2 可耐近 2 000 K 的高温；用作磁流体发电通道材料的 MgO，不仅耐约 2 100 K 的高温而且还耐腐蚀，而作为电极材料稳定剂的 ZrO_2 还是高温导电体。在众多成分和用途各不相同的高温陶瓷中，最引人注目的是 Si_3N_4，它极有可能替代单晶镍基高温合金在高于 1 373 K 温度下作陶瓷发动机材料。

在 Si_3N_4 中，硅、氮原子是靠共价键结合，因此 Si_3N_4 具有高硬度、高强度、耐高温、热膨胀系数小等优点。Si_3N_4 的合成方法有 4 种。

硅氮化合法：将纯净硅粉在 1 573 K 高温下与氮气在非氧气氛下反应，即

$$3Si + 2N_2 \xlongequal{1\ 573\ K} Si_3N_4$$

热还原法：SiO_2 粉和碳粉混合物在氮气中反应，即

$$3SiO_2+6C+2N_2 = Si_3N_4+6CO$$

化学气相法：硅卤化合物与氨或氮气发生气相反应，即

$$3SiCl_4+4NH_3 \xlongequal{1\ 673\ K} Si_3N_4+12HCl$$

热分解法：亚氨基硅在 1 273 K～1 873K 高温下发生分解反应，即

$$3Si(NH)_2 = Si_3N_4+2NH_3$$

制成的 Si_3N_4 粉体还需经成型、烧结而成零部件。氮化硅作为高温结构材料，目前存在的问题是抗机械冲击强度偏低，容易发生脆性断裂，目前正在研究利用氧化锆或氧化铪来韧化之。

(2)超硬陶瓷：超硬陶瓷是比硬质合金性能更优的硬质材料。金刚石、宝石、立方氮化硼等都属超硬陶瓷，它们主要用作加工高硬材料的切削工具等。

人造金刚石：工业金刚石主要用作硬质刀具和拔丝的模具。其来源有天然和人工合成两种。目前工业用金刚石主要靠人工合成，其硬度和强度不亚于天然金刚石。金刚石合成方法有两种，一种是静水超高压高温合成法，另一种是冲击波超高压高温合成法。静水超高压高温合成法是以熔融的 Ni，Fe，Co，Mn 等金属及其合金为催化剂，在 1 273 K 和 5～6 GPa 条件下使石墨转变成金刚石。冲击波超高压高温合成法利用火药爆炸产生的高压(压力可达 40 GPa，比静水压高得多)和高温，使石墨向金刚石转变，过程中不需要催化剂，但由于冲击高压的瞬间性，晶体不能长大只能形成微细粉末。

人造金刚石一般颗粒较小，要制成工具，还需对细小金刚石粉进行烧结。其方法是以 Co 粉作黏结剂使金刚石粉末在 5 GPa 和 1 823 K 高温下烧结而成。

氮化硼材料：氮化硼分子(BN)与碳单质具有相似性，既有立方氮化硼，也有类似于石墨结构的六方氮化硼。六方氮化硼除导电性差外，其余均与石墨极为相似，是一种具有润滑性的白色层状固体，故有白色石墨之称。它是耐高温、耐腐蚀、质轻、电绝缘和化学性质十分稳定的优良材料。在高温高压下，像石墨转变为金刚石一样，六方氮化硼也可转化为立方氮化硼。这种氮化硼中 B－N 键长(0.156 nm)与金刚石中 C－C 键长(0.154 nm)相近似，相对密度也和金刚石相近，虽硬度略低于金刚石，但耐热性比金刚石高。立方氮化硼对钢铁的切削、磨削性能优于金刚石，是新型高温硬质材料。

碳化硅材料：碳化硅晶体结构与金刚石也很相似，可以把它看作金刚石晶体中一半碳原子被硅原子取代而形成的共价晶体，熔点高达 3 100 K，硬度与金刚石接近，故又称金刚砂。其制法是用石英砂与过量焦炭混合，在电炉中加热即得。

反应式为

$$SiO_2+3C \xlongequal{电炉} SiC+2CO$$

碳化硅晶体呈蓝黑色，发珠光，化学性质稳定，工业上常用作磨料(如制造砂轮)。绿碳化硅含 SiC 97%以上，主要用作制造磨削硬质合金的工具。黑碳化硅有金属光泽，含 SiC 95%以上，强度比绿碳化硅大而硬度较低，主要用于铸铁和非金属材料的磨料。

往碳化硅里添加微量碳和硼后，在氩气中烧结可得碳化硅高温结构陶瓷，用作热机关键部件。

人造宝石：氧化铝(Al_2O_3)俗称刚玉，在自然界中以较大颗粒晶体存在的刚玉称为宝石。刚玉的硬度仅次于金刚石和金刚砂。刚玉中含有少量其他杂质氧化物后，呈现不同的颜色，如含少量 Cr_2O_3 是红宝石，含少量铁和钛氧化物的是蓝宝石。人工高温烧结的氧化铝称为人造刚玉，其抗弯强度大，韧性好，但硬度较低，适用磨削抗张强度较大和有韧性的材料，如碳钢、合金钢等。人造宝石也常作为耐磨材料用于仪器、仪表的轴和手表中的钻石。人造宝石除有氧化铝外，还有其他元素的氧化物。

人造宝石还可用作功能材料，如人造单晶红宝石可作激光晶体，SiC 单晶可作半导体材料。

二、玻璃材料

自然界中的固体物质存在晶态和非晶态两种状态。所谓非晶态是指以不同方法获得的以结构无序为主要特征的固体物质状态。玻璃态是非晶态固体的一种，其定义为"从熔体冷却，在室温下还保持熔体结构的固体物质状态"，习惯上常称之为"过冷的液体"。玻璃态物质中的原子不像晶体那样在空间作远程有序排列，而近似于液体一样具有近程有序排列。玻璃态物质像固体一样能保持一定的外形，而不像液体一样在自重作用下流动。玻璃态物质具有下列主要特征。

(1)各向同性：玻璃态物质的质点排列是无规则的，具有统计均匀性，所以，玻璃中不存在内应力时，其物理化学性质在各方向上都是相同的。

(2)介稳性：玻璃是由熔体急剧冷却而制得，由于在冷却过程中黏度急剧增大，质点来不及作形成晶体的有规则排列，系统的内能尚未处于最低值，从而处于介稳状态，在一定外界条件下它仍具有自发放热转化为内能较低的晶体的倾向。

(3)无固定熔点：玻璃态物质由固体转变为液体是在一定温度区间(转化温度范围内)进行的，它与结晶态物质不同，没有固定熔点。

(4)性质变化的连续性和可逆性：玻璃态物质从熔融状态到固体状态的性质变化过程是连续的和可逆的，其中有一段温度区域呈塑性，称为"转变"或"反常"区域，在此区域内性质有特殊变化。图 6-2 表示玻璃态物质的内能和比体积随温度的变化。在结晶情况下，性质变化如曲线 ABCD 所示，T_m 为熔点，冷却形成玻璃时，过程变化如曲线 ABKFE 所示，T_g 为玻璃的转变温度，T_f 为玻璃的软化温度，T_g-T_f 称为"转变"或"反常"区域。

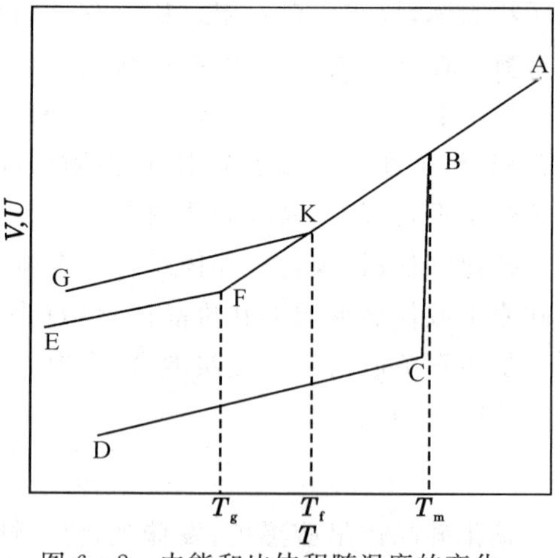

图 6-2　内能和比体积随温度的变化

BK—过冷区；　KG—快冷

KF—转变区；　FE—慢冷

按使用原料不同，可以把玻璃划分为石英玻璃、钠钙硅玻璃、硼酸盐玻璃和其他氧化物玻璃四大类。但目前大多数实用玻璃(如瓶罐玻璃、器皿玻璃、泡壳玻璃、平板玻璃等)都是以钠钙硅为基础的玻璃。

为了满足各种不同性能的要求，可在钠钙硅玻璃成分的基础上加入其他氧化物进行调节。

制造玻璃的原料分为主料和辅料。主料为石英砂、石灰石、纯碱等。辅料主要是一些澄清剂、着色剂等。

将 Na_2CO_3，$CaCO_3$ 和 SiO_2 按比例混合共熔，Na_2CO_3 和 $CaCO_3$ 高温分解成 Na_2O 和 CaO，后者进一步与 SiO_2 反应，拆开部分 Si－O 键，从而使体系的黏度下降成为透明的熔体，将熔体稍为冷却成型，之后再经缓慢过程提高强度，就可制得普通玻璃。其成分大致为 $Na_2SiO_3 \cdot CaSiO_3 \cdot 4SiO_2$。

若向熔体加入氧化钴可制成兰色玻璃，若用 B_2O_3 代替部分 SiO_2 则可制得硼硅酸硬质玻璃，用于耐高温的玻璃仪器或器皿。

按玻璃的用途分类，可分为建筑玻璃、技术玻璃（含特种玻璃）、日用玻璃和玻璃纤维等。

三、水泥材料

水泥是各行业基本建设的主要原材料之一，以硅酸钙为主要成分的熟料所制得的硅酸盐水泥为主要代表。我国国家标准《GB175—92》规定：凡由硅酸盐水泥熟料、0%～5%石灰石或粒化高炉矿渣及适量石膏磨细制成的水硬性胶凝材料称为硅酸盐水泥，亦称波特兰水泥。又根据是否掺加混合材料而分为Ⅰ型和Ⅱ型硅酸盐水泥。若掺有6%～15%的混合材料，即称为普通硅酸盐水泥；若掺入的混合材料达到一定数量时，则在前面冠以混合材料的名称，如矿渣硅酸盐水泥、火山灰质硅酸盐水泥、粉煤灰硅酸盐水泥等。此外，还可根据某种特殊性质或特殊用途而命名，如膨胀水泥、快硬水泥、油井水泥、耐火水泥等。

普通水泥呈灰褐色是因为含有少量 Fe_2O_3，若在生产中尽量去除 Fe_2O_3，就可得到近乎纯白色的白水泥。

普通硅酸盐水泥的主要技术要求：

(1)细度：80μm 方孔筛余不得超过 10%。

(2)凝结时间：初凝不得早于 45min，终凝不迟于 10 h。

(3)强度与标号：各龄期强度不得低于表 6－2 所给数据。

生产硅酸盐水泥的主要原料是石灰质原料（包括石灰岩、泥灰岩、白垩、贝壳等），黏土质原料（包括黄土、黏土等）和铁质校正原料（低品位铁矿石等）

水泥的生产主要经过 3 个阶段，即生料制备、熟料煅烧与水泥粉磨。

表 6－2　普通硅酸盐水泥各龄期强度数值(GB175－92)

标号	抗压强度/MPa		抗折强度/MPa	
	3d	28d	3d	28d
325	12.0	32.5	2.5	5.5
425	16.0	42.5	3.5	6.5
425R	21.0	42.5	4.0	6.5
525	22.0	52.5	4.0	7.0
525R	26.0	52.5	5.0	7.0
625	27.0	62.5	5.0	8.0
625R	31.0	62.5	5.0	8.0

第4节　无机功能材料

功能材料的种类很多，重要的有形状记忆合金、超导材料、半导体材料、激光光导材料、磁存储材料、吸声材料、光色材料，以及用于功能转换的热电材料、压电材料和磁光材料等。这些材料的成分主要是无机物，也有些是有机物，它们在现代工业科技领域以及在日常生活中有着十分广泛的应用。

一、形状记忆合金

20世纪60年代初，美国因军事需要，曾对钛镍合金进行了广泛而秘密的研究。研究中意外发现钛镍比例为1∶1时，弯曲的合金竟能自动恢复原来笔直的形状，也就是说这种合金能够记忆原来的形状。后来人们将某个塑性变形的金属材料经加热后恢复原形状的现象，称为形状记忆效应，将具有形状记忆效应的合金称为形状记忆合金。

事实上，外界温度的提高是引起试样恢复原状的原因。形状记忆合金在低温时，所处相态较软，易于变形，而在高温相态时较硬。例如1∶1的钛镍合金低温下很容易被弯曲。当弄弯形状的合金被加热到相变温度以上时，合金就会回复到原来高温相态的形状。

钛镍形状记忆合金是最早开发成功并获得应用的形状记忆合金。1970年美国太空飞船天线是用钛镍合金作成合金丝抛物面，在室温下折成球状放入飞船内，到太空后，通过加热或者利用太阳热能，使合金丝升温至350 K后，合金丝打开成为抛物面天线。现在形状记忆合金在机械、电子等诸多领域内获得应用，使用量最大的是制作管接口，此类管接口不用螺纹和铆钉，但接口效果极好。

除可靠性强的钛镍形状记忆合金外，铁基形状记忆合金记忆强度高、刚性好、易加工、价格便宜，很有开发前景。另外还发现某些有机高分子树脂也具有形状记忆功能。

二、超导材料

超导材料是指那些在某一临界温度下电阻降为零的物质。荷兰科学家昂尼斯(H. K. Onnes)最早发现在液氦温度(4.2 K)下，汞的电阻突然消失，这种现象后来被称为超导现象。进一步研究表明，要成为超导状态，物质的温度T、磁场强度H和电流密度J都必然处于相应的临界温度T_c、临界磁场强度H_c和临界电流密度J_c以下，而且物质内部的磁感应强度为零，也就是完全抗磁性的。

超导材料的电阻为零使其具有十分诱人的应用前景。但超低温的临界温度条件则为超导材料的应用带来很大困难。因此提高材料的超导转变温度，实现在液氮温区乃至室温下使用超导材料一直为科学家们所探求。从1911年昂尼斯最早发现超导现象到1986年的时间里，人们一直在寻找“高温”超导金属或合金，所找到的最好的Nb_3Ge合金，其T_c也不过是23.2 K。

1986年4月美国国际商用机器公司设在瑞士苏黎世实验室的研究者发现，钡镧铜氧化物陶瓷材料的转变温度为30 K，即在该条件下可能存在超导性，从此打开了混合金属氧化物超导体的研究方向。接着，中国科学院首次在世界上公布了临界温度T_c高于液氮(77 K)的钡钇铜氧体系，其T_c为93 K，即该系列材料在93K时电阻完全消失，并在此温度出现强抗磁性。

这一发现被誉为超导研究史上“划时代的成就”。之后，中国科技大学研制成功铋铅锶钙铜氧化物超导体，其 T_c 为 132 K，被认为是目前世界上临界温度最高的超导体。

氧化物超导材料制备简单，无需大量专用设备。以 Y－Ba－Cu－O 体系为例，取原子比为 Y∶Ba∶Cu＝1∶2∶3 的高纯 Y_2O_3，$BaCO_3$ 和 Cu_2O，研磨混合均匀，压结后置于氧气氛保护的管状炉中煅烧，即可得到 T_c 为 85～91 K 的黑色超导体。若将其粉碎、压结和煅烧，则性能会更好。另外一种制备方法效果更好，即所谓的前身物(Precursor)法。向 Ba^{2+}，Y^{3+}，Cu^{2+} 适当比例的混合液中，加入沉淀剂(一般为草酸)，控制实验条件，使之按所需的原子比实现离子级水平混合的共沉淀(即前身物)。将前身物高温分解，同时进行固相反应并烧结，即得到陶瓷超导材料。这种超导氧化物中起超导作用的是 $Y_1Ba_2Cu_3O_{7-8}$ 相，它是在烧结过程中自动形成的。

还发现一类具有超导性的物质是 M_xC_{60}(M 代表 K，Rb，Cs)。C_{60} 是人工合成的碳的第 3 种单质，即“足球烯”。这类超导体的 T_c 低于液氮温度，而且还要在惰性气氛下使用，但它们是有机三维超导体，因此具有很好的发展前途。

三、光导纤维

光通信中使用的纤维统称为光导纤维。光导纤维是由中心部位的芯纤和包敷此芯纤的包皮料组成，其中芯纤的折射率要高于包皮料的折射率。以一定角度入射的光就可以在芯纤和包皮料的界面上发生光的全反射，使入射光几乎全部被封闭在芯纤内部，经反复曲折前进到达光的输出端。

按化学成分不同，可以把光纤分为氧化物玻璃光纤、非氧化物玻璃光纤和聚合物光纤。氧化物玻璃光纤又可分为石英光纤和多元氧化物光纤，如 $SiO-CaO-Na_2O$ 等；属于非氧化物光纤的有氟化物玻璃等。一般用于制作聚合物光纤的材料有聚苯乙稀、聚甲基丙烯酸甲酯等。

石英光纤是目前最有实用价值的光纤。其制备方法很多，但大体按如下制备程序，即将气体原料 $SiCl_4$ 送入高温区后和 O_2 或 H_2O 反应，形成的 SiO_2 粉末会逐步沉积，加热堆积物便得到透明的、具有一定折射率的母体，再由母体拔成细丝而制得光纤。

四、磁存储材料

电脑中的关键部件——存储器就是由磁存储材料制成。磁性材料由于其两种磁化状态很适于二进制的 0 和 1 两个数，并且通过磁电转换便于传输，故适于制作存储器。磁泡存储器是一种很理想的的存储器。所谓磁泡，实际上是一种圆柱型磁单元(或磁畴)。在一些很薄的磁性材料中若在垂直于薄片方向加磁场，原本呈蜿蜒曲折的条状磁畴会收缩，当磁场达到一定大小时，则会收缩成圆柱状。这些圆柱状磁畴在材料表面上表现为圆形，好像水面上浮着一群水泡，在磁场作用下还会来回移动，故而得名。若以磁泡的有和无来表示 1 和 0 两种信息，则在材料上加以控制电路或磁路，就可做到控制磁泡产生、消失、传输、分裂等，以及磁泡的相互作用，从而完成信息的存储、记录、逻辑运算等功能。

可以做磁泡存储的材料并不多，一般有六方铁氧体($MFe_{12}O_{19}$)(M 表示碱金属)、氟化铁(FeF_3)、硼酸铁($FeBO_3$)、稀土正铁酸盐等。用作磁泡器件的材料还需是很薄(15μm 以下)的单晶片。当前发展重点是提高材料的磁泡密度、磁泡迁移率和温度稳定性。

五、吸声材料

电影院和音乐厅等都装有吸声材料，它的功能是把声能转换成热能，从而减少声音向外界传播。可用作吸声材料的有纤维材料、泡沫材料、粉刷涂料等。纤维吸声材料可以是玻璃纤维、矿物纤维、陶瓷纤维和聚合物纤维，这些纤维在声波作用下通过柔顺骨架的内部摩擦、空气摩擦和热交换达到吸声的目的。泡沫材料可以是泡沫玻璃、泡沫陶瓷或泡沫塑料等，这些吸声材料的共同特征是多孔，孔内的空气在声波作用时发生振动，与固体发生空气摩擦损耗使声能变为热能。变热的空气受压缩后再和固体发生热交换使声能进一步损耗。其他吸声材料的吸声原理也大致是声能变热的方式。

六、光色材料

变色眼镜是人们接触最多的光色材料。所谓光色材料是指受光照射可呈现颜色，停止照射颜色又能够可逆消退的一类材料。

光色材料之所以具有光致变色功能是由于材料中含有光致变色化合物，这些化合物有的是无机物，有的是有机物，无机光致变色化合物主要是因为光氧化还原反应而产生光致变色材料的。以卤化银光色玻璃为例，光致变色现象是因为玻璃中的卤化银发生可逆光分解反应引起的，即

$$\mathrm{AgCl} \underset{-h\nu}{\overset{+h\nu}{\rightleftharpoons}} \mathrm{Ag}\cdot + \mathrm{Cl}\cdot$$

在光的作用下，处于玻璃介质中的 AgCl 分解出银原子和氯原子从而使玻璃变为银灰色。这些原子既不与玻璃反应也不会从玻璃中逸出，在紫外线照射停止后又重新结合为无色的 AgCl。

光色材料以光色玻璃用途最广，可用作眼镜镜片或窗玻璃，也可用作全息照相的存储和显示材料。

七、超细纳米材料

纳米材料是指尺寸为纳米级(1～100 nm)的超细颗粒，经压制、烧结或溅射等而成的人工凝聚态固体。它是 20 世纪 80 年代发展起来的先进材料，被誉为“21 世纪最有前途的材料”。

纳米材料是指其组成相或结构畴尺寸控制在 100 nm 以下的材料的总称，即表现为粒子、晶粒或晶界等显微结构达到纳米尺寸水平，包括原子团簇、纳米颗粒、纳米碳管、纳米线、纳米薄膜和纳米固体材料。从特性内涵分析，纳米材料能够体现出小尺寸效应、量子尺寸效应、宏观量子隧道效应等纳米效应，使得纳米材料的性能优越于粗晶粒组成的传统材料。若按传统的材料学科体系划分，纳米材料可进一步分为纳米金属材料、纳米陶瓷材料、纳米高分子材料和纳米复合材料。若按应用目的分类，可将纳米材料分为纳米电子材料、纳米磁性材料、纳米隐身材料、纳米生物材料等。

原子团簇：通常把仅含有几个到数百个原子或尺度小于 1 nm 的粒子称为原子团簇，它是介于单个原子与固态之间的原子集合体。原子团簇比无机分子大，比具有平移对称性的块体材料小。它们的原子结构(键长、键角和对称性等)和电子结构不同于分子，也不同于块体。事实上，原子团簇还包括由数百个离子和分子通过化学或物理结合力组合在一起的聚集体，其物

理和化学性质也随所包含的原子数而变化，性质上既不同于单个原子和分子，又不同于固体和液体，也不能用两者性质做简单线性外延或内插来得到，而是介于气态和固态之间物质结构的新形态，常被称为“物质第五态”。

纳米颗粒：纳米颗粒是指尺寸为纳米量级的颗粒，其尺寸大于原子团簇，小于通常的微粉，一般在 1～100 nm 之间。这样小的物体只能用高分辨的电子显微镜（TEM）观察。

纳米颗粒的比表面积比块体材料要大很多，从而导致纳米颗粒电子状态发生突变。实验研究发现，当粒子尺寸进入 1～100 nm 范围时，粒子将具有表面效应、体积效应、小尺寸效应、量子尺寸效应和宏观量子隧道效应，因而表现出许多特有的性质，在催化、滤光、光吸收、医药、磁介质及新材料等方面有广阔的应用前景。

纳米碳管：纳米碳管是纳米材料的一支新军。它由纯碳元素组成，是由类似石墨六边形网格卷成的管状物，管子两端一般由含五边形的半球面网格封口。纳米碳管直径一般在 1～20 nm 之间，长度可以从纳米量级至微米量级。纳米碳管有许多特性，有广阔的应用前景，它们在超细高强纤维、复合材料、大规模集成电路、超导线材和多相催化等方面有着广阔的应用前景。

纳米薄膜：纳米薄膜主要是指含有纳米粒子和原子团簇的薄膜或纳米尺寸厚度的薄膜、纳米级第二相粒子沉积镀层、纳米粒子复合涂层或多层膜。上述纳米膜一般都具有准三维结构与特征，性能异常。一般而言，金属、半导体和陶瓷的细小颗粒在第二相介质中都有可能构成纳米复合薄膜。这类二维复合膜颗粒的比表面积大，具有纳米颗粒尺寸效应和量子尺寸效应，并存在与相应母体的界面效应，故具有独特的物理性质和化学性质。

纳米固体：又称为纳米结构材料，简称纳米材料。它是由尺寸为 1～100 nm 的颗粒或结构畴（晶粒或相）凝聚而成的三维块体。一般来说，各种材料其结构畴尺寸小至 1～100 nm 时，就有很大比例的原子处于晶界环境，因而具有与常规材料不同的特殊性质。

纳米复合材料：纳米复合材料大致包括三种类型：① 不同成分、不同相或者不同种类的纳米颗粒复合而成的纳米固体，称为 0－0 复合。② 把纳米颗粒分散到二维的薄膜材料中，称为 0－2 复合。这种复合材料又可分为均匀弥散和非均匀弥散两大类，均匀弥散是指纳米颗粒在薄膜中均匀分布；非均匀弥散是指纳米粒子随机地、混乱地分散在薄膜基体中。③ 把纳米颗粒分散到常规的三维固体中，称为 0－3 复合。

纳米材料具有特殊的结构。由于纳米微粒处于微观和宏观的过渡区域，是一种典型的介观系统，因此它具有一系列不同于微观和宏观物体的新异物理、化学特性。例如，合成的纳米 TiO_2 陶瓷晶体能被弯曲，其塑性变形可达 100％，人们长期不断探求的陶瓷增韧，在纳米陶瓷晶体中获得满意解决。纳米铁材料的断裂应力比常规铁材料高 12 倍。纳米铜材比常规铜材的热扩散增强了近 1 倍。纳米铂黑催化剂可使乙烯的氢化反应温度从 600℃降到室温。总之随着研究的不断深入，纳米材料在许多领域都有十分诱人的应用前景。

一般来说，任何固体物质均可制成纳米材料，只是制备方法不同而已。目前纳米材料研究的种类已涉及到有机物、无机物（包括金属和非金属）及非晶材料等，如何经济高效地制备纳米材料是必须优先解决的问题。目前已发展起来的制备方法主要分为物理法，包括蒸发冷凝法、物理粉碎法、机械合金法等，以及化学方法，包括气相沉积法、沉淀法、水热合成法、溶胶－凝胶法、溶剂蒸发法和微乳液法等。

八、人工晶体

人工晶体是一类重要的功能材料，它能实现光、电、声、磁、热、力等不同能量形式的交互作用和转换，在现代科研和生产中应用广泛。目前人工晶体在品种、质量、数量方面已远远超过了天然晶体。人工晶体的合成（生长）既是一门技术，又是一门科学。由于晶体需要在不同状态和条件下生成，加上应用对人工晶体的质量要求十分苛刻，因而造成了人工合成晶体方法和技术的多样性以及生长条件和设备的复杂性。如果说生长设备是晶体生长的“硬件”，那么晶体生长技艺就是它的“软件”。

中国现代人工晶体研究起步较晚，1950 年后期才有较大发展。目前，主要依靠自己的技术，已成功合成了几乎所有重要的人工晶体，许多晶体的尺寸和质量达到了较高水平，享誉国际市场。其中偏硼酸钡（BBO）和三硼酸锂（LBO）由我国率先研制成功；用下降法大规模生长锗酸铋（BGO），用助熔剂法批量稳定生长磷酸氧钛钾（KTP）的技术也是由我国率先开发出来。经过近半个世纪的发展，中国人工晶体的研究和生产在国际上已占有重要的地位。

人工晶体的应用涉及到电子学、微电子学、光学、光电子学、声学、磁学以及医学等许多重要学科领域。自 20 世纪 50 年代以来，人工晶体的品种越来越多，对发展高新技术的作用越来越大，对晶体生长技术要求越来越高，所涉及的学科领域越来越广，可以说现在人工晶体的发展已进入到体（块状）、面（薄膜晶体）、线（纤维晶体）和点（纳米晶）"全方位"的发展阶段。人工晶体作为一门科学，包括材料制备科学、晶体生长机理、新晶体材料的探索和晶体的表征等方面，充分体现了材料科学、凝聚态物理和固体化学等多学科交叉的特点。

人工晶体可按不同方法进行分类，按化学分类可分为无机晶体和有机晶体（包括有机一无机复合晶体）等；按生长方法分类可分为水溶性晶体和高温晶体等；按形态（或维度）分类可分为体块晶体、薄膜晶体、超薄层晶体和纤维晶体等；按其物理性质（功能）分类可分为半导体晶体、激光晶体、非线性光学晶体、光折变晶体、电光晶体、磁光晶体、声光晶体、闪烁晶体等。由于人工晶体主要作为一类重要的功能材料来应用，因此常采用上述最后一种分类方法。有些晶体具有多种功能和应用，因此，同一种晶体可以有不同的归类（如铌酸锂）。

晶体宝贵的物理性能是各类功能晶体应用的基础，它是由晶体和物质各层次结构以及组成决定的，由于长程有序的周期性和重复性构造，晶体有诸多共性，如均匀性、各向异性、对称性和固定熔点等。但由于晶体结构的多样性和晶体组成的千变万化，又赋予晶体各种各样的具体特性，例如金刚石中碳（C）原子以共价键结合成四面体结构，使它具有极高的硬度；在水晶构造中硅氧四面体沿 Z 轴呈三方螺旋对称的排列方式造成了晶体的压电和旋光特性；掺钕钇铝石榴石（Nd:YAG）晶体中激活的钕离子和石榴石优良的基质晶体的良好匹配使得 Nd:YAG 成为激光晶体中的佼佼者等等。因此，结构、组分和性能关系的研究在功能晶体材料中占有极重要的地位，它也是不断改进和提高各类功能晶体性能和探索新功能晶体材料的基础。

20 世纪初，维尔纳叶（Verneuil）发明了焰熔法来生长红宝石，并很快投入工业生产。为人工合成单晶代替天然晶体并实现产业化开创了先例。20 世纪 30 年代前后对晶体的各种生长方式进行了许多研究，许多重要的生长方法，特别是熔体生长方法，大都是在这一时期研究成功的。如查克拉斯基（Czochralski）的熔体提拉法（1918 年），布列奇曼（Bridgman）的坩埚下降法（1923 年），斯托勃（Stober）的温梯法（1925 年），基洛普罗斯（Kyropoulos）的泡生法（1926 年）等。1936 年斯托克巴格（Stockbarger）用坩埚下降法成功地生长出大尺寸的碱卤化物光学单晶。现代晶体生长方法和技术在第二次世界大战期间有很大的发展，由于电子学、光学和科学仪器对各种单晶的需求，使晶体生长技术发展到很高的水平，以满足对单晶的尺寸、质量和数量不断增长的要求。例如压电水晶大批量的水热合成、水溶性压电晶体的生长、绝缘材料云母的合成等都是在这期间发展起来的。

20 世纪 50 年代最突出的进展是成功地将熔体提拉法和区熔法用来制备并提纯锗和硅单晶，为半导体单晶的研究应用以及微电子学的发展开辟了广阔前景。目前半导体单晶已成了继人造宝石和人工水晶之后生产规模最大的商品晶体。另一个突破是 1955 年高压合成金刚石获得成功，目前工业上用的金刚石几乎有一半以上是由人工合成的。1960 年在红宝石晶体上首次实现了光的受激发射，激光的出现和应用推动了人工晶体的发展。此后，许多自然界没有的激光晶体、非线性光学晶体以及装饰宝石晶体先后被合成，其中有些已得到广泛应用。

九、特种玻璃

由于原子能、电子工业、计算机、医疗、激光等近代科学技术的进步及国防工业的需要，与其它无机材料一样，玻璃材料的发展非常迅速。传统的玻璃通过不断改进和创新，已研究开发出多种名目繁多的新型玻璃材料——特种玻璃。特种玻璃指除平板玻璃和日用器皿玻璃以外，利用精制、高纯或新型原料，采用新工艺在特殊条件下或严格控制形成过程制成的具有特殊功能或特殊用途的玻璃，包括经玻璃晶化获得的微晶玻璃。它们是在普通玻璃所具有的透光性、耐久性、气密性、形状不变性、耐热性、电绝缘性、组成多样性、易成型性和可加工性等优异性能的基础上，通过使玻璃具有特殊的功能，或将上述某项特性发挥至极点，或将上述某项特性置换为另一种特性，或牺牲上述某些性能而赋予某项有用的特性之后获得的。如今，高性能的玻璃不仅作为重要的无机结构材料，而且也是新型的功能材料之一，在现代科学技术发展中占有重要地位。

特种玻璃与传统的 Na_2O—CaO—SiO_2 玻璃具有以下几个方面明显的差别。

(1) 从纯硅酸盐系统发展至以硅酸盐、硼酸盐及磷酸盐为主的玻璃系统，并进一步出现了锗酸盐、碲酸盐、铅酸盐、锑酸盐、砷酸盐、铋酸盐、铝酸盐及钡酸盐等新的非硅酸盐氧化物玻璃系统。

(2) 从纯氧化物玻璃发展至卤化物、硫族化物和合金化物等非氧化物玻璃。

(3) 从不同类型玻璃混合而成混合玻璃，例如，氧化物与卤化物的氧氟化物；氧化物与硫系化物混合的 As_2S_4—As_2Se_4—R_nO_m。(其中 R 表示 Sb,Pb,Cu,Hg 等)三元玻璃；硫系化物与卤化物混合的含氟碲酸盐玻璃，以至阴离子混合的氮氧化物玻璃。

(4) 从纯无机化合物玻璃发展成 ORMOSIL 复合玻璃。最近还通过加入丙烯酸酯类化合物形成新的有机—无机玻璃。

(5) 从成分单纯的 Na_2O—CaO—SiO_2 系统发展至元素周期表中大部分元素为成分的多形式的特种玻璃。

从形状来看，特种玻璃已经从传统的板状、块体发展至薄膜和纤维，即从三维发展到二维和一维。另外，还有空心和实心及各种粒径范围的玻璃微球。若把近年来研究的玻璃量子点效应也包括进去，那么特种玻璃材料已进入零维范畴的研究。

另外，过去的观点认为玻璃是由单一均匀的玻璃态构成。随着特种玻璃的发展，首先出现了微分相的 Vycor 玻璃，继而出现了乳浊玻璃、微晶玻璃和泡沫玻璃。为了减少玻璃表面反射，近年来研究成功了所谓空气薄膜玻璃。这些都说明玻璃材料已从传统的均一玻璃态发展到多种不互溶的玻璃态，发展到玻璃与可控大小的晶态或气态共存的新型玻璃。

复合材料的发展也制造和创新了若干以玻璃和其它材料复合的新材料，例如，金属玻璃（玻璃和金属的复合）、夹层玻璃（玻璃和树脂膜的复合）、玻璃纤维增强水泥（玻璃和水泥的复合）、玻璃钢（玻璃和塑料的复合）等，而微晶玻璃也可看作是玻璃和陶瓷的复合。

特种玻璃的功能特点：特种玻璃已从单纯的透光材料和包装材料发展成具有光、电、磁和声等特性的材料。玻璃本身也从早期的单纯材料发展成为元件（如透镜、激光器件、超声延迟线等）。随着智能玻璃（Smart Glass）的发展，近年来玻璃已跨进了器件的时代。由此，普通玻璃向特种玻璃的过渡可视为材料向元件再向器件的过渡。随着科学技术的进步，玻璃材料的含义及内容也必将不断丰富和发展，其重要的特征之一是材料与器件成为了统一体。此外，由于生物玻璃的研究成功，玻璃已从一种无生命的材料发展成为有机体的修补或替换材料，即在特定条件下可对身体器官如骨骼、牙齿等有机体进行修复或置换。

制备玻璃的传统方法是采用坩埚窑和池窑工艺的高温熔融法，而特种玻璃的高温熔融法制备已发展为电加热、高频感应加热、多层坩埚熔炼、高压真空熔炼、太阳炉熔化、等离子火焰熔化以及激光熔化等多种手段。此外，制备玻璃的方法已有气相合成、真空蒸发和溅射、CVD和 MOCVD 等气相沉积、双辊急冷、低温合成、高能射线辐照以及当前发展相对较快的溶液凝胶法等多种制备工艺。

近年来，发展迅速的玻璃深加工工艺更是令人瞩目，它不仅简化了生产工艺，降低了成本，而且开发了许多改性玻璃品种，如高稳定性、高强度、绝缘、导电、半透光、反射、吸热及绚丽多彩的艺术装饰玻璃。物理方法以物理钢化工艺为代表，还有磨抛工艺、喷砂、车制等冷加工工艺以及激光加工工艺等，化学处理则包括有化学钢化（离子交换增强）、化学蚀剂、化学抛光、表面扩散着色以及化学涂层等工艺。

第 5 节　高分子材料

高分子材料的种类很多，不仅有通用的高分子材料，如塑料、橡胶、纤维、胶粘剂、涂料，还有功能化、精细化的高分子材料，如离子交换树脂、导电高分子材料、液晶高分子材料等，它们都是以高分子化合物为基体。高分子材料的性能主要由高分子化合物的性质决定。

一、高分子化合物概述

1. 高分子化合物的基本概念

高分子化合物是指相对分子质量很高（通常为 $10^4 \sim 10^6$）的一类化合物，又称高聚物或聚合物。高分子化合物有天然高分子和合成高分子之分。天然高分子化合物有淀粉、蛋白质、纤维素等。20 世纪初，人们才对合成高分子有所研究。合成高分子是由成千上万个有机小分子通过聚合反应连接而成，这些有机小分子称为单体。例如：最常见的高分子化合物聚乙烯是由乙烯为单体，经聚合反应制得的。即

$$nCH_2=CH_2 \longrightarrow \!\!\left(CH_2-CH_2 \right)\!\!_n$$

乙烯　　　　　　聚乙烯

己二胺和己二酸缩聚反应制得聚酰胺－66，结构为

$$\left[NH(CH_2)_6NHCO(CH_2)_4CO \right]$$

其中$-CH_2-CH_2-$，$-NH(CH_2)_6NHCO(CH_2)_4CO-$称为高聚物的链节。

高聚物和普通有机小分子相对分子质量之间的巨大差别，导致高聚物与有机小分子的性能有很大差别。如高聚物比较难溶于水和一般的有机溶剂，有的甚至不溶。如果高聚物溶解，溶解前先溶胀，而且高聚物溶液的黏度，比同等浓度的有机小分子溶液的黏度要高很多。由于相对分子质量高，高聚物分子间作用力大，通常只能呈黏稠的液态或固态，不能呈气态；固态的高聚物具有一定力学强度，可抽丝，能拉膜。

2. 高聚物的命名及分类

(1)高聚物的命名：高聚物有许多命名法，常见的命名方法：

1)根据单体名称来命名：由一种单体合成的高聚物命名时，习惯在对应的单体名称前加一个“聚”字，如：聚乙烯、聚丙烯、聚异戊二烯等。由两种单体合成的高聚物，常在两种单体名称后加“树脂”或加“共聚物”，例如由苯酚和甲醛合成的聚合物称为苯酚-甲醛树脂，简称酚醛树脂。

2)根据高聚物的结构特征来命名：例如，聚醚是根据分子中的醚键($-O-$)特征来命名；聚酰胺分子中有酰胺键($-\overset{\overset{\displaystyle O}{\|}}{C}-NH-$)。这类高聚物代表的是一大类，如聚酰胺这类高聚物又可分成聚己二酰己二胺(又称尼龙-66)；聚癸二酰癸二胺(尼龙-1010)等。

有许多高聚物也常用它们的商品名称，其名称则是五花八门。对同一种高聚物，不同国家有不同的商品名称，很难统一。就我国而言，习惯以“纶”作为合成纤维的名称，有涤纶(聚对苯二甲酸乙二酯纤维)，锦纶(聚酰胺纤维或称尼龙)，丙纶等，用“橡胶”作为合成橡胶的名称，如丁苯橡胶、顺丁橡胶。

1972年国际纯粹和应用化学联合会(IUPAC)，制定了以高聚物的“结构重复单元”为基础的系统命名法。虽然IUPAC命名法比较严谨，但非常繁锁，到目前未被推广使用。

(2)高聚物的分类：高聚物的分类有许多种方法。

1)根据高聚物的主链结构分类：①碳链高聚物：高聚物分子主链全部由碳原子组成，如，聚乙烯、聚氯乙烯、聚丙烯等；②杂链高聚物：构成高聚物分子主链的元素除了碳原子，还有氧、氮、硫、磷等元素；③元素高聚物：主链中不含碳原子，只有硅、氯、铝、硼等元素。如：聚硅氧烷

$$\left[\begin{array}{c} R \\ | \\ Si-O \\ | \\ R \end{array} \right]_n$$ 。

2)根据高聚物的机械性能和用途分类：高聚物可分为塑料、橡胶、纤维、涂料、胶粘剂等5大类，这是最常用的分类方式。

3. 高聚物的合成方法

高聚物是由有机小分子合成的，有机小分子结合形成高分子化合物的过程称为聚合反应。聚合反应常分为加成聚合反应和缩合聚合反应。

(1)加成聚合反应：简称加聚反应，是一种或多种有机小分子单体，通过加成反应结合成高

聚物的过程。其中，由一种单体合成的高聚物称为均聚物，由两种或两种以上单体合成的高聚物称为共聚物。

均聚物

$$n\mathrm{CH_2{=}CH_2} \longrightarrow \mathrm{\!\left(CH_2-CH_2\right)\!_n}$$

乙烯　　　　聚乙烯

$$n\mathrm{CH_2{=}\underset{\underset{\displaystyle Cl}{|}}{CH}} \longrightarrow \mathrm{\!\left(CH_2{-}\underset{\underset{\displaystyle Cl}{|}}{CH}\right)\!_n}$$

氯乙烯　　　　聚氯乙烯

共聚物：由丙烯睛、丁二烯和苯乙烯通过加聚合成的 ABS 塑料，为共聚物。（结构式见表 6-4）

（2）缩合聚合反应：简称缩聚反应，是由相同的或不同的单体相互聚合成为高聚物，同时有小分子析出的反应。析出的小分子常有 H_2O，NH_3，HCl 等。如聚对苯二甲酸乙二酯，结构如下：

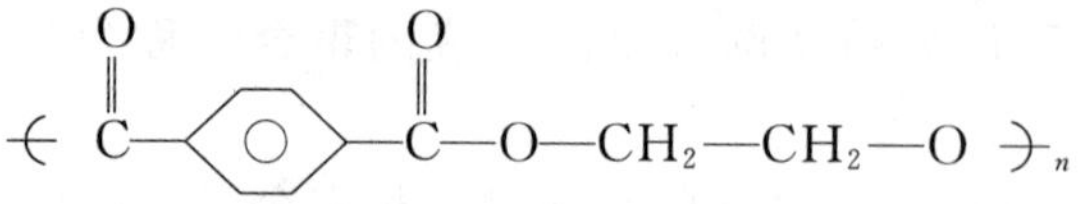

是在单体乙二醇和对苯二甲酸的活性官能团－OH，－COOH 上发生反应的。缩聚反应时，高分子链向两个方向增长，同时析出小分子 H_2O，所得的高聚物是线型高聚物。如果单体含有三个或三个以上活性官能团，缩聚反应后所得高聚物常为体型高聚物。

4．高聚物的结构与性能

（1）高聚物的结构与热性能：合成高分子化合物的结构有线型和体型两种类型。如图 6-3 所示。

线型高分子化合物是指构成高聚物的许多链节相互连接成一条长的分子链，其长度为其直径的几万倍。单体分子经加聚或缩聚反应都能得到线型高分子化合物。如聚乙烯、聚苯乙烯、尼龙-66 等均为线型高分子化合物。高分子化合物的主链是由碳原子或其他原子以共价键结合的，线型高分子化合物分子链节与链节之间可以自由旋转，因此在高聚物受热时，硬的高聚物逐渐变软，并有一定弹性。继续加热，分子链得到能量可以自由运动，成为黏流的液体；当温度下降时，可呈现出与加热过程逆向变化的物理性质，高聚物由黏流的液体变至坚硬的固体。具有这种特性的高分子化合物称为热塑性高聚物。热塑性高聚物碎屑可进行再生和再加工。聚乙烯、聚氯乙烯、ABS 树脂、聚酸胺等都属于热塑性高聚物。

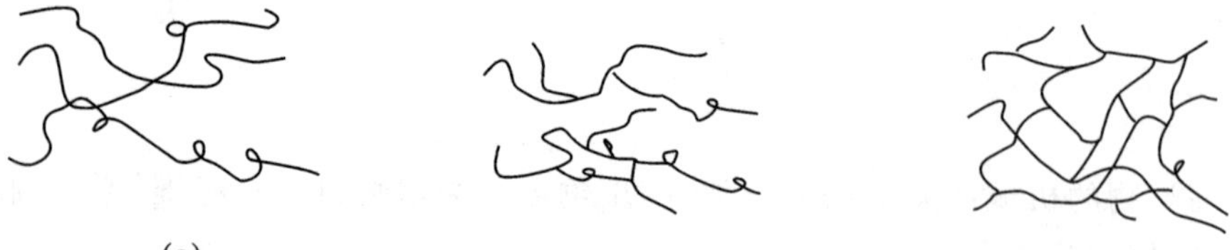

(a)　　　　(b)　　　　(c)

图 6-3　高分子的线型和体型结构示意图

(a)链型；(b)链型(有支链)；(c)体型

当长链高分子带有其他官能团时，分子链之间可以通过官能团发生反应，形成化学键使分子链交联起来，就得到体型结构。体型高聚物中分子链节被固定不能自由旋转，其物理性质不再随温度变化而变化，即变成永久固定形状的高聚物。当温度很高时，高分子化合物的化学键被破坏，高聚物热降解。这类高聚物称热固性高聚物。环氧树脂、酚醛树脂是典型的热固性高聚物，不饱和聚酯树脂、有机硅树脂、聚氨酯等也属这类高聚物。它们具有耐热性好、刚性好的特点，一般用作工程和结构材料。

(2)高聚物的晶态与非晶态：热塑性高聚物按其分子链在空间的排列情况不同，可分为晶态和非晶态。晶态高聚物中分子链有规则的排列；非晶态高聚物中分子链的排列是无规则的。与小分子不同，高聚物不容易形成完整晶体，分子链的有序排列只能在某些局部范围，即高聚物晶体中含有晶态部分和非晶态部分。如图 6-4 所示。

高聚物的结晶情况，常用结晶度来表示。结晶度高的高分子材料的机械性能、耐溶性、耐热性等都较好，这类高分子化合物可以作合成纤维。非晶态线型高分子化合物在一般条件下，分子链处于自然蜷曲状态，分子之间无规则的缠绕在一起，具有一定柔顺性。当有外力作用时，蜷曲的分子链可以被拉直。除去外力，分子链又恢复到原来的蜷曲状态，所以非晶态线型高分子化合物具有弹性。

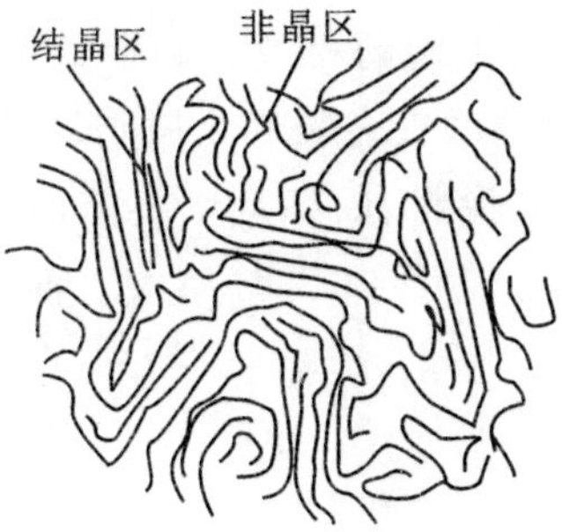

图 6-4 高聚物中晶区与非晶区分布图

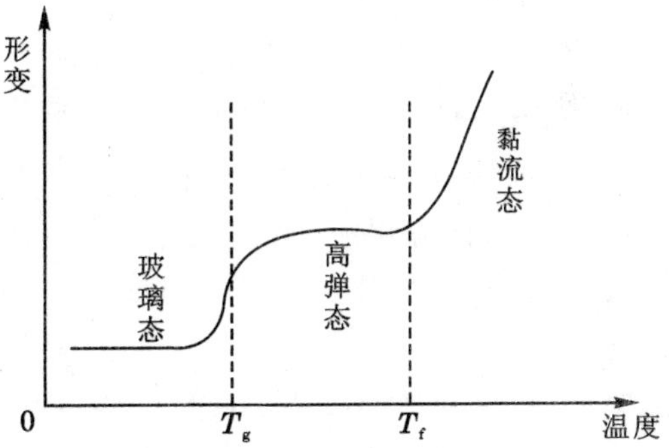

图 6-5 非晶态线型高聚物的形变-温度曲线

非晶态线型高分子化合物无固定熔点，温度不同时呈 3 种不同的物理状态。如图 6-5 所示，即玻璃态、高弹态和黏流态。温度较低时，高聚物分子链受限制不能自由运动，每一条分子链都有一定的位置。此时的高聚物具有一定的形状，像玻璃一样坚硬，这种状态称为玻璃态。温度升高，高聚物分子链吸收能量，分子链节可以转动，表现为高聚物具有一定弹性，此时高聚物处于高弹态。高聚物由玻璃态向高弹态转变的温度称为玻璃化温度，用 T_g 表示。对高聚物继续加温，分子链吸收能量可以进行分子链间的滑动，高聚物呈黏流状液体，这时高聚物为黏流态。由高弹态向黏流态转变的温度称黏流化温度，用 T_f 表示。

习惯将 T_g 在室温以上的高聚物称为塑料，T_g 在室温以下的高聚物称为橡胶。T_g 和 T_f 对高聚物的加工和应用十分重要。对橡胶来讲，要保证橡胶具有较高的弹性，橡胶的使用温度必须高于 T_g。因为在 T_g 以下，高聚物处于玻璃态，橡胶会发硬、变脆、没有弹性。橡胶要选择 T_g 低而 T_f 高的高聚物，这样其高弹态的温度范围宽，使用范围广。塑料和纤维是在玻璃态下使用，T_g 为其温度上限。在 T_g 以上，高聚物处于高弹态，塑料或纤维将丧失机械强度，不能使用。所以，塑料和纤维的 T_g 越高越好。另外，塑料还要易于加工成型，T_f 越低越好。也就是说，塑料的 T_g 与 T_f 的差值要尽量的小。

(3)高聚物的机械性能与电性能：高聚物的机械性能主要是指抗压、抗拉、抗弯、抗冲等。这些性能取决于高聚物的结构、平均聚合度(相对分子质量)、结晶度和分子间力等。高聚物的平均聚合度大，可使拉伸强度和抗冲强度提高。高聚物分子链存在极性基团或分子链间能形成氢键，分子链间的作用增大，可以提高高聚物的强度。聚氯乙烯分子中有极性基团－Cl，其拉伸强度就比聚乙烯高。如果高聚物结晶度高，分子链间作用力大，机械强度也会很高。

高聚物一般都是绝缘体。其绝缘性因分子链所含极性基团的不同而有差别，基团极性越大绝缘性越差，基团极性越小绝缘性越好。

(4)高聚物的化学性能：高聚物一般为固态，其分子链缠绕在一起，高聚物分子链上的许多基团被包在内部，当有化学试剂加入时，只有少量露在外面的基团与化学试剂反应，所以高聚物的化学性质稳定，可耐酸、耐腐蚀。因此，高分子化合物常被用作防护层，如电线外层保护层。高分子材料可以长期使用，如日用塑料制品，汽车轮胎，居民楼排水管道等。

二、普通高分子材料

普通高分子材料有塑料、橡胶、纤维、涂料、胶粘剂。塑料、橡胶和纤维被称为三大合成材料，但它们有时没有很严格的界限，用不同的加工方法可制成不同的材料。如聚氯乙烯塑料，也可以抽丝制成纤维(氯纶)。另外，我们把聚合后未加工成型的聚合物称为树脂，以区别加工后的塑料或纤维制品。如聚酯纤维未抽丝前称为聚酯树脂。涂料、胶粘剂则不需加工直接以树脂形式使用。由于高分子化合物的种类不同，加工方法不同，及加工时加入了不同的改性剂，所以各类高分子材料具有不同性质。

1. 塑料

塑料是具有可塑性的高分子材料。即在加热、加压条件下，可塑制成型，在通常条件下保持其形状。一般来说，塑料是以高聚物为基料(40%～100%)，加入各种添加剂(如增塑剂，防老剂，发泡剂，填料等)制成的。添加剂的使用可赋予塑料良好的性能，拓宽其使用范围。塑料的种类非常繁多，按其用途可大致分成通用塑料、工程塑料等。塑料的用途非常广泛，除了大量用于制造生活用品外，还用于农业、机电、建筑、医疗等行业。随着科技的进步和社会的发展，塑料的使用范围将得到进一步的拓展和开发。

塑料很轻，密度一般约为 0.9～2.0 g/cm^3，是轻金属铝的一半，常用在需要减轻自重的装备上(轮船、飞行器等)。塑料有一定的机械强度，而且化学性能稳定，常用作包装材料。塑料具有优良的机械性能、耐热性、尺寸稳定和耐磨性，可以代替某些金属或玻璃、木材等，做各种机器零件、仪表外壳、家具、建材等。具有良好耐磨性的聚酰胺，甚至被用来做轴承。

(1)通用塑料：通用塑料指的是性能较好、价格低、产量大、用途广的塑料，广泛用于日常生活和一般制品。目前，应用最广的是聚乙烯、聚丙烯、聚氯乙烯，聚苯乙烯(通常称为“四烯”)和酚醛树脂、氨基树脂等六大通用塑料。它们的主要性能和应用如表 6－3 所示。

表 6-3　通用塑料的主要性能及应用

名称	化学结构	特点	应用
聚乙烯 PE	$\left[CH_2-CH_2 \right]_n$	无毒，耐酸碱及盐类水溶液腐蚀。长期浸水不腐烂，柔性好但不耐老化	用于电气、化工、建筑，食品包装，医疗用品，农用膜
聚氯乙烯 PVC	$\left[CH_2-CH(Cl) \right]_n$	耐酸、碱、盐的腐蚀。不易燃烧，耐磨、耐油好、价格低、不易碎	工业型材及防腐材料，零件外壳，人造革，家具及日用品
聚丙烯 PP	$\left[CH_2-CH(CH_3) \right]_n$	无毒，有较强的刚性和曲折性，耐温性好，化学稳定性好，耐腐蚀性好，透明度高、质量轻，不耐油、易老化、脆性大	家用电器外壳，汽车零部件，医用注射器，包装品，玩具及家庭日用品
酚醛树脂	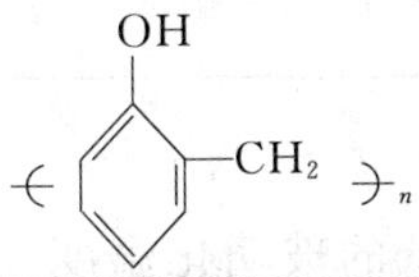	耐热，耐寒性能好，表面硬度高，缘绝性能好，可长期在110℃左右使用，树脂本身改性性能好	汽车、电子、航空航天及国防工业等
聚苯乙烯 PS	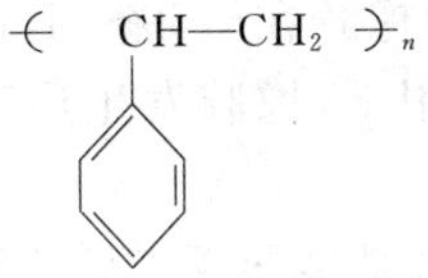	无毒，适明性好，色泽鲜艳，材质刚硬，脆性大，耐油性差	各种生活日用品，各种仪器外壳，光学零件，化工储罐，电讯零件，及其他工业用品
氨基树脂	$\left[NH-C(=O)-NH-CH_2 \right]_n$	无毒，无味，对霉菌作用稳定，耐溶剂，成本低，外观好	日用品，家具，车箱，轮船，电器外壳，装饰板等

(2)工程塑料：工程塑料是指机械性能优良，具有某些特殊性质(尺寸稳定、耐磨、硬质、耐热、耐腐蚀等)，广泛应用在工程上的塑料。常见的工程塑料有聚酰胺，聚碳酸酯、聚砜、聚甲醛、ABS塑料。其主要性能及应用如表 6-4 所示。

表 6-4　几种常见的工程塑料

名称	化学结构	特点	应用
聚甲醛	$\left[CH_2O \right]_n$	在－40～100℃范围内使用，具有良好的耐磨性和自润滑性，良好的耐油性耐农药性及耐过氧化物性能	可代替各种有色金属和合金制造齿轮、阀门、凸轮、管道、汽车轴承、变换继电器
聚酰胺	$\left[NH\left(CH_2 \right)_5-C(=O) \right]_n$	良好的韧性、耐磨性、自润滑性，无毒，抗霉	可代替不锈钢、铝、铜等金属，用于制造机械、仪器仪表、汽车的零件、轴承及泵叶

续 表

名称	化学结构	特点	应用
聚碳酸酯	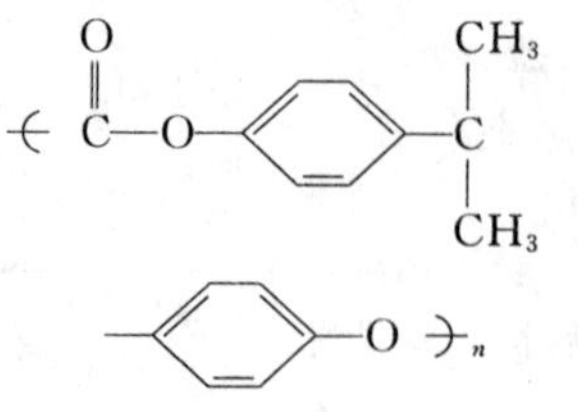	使用温度范围宽（－100～130℃），高透明性，优良的抗冲性和韧性	可代替某些金属、合金玻璃、木材等，广泛用于制造齿轮、仪表外壳、照明灯罩、防弹玻璃等
ABS（丙烯腈、丁二烯、苯乙烯的共聚物）	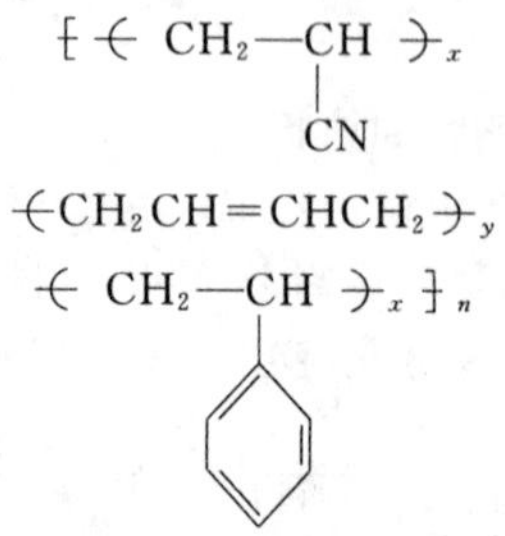	良好的电绝缘性、弹性和机械强度，耐热、耐腐蚀、表面硬度高	可用于制造电信器材、汽车、飞机零件

2. 橡胶

橡胶是常温下具有弹性的高分子材料。橡胶具有较低的玻璃化温度 T_g（低于室温）和较高的黏流化温度 T_f。在常温下，橡胶处于高弹态。通常的橡胶在－50～100℃内仍具有弹性，某些特殊橡胶可在－100～200℃保持高弹性。在外力作用下，橡胶发生形变，除去外力后，又会恢复到原来的状态。

橡胶包括天然橡胶和合成橡胶。天然橡胶的主要成分是聚异戊二烯。天然橡胶以三叶橡胶树的汁液为原料，经炼制而成，具有良好的弹性和加工性能。天然橡胶的综合性能比一般合成橡胶好，但其产量受地理、气候等条件的限制，远远不能满足经济发展的需要。合成橡胶的原料来源不受限制，产量高，因而发展很快。合成橡胶按性能和用途不同可分为通用橡胶和特种橡胶。通用合成橡胶与天然橡胶相似，其物理机械性能和加工性能较好，广泛用在制造工业和日常生活用品。例如：可以制造各种轮胎、运输带、密封圈、电线电缆、医疗用品及日常生活用品等。特种合成橡胶是具有特殊性能（如具有耐寒、耐热、耐油、耐腐蚀、耐辐射等）在特定条件下使用的橡胶。例如：输油胶管、设备防腐衬里、油箱的密封垫等。其性能及应用如表 6－5 所示。

表 6－5　橡胶的性能及应用

名称	化学结构	特点	应用
丁苯橡胶	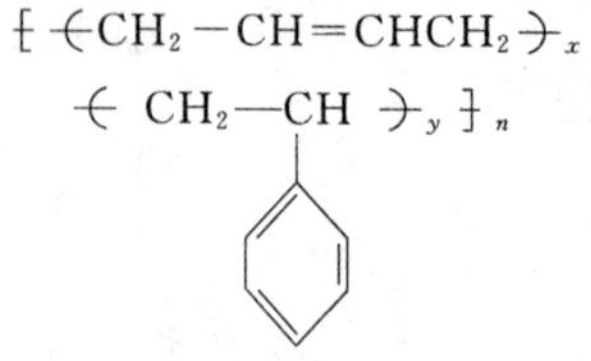	耐热、耐磨、绝缘性比天然橡胶好，但弹性、抗拉强度和黏着力不如天然橡胶	制造轮胎、传送带、密封配件、绝缘材料、胶管等

续表

名称	化学结构	特点	应用
氯丁橡胶	$\left(CH_2-\underset{Cl}{\underset{\mid}{C}}=CH-CH_2 \right)_n$	耐油、耐候、耐臭氧的性能好，机械性能与天然橡胶相似，但弹性、耐寒性差	制造耐油制品、化工设备防腐衬里、海底电缆、胶管等
丁氰橡胶	$\left[\left(CH_2-CH=CH-CH_2 \right)_x \left(CH_2-\underset{CN}{\underset{\mid}{CH}} \right)_y \right]_n$	耐油、耐磨、耐热、耐碱、耐酸，气密性好。弹性、耐寒性、绝缘性较差	制造特种耐油制品、汽车轮胎、工业垫圈、运输带及耐热橡胶制品
硅橡胶	$\left(\overset{CH_3}{\overset{\mid}{\underset{CH_3}{\underset{\mid}{Si}}}}-O \right)_n$	优良的绝缘性、很高的耐热性、耐寒性和耐氧化性。但机械强度低，耐油性差	制造绝缘材料及衬垫密封
氟橡胶	分子结构中含有氟原子的橡胶总称	具有高度的热稳定性和化学稳定性，使用温度范围宽，耐高真空，但耐寒性差，加工性能不好	制造飞机零件、高真空设备及宇宙飞行器中最重要的橡胶部件等

3. 合成纤维

纤维是人们常用的又一类高分子物质，可分成天然纤维、人造纤维和合成纤维。天然纤维是棉、麻、毛、丝等直接取自天然动植物的纤维。人造纤维是以棉短绒、木材、芦苇等天然纤维素为原料，经化学处理制得的，如粘胶纤维、醋酸纤维等，可以作服装、轮胎帘子线等。合成纤维是以煤、石油、天然气为原料，用化学方法合成的。合成纤维的品种很多，主要品种有涤纶、锦纶、维纶、丙纶和氯纶等。其中前 3 种最为常见，其产量占合成纤维总产量的 90%以上。按高聚物的主链结构不同，合成纤维可分成碳链纤维和杂链纤维两大类。碳链纤维即高聚物的分子主链上全部是碳原子，是由不饱和烯烃类化合物通过加聚反应制得。如：聚丙烯腈纤维（腈纶）、聚氯乙烯纤维（氯纶）、聚乙烯醇缩甲醛纤维（维纶）等。杂链纤维则是高聚物的分子主链除了含有碳原子外，还有 O，N，S 等其他原子。杂链纤维通常是由双官能团的单体发生缩聚反应而制得的。如聚酯纤维（涤纶）、聚酰胺纤维（锦纶）等。

合成纤维都是线型高分子化合物，分子链比较直、支链少，链的排列也比较整齐。合成纤维的这种结构有利于分子定向排列，构成分子内部的局部结晶。合成纤维分子主链上存在极性基团，这也有利于分子的部分结晶，形成晶区，同时增加纤维强度。合成纤维里分子排列不整齐的区域，形成局部无定型区。在无定型区内，分子链可自由运动，使合成纤维柔软而富有弹性。在合成纤维分子内，晶区和无定型区的有机结合，使合成纤维既有柔性又具有一定的强度。总的来说，合成纤维具有强度高、弹性大、耐磨、耐化学腐蚀、耐光、耐热等性能，除了用作衣料等生活用品外，在工业、农业、交通、国防等部门也被用作重要材料。一些合成纤维的性能用途如表 6－6 所示。

表 6-6　常见合成纤维的性能与用途

名称	单体	化学结构	性能与主要用途
聚对苯二甲酸乙二酯（涤纶）	对苯二甲酸 乙二醇	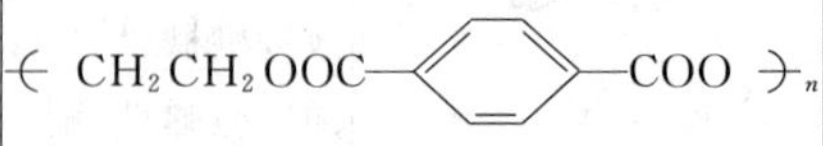	吸湿性小、耐热、耐光、回弹性及绝缘性好；用于服装、帘子线、缆绳等
聚酰胺（锦纶）	己内酰胺	$\mathrm{+NH(CH_2)_5CO+}_n$	耐磨、耐油、耐水性极好，耐热性差；用于渔网、降落伞等
聚丙烯腈（腈纶）	丙烯腈	$\mathrm{+CH_2-CH(CN)+}_n$	耐光、耐候性优良，吸湿性小；用于生产绒线和仿毛织品
聚丙烯（丙纶）	丙烯	$\mathrm{+CH_2-CH(CH_3)+}_n$	耐磨、电气绝缘性好，耐候性差；制作蚊帐、运动衣、包装带等
聚氯乙烯（氯纶）	氯乙烯	$\mathrm{+CH_2-CH(Cl)+}_n$	耐燃烧性好，耐光性差；用于制作服装

4. 胶粘剂

胶粘剂又称黏合剂，它能通过黏附作用使被粘结物体结合在一起。胶粘剂可分为天然胶粘剂和合成胶粘剂。天然胶粘剂如骨胶、虫胶、淀粉、黏土等，它们的种类较少，应用范围受局限。合成胶粘剂品种很多，目前已达 5 000 多种。合成胶粘剂使用方便、快捷、经济，而且具有接头光滑、应力分布均匀、密封好、防腐、绝缘等优点，其应用十分广泛。从儿童玩具、工艺品，到飞机、火箭、卫星都要用到胶粘剂。例如：木材加工、建筑室内装修、医疗上的补牙、外科手术等常常用到胶粘剂，工业电器、仪表、汽车、飞机等的制造中，胶粘剂也起着非常重要的作用。

合成胶粘剂是由黏料（各种高聚物树脂）、固化剂、增塑剂、抗氧剂、填料等组成。黏料是胶粘剂基本成分，对胶粘剂的粘结性能起决定性作用。作黏料的高聚物树脂中含有极性基团，这些极性基团可以与被粘结物中的极性基团相互作用而牢固结合。被称为“万能胶”的环氧树脂就有环氧基、脂肪羟基、醚基等许多极性基团。固化剂的作用是使反应性黏料固化粘结。加入的固化剂与黏料发生化学反应，使黏料由流动态、半流动态变为固态。增塑剂的作用是增加韧性、提高粘结接头结构的抗剥离能力。增塑剂都是高沸点的液态有机物，如邻苯二甲酸二丁酯、磷酸三甲酯等。填料的作用是提高胶接强度，增加胶层硬度，提高耐热性，降低收缩率及降低成本等。常用的填料有金属（铜粉、银粉等）、氧化物（氧化铝、氧化镁、二氧化钛等）、碳酸盐（碳酸钡、碳酸钙等）、金刚砂、瓷粉等。除了广泛使用的一般粘结的胶粘剂外，还有许多特殊的胶粘剂。在特殊条件下使用的具有特殊性能的胶粘剂称为特种胶粘剂。人造地球卫星，由于穿过大气层时表面受到高速气流冲刷急剧升温，因此所使用的胶粘剂必须耐高温。特殊胶粘剂可以通过加入特殊填料获得。如加入导电金属粉，制成导电性胶粘剂；加入磁粉，制成导磁性胶粘剂。下面介绍几类常用的胶粘剂。

(1)环氧树脂胶粘剂:环氧树脂是一种性能优良的胶粘剂,具有粘接力强,耐腐蚀性、耐温性优良,收缩率小,可以在150～200℃下长期工作,耐寒性可达－50℃。其结构如下:

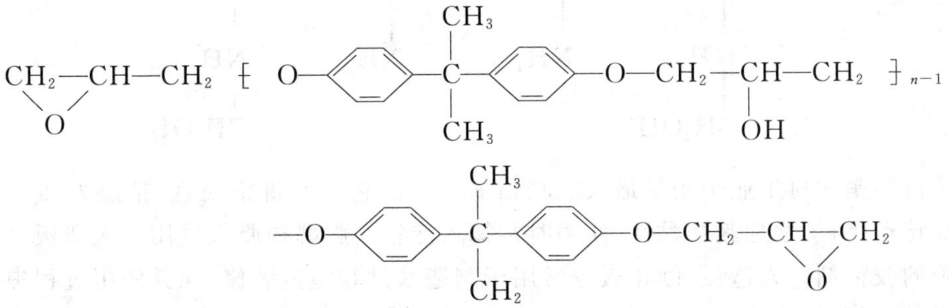

由于分子中有环氧基团,故称环氧树脂胶。通过环氧基团和固化剂反应可使环氧树脂成体型高聚物,将被粘接物黏合在一起,常用的固化剂有乙二胺等。

环氧树脂胶粘剂是使用最广泛的胶粘剂,在建筑上可黏合混凝土砖及建筑物上的玻璃、塑料、木材等。医疗中环氧树脂用于皮肤胶粘剂。还能够粘合金属、橡胶、陶瓷、皮革、纤维等材料。

(2)酚醛树脂胶粘剂:酚醛树脂胶粘剂是使用最早,也是目前使用较广的一种合成树脂胶粘剂。它是用苯酚与甲醛以一定比例,在酸作催化剂条件下缩聚而成的,即

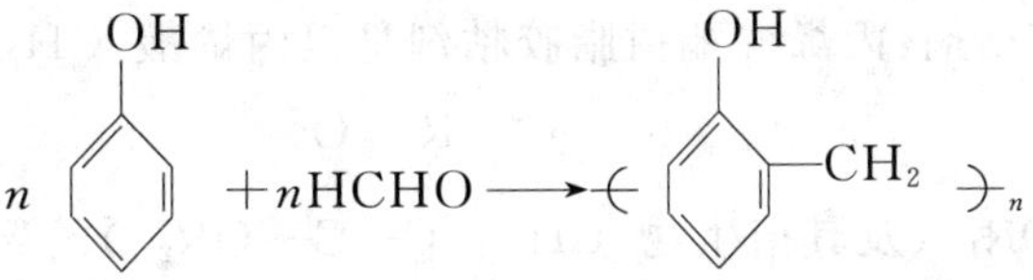

上述缩聚反应可得到线型酚醛树脂。与环氧树脂类似,在固化剂作用下将被粘物黏结在一起,同时形成体型高聚物。

这类胶粘剂强度较高,具有耐热、耐老化、耐溶剂、不易燃等特点。和其他胶粘剂复合,用以改善胶粘剂的抗水性、初黏性等,如用聚乙烯醇缩醛与酚醛树脂制得的复合胶,可以改善原来酚醛树脂胶的韧性。酚醛树脂胶粘剂主要用于木材加工和家具工业,其次是建筑业和铸造业以及其他一些行业。酚醛树脂价格较低廉,在木材行业主要用于粘结刨花板和家具。用于汽车制动器的衬里及其他磨擦件的黏合。在机器制造行业中,作为铸造型砂胶粘剂。

(3)脲醛树脂胶粘剂:脲醛树脂是由尿素与甲醛反应得到的产物。其中第一步加成反应得各种羟甲基脲的混合物,即

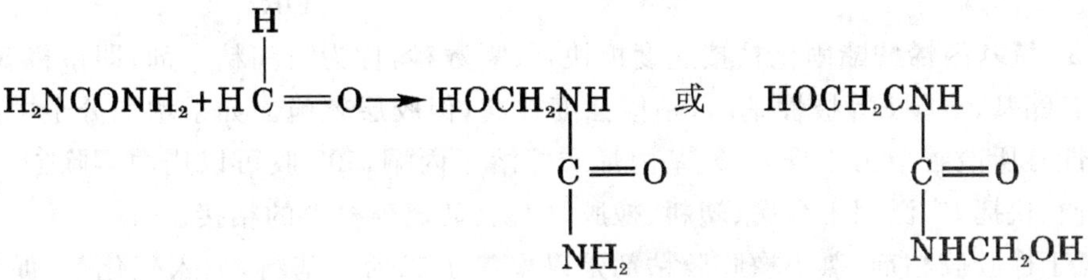

一羟甲基脲　　　　二羟甲基脲

上述产物经缩合、脱水反应得线型脲醛树脂胶,其结构可能为

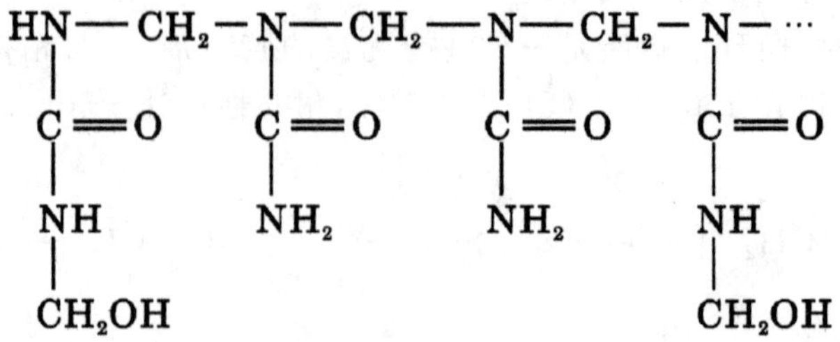

脲醛树脂是木材工业中用量最大的胶粘剂之一。它具有价格便宜，粘接力强，固化快，涂层无色等特点，为了增加其初黏性，使用时常掺入淀粉。脲醛树脂大量用于人造板、刨花板、中密度板等的胶粘剂。人造板、刨花板等常用于制造家具和室内装修，在其使用过程中常释放出游离甲醛，室内空气中的甲醛超标问题已越来越引起人们的关注。游离甲醛产生的主要原因：一是脲醛树脂的合成反应是可逆反应，不能将产品中的甲醛残留物完全除去；二是在树脂的合成反应中伴有生成醚键化合物（$—CH_2OCH_2—$）、半缩醛等不稳定基团的副反应，这些基团在热压条件下易释放出游离甲醛；三是在树脂固化时，羟甲基受热也会分解放出游离甲醛。目前人们采取多样方法，解决树脂中游离甲醛的超标问题，常用的方法是在脲醛树脂加入三聚氰胺、氨水、硫脲等物质捕捉游离甲醛。这些措施无疑会增加脲醛树脂的使用成本。

(4)丙烯酸酯树脂胶粘剂：丙烯酸酯树脂胶粘剂是以丙烯酸 $CH_2=CH—\overset{\overset{O}{\|}}{C}—OH$ 和丙烯酸酯 $CH_2=CH—\overset{\overset{O}{\|}}{C}—OR_1$（及其衍生物 $CH_2=\overset{\overset{R_1}{|}}{C}—\overset{\overset{O}{\|}}{C}—OR_2$）的聚合物为主料得到的胶粘剂，丙烯酸酯包含丙烯酸乙酯、丙烯酸丁酯和丙烯酸己酯等。

丙烯酸酯树脂胶粘剂有乳液型和溶液型。乳液型丙烯酸酯黏合剂在纺织工业中作无纺织物和丝绒的胶粘剂，还可用于聚氨酯泡沫塑料、地毯背衬、装饰材料的胶粘剂。溶液型是家具制造中的黏合剂。

α-氰基丙烯酸酯是一种无色透明液体，在微量水作用下，能发生聚合。其聚合反应为

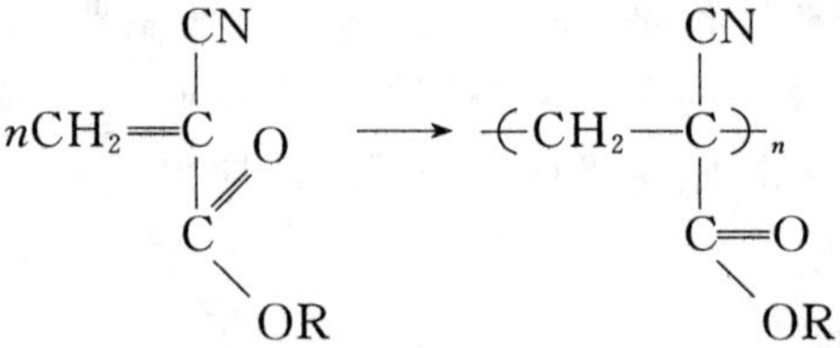

因为 α-氰基丙烯酸酯固化粘接速度极快，只需数秒，称为瞬间粘合剂，即市售 502 胶。由于分子中有酯基、—CN 等极性基团，粘接强度很高，但胶层较脆。如果增加分子中的链长，可使胶层脆性有所改善。由于聚 α-氰基丙烯酸酯溶于丙酮，502 胶可以用丙酮除去。这类胶粘剂使用方便、快捷，广泛用于金属、塑料、橡胶、陶瓷、玻璃等材料的粘接。

(5)氯丁橡胶胶粘剂：氯丁橡胶胶粘剂是以聚氯丁二烯为基料，加入硫化剂、促进剂、防老剂、填料等配制而成。氯丁橡胶黏合剂具有突出的挠曲性、耐水、耐油性和耐化学品性能，抗老化性好，黏合强度高，低毒，不燃，是合成橡胶粘合剂中应用最广、产量最大的一种，广泛用于建筑、制鞋、电子、纺织、汽车、造船等行业。尤其是制鞋业，氯丁橡胶黏合剂占制鞋用胶量的

80%左右。

5. 涂料

涂料是涂覆到物体表面，能形成坚韧涂层，并起到保持、装饰、标志和其他特殊作用的一类高分子材料。一座钢铁结构的桥梁，不使用涂料保护，只有几年的寿命；如果用涂料保护并经常维修，寿命可以达百年以上；在道路上划标志漆，以保证行人行车安全；工厂的各种设备、管道、容器等涂上不同颜色的涂料，使工人容易识别，避免发生事故；家具、房屋、日常用品涂上涂料可增加美观。涂料还有其他用途，如电子工业用的导电涂料、能指示温度的涂料等。目前，涂料品种的开发速度越来越快，已深入到工业、农业、国防、科研和人民生活等各个领域，并成为精细化工产业的一个重要分支。

涂料一般由成膜物质、颜料、助剂(增塑剂、催干剂、防霉剂等)、稀料等组成。成膜物质也称为基料，主要是各类天然树脂、合成树脂和油脂。基料一般附着力强，有一定硬度、一定韧性、一定耐候性。它可以单独使用，也可以与颜料或其他物质混合使用。合成树脂是目前涂料工业中使用最多的基料。如酚醛树脂、醇酸树脂、氨基树脂、丙烯酸树脂、环氧树脂等。它们除了具备成膜物质具有的一般特性外，在耐腐蚀、耐高温、耐老化、耐磨、耐水、耐油性及光泽方面都比天然树脂优秀。颜料可使涂料增加色彩、遮盖性和光滑度等。稀料可增加涂料的流动性，使成膜物质和颜料分散均匀，便于涂料的渗透。常用的稀料有甲苯、二甲苯、丙酮、乙醇等有机溶剂。在涂料成膜时，这些溶剂自然挥发，将对环境造成污染。为防治污染，目前，涂料的研究开发正朝着“三化”即粉末化、水性化、无溶剂化方向发展。

(1)醇酸树脂涂料：醇酸树脂涂料是由多元醇和多元酸通过酯化缩聚制得的，又称聚酯树脂。它可以制成清漆，也可制成色漆。醇酸树脂涂料干后形成高度网状结构，不易老化，耐候性、耐油性、耐溶剂、耐摩擦性能好，光泽能持久不褪，漆膜柔韧而坚固，而且与其他树脂的相溶性好。所以醇酸树脂涂料在涂料工业中是产量最大、品种最多、用途最广泛的优良涂料。

(2)丙烯酸树脂涂料：丙烯酸树脂涂料是一种性能优异的新型涂料，具有优良的色泽，良好的耐热性、耐腐蚀性、耐水性。在太阳光照射下不易氧化，其颜色及光泽可长期保持稳定。另外，丙烯酸树脂常作为其他树脂的改性剂，改善它们的保色性及其他性能。丙烯酸树脂涂料广泛应用于航空、汽车、机器、仪表、建筑、轻工产品的涂饰，如用于电冰箱、医疗器械、电风扇、缝纫机、自行车及皮革的涂饰剂。丙烯酸树脂还可以制造无毒的水溶性涂料，这是涂料工业发展的方向。

(3)聚乙烯树脂涂料：在聚乙烯树脂涂料中，聚醋酸乙烯系列是其中最主要的品种，大量用于建筑涂料。聚醋酸乙烯制造容易，价格较低，但耐水、耐侯、耐摩擦性较差，目前不单独使用，常用聚醋酸乙烯的改性涂料。用顺丁烯二酸二丁酯改性的聚醋酸乙烯涂料，耐碱性、耐候性较高，可制成建筑外墙涂料。丙烯酸酯与醋酸乙烯共聚的改性涂料，耐水性、耐碱性、耐光性、耐候性都比较优越，用于制成建筑内用或外用平光、半光、有光涂料。在醋酸乙烯系乳液涂料中，醋酸乙烯一丙烯酸共聚改性涂料比较重要。

(4)耐高温涂料：常用的耐高温涂料是用有机硅树脂或有机钛树脂制成的。有机硅树脂制成的耐高温涂料能在250～300℃温度保持一定时间，加入填料铝粉后，可耐温500℃左右；加入磁粉，可耐更高温度。在有机钛树脂中加入金属粉料，耐温可达500～700℃，但它的耐候性较差。一些杂环高分子化合物如聚酰亚胺树脂、聚苯并咪唑、聚苯并噻唑等都是耐高温涂料，一般耐高温可达600～700℃。这些涂料可用于高温反应釜的外层。

(5)示温涂料：示温涂料的涂层遇热时，在一定温度范围内改变颜色，用来指示被涂物体的温度。如在某些长期处于运转的机器的外壳，涂上示温涂料以指示机器是否过热，可起到警示作用。又如国外在制作幼儿奶瓶时涂上示温涂料来指示温度。示温涂料之所以能变色，是在涂料中加入了一些遇热变色的化合物。示温涂料可分为两种：一种称为可逆性示温涂料，它的涂层颜色遇热达到一定温度时会变成另一种颜色，降温后又恢复到原来颜色。如碘化铜复盐，在常温下为胭脂红色，在65℃变为咖啡色，温度降低，又恢复原色。另一种称为不可逆示温涂料，它的涂层遇热达一定温度后变色，温度再降低，颜色不再恢复。如加有氧化铁红的涂料，原来为黄色，在280℃变为红色，温度再降低，颜色不再恢复。

三、功能高分子材料

功能高分子材料是具有某些特殊性质的高聚物。与一般高分子材料相比具有明显不同的性质，如导电性、光敏性、催化性、生物活性或离子选择性等。这些特性与功能高分子的结构和组成有关。一般在功能高分子材料中，分子主链或侧链上带有反应性的功能基团，这些功能基团直接对材料的功能起作用。

功能高分子材料按实际用途分为离子交换树脂、导电高分子、光敏高分子、医用高分子、吸水性高分子，高分子催化剂、高分子试剂等，下面分别讨论几种功能高分子材料。

1. 离子交换树脂

离子交换树脂是指对某种离子或基团具有交换、分离或吸附功能的高聚物。外形一般为颗粒，不溶于水，也不溶于酸、碱和乙醇、氯仿、丙酮等有机溶剂。离子交换树脂结构非常特殊，由3部分组成：

(1)高分子骨架，具有三维空间立体结构，起支撑作用；

(2)功能基团，与高分子主链相连，不能移动；

(3)可交换离子，在溶液中可以自由移动，并与带相同电荷的离子进行交换反应。可交换离子进行的交换反应是可逆的，与电解质作用后，离子交换树脂可恢复交换功能，重复使用。根据可交换离子基团的性质，将离子交换树脂分为阳离子交换树脂和阴离子交换树脂。

(1)阳离子交换树脂：这类离子交换树脂分子中有酸性基团，如磺酸基($-SO_3H$)、羧基($-COOH$)等，最常用的聚苯乙烯磺酸型离子交换树脂结构单元为

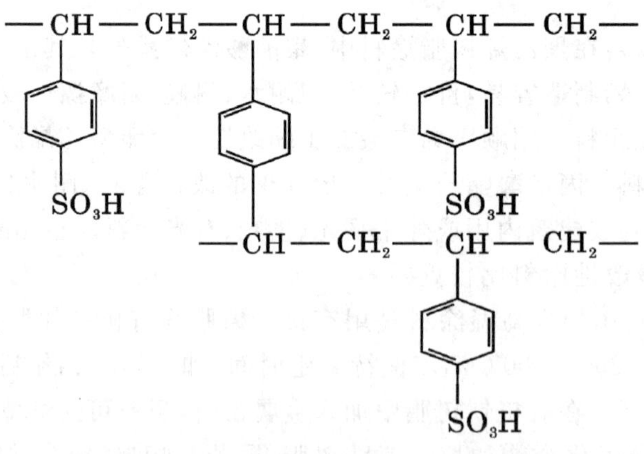

含有Ca^{2+}，Na^{+}，Mg^{2+}等阳离子的溶液通过阳离子交换树脂时，发生反应为

$$2\,\boxed{R}\!-\!SO_3H+Ca^{2+}\underset{\text{再生}}{\overset{\text{交换}}{\rightleftharpoons}}(\boxed{R}\!-\!SO_3)_2Ca+2H^+$$

$\boxed{R}\!-$代表离子交换树脂的骨架

上述交换反应的逆过程是阳离子交换树脂的再生反应，用5%～10%盐酸浸泡，可使阳离子交换树脂再生，重复使用。

(2)阴离子交换树脂：这类树脂分子中含有碱性基团，如$-N^+R_3OH^-$（季铵碱型），$-NH_2$，$-NHR$，$-NR_2$（胺基型）。常用的聚苯乙烯季铵盐型阴离子交换树脂结构单元为

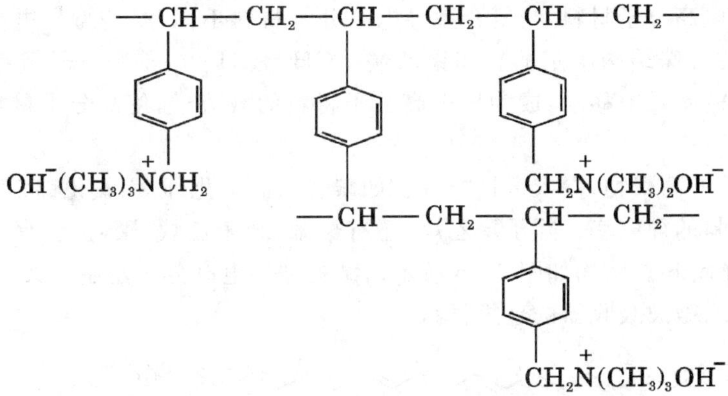

当含有Cl^-，SO_4^{2-}，PO_4^{3-}等负离子的溶液通过阴离子交换树脂时，发生反应为

$$\boxed{R}\!-\!\overset{+}{N}R_3OH^-+Cl^-\underset{\text{再生}}{\overset{\text{交换}}{\rightleftharpoons}}\boxed{R}\!-\!\overset{+}{N}R_3Cl^-+OH^-$$

$\boxed{R}\!-$代表离子交换树脂的骨架

失去交换能力的阴离子交换树脂可以用4%～10%的NaOH溶液再生后重复使用。

离子交换树脂目前广泛应用在水处理、医药、食品、工业品的提纯分离等方面。水的纯化处理中，将水先通过阳离子交换树脂，水中的金属离子与树脂上的氢离子交换，变成酸性水，再通过阴离子交换树脂，水中的负离子杂质与OH^-交换，OH^-再与H^+中和，水的酸性消失。这样重复多次，得到高纯度水，可满足原子能、半导体、化学分析用水要求。食品工业中，酒的酿制或蔗糖的生产过程用离子交换树脂进行脱色处理。医药工业中，利用较多的是中草药有效成分的提取分离。

2. 导电高分子材料

普通高分子材料是绝缘性较好的材料。1977年人们发现了第1个导电性有机高聚物——聚乙炔$\mathrm{+\!\!\!\!(}CH=CH\mathrm{)\!\!\!\!+}_n$，具有类似金属的导电率。又由于高聚物的质量轻、柔软、耐腐蚀性好、加工成型容易、具有较好的机械强度等，近年成为人们的研究热点。导电高分子材料分为结构型导电高分子材料和复合型导电高分子材料。结构型导电高分子材料的导电性是由其本身结构决定的，其导电性可以通过结构和配方的变化来调节。在普通高聚物中混以导电性物质而制得的导电高分子材料，称为复合型导电高分子材料，其导电性可以通过改变配方调节。

(1)复合型导电高分子材料：复合型导电高分子材料具有良好的导电性能。其原料易得，制备工艺简单，成型加工方便。理论上，任何高聚物都可以与导电性物质复合制成导电高分子材料。考虑实际的原料来源、价格等技术经济因素，常用的高聚物主要有聚乙烯、聚丙烯、聚氯

乙烯、聚苯乙烯、丁苯橡胶、丁氰橡胶、环氧树脂、酚醛树脂、聚酯、聚氨酯、有机硅树脂等。常用的导电性物质有炭黑、石墨、碳化钨、金粉、银粉、铜粉、钼粉、铝粉、镍粉及镀银的玻璃微珠等。导电性物质提供载流电子，高聚物将导电填料黏结固定在一起，并赋予导电高分子材料以机械强度。复合型导电高分子材料应用非常广泛，用在开关、导电压敏元件、导电连接器、抗静电材料、电磁屏蔽材料、太阳能电池等。将聚酯与碳黑相混后纺丝得到导电纤维，织物可作防静电滤布、抗静电服装或防电磁波服装。将环氧树脂与银粉混合制成导电黏合剂，用于电子元件、集成电路的黏接。

(2)结构型导电高分子材料：与复合型导电高分子材料不同，结构型导电高分子材料的导电性是由高聚物的特殊结构决定的。如聚乙炔+CH=CH+_n，整个分子链存在 π 键共轭结构，π 电子可在共轭体系中移动，成为导电高分子材料的载流子，使高分子材料显示出一定的导电性。

对有共轭体系的高聚物，参入微量“杂质”如碘、溴、五氟化砷、六氟化锑、四氯化锡、氯化银等，可大大提高材料的导电率。除了聚乙炔，还有聚苯、聚苯乙炔、聚吡咯、聚噻吩等高聚物均可制成导电高分子材料。结构如图 6-6 所示。结构型导电高分子是制造大功率塑料蓄电池、高能量密度电容器、微波吸收器的理想材料。

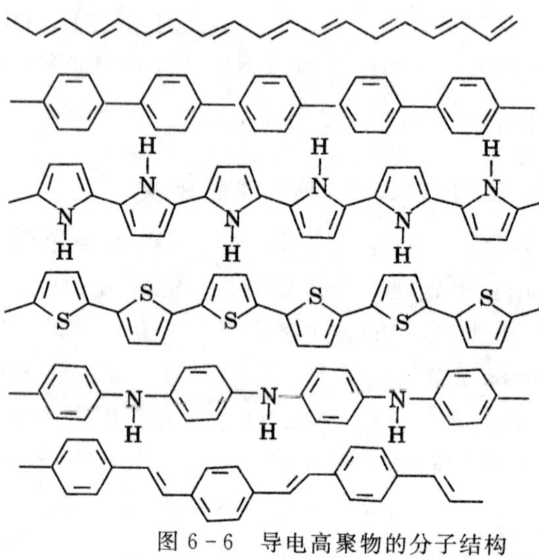

图 6-6　导电高聚物的分子结构

3. 光敏高分子材料

光敏高分子是指这样一类功能高分子材料，它在吸收了光能后，在分子内或分子间产生化学物理变化。按其功能，光敏高分子可分为光导电材料、光能储存材料、光记录材料、光致变色材料、光致抗蚀材料和光致诱蚀材料等。已形成产品的有光刻胶、光固化黏合剂、感光油墨、感光涂料等。自 1954 年由明斯克(Minsk)等人首先研究的聚乙烯醇肉桂酸酯成功用于印刷技术以来，光敏高分子材料在理论研究和推广应用方面都取得了巨大进展。目前已广泛应用于电子、印刷、精细化工、塑料、纤维、医疗、生化和农业等方面，前景十分广阔。

(1)光致抗蚀材料：光致抗蚀材料，是指高分子材料经光照辐射后，由线型可溶性分子转变为交联网状不可溶的分子，从而产生了对溶剂的抗蚀能力。光致诱蚀材料正相反，当高分子材料受光照辐射后，感光部分发生光分解反应，从而变为可溶性。目前广泛使用的预涂感光版，即 PS 版(Presensitized Plate),就是将感光树脂预先涂在亲水性的基材上制成的。晒印后,树脂发生光交联反应,溶剂显像时未曝光的树脂被溶解,感光部分的树脂保留下来。这种 PS 版称为负片型。晒印时若发生光分解反应,显像时溶剂将感光分解部分的树脂溶解而成像,这种 PS 版称为正片型。光致抗蚀材料和光致诱蚀材料广泛用在制造印刷电路、集成电路以及精密机械加工等方面。

(2)光致变色高分子材料:光致变色高分子材料是在光作用下能可逆地发生颜色变化的高聚物。在光的照射下,高分子材料的化学结构发生某种可逆转变,从而导致高分子材料的颜色变化。例如偶氮苯型光致变色高分子材料的变色反应为

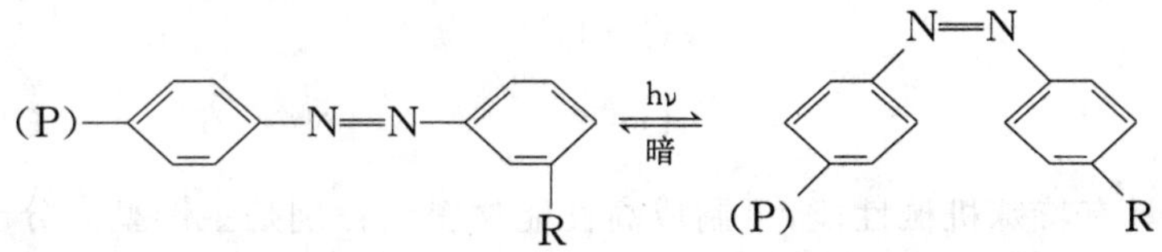

偶氮苯结构在光照射下发生异构变化。两种异构体的颜色不同,光照射下得到不稳定的异构体,颜色变化。在黑暗环境中又恢复到稳定的异构体,重新变回到原来的颜色。光致变色高分子材料在电子工业中常做为光显示材料、光记录材料。

4. 高分子液晶材料

自然界的物质都存在三相,即气相、液相、固相。在外界条件(温度和压力)发生变化时,物质可以在三相态之间进行转换,发生相变。绝大多数物质发生相变时直接从一种相态变化到另一种相态,没有中间过渡态。也有少数物质的晶体受热熔融或在溶剂中溶解时,外观呈液态流动性(失去固态性质),内部有部分分子排列有序(具有部分晶体性质)。具有这种相变过渡态的物质称为液晶。根据相对分子质量大小,有小分子液晶和高分子液晶。高分子液晶材料的性质与其分子结构有关。能够形成液晶的高分子材料,分子中都具有刚性部分,通常呈棒状或片状,而这些刚性链又被分子中的柔性链以各种方式连接在一起,刚性链保证了高分子液晶在液态下的某种有序排列。在高分子液晶中,这些刚性链如果连在高分子主链上,称为主链型高分子液晶;如果刚性部分是通过柔性链与主链相连,构成梳状,则称为侧链型高分子液晶。其结构如图 6-7 所示。

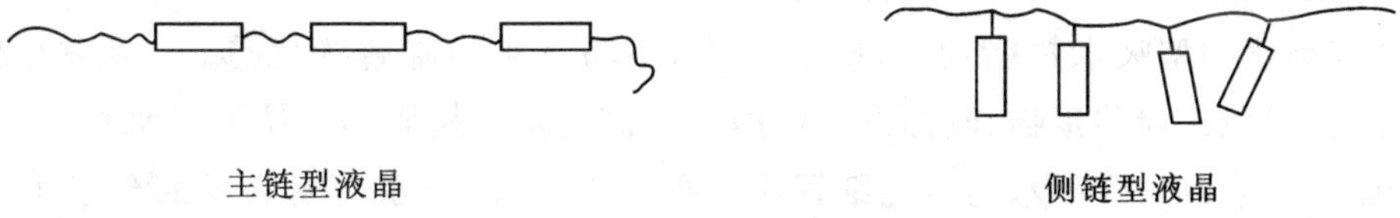

图 6-7 液晶高分子链的连接方式

主链型高分子液晶及其结构式如下:

(1)聚对苯酰胺: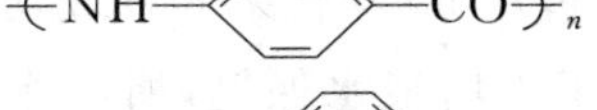

(2)聚酰胺酰肼类:

(3)聚苯并噻唑类: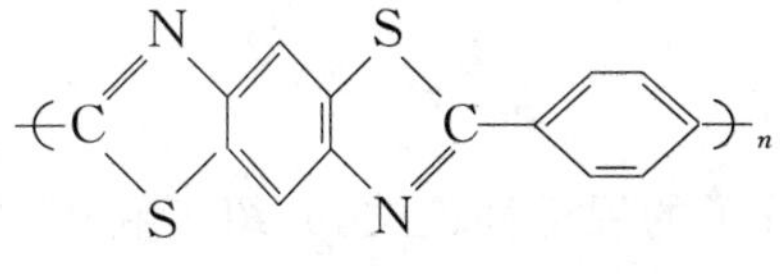

侧链型高分子液晶及其结构式如下：

(1) 聚丙烯酸酯型 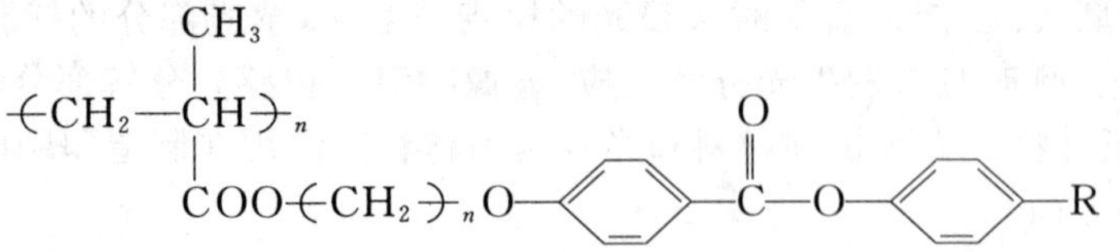

(2) 聚酰胺型 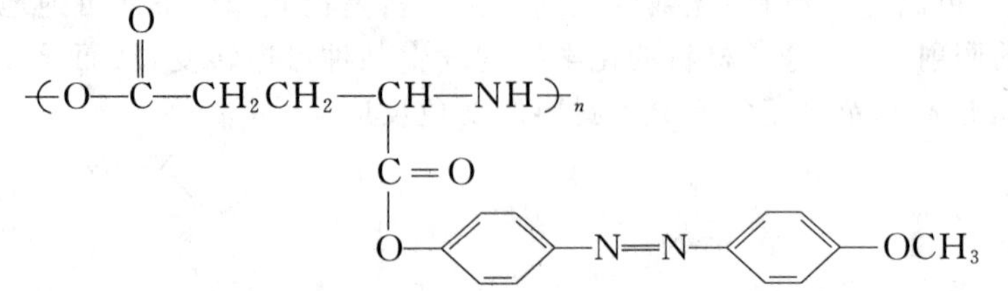

高分子液晶具有特殊机械性能，可制成高性能材料。特别是主链型高分子液晶，可以制成具有高强度、高模量的高性能纤维，用作直升飞机的铰盘索，其织物可作防弹衣，恶劣条件下的劳动保护用品。高分子液晶具有在电场作用下从无序透明态到有序非透明态的转变能力，用来做电子视屏、广告牌、数码显示器等显示器件。高分子液晶具有外观颜色随温度变化而变化的特征，用于测定化学物质痕量蒸气的指示剂，进行环境监测。用高分子液晶制成的信息储存材料，具有可靠性高、保存期长的特点。高分子液晶广泛应用于毛细管气相色谱、高效液相色谱中的固定相材料。

5. 高吸水性树脂

高吸水性树脂是一种含有强亲水基团，并有一定交联度的高分子材料。不溶于水和有机溶剂，可吸收自身重量500～2000倍的水，较好的吸水树脂吸收能力可达5 000倍。

高吸水性树脂根据原料来源有：

(1)淀粉型吸水树脂，是对淀粉分子改性后得到的吸水树脂，它来源丰富、价格低廉，但长期保水率差，易发霉。

(2)纤维素型吸水树脂，是对纤维素改性后得到的树脂，吸水率较低，同时易受细菌的分解而失去吸水性，但具有吸水速率快的优点。

(3)合成高聚物型吸水树脂：具有吸水量大，不易被生物降解等优点。主要有：聚丙烯酸盐、聚丙烯睛、醋酸乙烯共聚物、改性聚乙烯醇等。高吸水性树脂与传统的吸水材料棉、麻等织物的吸水原理不同，棉、麻吸水是靠毛细管作用吸自由水；高吸水性树脂是靠分子中的极性基团，通过氢键或静电力及网络内外电解质的渗透压不同，将水以结合水的形式吸到树脂网络中。例如：聚丙烯酸钠分子中的羧基$-COO^-Na^+$。在未吸水前，以离子键结合；接触水后，在电离平衡的作用下，水向着稀释离子浓度的方向移动，水被吸入网络中。

高吸水性树脂具有特殊的吸水功能，自20世纪60年代末开发成功，就替代纸用于卫生餐巾、生理卫生巾、纸尿布等。目前，在农业上用于土壤吸水保墒，所吸水分的95%可以供农作物生长，还可作育苗床基材料。工业上用于有机溶剂脱水剂，污泥固化剂，蓄热、蓄冷剂及高性能电瓶等。

6. 医用高分子材料

1949年美国首先发表了医用高分子的展望性论文，介绍了利用聚甲基丙烯酸甲酯作为人的头骨盖和关节，聚酰胺纤维作为手术缝合线的临床应用情况。20 世纪 50 年代以来，高分子材料不断向医疗和生命科学渗透，逐步发展成一大类功能高分子材料——医用高分子材料。根据实际应用将医用高分子材料分为两类：一类是用于制造医疗器械或医疗用品的材料，如注射器、手术钳、血浆袋等，本身不具备代替人体器官的功能。另一类是直接用于治疗人体的病变组织，替代人体某一脏器或修补人体的某一缺陷的材料。如用作人工血管、食管、人工心脏、肾脏、人造皮肤的高分子材料。它在使用过程中，与生物肌体、血液、体液等直接接触，有的还须长期植入体内。要求这类高分子材料不仅具有优良的性能（如有合适的机械性、稳定性、耐老化性、耐温性、耐射线性、加工成型性等），还要满足医用功能、生物相容性和血相容性的严格要求。表 6－7 列出用于人体脏器的高分子材料。目前，许多医用高分子材料已广泛用于临床，造福于人类。

表 6－7　医用高分子材料及用途

人体器官	医用高分子材料
人造心脏	硅橡胶，聚氨酯橡胶
人造血管	聚氨酯橡胶，聚对苯二甲酸乙二酯
人造气管	有机硅橡胶，聚乙烯
人造肾	醋酸纤维素，聚酯纤维
人造肺	聚四氟乙烯，聚碳酸酯，聚丙烯
人造鼻子	聚乙烯，有机硅橡胶
人造骨头	聚甲基丙烯酸甲酯，酚醛树脂
人造肌肉	硅橡胶和涤纶织物
人造皮肤	硅橡胶，聚多肽

至今为止，医用高分子所涉及到的材料大部分限于已工业化的高分子材料，远不能适应和满足十分复杂的人体器官功能。合成出具有生物医学功能的理想高分子材料，成为医学、医药学和化学工作者共同关心的问题。有人预计，21 世纪医用高分子将进入一个全新的时代，除了大脑外，人体所有部位和脏器都可以用高分子材料来代替。

四、高分子材料的老化与防护

1. 高分子材料老化的原因

高分子材料在加工、储存及使用过程中，受机械力、阳光、热、氧及微生物等作用，其物理化学性质和机械性能发生变坏的现象称为高分子材料的老化。高分子材料的老化就像岩石风化、钢铁生锈和生命衰亡一样，反映了事物的发生、发展和灭亡的变化规律。老化使高分子材料发生表面泛黄、失去光泽、变硬、变脆、表面龟裂、变软、发黏、变形，使高分子材料的物理性能（密度、透光率等）变差，机械性能（冲击强度、拉伸强度、挠曲强度等）下降，电绝缘性发生变化，影响高分子材料的正常使用。

高分子材料老化的原因，一是高聚物本身的因素，另一个是外部环境因素。

高分子材料本身结构中存在一些极性键、活泼基团等，它们易发生化学反应。例如 ABS

树脂中的不饱和键$-CH_2-CH=CH-CH_2-$。其次在高聚物中存在微量有害杂质，如溶剂、未反应的单体及其他杂质。高聚物中这些活泼基团和有害杂质，在机械力、热、氧、阳光等外界环境作用下，发生降解和交联化学反应，使高分子材料的物理性质、机械性能、电性能及外观发生改变。高分子材料的老化过程是一个非常复杂的反应过程，但主要发生降解和交联两类不可逆的化学反应。

降解反应是大分子链断裂成小分子的反应，常使高聚物失去弹性，变软、发黏；在光和热等作用下，分子中会出现自由基，再受空气中氧气(或臭氧)作用，形成自由基，从而引起降解反应。例如橡胶的降解反应过程为

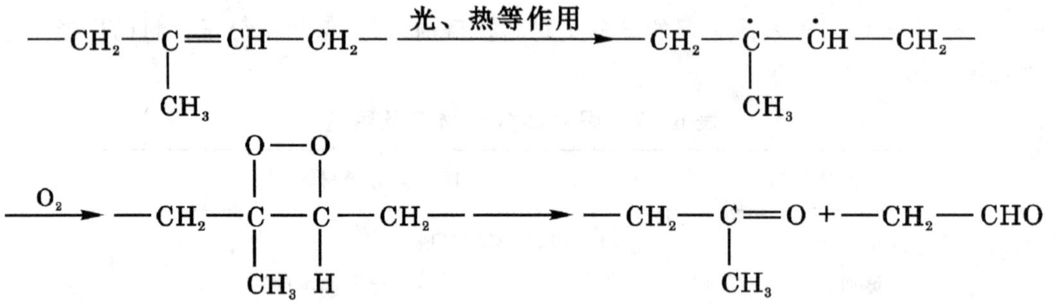

交联反应是高聚物在受热、光等作用下，分子链相互连接形成体型结构的反应。交联反应使高聚物变硬、变脆。例如聚氯乙烯在光和热作用下，脱去氯化氢，形成含有双键的分子结构，即

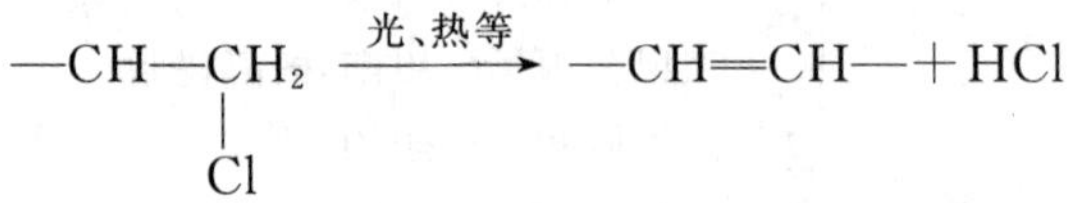

在 O_2 作用下，双键进一步发生交联反应而老化。

交联反应和降解反应往往在同一高聚物的老化过程中发生，只是以那一类反应为主而已。

加工高分子材料时，受机械力的作用高分子链断裂而产生自由基，这种大分子自由基可以与其他大分子作用发生交联；也可以与小分子作用使相对分子质量下降，发生降解反应，此过程也称机械降解。例如，橡胶在捏炼过程中产生的自由基，使橡胶的相对分子质量下降。

有些高聚物还易受化学试剂(酸、碱)的作用，发生降解反应。如聚酰胺的酸解反应为

$$\cdots NH-(CH_2)_m-NH-CO-(CH_2)_n-CO\cdots+RCOOH$$

$$\longrightarrow\cdots NH-(CH_2)_m-NH-COR+HOOC-(CH_2)_n-CO\cdots$$

因此，高分子材料在使用过程中也应尽量避免与化学试剂接触。

2. 高分子材料老化的防护方法

高分子材料以其优良的性能而广泛应用于各行各业。但由于它具有易老化的弱点，在某种程度上限制了它的使用。完全阻止高分子材料的老化是不可能的，只能采取一些措施延缓高分子材料老化的过程，这种措施称为防老化措施。

防止或延缓高分子材料老化的措施主要有以下几种：

(1)通过引进稳定基团或改变聚合工艺条件，改变高分子材料的性能。如采用含有抗氧剂

的乙烯基团单体进行共聚改性，提高其抗老化性能。采用高纯度单体，改进聚合工艺，减少大分子的支链和不饱和结构，改进后处理工艺，以减少高聚物中残留的催化剂等。

(2)在高聚物制品表面涂上保护层，也可起到防止高聚物老化的作用。如在塑料表面上喷涂金属层，既防止塑料老化又美观。

(3)在高分子材料中添加各种防老剂。防老剂是一种能够抑制光、热、氧等对高聚物产生破坏的物质。

在高分子材料中添加各种防老剂是一种简单、有效、灵活、效果显著的主要防老措施。根据防老剂的作用机理和功能，可以分为光稳定剂、热稳定剂、抗氧剂等。通常防老剂的用量控制在 0.1%～1%的范围。

光稳定剂是抑制和延缓高聚物光老化过程的试剂，由光稳定剂的作用机理不同，可分为紫外线吸收剂、能量转移剂和光屏蔽剂等。紫外线吸收剂，能吸收对高聚物有害的紫外线，保护高分子链不受破坏。常用的紫外线吸收剂有水杨酸酯类、二苯甲酮类、丙烯睛衍生物类化合物等。它们能有效地吸收波长为 290～410 nm 的紫外线，本身具有较好的热、光稳定性，与高分子的相溶性好，而且无毒、价廉。

能量转移剂，能转移高分子材料受光激发后的激发能，又称淬灭剂。主要是镍、钴的配合物，它们能通过共振转移能量而起光稳定作用。例如 3,5-二叔丁基-4-羟苄基磷酸单乙酯镍、二丁基二硫代氨基甲酸镍等为常用的能量转移剂。

光屏蔽剂，能阻挡光的直接照射，使光不能透入高聚物内部，从而起到保护高分子材料的作用。常用的光屏蔽剂为炭黑、氧化锌和氧化钛等一些无机颜料。如在橡胶配料中加入炭黑，阻止或减少紫外线的透入，防止橡胶的老化，同时对橡胶又有补强作用。

热稳定剂的作用是防止高聚物在加工或使用过程中受热而发生降解或交联反应。不是所有的高聚物都需要添加热稳定剂。如聚氯乙烯在加工时易热解放出氯化氢，有加速聚氯乙烯的热分解作用，所以在加工聚氯乙烯时需要加入热稳定剂。常用的热稳定剂有铅盐、金属皂类等，生产上常用三碱性硫酸铅吸收氯化氢而起到稳定作用。

$$3PbO \cdot PbSO_4 \cdot H_2O + 6HCl \longrightarrow 3PbCl_2 + 3PbSO_4 + 6H_2O$$

抗氧剂是能延缓或阻止高聚物氧化过程的物质。抗氧剂的作用是捕获新产生的自由基，也称游离基吸收剂。这类物质是靠释放出氢原子来捕获游离基，终止高聚物的氧化反应。主要是胺类和酚类两大类物质。如抗氧剂 2,6-二叔丁基对甲酚的作用原理为

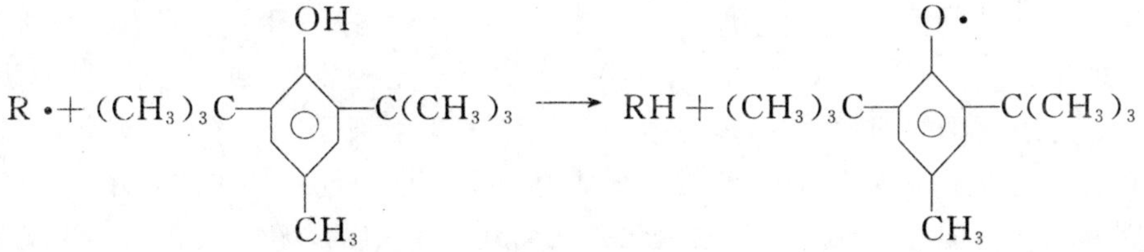

上式中 R·为大分子游离基。R·获得了抗氧剂 2,6-二叔丁基对甲酚提供的氢原子而变成稳定的大分子，新产生的 2,6-二叔丁基对甲酚游离基比较稳定，活性不高而不能活化其他高分子链，使反应终止。

光稳定剂、热稳定剂、抗氧剂等都是加工时掺入以延长高分子化合物使用寿命的助剂，所以又统称为寿命助剂。在一种高聚物中常常同时使用几种稳定剂，称为复合稳定剂。复合稳定剂在高聚物防老化中占有重要地位。

五、高分子材料的物理化学改性

大部分单一的高聚物在性能上很难满足高分子材料加工工艺和应用的要求。除少数高聚物外,如食品级聚乙烯薄膜。一般地,高分子材料在使用时必须进行改性。改性的目的是改善和提高原有高聚物的性能,达到用户使用要求。高分子材料的改性方法有很多,常见的有掺和改性、共混改性和复合改性。

1. *掺和改性*

对高分子材料进行加工制成产品时,通常需要加入各种其他物质,用来改善高聚物某些性质,这种改性方法称为掺和改性。将这些加入到高聚物中起改性作用的物质称为添加剂(又称高聚物助剂)。高聚物助剂大多为有机化合物,与高聚物相比,它们的相对分子质量较小,但在高分子材料中所起的作用却不可低估。例如聚氯乙烯是极性高聚物,通常为脆硬物质,如不加入一些增塑剂就不能制成软质聚氯乙烯;聚乙烯和聚丙烯在室外使用时易老化,不加入防老剂(抗氧剂和光稳定剂),使用寿命大大缩短。又如,纯的丁苯硫化橡胶强度只有1.4～2.1 MPa,没有使用价值,只有用炭黑补强后,才可使用。另外在塑料中加入金属粉末作填料,可赋予塑料以良好的导电性和导热性。

高聚物助剂常常用量较少,在改善、弥补高聚物性能时,作用非常显著,又有“工业味精”的美称。高聚物助剂的基本特点是小批量、多品种、特定功能、复配使用。

塑料用助剂主要有增塑剂、防老剂、交联剂和助交联剂、阻燃剂、发泡剂、抗静电剂等。

橡胶用助剂主要有硫化剂、硫化促进剂、防老剂、防焦剂、填充剂等。

织物纤维助剂主要有漂白助剂、乳化剂、消泡剂、黏合剂、交联剂、固色剂、树脂整理剂、抗静电剂等。

(1)增塑剂:增塑剂是一种能增加高聚物的弹性、柔韧性,使高聚物易于加工的物质。其主要作用是削弱高聚物分子间的次价键,即范德华力,增加高聚物分子链的移动性,降低高聚物分子链的结晶性,从而增加高聚物分子的塑性,并使高聚物分子的硬度、转化温度和脆化温度下降,提高高聚物的柔韧性,同时使高聚物易于加工。它们大部分用于聚氯乙烯,是产量和消耗量最大的一类助剂。

增塑剂通常是一类沸点较高、较难挥发的液体或低熔点的固体。它们与高聚物分子具有良好的相容性,同时还要具有较好的透明性、耐久性(耐热老化、耐光、耐寒、耐酸碱、耐候性等)、加工性(能长期反复加工)、安全性(无毒、无味、无臭等)、经济性等。只有满足上述条件的增塑剂才是理想的。主要品种有邻苯二甲酸酯、脂肪族二元酸酯、含氯化合物、聚酯类等。

聚氯乙烯是最常用的塑料之一,聚氯乙烯分子中由于氯原子的存在,其熔融流动性较差,给加工聚氯乙烯造成了一定的困难,常需要加入一定量的增塑剂。邻苯二甲酸二(2-乙基)已酯(DOP)因其综合性能好,价格适中,是聚氯乙烯常用的增塑剂,无特殊性能要求的增塑制品均可采用邻苯二甲酸二(2-乙基)已酯作为增塑剂。在聚氯乙烯中,增塑剂的用量主要根据聚氯乙烯制品使用性能和加工性能要求确定。一般增塑剂用量比例越大,聚氯乙烯软化点下降越多,流动性也越好,制品越柔软。当聚氯乙烯中加入质量分数为30%～70%的增塑剂时,制品就成为软质聚氯乙烯塑料。但有时过多加入会导致增塑剂渗出,也称为"喷霜"现象。另外,配方中其他组分对增塑剂用量的影响也应注意。其中填料的影响最突出,无机填料大多具有吸收增塑剂的性能,当配方中有这类填料时,增塑剂用量必须比无填料的配方适当增加。

又如聚丙烯在低于室温条件下材料是脆性的，为了提高聚丙烯塑料的韧性，改善低温脆性，制品必须进行增塑改性。常用的增塑剂为氯代烃、酯类等，如壬二酸二己酯、己酸-2-乙基己酯，它们都具有良好的低温性能，符合卫生使用标准，常用于生产食品级聚丙烯包装材料的增塑剂。

需要指出，不是所有的高聚物都需要加入增塑剂。例如聚乙烯是非极性分子且具有较高结晶度的高聚物，熔融体流动性较好，材料加工成型容易，通常不需要用增塑剂。

(2)交联剂：使线型高聚物转变成体型高聚物的作用称作"交联"，能引起高聚物交联的物质称为交联剂，发生高聚物交联的反应称为交联反应。交联反应能有效地提高高聚物的耐热性和使用寿命，改善高聚物材料的机械性能，是一类非常重要的化学反应。交联剂的种类很多，无机化合物中有硫黄、氯化物、氧化物等，有机化合物中有有机过氧化物、羧酸类、胺类、偶氮化合物等。不同的高聚物，其交联反应涉及不同的交联剂。例如聚烯烃类塑料进行交联反应，需要用的交联剂为有机过氧化物；在黏牢物体时，使用的黏合剂需要交联固化，所用的交联剂常被称作固化剂。环氧树脂固化剂主要有多元胺；天然橡胶或合成橡胶在交联剂作用下发生交联反应后，才能得到弹性好使用寿命长的橡胶制品。

1834 年 N. Hayward 发现在"生胶"中掺入硫黄加热后，可提高天然橡胶的弹性和使用寿命。因此，橡胶硫化时常用硫黄作交联剂(通常称为硫化剂)。直到现在，硫黄还是橡胶制品应用最广的硫化剂。其他硫化剂还有有机多硫化物、有机过氧化物、烷基酚醛树脂及金属氧化物等。例如叔丁基酚醛树脂作橡胶的硫化剂的反应为

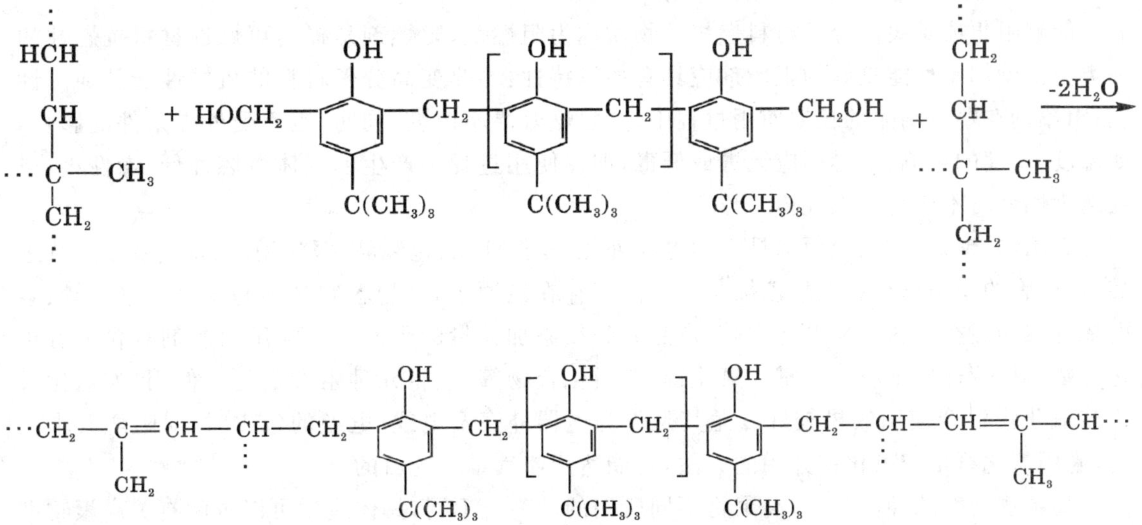

有时为了提高高聚物的交联度和交联速度，还要加入一些交联促进剂起辅助作用。例如在橡胶的硫化过程中，为了降低硫化温度、提高硫化速度，需要加入噻唑类化合物，加入的这些物质又称为硫化促进剂。硫化促进剂除了噻唑类化合物，还有次磺酰胺衍生物、秋兰姆类、胍类、硫脲类等化合物。

聚乙烯通常是较柔软的线型塑料，如果将聚乙烯和有机过氧化物过氧苯甲酰反应可得到体型的交联聚乙烯塑料。交联聚乙烯是受热不熔又具有良好的耐老化性能的高聚物，可用来制板材及交联聚乙烯发泡体。其交联反应如下：

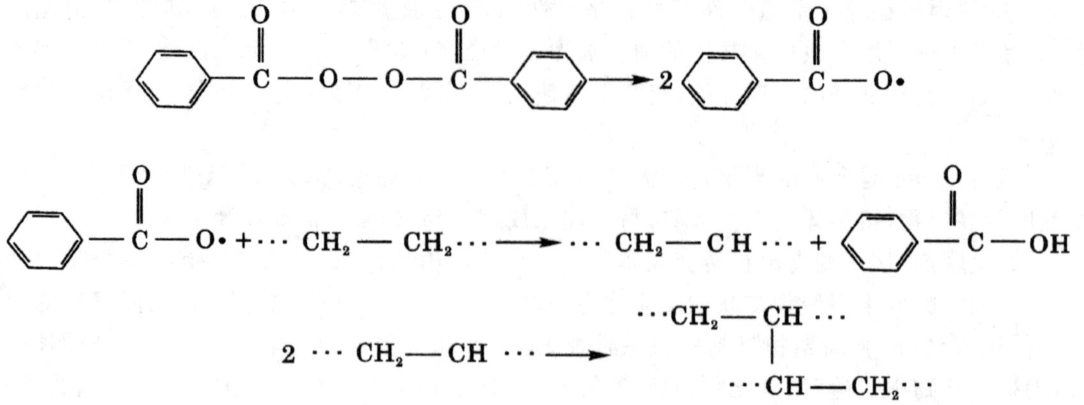

随着高分子材料科学的发展，交联剂的应用范围越来越广。在医学上，交联剂可以作医用水溶性高分子材料的水凝胶剂；在光敏高分子材料方面，交联剂在光刻胶、光固化黏合剂、感光油墨、感光涂料等的光固化技术中作用非常重要；在制备高吸水性树脂时，要求高聚物要有一定程度的交联度，其中交联剂的种类和用量都起着至关重要的作用。

(3)阻燃剂：塑料、橡胶、纤维等高聚物，分子中的碳含量很高，易燃烧。高聚物燃烧时分子剧烈分解，其燃烧过程是一个复杂的氧化过程，常伴有火焰、浓烟、毒气及大量挥发性的可燃物质等产生。这些可燃性物质着火燃烧，释放出大量的热量，会造成更多的高聚物或其他物质燃烧，最终造成火灾，危及人们的生命和财产。

能够阻止或延缓高分子材料燃烧的物质称为阻燃剂，阻燃剂是提高可燃性材料抗燃性的一类重要助剂。性能良好的阻燃剂应具有如下特性：不改变高分子材料的机械性能及加工性能；阻燃剂在塑料制品的长期使用过程中，其阻燃效果不改变，同时，也不受外界条件的影响，如温度、湿度的影响；阻燃剂应无毒或低毒，即在使用过程中产生的气体可燃性低、毒性小，或在遇火燃烧时不产生有毒气体。

聚乙烯、聚氯乙烯、聚丙烯是家用电器外壳、零件外壳、包装品、医疗用品、玩具及家庭日用品、农用膜的使用原料。聚氯乙烯分子中由于存在氯原子，其塑料制品不易燃烧。聚乙烯、聚丙烯等聚烯烃类塑料容易燃烧，制成产品时必须添加大量的阻燃剂。常用阻燃剂有含卤有机化合物(氯化石蜡、十溴联苯醚)、氧化锑、含磷化合物等，或将几种阻燃剂复合使用，如氯化石蜡与氧化锑混合使用效果较好。尤其是作为电器外壳及电线、电缆的包皮时，对阻燃要求更高，采用氯化石蜡与氧化锑并用的方法，就能达到使其难燃的目的。

高聚物助剂的种类繁多，高聚物不同所用的助剂也不同，具体应用可以查阅有关高聚物助剂方面的书籍。

2. 共混改性

随着材料科学的快速发展，要求高分子材料具有多方面的高的综合性能。单一的高聚物存在某些性能不够理想的方面，难以满足材料多方面的使用要求。例如聚苯乙烯强度高，加工性好，但很脆，抗冲击能力低，限制了它的应用范围。如果加入少量的聚丁二烯进行改性，聚苯乙烯的脆性可得到改善，提高抗冲击强度。像这样将两种或两种以上的高聚物以物理或化学方法混合，形成多组分高聚物体系的方法称为高聚物的共混改性，得到的多组分高聚物体系称为高聚物共混物，又称高聚物合金。高聚物合金具有单一组分所不具有的优良性质，在高分子材料研究领域中越来越引起人们的重视。

高聚物的共混改性通常可以有：

(1)塑料与塑料共混，例如在聚碳酸酯(PC)中加入少量聚乙烯(PE)，可使PC的抗冲击强度提高，而且改善其加工性能。

(2)橡胶与橡胶共混，如顺丁橡胶弹性好，耐磨性好，有优良的低温柔顺性。但其强度低，防滑性差，加入少量天然橡胶，其缺点可得到改善。又如天然橡胶中加入丁氰橡胶共混，可增强天然橡胶的耐油性和耐热性。

(3)橡胶与塑料共混，可以用塑料增强橡胶，也可用橡胶增强塑料。例如，少量丁苯橡胶与聚氯乙烯共混，可以改善聚氯乙烯的耐热性、耐老化性等。在顺丁橡胶中加入少量聚乙烯，可增加顺丁橡胶的强度。

许多实例证明，用共混改性的方法可以改善通用塑料的韧性，提高其综合性能。聚苯乙烯具有许多优良的性能，如电绝缘性好、透明性好、易加工、易染色、机械强度高，但质地很脆。用橡胶改性得到的高抗冲性聚苯乙烯，及用苯乙烯为主要原料共聚制成的ABS，是高聚物合金产品中的最成功的典范。由于产品韧性好、强度高，其产量居高聚物合金的首位。高抗冲聚苯乙烯的制备可有机械共混和接枝共聚两种方法，机械共混法主要是采用SBR(苯乙烯和丁二烯的共聚物)和聚苯乙烯共混。随着SBR的用量增加，聚苯乙烯的韧性增加，当SBR加入量在10%～15%时，显示增韧效果，SBR增至25%时，共混物的抗冲击强度显著提高。接枝共聚是生产高抗冲聚苯乙烯的主要方法，可采用顺丁橡胶和苯乙烯进行接枝共聚。即将未硫化的橡胶溶于苯乙烯单体中，在引发剂作用下，进行聚合反应。顺丁橡胶的 T_g 较低，改性效果好于SBR。

高聚物合金能够迅速发展是与其技术特点有关的。高聚物合金的合成费用低，产品开发周期短，容易实现工业化生产。因为制备高聚物合金的高聚物或原料，大多是已实现工业化的塑料和橡胶，生产工艺成熟，品种产量较大，以它们为基础开发出来的高聚物合金自然价格低廉。又因为生产高聚物合金的工艺和设备较简便，所以实现工业化生产比较容易，生产开发周期相对较短。另外，高聚物共混改性有利于产品的多样化和系列化，高聚物合金的性能受组成和共混方法影响，通过改变高聚物合金组分的共混物比例、制备方法，既可生产出一系列性能不同的产品。基于以上优点，高聚物合金的应用范围非常广泛，特别在汽车工业、电器工业、建筑工业等行业中已有了相当的市场，而且需求量逐年增长。尤其是工程塑料共混产品的发展势头更猛，年增长量达13%～17%，有专家预计这种发展势头还将持续下去。

3. 复合改性

复合是由两种或两种以上性质不同的材料组合，制得一种多相材料的过程。一般用于复合改性的材料有高聚物、金属、无机非金属材料等。复合改性的材料称为复合材料，这种复合使各种材料达到协同作用，取长补短。常见的有玻璃纤维增强塑料，又称玻璃钢。(复合材料内容见本章第6节二：高聚物基复合材料)

第6节　复合材料

一、复合材料的类型和组成

复合材料是由两种或两种以上物理和化学性质不同的物质组合而成的一种多相固体材料。有一相为连续相，称为基体，另一相为分散相，称为增强材料。将两相通过缠绕、压制、混合、沉淀等方法组合在一起，取长补短、协同作用，极大地弥补了单一材料的缺点，得到单一材料所不具备的新材料。基体的作用是将高强度的增强材料连接在一起，保持一定的方向和间隙，成为整体材料。基体材料通常有金属、塑料、橡胶、陶瓷和水泥等。增强材料具有较高的强度，常用各种物质的颗粒、纤维、晶须和板状薄片等。常见的复合材料有金属基复合材料、陶瓷基复合材料、水泥基复合材料、高分子基复合材料等。

1. 金属基复合材料

金属基复合材料是以金属为基体，并以高强度的增强体复合制得的材料。常用铝、镍、钛等金属或合金作基体材料，以高性能 C，SiC，Al_2O_3 纤维或晶须等增强体来增强基体性能。金属基复合材料具有优异的机械性能、良好的导电性、耐高温性和优良的尺寸稳定性，首先在航天航空上得到应用。

与传统的金属材料相比，它具有较高的比强度和刚度；与树脂基复合材料相比，它具有优良的导电性和耐热性；与陶瓷材料相比，它又具有高韧性和高冲击性。随着廉价的增强物的使用，它们在汽车、电子和机械等工业的应用也越来越广泛。

2. 陶瓷基复合材料

陶瓷基复合材料是以陶瓷为基体，以各种物质的纤维、金属丝为增强体的复合材料。陶瓷具有优良的耐高温、耐腐蚀、耐磨、硬度高等特点，但易脆。用碳纤维、硼纤维及 SiC，Al_2O_3 纤维为增强材料制成的陶瓷复合材料，在强度模量及耐高温、耐磨、耐腐性能方面是无可比拟的。航天飞机外壳上的绝热瓦就是这种复合材料。玻璃陶瓷复合材料、氧化物陶瓷复合材料的耐高温性非常优良，可以在高温下工作，最高温度可达 1 900℃。法国已将纤维增强碳化硅复合材料应用于制作超高速列车的制动件，取得了传统制动件无法比拟的磨擦磨损特性。另外，陶瓷基复合材料制成的导弹的头锥、火箭喷管、航天飞机上的结构件等，效果非常好。

3. 水泥基复合材料

水泥基复合材料是指以水泥为基体与其他材料组合而得到的具有新性能的材料。水泥浆有很好的可塑性、匹配性，可与无机、有机等物质混合，制成各种水泥基复合材料，硬化后强度高，广泛用于民用建筑，交通、海港建设，农林、水利工程。水泥防辐射能力强，又可用于核电站等特殊工程。所掺材料为砂、石子等构成混凝土，改变各组分的比例，能适当调节水泥的强度。混凝土和钢筋有良好的黏结力，与钢筋相混，组成钢筋混凝土，应用于各种工程。将水泥中掺入各种纤维材料，可得纤维增强水泥。纤维的掺入，可明显提高水泥的抗弯强度和韧性，改善水泥的抗裂性和抗冲击能力。如果在水泥混凝土中掺入一定量的高聚物，制成高聚物改性水泥混凝土，可改善混凝土的韧性、抗侵蚀性、耐磨性等。这种高聚物改性混凝土有良好的黏合性，特别适合破损水泥混凝土的修补工程。

二、高聚物基复合材料

高聚物基复合材料是以有机高聚物为基体，以连续纤维为增强剂的复合材料。高聚物具有黏性，可以与高强度的纤维牢固地固定在一起，成为有机整体。常常以玻璃纤维作增强剂，制得的玻璃纤维增强塑料称为玻璃钢。根据聚合物基体的不同，玻璃钢可分为玻璃纤维增强热固性塑料和玻璃纤维增强热塑性塑料。玻璃纤维增强塑料质量轻而比强度高(比强度可以和金属材料相比)，用于航天工业。高聚物基复合材料还具有较好的抗疲劳性、减振性、耐磨性、耐腐蚀性，易加工，成本低及设计性强等，因而广泛于汽车、轮船、飞机、石油化工、体育用品和生活用品。

1. 玻璃纤维增强热固性塑料(代号:GPRP)

玻璃纤维增强热固性塑料的突出优点是质轻、比强度高。相对密度为1.6～2.0，比最轻的金属铝还轻，但其比强度比高级合金钢还高。GPRP具有良好的耐腐蚀性、绝缘性、耐磁性，还有保温、隔热、隔音、减振等特性。广泛用于制造各种仪表外壳、船体外壳、车身、耐蚀耐压容器及管道。常用的GPRP有玻璃纤维增强环氧树脂、玻璃纤维增强酚醛树脂、玻璃纤维增强聚酯树脂。它们除了上述共同性能特点外，各自有其特殊性能，其中玻璃纤维增强环氧树脂是GPRP中综合性能最好的一种。由于环氧树脂的黏接能力最强，与玻璃纤维结合时，界面剪切强度高，机械强度高于其他的GPRP。另外它的尺寸稳定性最好，尺寸收缩率只有1%～2%。玻璃纤维增强酚醛树脂是各种GPRP中耐热性最好的，可以在200℃条件下长期使用，甚至可短期在1 000℃以上使用，因此可以做宇宙飞船的外壳；它的耐电弧性较好，还可用做耐电弧的绝缘材料。玻璃纤维增强聚酯树脂特点是加工性好、透光性好，其透光率可达60%～80%，常用作采光瓦。但它的耐酸耐碱性较差，不宜做耐酸碱的设备及管件。

2. 玻璃纤维增强热塑性塑料(代号:FR—TP)

玻璃纤维增强热塑性塑料是指以玻璃纤维做为增强材料，以热塑性塑料为基体的纤维增强塑料。这类复合材料除了具有纤维增强塑料的一般性质外，它的突出优点是相对密度更小，在1.1～1.6之间，比强度高。常用的高聚物有聚丙烯、低压聚乙烯、聚酰胺、ABS、聚苯醚、聚碳酸酯等。基体的性质不同，复合材料也有不同的用途。例如：玻璃纤维增强聚丙烯(FR—PP)的机械强度比纯聚丙烯有大大提高，当短玻璃纤维增加到30%～40%时，强度最好，抗拉强度达到100 MPa；还能使聚丙烯的低温脆性得到明显改善。玻璃纤维聚酰胺(FR—PA)强度高，耐磨性好，同时又克服了聚酰胺的吸水率太大，尺寸性不好的缺点。FR—PA常用来代替金属制做轴承、轴承保持架、齿轮等。

3. 其他增强塑料纤维

除了玻璃纤维，还有碳纤维、碳化硅纤维作塑料增强体。碳纤维增强塑料具有强度高、抗冲击性好、耐疲劳强度大、摩擦因数小等特点，耐热性也特别好。碳纤维增强塑料的价格昂贵，目前只应用于宇航工业，其他领域应用较少。碳化硅纤维的耐高温性和耐腐性比碳纤维好，它的抗弯强度和抗冲击强度为碳纤维的2倍。

思 考 题

1. 什么是材料？举出几例并指出其成分和结构特征？

2. 水泥分为哪几类？其主要成分是什么？

3. 钢铁是如何分类的？

4. 什么是合金？钢铁是不是合金？特种合金指哪些？

5. 电化学腐蚀的机理是什么？金属防腐蚀的方法概括为哪些？

6. 超硬陶瓷材料有哪些？其主要用途是什么？

7. 玻璃材料的结构特征是什么？

8. 写出普通硅酸盐水泥的主要技术要求。

9. 纳米材料与普通材料的主要物理和化学性能有何区别？

10. 写出5种主要无机非金属功能材料，并指出其主要用途。

11. 高分子化合物是分子量很高的一大类化合物，试述高分子化合物和小分子化合物之间的区别。

12. 什么是玻璃化转变温度？高分子化合在玻璃态和粘流态时各具有哪些特性？用作塑料的高分子化合物的玻璃化转变温度与室温有什么关系？

13. 医用高分子材料现在研究越来越多，能用于医用的高分子材料应满足哪些要求？

习 题

1. 根据材料的化学成分及特性，一般将材料分为________、________、________、和________4大类。

2. 腐蚀分为________和________腐蚀，通常以________腐蚀更为严重。

3. 常用的金属腐蚀防护办法有________、________、________、________。

4. 传统的无机非金属材料有________、________、________和________4大类，其主要化学成分是________。

5. 纳米材料是指尺寸为________的超细微粒，其表面上的原子（或分子）在微粒中占________比例。

6. 超导材料是指在某________下电阻为________的物质。

7. 人工晶体按形态（或维度）分类可分为________、________、________和________等；按其物理性质（功能）分类可分为________、________、________、________、________、________、________和________等。

8. 特种玻璃已从单纯的________材料和________材料发展成为具有________、________、________和________等特性的材料。

9. 纳米材料包括________、________、________、________、________和________材料。

10. 吸声材料的共同特征是________，孔内的________在声波作用时发生________，与固体发生空气摩擦损耗使 变为________。变热的________受压缩后再和固体发生________使声能进一步损耗。

11. 高分子化合物是指________很高的一类化合物。高分子化合物又称________，高分子化合物有________和________之分。

12. 通常将 T_g 大于室温的高聚物称为________，将 T_g 小于室温的称为________。

13. ________是具有可塑性的高分子材料，在通常条件下保持其形状。一般地，它是以________为基料，同时加入________、________、________、________等各种添加剂制成的。

14. 橡胶是常温下具有________性的高分子材料。橡胶具有________的玻璃化温度 T_g 和________的黏流化温度 T_f。在常温下，橡胶处于________态。

15. 在合成胶黏剂的组成中，黏料是胶黏剂________成分，对胶黏剂的胶接性能起决定性作用。作黏料用的________中含有极性基团，这些极性基团可以与被黏接物中的极性基团相互作用而牢固结合。

16. 合成纤维都是________高分子化合物，分子链比较________，支链少，________的排列也比较整齐。合成纤维的这种结构有利于分子的定向排列，构成分子________的局部结晶。合成纤维分子主链上存在极性基团，这也有利于分子的部分结晶，同时增加纤维的________。

17. 能够形成液晶的高分子材料，分子中都具有________部分，通常呈________或________。这些________链又被分子中的________链以各种方式连接在一起，________链保证了高分子液晶在液态下的某种有序排列。

18. 高吸水性树脂是一种含有________，并有一定交联度的高分子材料。其吸水性是靠分子中的________基团，将水以________的形式吸到树脂网络中。

19. 医用高分子材料在使用过程中，与生物肌体、血液等直接接触，要求医用高分子材料不仅具有优良的________、________、________、________等性能，还要满足医用功能、________和________的严格要求。

第7章　工业用油及化学改性

现代工业生产中大量使用燃料油、润滑油(脂)及其他工业用油等油品，这些油品大多为石油产品。石油有"工业的血液"的美誉。现在，石油工业已形成一个庞大的产业群体，石油产品的种类已有数百种，并且还在发展之中，可以说，石油产品与现代生产和生活密不可分。

第1节　石油概述

我国是最早发现和利用石油的国家。早在公元1080年，我国北宋科学家沈括在其所著《梦溪笔谈》中即使用了"石油"这一名称。石油是一种黏稠的可燃性液体物质，多呈现黑色、褐色等，其密度大多为 0.80～0.98 $g \cdot cm^{-3}$。并且石油往往与天然气相伴而生，在世界许多地方均发现有石油和天然气矿床，只是储量和成分有所不同。

一、石油的化学成分

从组成元素来分，石油主要是由碳(0.83～0.87)、氢(0.11～0.14)、氧、硫、氮以及极少量的铁、镍、磷、硅等元素组成。不同产地的石油其上述元素的含量略有变化。石油的化学组分主要是有机化合物，可以分为烃类和非烃类两大类。两者的含量往往因石油的产地不同而相差很大，某些轻质石油中含烃类物质可达 0.90 以上，重质石油中烃类含量只有 0.50 左右。石油的烃类馏分又可分为气态烃、液态烃和固态烃。石油气态烃组成了石油气体，它是天然气和石油炼厂气的主要来源。天然气主要由甲烷及其低分子同系物组成，石油炼厂气除含有烷烃，还含有烯烃、氢气、硫化氢、二氧化碳和一氧化碳等。

石油中的非烃类化合物主要有如下几种：

(1)含硫化合物：硫(S)在石油及其馏分中的存在形态有元素硫(S)、硫化氢(H_2S)、硫醇(RSH)、硫醚(RSR)、环硫醚及二硫化醚、噻吩及其同系物等。硫化物对石油产品的使用及石油加工都有危害作用，特别是对金属设备的腐蚀尤为严重。

(2)含氧化合物：石油中的氧皆以有机化合物状态存在。主要有酸性化合物，如环烷酸、脂肪酸和酚类等，及中性化合物，如醛、酮类等。酸性含氧化合物具有普通羧酸的性质，能腐蚀金属设备，是油品中的有害物质，需用碱洗法除去。

(3)含氮化合物及微量元素：石油中的氮化物分碱性和非碱性两类。其中碱性氮化物大都是吡啶、喹啉、异喹啉、吖啶及其同系物。非碱性氮化物主要有吡咯、吲哚、咔唑及其同系物。另外，金属的卟啉化合物也属于非碱性氮化物。其中的金属元素主要是钒、镍、铁等。氮化物及微量金属元素对石油炼制及石油产品均有一定的危害作用。

(4)胶状及沥青状物质：石油非烃类化合物中，有很大一类物质是胶状、沥青状物质，它们在石油中的份量相当可观。胶状及沥青状物质是石油中结构最复杂，相对分子质量最大的物质。其组成中除含有碳、氢外还含有硫、氧、氮等杂质元素。

二、石油的炼制加工

从油田开采出来而未经加工的石油称为原油，是复杂的多组分混合物。原油经过炼油设备加工后形成燃料油、润滑油、化工原料等。目前，国内外的炼油厂可划分为3个类型。即燃料型：主要产品是汽油、柴油、煤油等；燃料一润滑油型：除生产上述燃料油外，还生产各种润滑油；燃料油-化工型：生产燃料油和化工产品（如乙烯、丙烯、苯类等）

为了得到不同使用目的的各种石油产品，需要对石油进行多步炼制，其主要过程有分馏、裂化、重整、精制等。

（1）分馏：分馏工艺就是依据石油中各组分的沸点不同，在加热时，沸点低的烃类先气化，经过冷凝先分离出来，温度升高时，沸点较高的烃再气化再冷凝，借此可以把沸点不同的化合物进行分离。所得产品称为馏分。

分馏过程在1个分馏塔中进行，分馏塔里有精心设计的层层塔板，塔板间有一定的温度差，由此得到不同的馏分。图7-1显示了分馏塔的一般结构原理及不同产品的馏出部位。分馏先在常压下进行，获得低沸点的馏分，然后在减压下获得高沸点馏分。每一个馏分中还含有多种化合物，可以进一步进行分离。表7-1列出了石油分馏的主要产品及用途。

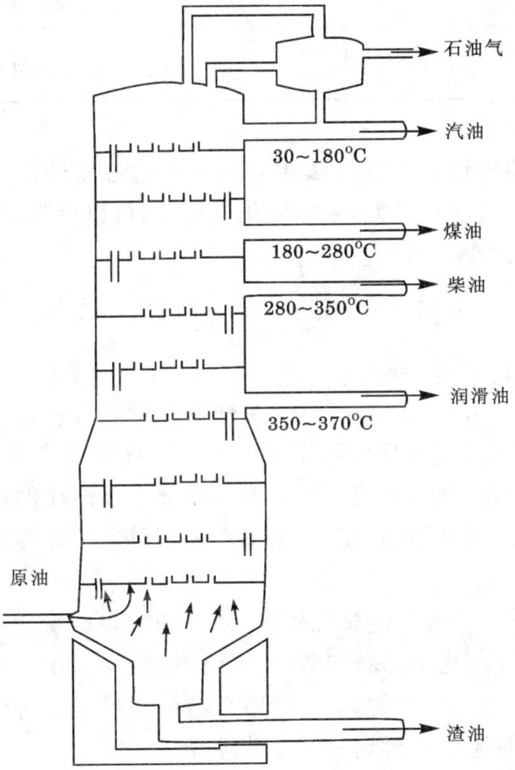

图7-1　分馏塔示意图

表 7-1　石油分馏主要产品及用途

	温度范围/℃	分馏产品名称	烃分子中所含碳原子数	主要用途
气体		石油气	$C_1 \sim C_4$	化工原料,气体燃料
轻油	30～180	溶剂油 汽油	$C_5 \sim C_6$ $C_6 \sim C_{10}$	溶剂 汽车,飞机用液体燃料
	180～280	煤油	$C_{10} \sim C_{16}$	液体燃料,溶剂
	280～350	柴油	$C_{17} \sim C_{20}$	重型卡车,拖拉机,轮船用燃料,各种柴油机用燃料
重油	350～500	润滑油 凡士林	$C_{18} \sim C_{30}$	机械,纺织等工业用的各种润滑油,化妆品,医药业用的凡士林
		石蜡	$C_{20} \sim C_{30}$	蜡烛,肥皂
		沥青	$C_{30} \sim C_{40}$	建筑业,铺路
	>500	渣油	$>C_{40}$	做电极,金属铸造燃料

(2)催化裂化:用上述加热蒸馏的办法所得的轻油约占原油的1/3～1/4。但社会对轻油等小相对分子质量的烃类需求量极大,采用催化裂化法,可以使碳原子数多的碳氢化合物裂解成各种小相对分子质量的烃类,如

$$\underset{\text{十六烷烃}}{C_{16}H_{34}} \xrightarrow[\text{加热加压}]{\text{催化剂}} \underset{\text{辛烷}}{C_8H_{18}} + \underset{\text{辛烯}}{C_8H_{16}}$$

裂解产物成分很复杂,从 C_1 至 C_{10} 都有,既有饱和烃又有不饱和烃,经分馏后分别使用。裂解产物的种类和数量随催化剂的选择和温度、压力等条件不同而异。不同质量的原油对催化剂的选择和温度、压力的控制也不同。我国原油成分中重油比例较大,所以催化裂化就显得特别重要。经过催化裂化,从重油中能获得更多乙烯、丙烯、丁烯等化工原料,也能获得较多较好的汽油。

(3)催化重整:石油成分中的直链烷烃较多,而一些可以改变汽油和柴油燃烧性能的物质如异辛烷等,以及一些重要的化工原料如芳香烃等就比较少。在一定的温度和压力下,汽油中的直链烃在催化剂表面上进行结构的"重新调整",转化为带支链的烷烃异构体,这就能有效地提高汽油的抗爆性能,同时还可以得到一部分芳香烃。

(4)加氢精制:前已述及,石油及石油产品中都含有少量的含硫和含氮化合物,在燃烧过程中会生成 NO_x 和 SO_x 等酸性氧化物而污染空气,因此应设法降低或排除石油中的氮、硫含量。

现行的办法是用催化剂在一定温度和压力下使 H_2 与有机物中的硫和氮发生反应生成

NH_3 和 H_2S 而分离，留在油品中的只是碳氢化合物，从而使油品性能得以有效改善。

第 2 节　燃料油

动力运输机械（如车、船、飞机）正获得越来越广泛的应用，其所用能源目前主要还是液体燃料油，而汽油和柴油是液体燃料油的主体，产量最高、用量最大。另外还有煤油（包括航空煤油）和溶剂油等。下面就有关汽油和柴油的使用性能及其改性方法作一简要讨论。

一、汽油的使用性能及改良

如表 7-1 所示，汽油的主要成分是 C_6 至 C_{10} 的烃类，还有含量极少的非烃类物质。汽油在汽油机内能在极短时间（0.001 ～ 0.1 s）内瞬间气化并与适量的空气充分混合，使得汽油中的可燃物质分子被空气中的氧包围实现充分燃烧，从而实现汽油的燃烧热转化为汽油机的机械动能。

1. 汽油的抗爆性

送入发动机中的汽油正常燃烧火焰的传播速率约为 30～70 $m \cdot s^{-1}$，但当混合气已燃烧 2/3～3/4 时，未燃烧的混合气中产生了大量的过氧化物，它分解后使混合气中出现了许多燃烧中心，燃烧速率猛增，产生强大的压力脉冲，火焰的传播速率可达 800～1 000 $m \cdot s^{-1}$。这种情况下就会产生爆燃，气缸中产生清脆的金属敲击声。爆燃会使发动机过热，活塞、阀、轴承等变形损坏。

表 7-2　几种烃的辛烷值

名称	分子结构式	辛烷值
正戊烷	$CH_3-CH_2-CH_2-CH_2-CH_3$	61
正庚烷	$CH_3-CH_2-CH_2-CH_2-CH_2-CH_2-CH_3$	0
2,3-二甲基戊烷	$CH_3-CH(CH_3)-CH(CH_3)-CH_2-CH_3$	89
2,2,4,-三甲基戊烷	$CH_3-C(CH_3)_2-CH_2-CH(CH_3)-CH_3$	100
1-辛烯	$CH_2=CH-CH_2-CH_2-CH_2-CH_2-CH_2-CH_3$	34.7
4-辛烯	$CH_3-CH_2-CH_2-CH=CH-CH_2-CH_2-CH_3$	74.3
环己烷	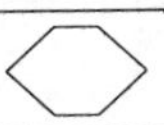	77
苯	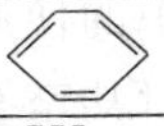	＞100
邻-二甲苯	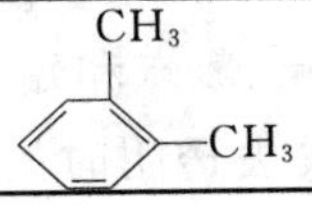	100

燃料的组分决定了汽油的爆燃程度。为便于比较爆燃程度，国际上将辛烷值定为衡量汽油抗爆能力的指标，这就是燃料辛烷值标准。现已证明，异辛烷(2,2,4-三甲基戊烷)的抗爆燃性(即抗爆性)极高，将其“辛烷值”定为100；正庚烷的抗爆性极低，将其“辛烷值”定为0。将两者按一定比例配成混合液，便可得到辛烷值(即异辛烷的体积百分数)为0～100的“燃料”。目前我国汽油牌号的划分就是以辛烷值确定的。

汽油的抗爆性能与汽油的组成特别是所含烃类有关。随着碳原子数的增多，正构烷烃的抗爆性降低，辛烷值下降；异构烷烃随支链的增多抗爆性增强。环烷烃抗爆性居中而芳香烃及其衍生物抗爆性相对较高(见表7-2)

2. 汽油的化学安定性和物理稳定性

汽油在使用过程中会遇到氧气、光及高温等作用，这种作用会使汽油中含有的不饱和烃等发生氧化而生成胶质。胶质易黏附在器壁上，给工作中的的汽油机带来很大损害。汽油的化学安定性即是指汽油抵抗氧化生胶的能力。

常采用两种方法改善汽油化学安定性，首先是通过控制炼制工艺，使易被氧化的活泼烃类、非烃类组分尽量降低；再者是向汽油中添加抗氧化剂。例如酚类(2,6-二叔丁基-4-甲酚)、胺基酚类及胺类等添加剂。

汽油在储存、运输、加注和其他作业时，保持汽油不被蒸发损失的能力叫做汽油的物理安定性。汽油的物理安定性主要由汽油中所含的低沸点馏分决定。

3. 汽油中腐蚀性物质的影响

汽油中的酸性和碱性物质对金属有较强腐蚀性。如环烷酸对有色金属，特别是铅和镁有强腐蚀性。特别是有水存在时，氧化生成的有机酸对黑色金属也有较大的腐蚀性。

汽油中的某些含硫化合物，例如二氧化硫和噻吩等，不仅自身有腐蚀性，还会使汽油产生恶臭气味，促使汽油生成黏胶质。而且，硫化物燃烧后生成的 SO_2 和 SO_3，与水作用生成酸后对金属机件的腐蚀作用更强。

另外，为了改善汽油抗爆性而加入的添加剂中所含的溴化物燃烧后分解生成 HBr，可使金属部件发生腐蚀，所以添加导出剂要严格控制。

4. 汽油中机械杂质和水分的影响

新出厂的汽油完全不含机械杂质和水分。但在使用中，易将机械杂质(如锈、灰尘、各种氧化物)及水分落入油中。这些杂质和水分会产生磨损、腐蚀、堵塞机器零件并促使汽油加快生胶等不良影响。另外，水分在冬季会冻结成冰，从而堵塞油路。所以要求汽油中不允许含有机械杂质和水分。

二、柴油的使用性能及改良

若按用途来划分，柴油可分为农用柴油、轻柴油和重柴油等。

1. 柴油的低温流动性

柴油的低温流动性对其在低温环境中的使用性能影响很大。如果选用低温流动性不合适的柴油，将影响柴油机的正常运转，严重时甚至会使车辆无法行驶。

影响柴油流动性的主要性质有浊点、凝点和黏-温特性等。

柴油中开始析出石蜡晶体，使其失去透明时的最高温度称为浊点；柴油在标准试管内成

45°放置时，经过 1 min 不改变本身液面时的最高温度称为凝点。浊点一般比凝点高 5～10℃。

柴油的浊点和凝点的高低主要由柴油的化学组成决定，现已证明，正构烷烃的浊点和凝点最高，异构烷烃较低，而芳香烃则较高。不饱和烃较饱和烃低。

为保证柴油机正常工作，柴油的浊点应较柴油机使用的外界温度低 3～5℃。

目前柴油机用柴油牌号是根据其凝点确定的。

柴油的黏-温特性是指柴油的黏度随温度升高而减小，随温度降低而增大的性质。黏-温特性取决于柴油的化学组成。一般说来，正构烷烃的黏-温变化最小，芳香烃最大，异构烷和环烷烃居中。降低柴油浊点和凝点的方法主要有脱蜡、加煤油或降凝剂等。

水分存在会大大提高柴油的浊点和凝点。机械杂质会堵塞喷油嘴，影响供油。所以柴油在加入油箱前，一定要经过充分沉淀(不少于 48 h)并过滤，以尽量除去水分和杂质。

2. 柴油的抗粗暴性

柴油喷入柴油机气缸与空气混合，引燃而做功。若混合气在点火前形成过多，则在燃烧时压力升高速率超过了正常值，在气缸中会产生强烈的震击，即产生所谓的柴油机工作粗暴(或工作不平顺)。与汽油机发生爆燃一样，柴油机发生粗暴会使柴油机功率下降，油耗增加，磨损加剧。

现在国际上皆以“十六烷值”作为衡量柴油抗粗暴性的指标。具体办法：选择自燃点低的正十六烷，定其十六烷值为 100；α-甲基萘抗粗暴性差，定其十六烷值为 0。把这两种标准液按不同比例混合，可得不同抗粗暴性的标准混合液。柴油的十六烷值高，表示其自燃点低，抗粗暴性好，起动性也好；反之，十六烷值低，表示其自燃点高，抗粗暴性较差。

柴油的化学成分中正构烷烃的十六烷值最高，异构烃较低，芳香烃(尤其是稠环芳烃)最低。

实践证明，一般用十六烷值为 40～50 的柴油，就能满足一般柴油机工作的要求。我国汽车用柴油的十六烷值一般在 43～50 之间。

提高十六烷值的方法，主要是用硫酸或选择性溶剂除去柴油中的芳香烃，或者是向柴油中添加助剂。这些添加剂应无毒、稳定、不爆燃、无腐蚀，易溶于柴油，其中以丙酮过氧化物、硝酸乙酯和硝酸异戊酯最为有效。

3. 柴油的安定性

柴油的安定性主要是指储存安定性和热安定性。前者指柴油在储存、运输和使用过程中保持其外观、组成和性能不变的能力；后者是指柴油在温度较高及溶解氧气的情况下发生变质的倾向。安定性差的柴油在储存、使用中会发生颜色变化，胶质增多，沉渣等现象。这是由于柴油中的烯烃等被氧化缩合成可溶性胶质和沉渣的缘故。

柴油中的环烷烃、烯烃、芳香烃对储存安定性有影响；其中尤以芳香烃对热安定性影响最大。

4. 柴油的腐蚀性

柴油组分中的含硫量一般比汽油高。硫及硫化物的腐蚀作用与汽油一样。水溶性酸、碱及水分、灰分等对机件的腐蚀、磨损作用均很严重。

三、燃料油添加剂

燃料油包括汽油、柴油、煤油、重油等，它是动力的主要来源。为了不断提高燃料油的质量，除了在石油炼制过程中不断改进工艺及产品结构，提高其内在质量外，使用添加剂也是改进燃料质量的另一个重要途径。

针对前述汽油和柴油的使用性能要求，下面分别对抗爆剂、清净分散剂、抗氧及防锈剂、抗冻剂等几类燃油添加剂进行简要讨论。

1. 抗爆剂

抗爆剂又叫抗震剂，是改善汽油质量的重要添加剂。

提高汽油辛烷值须采用抗爆剂。历史上使用较早较广泛的是四乙基铅，在汽油中加入少量四乙基铅，辛烷值就会显著提高。但四乙基铅有两个致命弱点：一是四乙基铅本身有剧毒，二是四乙基铅燃烧后形成的氧化铅沉积在发动机内部，还需加入二溴乙烷使燃烧过程中生成气态的溴化铅而排出。

目前，一些新型抗爆剂逐步问世并被推广和应用。如甲醇、乙醇、异丙醇、叔丁醇、甲基叔丁基醚(MTBE)、特戊基甲醚(TAME)等。其中以 MTBE 性能更为优良，从原料上讲，它可以利用石油化工中 C_4 馏分来合成，因此从 80 年代开始，国外已相继建成了一些 10 万 t 级的装置，我国也有批量生产。MTBE 加入汽油中的量约为 7%左右。

值得一提的是含有 10%～15%的甲醇或乙醇的汽油。甲醇或乙醇加入汽油的意义主要有 4 点，一是起抗爆作用；二是减少尾气有害物排放；三是促进乙醇消费，有利于粮食等农产品转化；四是减轻对石油的依赖。同样，改进柴油十六烷值的抗暴添加剂主要有硝酸酯类、二硝基化合物和过氧化物，其正常添加量为 1.5%(容积)，十六烷值可提高 12～20。

2. 清净分散剂

尽管世界各国都在限制含铅汽油的用量，但目前仍有一定量的含铅汽油在使用，这些汽油会在汽缸内燃烧后残留下含铅的积炭。为了清除这类影响，可在汽油中加入含磷化合物，如磷酸三甲苯酚酯和磷酸二苯酚甲苯酚酯等。

清净分散剂是一类多功能添加剂，主要作用是改变积炭的结构，清除沉积物，另外还兼有防止汽化器结冰和燃烧系统腐蚀的作用。比较新型的清净分散剂主要是一些特殊结构的表面活性剂，有低分子清净剂(如烷基胺，烷基脲等)和高分子清净剂(如聚丁烯琥珀酸亚胺)两大类。

新型清净分散剂的加入量很少，通常在 10～20 mg · L^{-1}范围内。

3. 抗氧和防锈剂

燃料油在储运使用中，常与氧气、水以及金属容器相接触，因此油类易受到氧化作用及锈蚀等影响。在燃料油中加入抗氧和防锈剂可提高油类在使用和储运时的稳定性，在含铅油中还能防止四乙基铅分解后形成沉淀的积聚。

抗氧剂可分为酚和苯二胺两大类。在燃油中用的最多的是 2,4 -二甲基- 6 -叔丁基苯酚和 2,6 -二叔丁基- 4 -甲基苯酚。

近年来，也出现了一些有清洗作用的防锈剂，主要为两种组分，其中一种是烷基酚聚氧乙烯醚非离子表面活性剂，另一种则是咪唑啉胺。

4. 抗冻剂

汽车发动机在潮湿的寒冷气候下容易失控，其原因在于燃料管线和汽化器内汽油带入的少量水分容易结冰，这样会造成不易点火启动。高空飞行的飞机接触的空气常低于零度，燃料油也会出现结冰现象。解决这一问题最有效的方法是在燃料油中加入抗冻剂。

抗冻剂主要有两类。一类是醇类，如乙醇、甲醇、异丙醇等，以及多元醇及其醚，如乙二醇、乙二醇醚等。这些醇类可与水互溶，降低水的冰点，使水不能结冰。另一类则属于表面活性剂类型，它们的疏水基团会聚集在金属的表面使之能阻止水分在金属表面结冰，属于这一类的有磷酸胺，脂肪胺，脂肪酰胺和烷基琥珀酸亚胺等。

第 3 节　润滑油和润滑脂

种类繁多的各类机器的运动部件，其运动接触部位均产生不同程度的摩擦，因此常引起机件磨损、发热、烧结等现象。避免摩擦或减小摩擦的最有效办法是在摩擦部位施加润滑剂。

润滑油是应用最广的液体润滑剂，它由基础油和添加剂构成。基础油主要是调合油，由经过蒸馏、精制而得的油料调合而得。添加剂加入量不大，但它可以大大改善润滑油的性能。

一、润滑油的作用、性能及改良

1. 润滑油的主要作用

(1)润滑作用：润滑油黏附于运动机件的相互摩擦表面，形成一层油膜，从而使金属间的干摩擦变成油层内的液体摩擦。液体摩擦因数比干摩擦小得多，有效地降低了摩擦阻力。

(2)冷却作用：高速运动的机件，会因摩擦产生很多热量。对于发动机来说还有由燃料燃烧产生的热。把热量导出机体，避免热损害的一部分任务就由润滑油来完成。

(3)洗涤作用：使用中的润滑油可以将机体在工作中产生的油泥、油中的胶状物洗涤并带到机油滤清器，过滤后再参与循环使用。黏度小的润滑油洗涤作用更好。

(4)密封作用：润滑油在机件间隙中可以避免气、油的渗漏，也可避免润滑油自身遭到污染。黏度高的润滑油密封效果更好。

(5)防锈作用：润滑油黏附在金属机件表面，可以较好地隔离水和酸、碱等腐蚀性物质对金属的侵蚀。而且常以加入防锈剂的方法来进一步提高润滑油的防锈作用。

2. 润滑油的性能

(1)适宜的黏度：对于不同的机件及不同的工作条件，对润滑油的黏度要求不同。黏度过大或过小均不能满足润滑要求。润滑油黏度大，减摩、密封效果好；黏度小则冷却、洗涤效果好。

黏度是润滑油的重要指标，也是其分类和选用的主要依据。

黏度与化学组成有关。烃类中直链烷烃黏度最小，芳香烃次之，环烷烃最大。一般来说，环烷烃环数增加、支链越多越长，黏度亦越大。

(2)黏-温性能：润滑油的黏-温性能是发动机所用润滑油的一项重要指标。发动机在工作中，接触的部分温度差别很大，这就要求润滑油在高温部位保持一定黏度，以形成一定厚度的油膜；在低温部位又不要黏度太大，以免发动机起动困难，使磨损增大。

(3)清净分散性能：它是指润滑油老化生成胶质及氧化物悬浮在油中而不沉积的能力，也是润滑油洗涤作用的能力。若润滑油不能将氧化产物及胶质悬浮，就会形成漆膜层。加入清洗分散剂可使氧化产物、油泥形成无害的悬浮物。

(4)抗氧化安定性：润滑油在一定外界条件下抵抗氧化作用的能力称为润滑油的抗氧化安定性。润滑油在使用和储存过程中与空气接触会被氧化生成一些氧化产物，如酸类、胶质等。生成的氧化物会改变润滑油的理化性能，如颜色变深、黏度增大、酸值提高、产生沉淀等。可以通过加入抗氧化剂来防止润滑油的氧化变质，延长使用寿命。

(5)酸值：酸值是指润滑油中所含游离酸(主要是有机酸)的量的大小。它反映润滑油在使用中的变质程度，是废油更换的指标之一。酸值越小，油品质量越好。

3. 润滑油在使用中的化学变化

润滑油使用中发生质量变化及各种沉积物的生成都与氧化作用有关。润滑油的被氧化过程就是经自由基连锁反应历程，生成过氧化物中间体将油中的烃氧化而变质的。其氧化产物可分为：烃类被氧化生成相对分子质量相对较低的含氧化物，如醇、醛、酮、酸和酚等，缩合成胶质和漆膜。低分子氧化产物进一步发生缩合反应，生成高分子缩合物，主要是不溶于润滑油的胶质。聚集在发动机油中的胶质，在高温下进一步形成漆膜，会牢固地覆盖在活塞上形成积炭。上述不同程度的氧化产物都沉积在油泥中。

润滑油在使用中被氧化所生成的酸性物质能腐蚀机件。其中溶于水的低分子有机酸(羧酸及羟基酸)的腐蚀性很强，高分子有机酸在有氧(或过氧化物)及水的存在下，也能腐蚀金属。低分子有机酸与金属作用的腐蚀产物如有机酸的铁盐、铜盐、铅盐等在室温及工作温度较低时，就不易溶于油中而成为沉淀。这种沉淀会在润滑系统中堵塞油路及机油滤清器，增加磨损，严重时会损坏机件。

4. 润滑油的改良

为了提高润滑油的质量和性能，除对基础油必须采取合理的加工、精制工艺外，还必须加入能够改善油品各种性能的添加剂。

(1)清净分散剂：清净分散剂曾被称为浮游性添加剂，它是一种可溶于油的表面活性剂。其主要作用是中和、增溶、分散和洗涤。

当油中混入或生成不溶性固体微粒时，清净分散剂的极性基通过物理或化学吸附包裹在固体颗粒表面，从而降低了油一固介面张力，使固体微粒成为胶粒悬浮分散在油中，不致凝聚沉积在被润滑的机件表面上。此外，清净分散剂还能与尚未聚合成漆膜、积炭、沉淀物等固体物质的氧化中间产物反应，使中间产物的羰基、羧基、羟基失去活性，防止其进一步缩合凝聚成漆膜、沉淀物。有灰型清净分散剂主要成分是磺酸盐、烷基酚盐、烷基水杨酸盐等，它们在燃烧后会留下灰分；无灰型清净分散剂主要有甲基丙烯酸的高级醇酯和丁二酰亚胺等。

(2)抗氧防腐剂：抗氧防腐剂的作用就是抑制润滑油的氧化过程，钝化金属的催化作用，减少油品变质，延长使用寿命，保护金属表面不受酸的腐蚀。

常用的抗氧剂有两大类：一类是2,6-二叔丁基对甲酚。它很容易与烃类自由基反应，起链反应阻断作用，把烃的过氧化物分解成稳定化合物，防止胶状沉淀物的生成，称抗氧防胶剂，用于厚油层条件下。另一类是二烷基二硫代磷酸锌。它适用于薄油层，有助于促进烃过氧化物分解，生成稳定产物，并使金属钝化，起防腐及抗磨作用。

(3)增黏剂：增黏剂又称黏度指数改进剂。它是一类线型高分子化合物。低温时它对润滑油黏度影响较小，高温时它会促使液体基础油的黏度增大。

在黏度低的基础油中常常添加1%～10%的增黏剂，这样不仅使润滑油的黏度提高，还显著改善其黏-温特性，适应宽温度范围对黏度的要求。常用的增黏剂有聚甲基丙烯酸酯、聚异丁烯、聚乙烯基正丁基醚等，丁烯-苯乙烯共聚物、乙烯-丙烯共聚物等属新型增黏剂。

(4)降凝剂：润滑油在低温下使用时，要求其具有较低的凝固点。在炼油过程中用深度脱蜡的办法虽可使油品的凝固点降低，但收效不大，且会增大成本。因此解决的办法是在浅度脱蜡的基础上，加入降凝剂使油品的凝固点达到指标要求。

一般把降凝剂分为两大类，一类是带有长侧链的芳香烃及其衍生物，如烷基萘，烷基酚等。这类降凝剂的使用历史较早，缺点是色深，影响油品外观品质。另一类降凝剂是一些在长烷基链上带有各种分支的聚合型高分子化合物，如聚甲基丙烯酸酯，既是增黏剂，也是降凝剂。醋酸乙烯酯与反丁烯二酸酯的共聚物，还有α-烯烃共聚物等。这类降凝剂的特点是分子内不含双键等生色团，因而色浅，兼备增黏和降凝两种作用。

(5)极压抗磨剂：在通常的边界润滑状态，抗磨添加剂可以防止金属表面的剧烈磨损。但在极压润滑条件下，由于金属表面的直接接触而产生的大量热会破坏抗磨剂形成的膜，此时需加极压抗磨剂。但抗磨剂和极压剂有时很难给予准确区分，因此在我国统称为极压抗磨剂。

极压抗磨剂的作用，实际上是一种控制性的腐蚀现象。它与摩擦金属表面起化学反应，生成熔点较低和剪切强度小的化学反应膜，才能起到减小摩擦、磨损并防止擦伤及熔焊的作用。一种好的极压抗磨剂，应该只在极压抗磨范围内才与金属表面反应，而在较低温时是稳定的。

常用的极压抗磨剂有：有机氯化物、有机硫化物、有极磷化物、有机金属盐等。其他极压抗磨剂有环烷酸铅与硫化物的复合物、硼酸酯润滑剂等。

(6)防锈添加剂：防锈添加剂对金属防锈起着重要作用。它不但可以加到润滑油中，而且还可以加到润滑脂或石油脂中。常把防锈添加剂与其他几种添加剂调合到油中，使其具有多种性能，如抗盐雾、水置换、指纹置换性、酸中和及同时对黑色与有色金属起防锈作用等。

防锈剂其实也是一种表面活性物质。其分子中的极性和非极性基团分别吸附在金属表面和油分子上，从而形成多分子层的油膜。油膜要厚而致密，能阻止水汽分子的透过。常用的防锈剂有石油磺酸钡盐(或钠盐)，环烷酸锌，十二烯基丁二酸等。

另外，还有抑制和破坏润滑油产生泡沫的抗泡沫添加剂，提高润滑油性能、改善摩擦特性的油性添加剂等，在此不一一列举。

二、齿轮油

齿轮转动是机械工程中的一个非常重要也是非常常用的传动方式，其齿轮部位(如变速箱、齿轮箱等)所用的润滑油是齿轮油。由于齿轮润滑的特殊性，齿轮油也有别于一般的润滑油。

1. 齿轮润滑的特点

齿轮传动中齿间接触面很小，属于线接触。啮合部位产生的单位压力很高。一般汽车齿轮的单位压力可达2 000～3 000 MPa。通常情况下齿轮工作温度不高，但在某些苛刻条件下工作的齿轮，摩擦面的温度却很高。

齿轮润滑一般分为流体润滑、边界润滑和极压润滑。多数情况下，润滑过程由上述3种润滑过程组合而成。

2. 齿轮油的性能

齿轮油与一般润滑油一样具有减摩、洗涤、冷却、防腐、减震作用。因此，齿轮油也具有一般润滑油的性能。由于齿轮润滑的特殊性，齿轮油还有其较为特殊的性能要求。

(1)抗磨性：根据齿轮的工作要求，在极压条件下齿轮油应具有抗磨性，为此所采用的添加剂称为极压剂。它能在摩擦面的高温部位与金属反应，生成低熔点、剪切强度小的油膜。另一种油性剂会在金属表面产生牢固的吸附膜以防止金属面的直接接触，从而减小摩擦磨损。

(2)防锈性：齿轮油中除添加防锈剂外，还要加入防腐剂。防锈与防腐的机理是大致相同的。后者主要指降低硫化物对铜的腐蚀作用。

(3)抗泡沫性：齿轮油在工作中会受到剧烈搅动，遇到空气时就会产生许多气泡。若气泡不能消失就会产生泡沫。泡沫一形成就使空气与油一起到达润滑部位，使油得不到充分供给，起不到应有作用，造成磨损和胶合等破坏性事故。用醇类可破坏已产生的泡沫，用抗泡剂可抑制泡沫的产生。

三、润滑脂

有许多摩擦部件不适于用液体油料进行润滑，而需要使用一种不易流动的膏状润滑油品，通称为润滑脂，俗称“黄油”。

1. 润滑脂的结构特点

润滑脂是在一种或几种液体润滑油中添加一些起稠化作用的物质(稠化剂)，使液体润滑油滞化成固体(实体上是稠化了的润滑油)，常温下呈膏状的润滑剂。低负荷时，润滑脂呈固体的性质，到某临界负荷时，润滑脂开始塑性变形，类似液体样流动，去掉负荷后又恢复固体的性质。为改善润滑脂的使用性能，可添加抗氧化、抗腐蚀、防锈、抗磨及极压、抗辐射、抗水、结构改善等添加剂。

经过用X射线和电子显微镜技术对润滑脂的结构进行研究，证明稠化剂的分子或分子聚结体在润滑油中形成三维的骨架结构，基础油就包在骨架中。润滑脂好似一个储油的“小仓库”，在使用过程中，渗出适量的油来起润滑作用。

2. 润滑脂的形成

润滑脂主要由润滑液体、稠化剂和添加剂三大部分组成。

(1)润滑液体(又名基础油)：润滑液体(油)在润滑脂中占90%左右，其润滑性决定着润滑脂的润滑性能。故选择合适的润滑液体作基础油是十分重要的。

一些矿物油(如仪表油、透平油、机械油、气缸油等)作为润滑脂的基础油，用得最多、最普通、也最经济。矿物油黏度较大，制得的润滑脂稠度也较大，胶体安定性增加。矿物油低温黏度小，凝固点低，制得的润滑脂低温性能也好。

酯类油具有良好的润滑性和高、低温性，因此是目前采用最为广泛的合成基础油。

另外，硅油具有任何别的液体不可比拟且又适于工艺目的的优异特性。如在非常宽的温度范围内黏度变化极小，凝固点低，化学安定性好，电气性能优异等。含有甲基和苯基的硅油是所有已知硅油中热稳定性最好的。

(2)稠化剂:稠化剂在润滑脂中形成如海绵或蜂窝状的骨架结构,将基础油包起来失去流动性而成膏状物质。稠化剂的性质和含量决定着润滑脂的黏稠度以及耐水和耐热等使用性能。稠化剂含量越高,稠化能力越强,润滑脂越稠。稠化剂的耐水耐热性能越好,润滑脂就越耐水、耐高温。稠化剂可分为皂基型和非皂基型两大类。皂基稠化剂是由动植物油脂或合成脂肪酸与金属氢氧化物(碱)化学反应而成金属皂。常见的可用于胶凝矿物油的皂基有脂肪酸锂、钠、钾、钡、钙,三硬脂酸铝、一羟基二硬脂酸铝等。所制得的润滑脂分别称为锂基、钠基、钾基、钡基、钙基、铝基润滑脂。皂基稠化剂的稠化能力强,在润滑脂中含量为10%~20%。

非皂基稠化剂主要包括石蜡、地蜡、无机稠化剂(如膨润土、硅胶)、有机稠化剂(如阴丹士林RS,酞青铜)和填料(如石墨、硫化钼、炭黑等)。

(3)添加剂:润滑油中的添加剂在润滑脂中可起到基本相同的作用。此外在润滑脂中还要加入结构改进剂,如甘油和水。甘油可改善皂油结构,使胶体系统更加稳定。对于钙基皂,吸收一定量水形成水合钙基皂后具有良好的亲油性和吸油后的膨胀能力,从而形成稳定的润滑脂。

3. 润滑脂分类

最常用的分类方法是按稠化剂的类型划分,如皂基润滑脂、烃基润滑脂、无机润滑脂、有机润滑脂等。另外还有按用途划分为减磨润滑脂、密封润滑脂等;按基础油划分为矿物油和合成油润滑脂等。

例如,钙基润滑脂是用天然(或合成)的脂肪酸钙皂稠化中等黏度矿物油制成的,俗称"黄油"。黄油具有良好的抗水和触变安定性。可用于多种机器的滚动轴承和滑动轴承润滑。钠基润滑脂是由脂肪酸钠皂为稠化剂制成的。钠基润滑脂相变温度高(达140℃左右),可在120℃下较长时间工作。它与金属附着力强,可用于振动较大的场合,如铁路及汽车轴承制动装置、绞盘等润滑部位。

第4节 液压油

液压传动即是利用液体作介质来传递动作和动能。液压传动系统一般由泵、液体管路、控制机械和执行机构4个部分组成。液压系统主要用于作业装置,平台回转机械,行驶转向机械,提升机械和夹紧等方面。我国汽车广泛采用液压和液力传动,主要应用在传动、悬挂、转向、制动系统和自动倾卸机械等领域。用作传递静压的介质很多,有水、乳化液、矿物油、合成油等。液压传动系统所用的介质统称为液压传动油即液压油。

液压油的主要作用除了传导压力外,还兼起一定的润滑、冷却和防锈作用等。液压系统能否可靠、有效且经济地工作,在一定程度上取决于所用液压油的性能。因此,根据液压系统的工作条件和环境及所起作用,对液压油提出如下要求。

1. 合适的黏度

黏度是选择液压油时首先考虑的一个重要因素。一般来讲,在工作压力相同条件下,液压油黏度越高,各部件的运动速率越慢、升温越快、压力降和功率损失就越大。液压油黏度太小时会增加泵的容积损失,降低泵的容积效率,使系统的压力下降;黏度过低时甚至会使液压系统的调控系统完全失调。所以，在运转条件下，液压油要有合适的黏度。

不同地域不同季节及起动前后系统温度的变化，都会使液压油黏度发生变化。故要求液压油的黏-温性能要好。

泵对液压油黏度变化十分敏感。一般情况下，系统的其他元件应根据泵所规定的黏度进行设计和选择。

2. 润滑性能好

随着液压系统和元件向大功率、高压高速、大流量方向发展，液压系统效率不断提高。系统的中心滑动部件，大多数处于边界润滑状态，此时常会发生表面硬性划伤、磨损磨蚀、疲劳性剥落或皱裂等磨损形式。为防止各类磨损，要求液压油的润滑性要好。

3. 抗氧化性好

这项性能要求与润滑油的抗氧化要求的原因及氧化结果一致。液压油的氧化会严重影响其使用寿命。

4. 抗乳化性好

液压油工作过程中会不同程度地从不同途径（如空气）混入水分，从而产生很大害处。混入水的液压油在系统的调节部位、泵和其他机件的剧烈搅动下，极易形成乳化液。脏的或长时间使用的液压油更容易与水形成乳化液。乳化液易使液压油变质、生成油泥和沉淀物，从而影响冷却器的导热，阻滞管道和阀门，降低润滑油的润滑性。

5. 抗泡沫性好

混入空气的液压油在循环工作系统中会产生气泡，含有气泡的油会使液压油的“刚度”下降。因为低压空气的可压缩性约为油品的 1 000 倍，所以混有空气的液压油使能量传递不稳定，产生力传递的滞后现象，失去动力传递的可靠性、准确性。还会产生异常噪声、振动和工作的不规律性，严重时还会损伤机器，故要求液压油释放空气性能好、抗泡沫性好。

6. 油的清净性好

液压油易受污染。空气中的灰尘、机件上的金属屑、残砂、磨损的纤维体以及某些添加剂的析出等都是液压油脏物的来源。

脏的液压油常会引起过滤器孔堵塞，供油不足，产生气蚀，发生振动和噪声，使滑动部位的动作困难，影响动作的可靠性与准确性，滑动部位产生早期磨损等。要少发生或不发生上述情况，要求液压油的清净性要好。

7. 抗剪切安定性好

液压油在经过泵、阀件及微孔等元件时，要经受剧烈的剪切。这种剪切作用的结果一是引起液压油暂时黏度下降，二是引起聚合型增黏剂分子的破坏而造成永久性黏度下降。若黏度下降到一定限度时，液压油将无法使用，必须更换。

8. 对密封材料的影响要小

为了防止液压油泄漏，确保油在密闭液压系统中的流动以传递压力，不同的液压油系统要用不同的密封材料来密封。例如，丁腈橡胶作密封材料时，用矿物油型液压油几乎不发生问题，但用磷酸酯型抗燃液压油时，便会发生故障。液压油对密封材料的影响主要表现在两个方面：一方面是使密封材料溶胀、软化，另一方面是硬化。两种结果都会使密封材料失去密封性能，产生磨损、引起泄漏。从而使液压系统压力下降，控制失灵，以至不能正常工作，故要求所选液压油要与所用密封材料相适应。

此外，液压系统对液压油的其他要求有：防腐性要好；对于可能与明火、高温热源接触的液压设备，还要求有良好的抗燃性。

第5节 工艺油

工艺油是指在加工处理各种材料或半成品时，为了润滑、冷却、溶解或其他目的而使用的油剂。工艺油可用于金属加工和非金属加工。金属加工油主要包括切削油、热处理油、防锈油和少无切屑油等。这里只简要介绍金属加工油。

一、切削油

切削油的主要作用是浸润切削工具和加工件以及切削面从而减少摩擦、磨损，抑制发热，防止烧结，并将产生的热量传出(冷却)，从而提高加工面的质量，保证加工件的精度，延长切削工具的使用寿命。因此，要求切削油具有良好的性能。

1. 切削油的性能

(1)优良浸润性：切削油要能够尽快浸润到切削工具和加工件的切削表面上。黏度小而表面张力低的油浸润性好。水溶性切削油大多数都加有表面张力低的浸润剂。

(2)优良冷却性：切削油的冷却效果取决于油剂本身的导热系数、比热容、蒸发潜热等。水性切削油的冷却效果优于非水性切削油。

(3)优良润滑性：切削油常用于高温高压下的工作机件，要减少摩擦磨损，防止烧结，不仅要有良好的润滑性，还必须有良好的极压抗磨性。

此外，还要求工艺油的防腐性、防锈性、物理及化学稳定性均要好(尤其水性油)；非水性油要求有高闪点、少发烟、臭味小等，以减少对人体的危害及其他事故的发生。

2. 切削油的分类

切削油一般可分为水性切削油和非水性切削油。

非水性切削油的润滑性和抗烧结性比较好。根据润滑性的不同，又可分为油性型、极压型和活性极压型。油性型是纯矿物油或以矿物油为基础油加入油脂或酯类油性剂的油；极压型是油性型中加入氯、硫、磷非活性型极压剂的油；活化极压型是将极压型进行活化的油，多采用活性硫作为极压剂。

水溶性切削油冷却性比较好。根据组成及水稀释后的状态，分为乳化型、可溶型、化学型。乳化型由矿物油和少量乳化剂组成，其润滑性较好，用水稀释20～40倍成白色乳浊液。可溶型是以表面活性剂(长链羧酸的皂类)为主要成分，加水稀释而制成透明或半透明油液，它有较好的洗净性能。化学型是以脂肪族醇和无机盐类为主要成分，加水稀释而制成透明的油液，具有良好的防锈性，几乎没有润滑性。

3. 切削油的选用

非水型切削油的润滑性能取决于是否含添加剂以及所含添加剂的种类和数量。冷却性能与黏度有关，黏度越小冷却性能越好。对主要要求润滑性的，可选用非水型切削油。

乳化型切削油的润滑性取决于矿物油的含量和添加剂的有无；冷却性取决于稀释程度，稀释倍数越高，冷却效果越好。对润滑性和冷却性均有要求的，可选用乳化型。

主要要求冷却和冲洗性能的，可选用可溶性切削油。

各类型切削油的大致使用范围如表 7－3 所示。

表 7－3　各类切削油的使用范围

切削油类型		使用范围
非水性型	油性型	有色金属的切削、磨削；低速条件下钢的轻切削、磨削，使用超硬工具的高速切削
	极压型	钢及其他难于切削材料的切削、磨削，重切削、磨削；齿轮加工
	活性极压型	要求加工程度高的钢的切削、磨削，难于切削的材料（如不锈钢、耐热钢等）的切削、磨削，钢的重切削、磨削
水性型	乳化型	钢、有色金属的高速切削、磨削，使用超硬工具的高速轻切削
	可溶型	钢的高速切削、磨削
	化学型	铸件的切削、磨削，钢的高速轻切削、粗磨削

二、防锈油

防止金属制品在较短时间内发生锈蚀的主要方法，一般多采用防锈油防护。防锈油除特殊少数情况外，大都是采用石油润滑油为基础油再加入各种防锈剂制成的。

1. 防锈油的防锈作用

金属与空气中的氧和水分以及腐蚀性物质等相接触是产生锈蚀的主要原因。若在金属表面涂上防锈油膜，使之与外界锈蚀物质隔绝，就可以达到防锈目的。但一般石油产品本身的吸附力不强，形成的油膜不坚固，易于吸收并溶解部分水分和氧，且容易浸透油膜。因而作为防锈隔膜的作用是十分微弱的。为了弥补这一不足，必须加入防锈剂。

由于防锈剂和金属表面的亲和力比水大而吸附性比水强，因而将水排除于防锈油和金属表面的接触层之外；还有的防锈油具有除指纹作用，能溶化并除掉金属表面上的水、食盐、少量乳酸和尿素等促进金属生锈的物质（称为指纹成分）。

2. 常用防锈油

（1）水性型防锈油：水性型防锈油是用水作溶剂稀释调制而成。适用于工序间半成品或零件的暂时防锈。溶剂稀释型防锈油：在沥青、树脂、地蜡等物质中加入适量润滑油和防锈剂后，再用溶剂稀释成液体。抹涂后，溶剂挥发，留下不挥发的防锈层。

（2）除指纹油：是由轻质润滑油、防锈剂和“水合剂”调制后并被有机溶剂溶解而成。主要用于工序间防锈。

（3）防锈润滑油：是在各种润滑油中加入适当防锈剂制成。应用广泛，但其防锈效果较前两种防锈油差。

三、其他工艺油

1. 热处理油

热处理油是指金属进行热处理时所使用的油剂。其中使用最多的是淬火油。淬火油是精制的矿物油，或者以精制矿物油为基础油，加入适量的高分子化合物添加剂制成。矿物油的冷却速度很慢，为了调节其冷却速度，一般根据淬火部件的要求加入适量的磺酸盐、磷酸盐或硅酸盐等作为冷却速度调节剂。

2. 少无切屑油

某些金属加工过程如锻造、冷拨、挤压、拉伸等，要求少产生或不产生切屑，这就要用到少无切屑油。其作用是防止加工材料和模具的黏着，防止磨损模型。同时对加工工件和模型进行冷却和冲洗等，以保证加工面的质量，延长模具的使用寿命。

少无切屑油包括各种模具油、挤压油、铸膜油、拉延油、冷拨油、拉丝油等。常用的少无切屑油主要有石油基乳化油、脂肪油及其混合油等。

思 考 题

1. 分别从元素组成和化学组分来说明石油的化学组成是什么。
2. 石油炼制的主要过程是什么？
3. 什么是汽油抗爆性？如何提高之？
4. 柴油抗粗暴性的指标是怎样制订的？举例说明。
5. 怎样提高柴油的十六烷值？
6. 润滑油的主要性能是什么？
7. 液压油的性能要求是什么？
8. 什么是工艺油？按用途如何划分之？
9. 简述如何选用切削油？
10. 防锈油的防锈机理和作用是什么？

习 题

1. 石油中的有机物主要是________和________，可分为气态烃、________、________、________。

2. 汽油是含碳________的液态烃的石油馏分，柴油和煤油馏分含碳________，润滑油馏分含碳________。溶于石油中，在常温下呈固态的烃称为________，包括________和________。

3. ________是汽油抗爆性的定量指标。________的抗爆性极高，辛烷值定为________，________的抗爆性极低，辛烷值为________。

4. 汽油最有效的抗爆添加剂是________，但目前大多采用________新型抗爆添加剂。

5. 为了改善汽油化学安定性，一般是在炼制工艺中使________尽量减少，并向汽油中添加________。

6. 影响柴油流动性的主要性质有________、________、________。

7. 柴油的抗粗暴性的指标是________。选择________的十六烷值为________，________的十六烷值为________。十六烷值愈高，柴油抗粗暴性愈________。

8. 润滑油由________和________构成。除了起润滑作用外，还有________、________、________、________的作用。

9. 润滑脂由________、________和________三部分构成。按稠化剂类型划分为________、________、________和润滑脂等。

10. 液压油的主要作用是________，兼起一定的________、________和________作用。

第 8 章　化学与生命

地球上的生命包括人类，是物质世界在一个相当漫长的历史长河中，从无生命到有生命，从低级向高级发展进化过程的产物。在这一进化过程中，经历了无数的化学变化，才综合形成了各种超级组织形式——生物体。也就是说，生命离不开化学，离开化学也就无从研究生命。从某种意义上来说，人体就是最高级的、管理最严密的综合“化工厂”。目前生物体中的化学变化已发展成为一门非常活跃的前沿学科——生命化学。

生命化学是应用化学理论和方法研究生物体的一门科学。它从分子水平上研究生命现象，了解生物体组织的化学组成及结构（如蛋白质、核酸、脂肪、糖等）和变化规律，以阐明生命现象（如代谢、运动、生长、发育和遗传等）的本质，使人类有可能从根本上控制生命活动。生物体的生命停止后，残体仍留在地球上，经化学变化、微生物的降解又变成了无机物质。从而又开始从无机物到有机物的循环变化过程。21 世纪是生命科学的世纪，因此对构成生命的基本物质的结构及有关的化学性质有一个粗略的了解，是十分必要的。

第 1 节　生物体中的化合物

生物体主要是细胞的集合体，构成细胞的主要物质有蛋白质、核酸、糖类、脂肪等。

一、糖类

糖是自然界存在的一大类具有生物功能的有机化合物，它主要是由绿色植物光合作用形成的，是生物体的基本营养物质，它提供人体所需能量的 70%以上。如葡萄糖在人体内的氧化反应 $C_6H_{12}O_6 + 6O_2 \longrightarrow 6H_2O + 6CO_2$，$\Delta_r H_m^{\ominus} = -2\ 872\ kJ \cdot mol^{-1}$。

根据糖能否水解和水解后的产物不同可分为单糖、低聚糖、多糖。单糖是多羟基醛或多羟基酮，不能水解。常见的葡萄糖和果糖是单糖，其链式结构如图 8－1 所示。醛或酮的羰基可以和第 5 碳原子上的羟基反应生成环状的物质。其结构如图 8－2 所示。葡萄糖的链式和两种环式构型在水溶液中可以互变并达到动态平衡，而链式结构只在溶液里存在，且含量极少（约 0.1%），不能以游离态析出。而 α 型和 β 型葡萄糖则能以结晶态从溶液中析出。

把水解成二、三个或几个分子单糖的糖称为低聚糖，低聚糖中较重要的有蔗糖和麦芽糖。蔗糖在稀酸或蔗糖酶的作用下水解成 1 分子 D－葡萄糖和 1 分子 D－果糖；甜度较差但可用来作营养基和培养基的麦芽糖在麦芽糖酶作用下，能水解产生两分子 D－葡萄糖；甜度适中可用于食品工业和医药工业的乳糖可水解产生 1 分子 D－半乳糖和 1 分子 D－葡萄糖。这些糖又称为双糖。

凡能水解为很多个单糖分子的糖称为多糖。多糖在性质上与单糖、低聚糖有很大区别，它没有甜味，一般不溶于水。与生物体关系最密切的多糖是淀粉、糖原和纤维素。

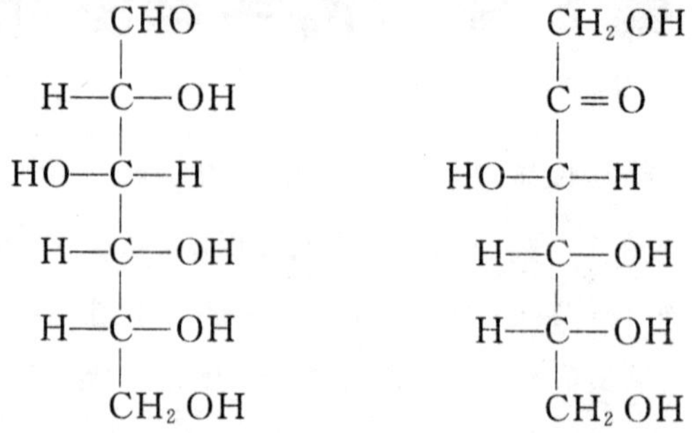

D－葡萄糖(己醛糖)　　D－果糖(己酮糖)

图 8－1　葡萄糖和果糖的链式结构

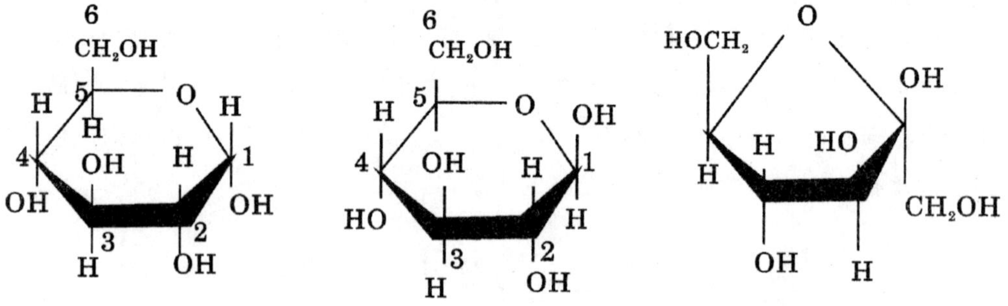

α-D-葡萄糖　　β-D-葡萄糖　　β-D-果糖

图 8－2　葡萄糖的环式结构

淀粉是α－D－葡萄糖的高聚体，水解到双糖阶段为麦芽糖，完全水解后得到葡萄糖。淀粉是植物体中储存的养分，存在于种子和块茎中。各类植物中的淀粉含量都较高，大米中含淀粉为62%--86%，小麦中含淀粉为57%～75%，玉米中含淀粉为65%～72%，马铃薯含淀粉为12%～14%，淀粉是人类食物的重要组成部分。食物中的淀粉经人唾液中的淀粉酶催化水解成麦芽糖，再经肠液中存在的胰腺分泌出的淀粉酶催化，最终水解成葡萄糖被小肠壁吸收，成为人体组织的营养物。

糖原又称动物淀粉，是动物的能量储存库。糖原在动物的肝脏和肌肉中含量最大，当动物血液中葡萄糖含量较高时，就会结合成糖原储存于肝脏中，当葡萄糖含量降低时，糖原就分解成葡萄糖而供给机体能量，维持其生理活动。

纤维素是自然界中最丰富的多糖，是β－D－葡萄糖的高聚体。由于分子间氢键的作用，使这些分子链平行排列、紧密结合，形成了纤维束，每一束有100～200条纤维系分子链。这些纤维束拧在一起形成绳状结构，绳状结构再排列起来就形成了纤维素。这种结构使纤维素具有很好的机械强度和化学稳定性。纤维素是植物支撑组织的基础，棉花中纤维素含量高达98%，亚麻和木材中含纤维素分别为80%和50%左右。

淀粉与纤维素仅仅是结构单体在构型上的不同，却使它们有不同的性质。淀粉在水中会变成糊状，而纤维素不仅不溶于水，甚至不溶于强酸或碱。人体中由于缺乏具有分解纤维素结构所必须的纤维素酶，因此纤维素不能为人体所利用，就不能作为人类的主要食品。但纤维素能促进肠的蠕动而有助于消化，适当食用是有益的。牛、马等动物的胃里含有纤维素酶，因此可食用含大量纤维素的饲料。

二、蛋白质和氨基酸

蛋白质是由氨基酸组成的，它是生命的基本物质，一切有生命存在的地方都有蛋白质的存在，从高等植物到低等微生物，从人类到最简单的生物病毒，都含有蛋白质。人体中含有成千上万种不同的蛋白质，其具有各种功能，以保证生命的正常进行。

1. 氨基酸

氨基酸是既含有氨基又有羧基的一类化合物。组成蛋白质的氨基酸有 20 种，且都是 α-氨基酸，其结构通式如图 8-3 所示。

α-氨基酸　　甘氨酸

图 8-3　氨基酸的结构式

氨基酸中的 R 基侧链是各种氨基酸的特征集团，最简单的氨基酸是甘氨酸，其中 R 是 1 个 H 原子。表 8-1 列出了组成蛋白质的 20 种氨基酸的名称、结构式和符号。

表 8-1　组成蛋白质的 20 种氨基酸

名称	化学结构式	符号	等电点
甘氨酸	CH_2COOH NH_2	Gly	5.97
丙氨酸	$CH_3CHCOOH$ NH_2	Ala	6.00
*缬氨酸	$CH_3CHCHCOOH$ CH_3 NH_2	Val	5.96
*亮氨酸	$CH_3CHCH_2CHCOOH$ CH_3 NH_2	Leu	6.02
*异亮氨酸	CH_3CH_2CH—$CHCOOH$ CH_3 NH_2	Ile	5.98
丝氨酸	HO—CH_2CH—COOH NH_2	Ser	5.68
*苏氨酸	HO—CH—CHCOOH CH_3 NH_2	Thr	6.53

续　表

名称	化学结构式	符号	等电点
天冬氨酸	$HOOCCH_2CH(NH_2)COOH$	Asp	2.77
谷氨酸	$HOOCCH_2CH_2CH(NH_2)COOH$	Glu	3.22
精氨酸	$H_2N-C(=NH_2)NHCH_2CH_2CH_2CH(NH_2)COOH$	Arg	10.76
*赖氨酸	$H_2NCH_2CH_2CH_2CH_2CH(NH_2)COOH$	Lys	9.74
*蛋氨酸(甲硫氨酸)	$CH_3-S-CH_2CH_2CH(NH_2)COOH$	Met	5.74
半胱氨酸	$HSCH_2CH(NH_2)COOH$	Cys	5.05
天冬酰胺	$H_2N-C(=O)-CH_2CH(NH_2)COOH$	Asn	5.41
谷氨酰胺	$H_2N-C(=O)CH_2CH_2CH(NH_2)COOH$	Gln	5.65
*苯丙氨酸	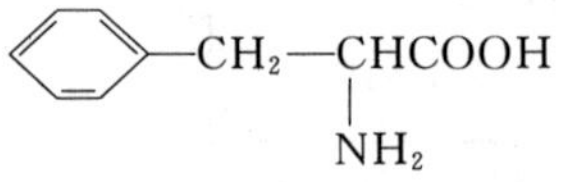	Phe	5.48
酪氨酸	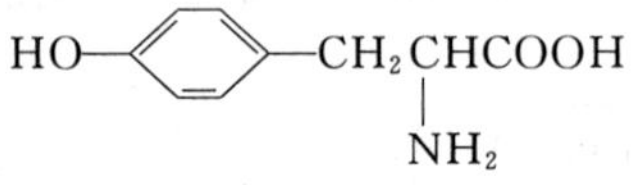	Tyr	5.68
*组氨酸	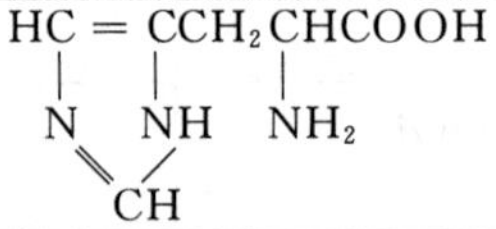	His	7.59
*色氨酸	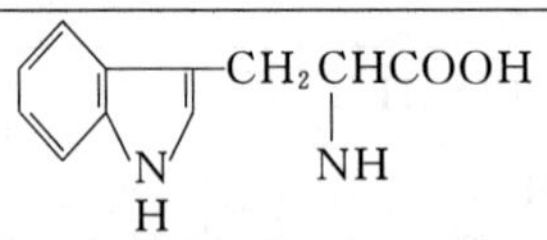	Trp	5.89
脯氨酸	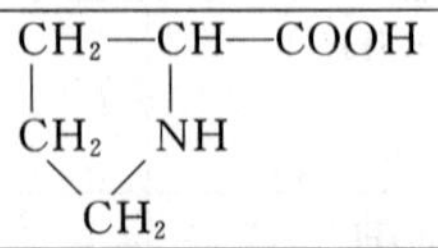	Pro	6.30

*代表人体必需氨基酸,其中组氨酸仅对于婴、幼儿是必需的。

氨基酸分子中的氨基是碱性的,而羧基是酸性的,所以本身就能在分子内部形成内盐,即

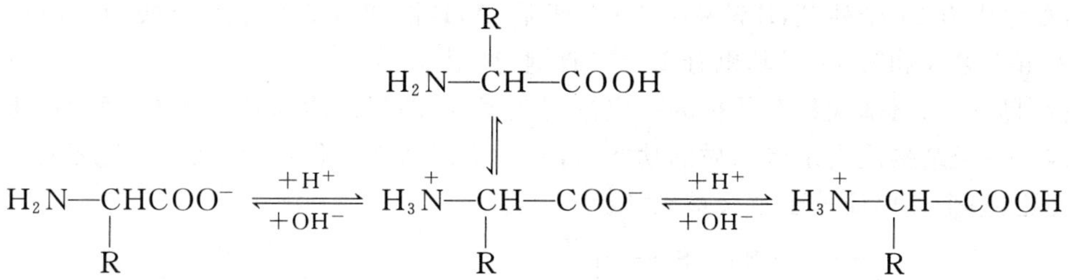

调节溶液的酸碱度使氨基酸净电荷为零时溶液的 pH 值叫氨基酸的等电点。

2. 蛋白质

对蛋白质的元素分析可知，所有的蛋白质都含有 C，H，O，N 四种元素，大多数蛋白质还含有 S 或 P。根据蛋白质的水解产物是氨基酸又知蛋白质是氨基酸的聚合物。

氨基酸羧基上的 $-OH$ 与另一个氨基酸 $-NH_2$ 上的 H 原子缩合脱水形成的酰胺键称为肽键，所形成的化合物称为肽。随着组成肽的氨基酸的数目增加，形成肽的种类急剧加。如三肽可有 6 种，四肽可有 24 种，六肽可有 720 种。

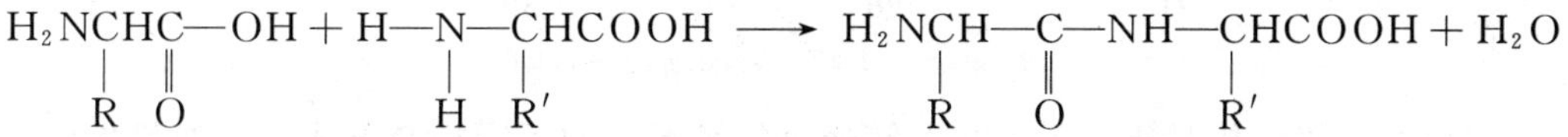

氨基酸　　　　　　　　　　　肽键

由 2 个氨基酸分子缩合形成的化合物叫二肽，最简单的二肽是由两个相同的氨基酸缩合成的，如

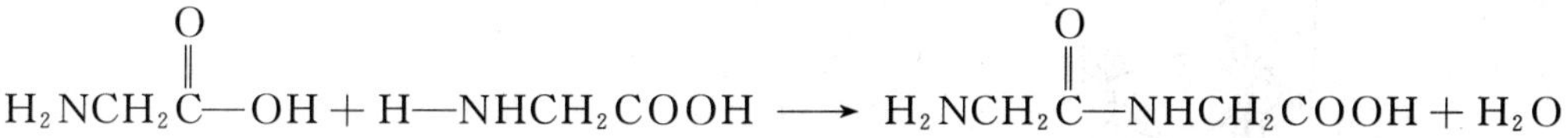

甘氨酸　　　　　　　　　　　甘氨酰甘氨酸

若由两种不同的氨基酸进行缩合，则可形成两种不同的肽，即

甘氨酰丙氨酸

丙氨酰甘氨酸

肽键中的氨基酸由于参与肽键的形成已经不是原来完整的分子，因此称其为氨基酸残基。含多个氨基酸残基的肽称为多肽，通过多肽键可形成一条很长的链状化合物，也称为多肽链。则有

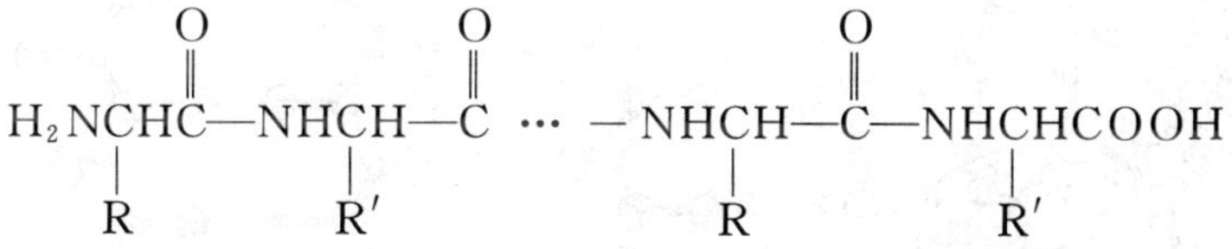

这种链状化合物有两个末端，一端为 $-NH_2$，称为氨基末端（或 N 端）；另一端为 $-COOH$，称为羧基末端（或 C 端）。多肽链中每一个氨基酸残基上都有一个侧链 R 基，不同的 R 基就具有不同的功能。例如丝氨酸和苏氨酸残基有 $-OH$；天冬氨酸和谷氨酸残基上含有 $-COOH$；半胱氨酸残基上含有 $-SH$（巯基）。这些功能基可以参与各种特殊反应。

蛋白质是由一条或几条多肽链组成的生物大分子，每一条多肽链大约有 20 个到几百个氨基酸残基，各种氨基酸残基按一定顺序排列。例如牛胰岛素由 A，B 两条多肽链组成，具有螺

旋型结构，A 链中有 21 个残基，B 链中有 30 个残基，A，B 链通过 2 个半胱氨酸的二硫键相连接，此外，A 链中第 6 和第 11 残基也有 1 个二硫键，见图 8－4。

每种蛋白质中的氨基酸都有严格的一定排列顺序，此即蛋白质的基本结构，通常称蛋白质的一级结构。一级结构决定了蛋白质的功能，对它的生理活性也很重要，顺序中只要有 1 个氨基酸发生变化，整个蛋白质分子就会被破坏。

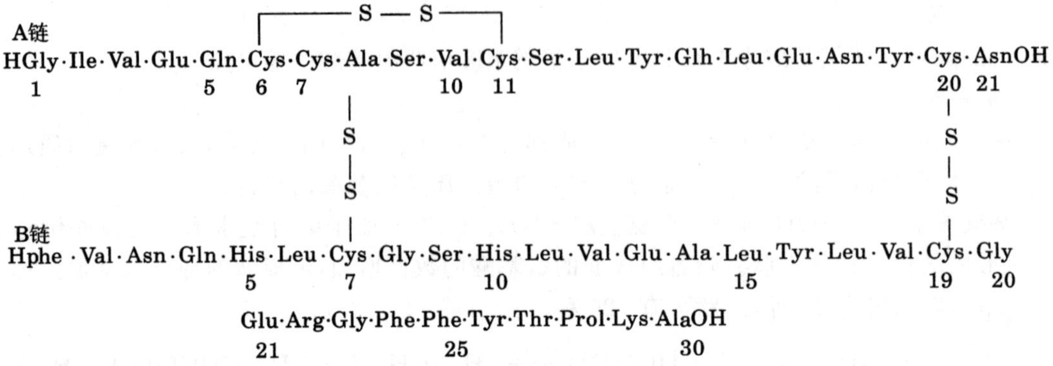

图 8－4　牛胰岛素的结构示意图

蛋白质的二级结构是指分子中多肽链通过氢键形成的不同折叠方式。例如角蛋白中的多肽链，排列成卷曲形，称为 α－螺旋。而在丝蛋白中，几种走向不同的肽链互相紧靠，使蛋白质成为“之”字形，也称 β－折叠。见图 8－5。

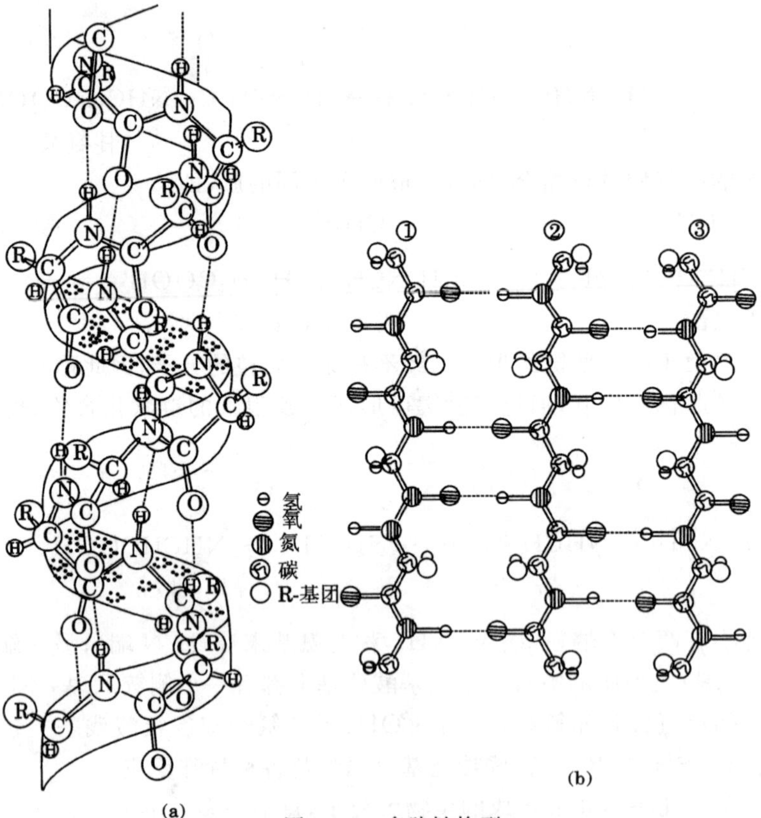

图 8－5　多肽链构型

(a)α 螺旋；（b)β 折叠结构

蛋白质的三级结构是指二级结构折叠卷曲形成的结构。肌红蛋白的三级结构见图 8－6。蛋白质的四级结构是指几个蛋白质分子(称为亚基)聚集成的高级结构。

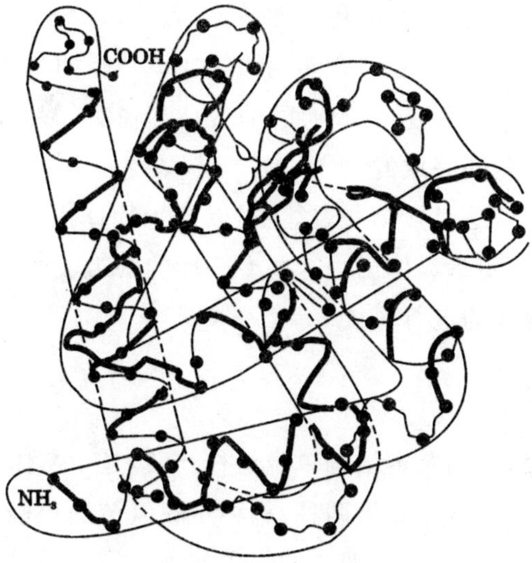

图 8－6 肌红蛋白的三级结构

(根据 2Å 分辩率的资料分析所得的结构，$1Å=10^{-10}$ m)

蛋白质广泛而又多变的功能决定了它们在生理上的重要性。蛋白质的生物学功能是多种多样的，有的起运输、调节或防御作用，有的起催化(酶)的作用。这些作用都与蛋白质复杂的结构紧密相关。

3. *酶*

酶是一类由生物细胞产生的、以蛋白质为主要成分、具有催化活性的生物催化剂。

酶的催化作用有很多特点，主要如下：

(1)催化效率极高：同一反应，酶催化反应的速度比一般催化剂催化的反应速度要大 $10^6 \sim 10^{13}$ 倍，有极少量酶就可催化大量反应物发生转变。例如碳酸酐酶催化以下反应，即

$$CO_2 + H_2O = H_2CO_3$$

每个酶分子每秒钟能催化 6×10^5 个 CO_2 分子与水分子结合成 H_2CO_3。其反应速度比非酶催化反应的速率要快 10^7 倍。

(2)酶具有高度的专一性，即某一种酶仅对某一物质甚至只对某一种物质的给定反应起催化作用，生成一定的产物。如脲酶只能催化尿素水解生成 NH_3 和 CO_2，而对尿素的衍生物和其他物质都不具有催化水解作用，也不能使尿素发生其他反应。蛋白酶只能催化蛋白质水解，酯酶只能催化酯类水解，等等。酶的这种专一性可用酶分子的几何构型给予解释。如麦芽糖酶是一种只能催化麦芽糖水解为两分子葡萄糖的催化剂，这是由于麦芽糖酶的活性部位能准确地结合 1 个麦芽糖分子，当两者相遇时，使 2 个单糖相连接的链合变弱，其结果是发生水解反应。麦芽糖酶不能使蔗糖水解，使蔗糖水解的是蔗糖酶。

(3)酶催化反应都是在比较温和的条件下(pH≈7,温度约为 37℃)进行的。因为酶是由蛋白质组成的,对周围环境的变化比较敏感,若遇到高温、强碱、强酸、重金属离子、配位体或紫外线照射等因素的影响时,易失去它的催化活性。

从酶的组成来看,可分为单纯酶和结合酶两大类。单纯酶的分子组成全为蛋白质,其催化活性仅由蛋白质结构决定。结合酶是由蛋白质-酶蛋白和辅酶(酶的辅助因子)组成的,其催化作用是由酶蛋白和辅助因子共同完成的。

人体对食物的消化、吸收,通过食物获取能量,以及生物体内复杂的代谢过程都包含许多化学反应,必须有各种不同的酶参与作用。这些专一性的酶组成的一系列酶的催化体系,维持生物体内各种代谢过程有规律的进行。

三、核酸

核酸是一类多聚核苷酸,它的基本结构单位是核苷酸,是生命体最基本的物质之一。根据核酸中所含戊糖种类不同,可将核酸分为两种:一种是脱氧核糖核酸(DNA),主要集中在细胞核内,它是细胞中染色体的主要成分,是遗传的物质基础。另一种是核糖核酸(RNA),它主要存在于细胞质中,参与蛋白质的生物合成。

不论哪类核酸水解,首先生成核苷酸,核苷酸进一步水解后生成磷酸和核苷,核苷再进一步水解则生成戊糖和碱基(嘧啶和嘌呤)。则有

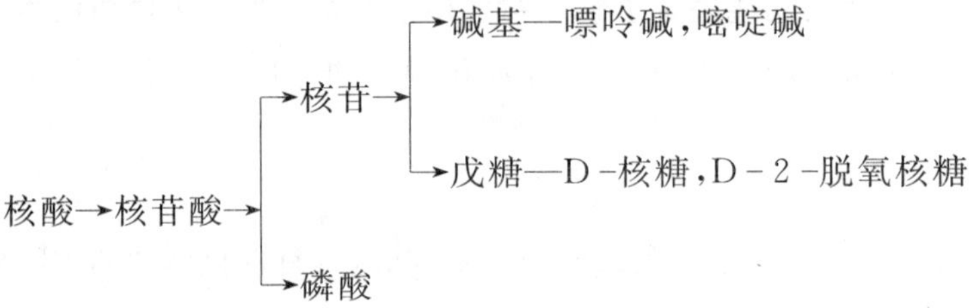

D-核糖和 D-2-脱氧核糖的分子结构式如图 8-7 所示。

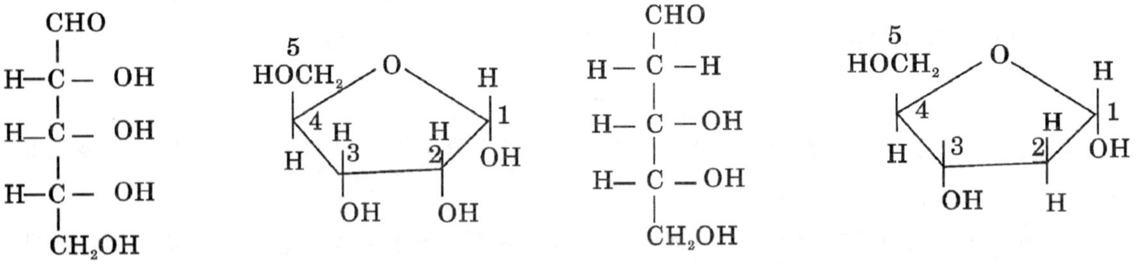

图 8-7　D-核糖和 D-2-脱氧核糖的分子结构式

存在于核苷酸中的碱基都是嘌呤和嘧啶有机碱,其结构如图 8-8 所示。

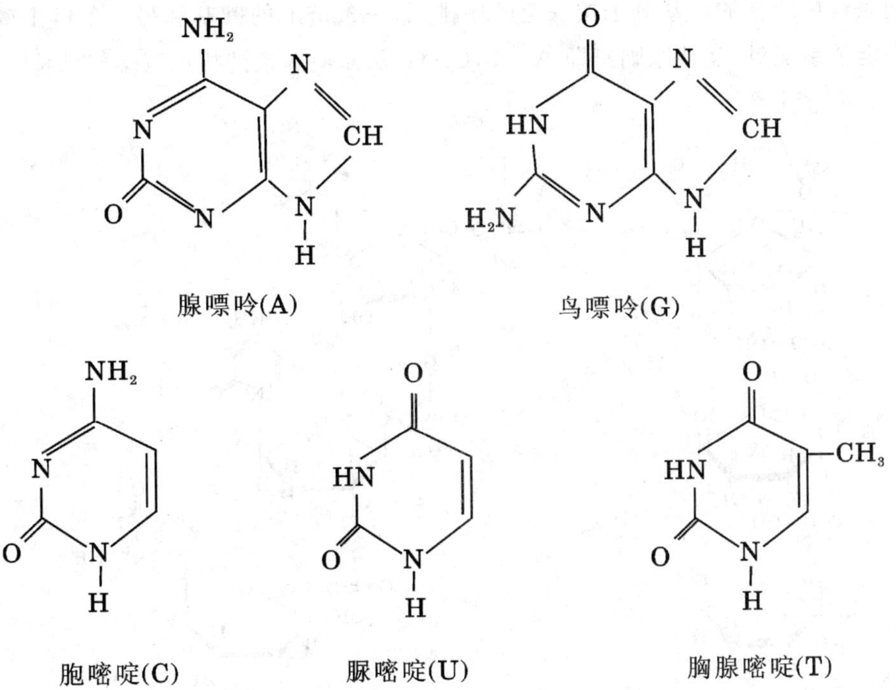

图 8-8 嘌呤和嘧啶有机碱的分子结构式

脲嘧啶主要存在于 RNA 中,胸腺嘧啶存在于 DNA 中,而胞嘧啶、腺嘌呤和鸟嘌呤在两类核酸中都存在。两类核酸的基本化学组成见表 8-2。

表 8-2 两类核酸的基本化学组成

名称	DNA	RNA
嘌呤碱	腺嘌呤 鸟嘌呤	腺嘌呤 鸟嘌呤
嘧啶碱	胞嘧啶 胸腺嘧啶	胞嘧啶 尿嘧啶
戊糖	D-2-脱氧核糖	D-核糖
酸	磷酸	磷酸

在核酸分子中,戊糖以 1 位碳原子的羟基与嘧啶碱基 1 位氮原子或嘌呤碱基 9 位氮原子上的氢脱水而形成核苷,核苷中戊糖的 3 位或 5 位上的羟基与磷酸形成核苷酸。多个核苷酸形成核苷酸链。

DNA 和 RNA 中多核苷酸链片断分别见图 8-9。

1953 年,英国剑桥大学的沃森(James D. Watson)和克立克(Francis C. Crick)提出生物遗传物质 DNA 分子是由两条螺旋状的多聚核苷酸链构成的双螺旋结构(见图 8-10)。每条链是由脱氧核糖分子和磷酸所形成的酯链相互交替构成的,即-糖(S)-磷酸(P)-糖(S)-磷酸

(P)-。两条链中所含的碱基分子按一定顺序排列，一条链上的碱基和另一条链上碱基通过氢键按照一定关系配对(互补原则)，即 A－T，C－G，从而使两条链扭成双螺旋结构。

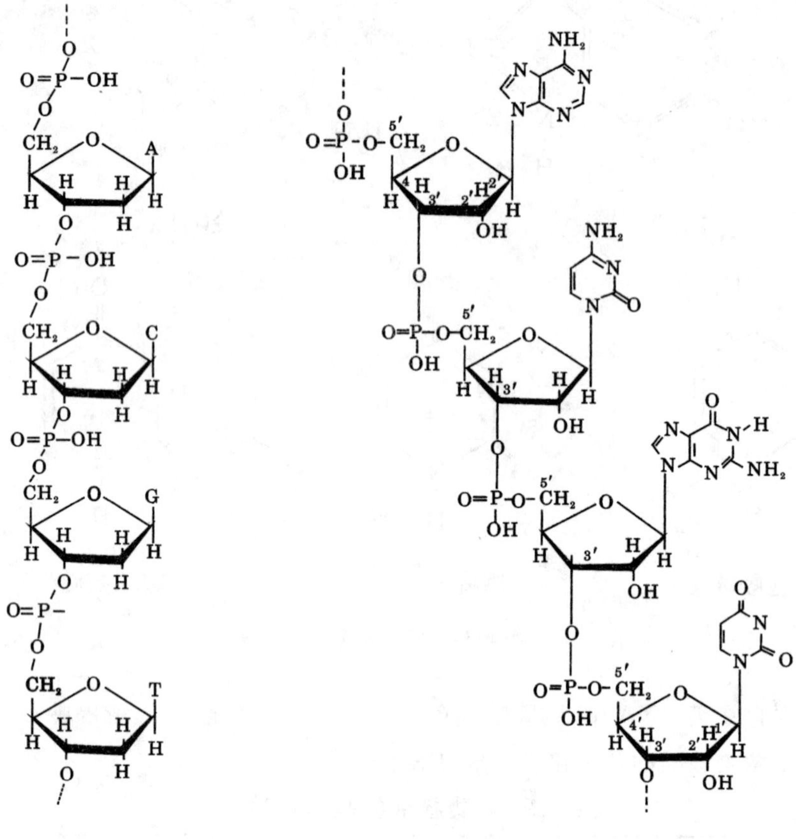

(a)　　　　　　　　　　(b)

图 8－9　多核苷酸链片断

(a)DNA 中多核苷酸链的一个小片段；（b)RNA 分子中一小段结构

DNA 分子双螺旋结构的确立，是生命化学、乃至生物化学的重大里程碑，也为遗传工程的发展奠定了理论基础。

核酸是遗传信息的携带者与传递者。核酸有着几乎多得无限的可能结构，而生物体内的遗传特征就反映在 DNA 分子的结构上，即 DNA 的结构携带着遗传的全部信息，就是通常所说的 DNA 携带着遗传密码。生物体的遗传信息以密码的形式编码在 DNA 分子上，表现为特定的核苷酸排列顺序，并通过 DNA 的复制由亲代传递给子代，人体素质优劣的遗传作用由 DNA 决定。DNA 复制时，首先是 DNA 的双股多核苷酸链由某处拆开成单链，然后以每条单链为模板，按照碱基配对的原则(即 A 与 T，C 与 G)，把游离的脱氧核糖核酸再聚合在一起形成新的多核苷酸链。随着原来的 DNA 分子的双股链继续延伸拆开，新的两条多核苷酸链便继续延长，直至原来的两股完全拆开，新的两个 DNA 分子便形成，如图 8－11 所示。这样形成的两个 DNA 分子彼此完全一样，和原来的 DNA 分子也完全一样。由于在每一个新的 DNA 分子中，都有一条链是来自原来的 DNA 分子，另一条链是新合成的，故将 DNA 的这种复制过程称为半保留复制。在后代的生长发育过程中，遗传信息自 DNA 转录给 RNA，然后翻译成特异的蛋白质，以执行各种生命功能。所谓转录，就是在 DNA 分子上合成出与其核苷酸顺序相对的 RNA 的过程。而翻译则是在 RNA 的控制下，按从 DNA 得来的核苷酸顺序合成出具有特定氨基酸顺序的蛋白质肽链的过程。由于生命活动是通过蛋白质来表现，所以生物的遗传特征实际上是通过 DNA→RNA→蛋白质过程传递的，这就是遗传信息传递的中心法则，如图 8－12 所示。

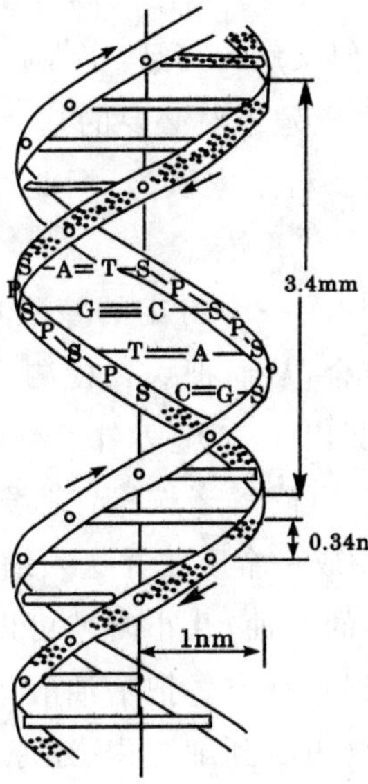

图 8－10　DNA 分子双螺旋结构的图解

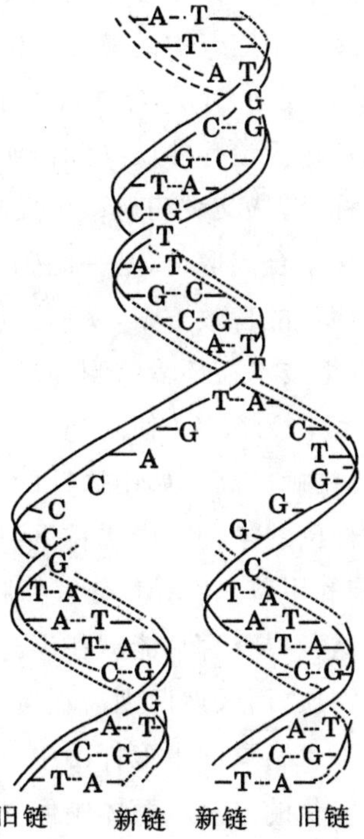

图 8－11　DNA 的复制

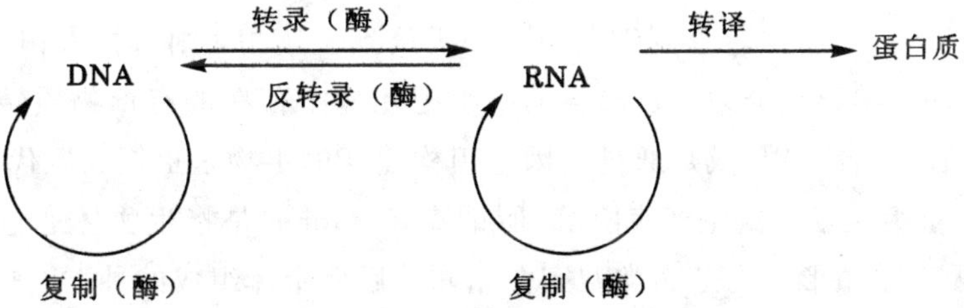

图 8－12　中心法则简示

遗传工程从狭义上理解就是指 DNA 重组技术。即提取或合成不同生物的遗传物质 DNA，在体外切割、拼接和重新组合，然后通过载体将重组的 DNA 分子引入受体细胞，使重组 DNA 在受体细胞中得以复制与表达。遗传工程的直接目的就是改造生物。例如，作为人类主要食物的谷类作物含有大量糖类，而人体所必需的蛋白质、氨基酸与维生素的含量却很少。有些微生物可以产生这些物质，用大规模发酵的方法培养微生物，进而提取这些物质，就可以进行工业化生产。采用DNA重组及细胞融合等技术改造了苏氨酸、色氨酸、赖氨酸等氨基酸的生产菌，与原始菌株相比，氨基酸的含量提高了几十倍，且生产成本下降。这些氨基酸产品广泛用于营养食品、助鲜及饲料添加剂等生产，从而部分代替了粮食产品。又如，一切植物的生长都需要氮元素，大气中虽有近80%的氮气，但除了豆科植物外，都不能直接利用空气中的分子态N_2（自然闪电虽有很强的固氮作用，但利用率很低）。所以，生物固氮的遗传工程研究是一个令人神往的重要领域，其目的就是培养出能自行供氮的作物。豆科植物根部共生的根瘤菌可以固定分子氮。把根瘤菌的固氮基因转移到水稻、小麦、玉米等作物细胞中，就有可能使这些作物直接利用空气中的氮。人的生长激素蛋白质含有191个氨基酸，通过把某些分离的DNA和化学合成的DNA合并得到了编码该蛋白的基因，并于1979年在大肠杆菌中获得了表达。它现在作为治疗侏儒症和由于缺少生长激素引起的相似疾病的药品，正在临床上应用。最近有报道称，已从艾滋病病毒中发现了一种对病毒的生长和繁殖绝对必要的基因TAT。该基因已通过化学合成取得，是一编码86个氨基酸的多肽基因。科学家认为，据此可以设计出杀灭艾滋病病毒的特效方案，从而控制和防治艾滋病。

DNA重组技术在环境监测和环境净化中也大显身手。使用一个特定的核酸片段（DNA或RNA都行）作为探针*使之同被检测的病毒相应的碱基结合，从而把病毒检测出来。该方法快速灵敏，精确度高。如用探针的办法在一天时间内可检测出1 000L水中10个病毒。把不同假单孢杆菌的4种不同质粒重组成一个超级质粒：由OCT（降解辛烷、已烷、癸烷）、XYL（降解二甲苯和甲苯）、CAM（分解樟脑）和NAH（降解萘）构建成一个质粒并送入细菌，获得了“超级菌”。这种“超级菌”能够在浮游过程中除去污染了水面的石油，几小时就可以降解三分之二的烃类物质，而天然菌则需耗费一年以上的时间才能做到这一点。把嗜油酸单孢杆菌的耐汞基因转移入腐臭假单孢杆菌中，该菌株能把剧毒的汞化物吸收到细胞内、还原成金属汞，然后可通过气化的方法从菌体中回收金属汞。把中国仓鼠中的屏蔽基因（即可将重金属离子排去的基因）植入一种十字花科植物——芜菁的体内。这样，植物可将土壤中有害镉金属留在植物根部，而阻止它到达植物的茎、叶、果实部位，可保护人畜的健康。从能耐受DDT的害虫中分离出抗DDT基因，将之转移到细菌中去并投放到土壤中，则可把农田中残留的DDT降解掉。另外，一些科学家正努力通过质粒的重组把环境中存在的有毒物质转化为无毒物质或把工业废弃物加以综合利用，或是通过基因重组构建新的生物杀虫剂以取代化学农药。

通过DNA重组技术大量生产克隆酶，所谓克隆（clone）是指生物体通过体细胞进行的无性繁殖以及由无性繁殖形成的基因类型完全相同的后代个体组成的种群。也就是把一个单细胞变成生物体的过程或结果。1997年英国爱丁堡罗斯林研究所首次用体细胞成功地克隆出绵羊多利，其大概过程如图8－13所示。

遗传工程研究的开展，将为解决人类面临的食品与营养、健康与环境、资源与能源等一系列重大问题开辟新的途径。

---

* DNA探针是单股DNA小片段用同位素、酶、荧光分子或化学发光催化等予以标记，之后同被检测的DNA中的同源互补序列杂交，从而检出所要查明的DNA（或基因）。

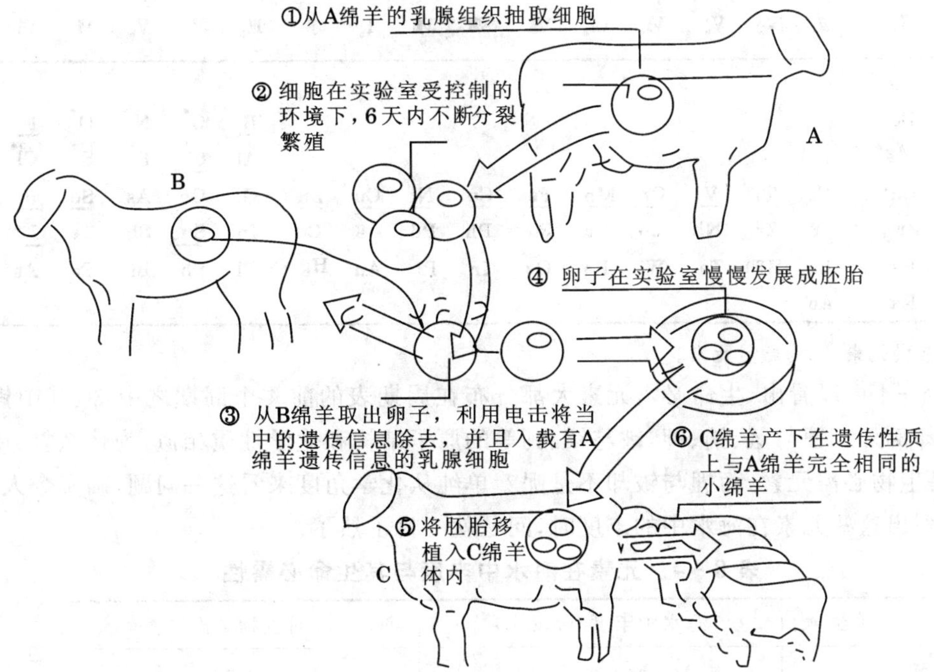

图 8-13　克隆多利羊简图

第 2 节　化学元素与人体健康

自然界中一切物质都是由化学元素组成的，人体也不例外。各种化学元素在人体中各有不同的功能，危害人类健康的疾病都与体内某些元素平衡的失调有关。因此，了解生命元素的功能，并正确理解饮食与健康的关系，树立平衡营养观念，将会有益于预防疾病，增强体质，保持身体健康。

一、组成生物体的化学元素

在生物体内维持生命活动的必需元素称为生命元素。现已证实人体内大约含有 27 种生命元素，按其在体内的含量高低，分为常量元素和微量元素，每种常量元素的标准含量约占人体总质量的万分之一以上，11 种常量元素质量之和约占人体总质量的 99.9%。C，H，O，N，P，S 等 6 种元素构成了人体内所有有机物，如蛋白质、核酸、糖类、脂肪等。微量元素虽然在人体内含量甚微，但在生命过程中具有重要作用，它们是激素、酶、维生素等的组成部分，因此也是人体必需元素。表 8-3 是生命必需元素在周期表中的分布。

表 8-3 生命必需元素

	$\mathrm{I_a}$	$\mathrm{II_a}$	$\mathrm{III_a}$	$\mathrm{IV_a}$	$\mathrm{V_a}$	$\mathrm{VI_a}$	$\mathrm{VII_a}$	VIII	VIII	VIII	$\mathrm{I_b}$	$\mathrm{II_b}$	$\mathrm{III_b}$	$\mathrm{IV_b}$	$\mathrm{V_b}$	$\mathrm{VI_b}$	$\mathrm{VII_b}$	0
1	H*																	He
2	Li	Be											$\underline{\mathrm{B}}$	C*	N*	O*	$\underline{\mathrm{F}}$	Ne
3	Na*	Mg*											Al	$\underline{\mathrm{Si}}$	P*	S*	Cl*	Ar
4	K*	Ca*	Sc	Ti	$\underline{\mathrm{V}}$	$\underline{\mathrm{Cr}}$	$\underline{\mathrm{Mn}}$	$\underline{\mathrm{Fe}}$	$\underline{\mathrm{Co}}$	$\underline{\mathrm{Ni}}$	$\underline{\mathrm{Cu}}$	$\underline{\mathrm{Zn}}$	Ga	Ge	As	$\underline{\mathrm{Se}}$	$\underline{\mathrm{Br}}$	Kr
5	Rb	Sr	Y	Zr	Nb	$\underline{\mathrm{Mo}}$	Tc	Ru	Ph	Pd	Ag	Cd	In	$\underline{\mathrm{Sn}}$	Sb	Te	$\underline{\mathrm{I}}$	Xe
6	Cs	Ba	La	Hf	Ta	W	Re	Os	Ir	Pt	Au	Hg	Tl	Pb	Bi	Po	At	Rn
7	Fr	Ra	Ac															

* 为常量元素；—为微量元素。

从表 8-4 可以看出，生命必需元素大都分布在周期表的前 4 个周期之中，但其中锂、铍、铝等元素却例外。锂与氢、钠、钾，铍与镁、钙等的原子结构和化学性质相似，为什么氢、钠、钾、镁、钙等是生物必需元素，而锂与铍却不是呢？单纯从化学角度来看这一问题，确实令人费解，但当我们列出这些元素在海水中的丰度时，问题就一目了然了。

表 8-4 元素在海水中丰度与其生命必需性

元素	海水中丰度/(mg/L)	对生物必需性
H	108 000.0	需要
Li	0.2	不需要
Na	10 500	需要
K	380.0	需要
Be	0.000 000 6	不需要
Mg	1 350	需要
Ca	400.0	需要

即使一些元素化学性质很相似，但当它们在海水中丰度不同时，它们对生命的意义也不同。因此，要判断一个化学元素对生命体是否必需，单纯地去研究它们的生物化学性质是不够的，生物演化过程中的地壳元素丰度也是一个重要因素。这一地壳丰度控制生命元素必需性的现象称之为"丰度效应"。丰度效应有力地证明了生命起源于海洋的学说。图 8-14 为英国地球化学家埃利克·汉密顿(Eric Hamilton)测定 220 例英国人体组织的各种元素分布图。

二、几种必需元素的主要功能

必需元素是指下列几类元素：

(1)该元素存在于所有健康的组织中。

(2)生物体具有主动摄入并调节其体内分布和含量水平的元素。

(3)在体内存在有发挥正常生物功能的含该元素的生物活性化合物。

(4)缺乏该元素时会引起生化生理变化，补充后即能恢复。

可见，这些必需元素均具有各种生物功能。下面简介氯、钾、钠、钙及一些微量元素的主要生物功能。

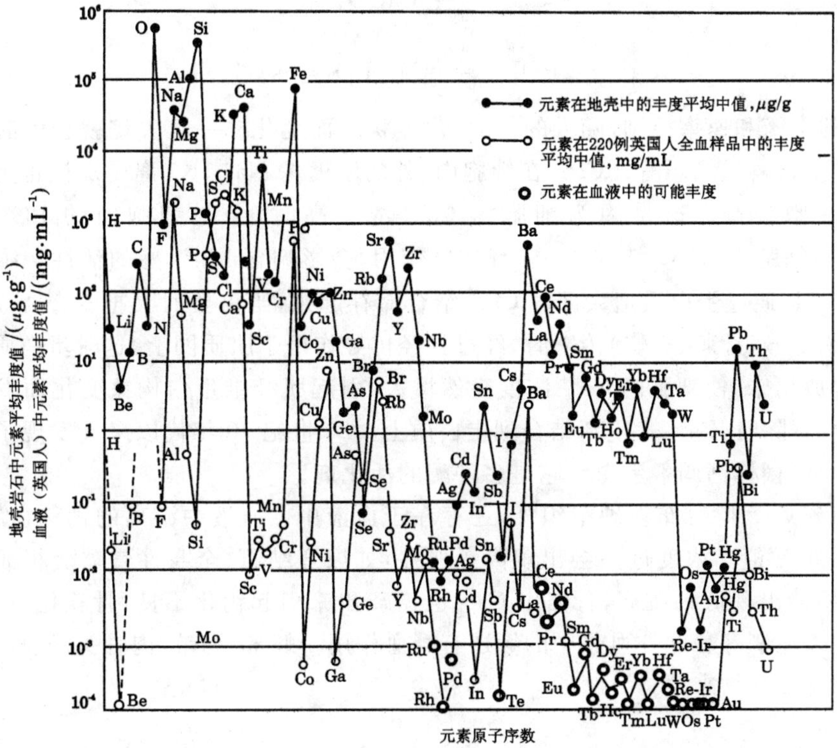

图 8-14　人体血液与地壳中元素丰度比较

1. 氯、钾、钠元素

Cl^-，K^+，Na^+在体内的作用是错综复杂而又相互关联的。K^+和Na^+常以 KCl 和 NaCl 的形式存在。Na^+是生物体体液中浓度最大、交换速率最快的阳离子，人体血浆中Na^+的浓度可高达 0.15 mol·L^{-1}。Cl^-，K^+，Na^+的首要作用是控制细胞、组织液和血液内的电解质平衡。这种平衡对保持体液的正常流通和控制体内的酸碱平衡是必要的。Na^+和K^+（与Ca^{2+}和Mg^{2+}一起）有助于使神经和肌肉保持适当的应激水平。NaCl 和 KCl 的作用还在于使蛋白质大分子保持在溶液之中，并使血液的黏性或稠度调节适当。胃里开始消化某些食物的酸和其他胃液、胰液及胆汁里的助消化的化合物，是由血液里的钠盐和钾盐形成的。另外，视网膜对光脉冲反应的生理过程，也依赖于Na^+，K^+和Cl^-有适当的浓度。显然，人体的许多重要机能对这 3 种离子都有依赖关系。体内的任何一种离子不平衡，都会对身体产生影响。如运动过度，或是在炎热的夏天，大量出汗而使体内这些离子浓度大为降低，就会出现不平衡，使肌肉和神经反应受到影响，导致出现恶心、呕吐、衰竭和肌肉痉挛。因此，运动员在训练或比赛前后，喝特别配制的饮料，用以补充失去的盐分。氯和钠主要来源于食盐，钾主要来源于水果、蔬菜等植物性食品。

2. 钙元素

钙元素在生物体内以离子和结合态存在于所有动物的组织液、软组织和硬组织中，生物体从环境中摄取Ca^{2+}并将其大部分用于转化成难溶盐，难溶盐的生成与溶解构成生物体内钙化

与脱钙的可逆过程。即

$$Ca^{2+}+CO_3^{2-}\underset{\text{脱钙}}{\overset{\text{钙化}}{\rightleftharpoons}}CaCO_3(s)$$

$$3Ca^{2+}+2PO_4^{3-}\underset{\text{脱钙}}{\overset{\text{钙化}}{\rightleftharpoons}}Ca_3(PO_4)_2(s)$$

钙化、脱钙的平衡和速率控制，随人的年龄、营养状况而变化。一旦失控就会引起一系列疾病。如骨质增生、龋齿、结石等。Ca^{2+}在细胞内、外的浓度像Na^+、K^+离子那样也是不均衡的，细胞内低，细胞外高。这是因为细胞内Ca^{2+}浓度高时，会与细胞内的PO_4^{3-}形成$Ca_3(PO_4)_2$沉积在细胞内，且Ca^{2+}与Mg^{2+}有拮抗作用，会影响含Mg^{2+}酶的活性。维持细胞内低浓度的Ca^{2+}，是通过蛋白质把大部分Ca^{2+}结合储存起来，当需要时又把Ca^{2+}释放出来。例如，当外界刺激信号（针刺、火烧）传来时，经过神经传导作用于肌质网上，这时蛋白质结合的Ca^{2+}便会迅速释放出来，使细胞内Ca^{2+}浓度突然增大，引起肌纤维蛋白构象变化而发生肌肉收缩；当刺激信号解除时，Ca^{2+}又重新结合到蛋白质上。20世纪70年代以来又发现了存在于细胞质的钙结合蛋白（称钙调素蛋白），它是多种酶的活化剂。

人体内大部分Ca^{2+}除分布在硬组织外，还存在于血液中。血液中游离的钙称血钙，其浓度范围有一定的正常值。浓度过高会出现高钙血症，如尿道结石、全身性骨骼变粗或软骨钙化；若浓度过低便会出现低钙血症，骨骼中Ca^{2+}会游离出来引起钙化不良、骨软化、神经和肌肉兴奋性增高发生痉挛等。此外血浆中的钙还有凝血作用。虾米、海带、肉骨头汤、豆类、乳制品等可作为钙的主要食物来源。

3. 磷元素

骨骼和牙齿中除了含Ca外，磷也是一种重要元素。体内90％的磷是以PO_4^{3-}的形式存在，如牙釉质中的主要成分是羟基磷灰石$Ca_{10}(OH)_2(PO_4)_6$和少量氟磷灰石$Ca_{10}F_2(PO_4)_6$、氯磷灰石$Ca_{10}Cl_2(PO_4)_6$等。

磷酸可以和有机化合物中的羟基（糖羟基、醇羟基）形成磷酸脂，如ATP就是三磷酸腺苷。ATP水解时放出高能量，可为其他反应提供必要的能量。磷脂多存在于细胞膜内。磷的化学规律控制着核糖、核酸以及氨基酸、蛋白质的化学规律，从而控制着生命的化学变化。食品中广泛存在磷，因而不易出现磷不足。

4. 镁元素

成人体内的镁含量为20～30g，其中70％以磷酸盐和碳酸盐形式参与骨骼和牙齿的形成，是骨骼和牙齿的重要成分之一；25％的镁存在于软骨组织中，与蛋白质组成配合物。镁是细胞内阳离子之一，是许多酶的作用所必需的激活剂，特别是氧化磷酸化酶系统更需要Mg^{2+}。细胞外液的镁含量虽然较细胞内液为低，但与钙、钾、钠合作，共同维持神经肌肉的兴奋性。Mg^{2+}是维持心肌正常功能和结构所必需的，当缺乏时，可引起心肌坏死。小米、燕麦、大麦、小麦、豆类、肉类食品含镁丰富。

5. 微量元素

微量元素在生物体内与蛋白质、核酸等生物大分子结合，以金属蛋白、金属酶及其他功能分子的形式存在，控制着机体内各种生理代谢过程。生物体内大多数化学反应由酶催化完成，而绝大多数酶都存在一个含有金属离子的活性中心。换言之，如果没有金属离子存在，酶的活性会很低，甚至失去催化能力。人体内常见的微量元素有Fe，Co，Mn，Cu，Zn，I，Se，Mo等。

现将其功能简单介绍如下：

(1)铁元素：微量元素铁在人体中一般含量为4～6 g(按70 kg体重计)，且70%以血红蛋白和肌红蛋白形式存在于血液和肌肉组织中，作为氧的载体参与氧的转运和利用，其余的则与各种蛋白质和酶结合，分布于肝、骨骼和脾脏中。

血红蛋白和肌红蛋白都是血红素蛋白质。其结构见图8-15和图8-6。血红蛋白(Hb)是存在于血液红细胞中的输O_2载体；肌红蛋白(Mb)存在于肌肉组织细胞中，承担O_2的储存，并运送O_2穿过细胞膜。它们与O_2的可逆结合表示如下：

① $Hb + O_2 \underset{\text{解离}}{\overset{\text{结合}}{\rightleftharpoons}} HbO_2$

(脱氧型)　　　　(氧合型)

② $Mb + O_2 \underset{\text{解离}}{\overset{\text{结合}}{\rightleftharpoons}} MbO_2$

(脱氧型)　　　　(氧合型)

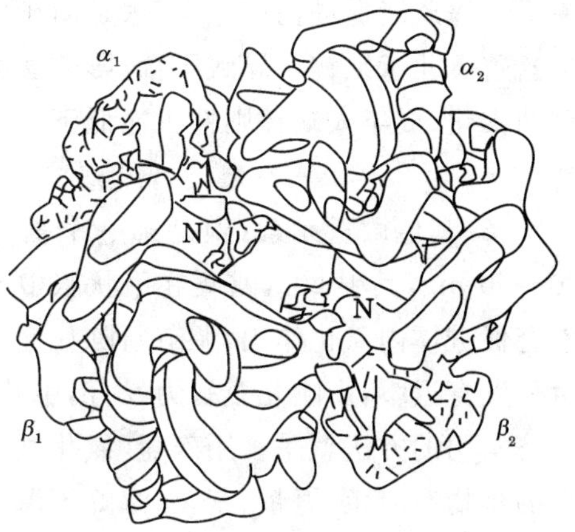

图8-15　血红蛋白

以上两个反应中，结合和解离的速度都很快，反应方向决定于O_2的分压。当血液流经肺部时，肺泡中O_2的分压大于静脉血的O_2分压，形成HbO_2；当血液流经组织时，肌肉组织的O_2分压较低，O_2从HbO_2中解离出来与肌肉组织中的Mb结合，形成MbO_2，把O_2储存起来(Mb结合O_2的能力大于Hb)以便供氧不足时释放出O_2，供各种生理氧化反应的需要。血红蛋白结合氧的能力还受细胞中pH变化的影响，pH值升高，氧合能力增强；pH降低，氧合能力减弱。因此当血液流经组织时，细胞中CO_2浓度增加，pH降低，则Hb氧合能力减弱，有利于O_2从氧合血红蛋白中释放出来，从而起着调控血红蛋白的氧合和析O_2的功能。血红蛋白除载O_2功能外，还有运送CO_2的功能。存在于Hb中珠蛋白上的自由氨基可与CO_2结合生成氨基甲酸红蛋白，将机体组织产生的CO_2运送至肺部排出。此反应迅速，无需酶参加。

值得注意的是：血红蛋白与CO形成的配合物，即一氧化碳血红蛋白HbCO比HbO_2稳定。在体温37℃下，HbO_2可以被CO转化为HbCO，即

$$HbO_2 + CO \rightleftharpoons HbCO + O_2, K^{\ominus} \approx 200$$

$K^{\ominus}$较大，表明转化较易。即使在肺部CO的浓度很低，Hb仍能优先和CO分子结合。一旦发生这种情况，通往各组织的氧就被中断，细胞能量代谢发生障碍，出现肌肉麻痹、昏迷甚至死亡的缺氧症状。这就是煤气中毒的原因。经测定研究，空气中CO浓度达到0.08%时，人在2 h内就会昏迷致死。如出现CO中毒昏迷的症状，应迅速将病者抬出现场，在空气清新的地方做人工呼吸或输氧进行抢救。动物肝脏、肾脏、肉类、鱼类、蛋黄、白菜、油菜等食品可以作为铁的来源。

(2)锌元素：锌在人体内的含量约为2～3 g(以70 kg体重计)，仅次于铁。正常成人每天需锌量为10～15 mg，锌大约有25%～33%储存在皮肤和骨骼里，其余则存在于血液、前列腺、胰腺和眼中。锌是许多金属酶的组成成分或酶的激活剂，如碱性磷酸酶、醇脱氢酶、碳酸酐酶及DNA和RNA聚合酶等。碳酸酐酶能催化CO_2的水合作用，从而把人体中的CO_2由血

液输送到肺部排出。胰岛素是动物胰脏中胰岛 β 细胞分泌出来的激素。它是一种相对分子质量较小的蛋白质，胰脏中锌绝大部分集中在 β 细胞里，起着稳定胰岛素分子结构的作用。胰岛素能降低体内血糖含量，当胰岛素分泌不足时，血糖浓度升高，出现糖尿病。故含有锌的胰岛素可治疗糖尿病。锌还参与肝脏及视网膜内维生素 A 还原酶组成并发挥作用，与视觉有一定关系。锌还能促进伤口愈合，这是由于锌能促进含锌酶的蛋白质合成，加速了细胞的分裂和生长繁殖。儿童缺锌可导致厌食，影响智力和骨骼发育；青少年缺锌可导致生长迟缓，性器官发育幼稚化；成年人缺锌则性机能低下，并影响生殖能力。牡蛎、海虾、奶制品和蛋制品等含锌较高。

(3)其他微量元素：碘是第一个被发现的人体不可缺少的微量元素，成人体内含碘量为 20～50 mg，其中 20％富集在甲状腺中。碘的主要生理功能是参与甲状腺素的形成，而甲状腺素有促进体内氧化作用，调节新陈代谢。缺碘时，甲状腺素合成、分泌减少，新陈代谢率降低，生长发育迟缓，影响儿童智力发育，甲状腺代偿性增殖变大，形成甲状腺肿大。克服碘缺乏最经济实用的方法就是食用碘盐（氯化钠中加入碘酸钾），另外可多吃含碘丰富的海带。含碘丰富的食物有海鱼、海带、紫菜、海虾等海产品。

铜是人体中若干金属酶的中心离子，如酪氨酸酶、细胞色素 C 氧化酶、抗坏血酸氧化酶、超氧化物歧化酶(SOD)等。铜也能促进血红蛋白的合成，有利于铁的吸收利用。缺铜会造成酪氨酸酶活性降低，影响体内黑色素合成，产生白发及白癜风症。还会导致生长停滞、食欲不振、缺铜性贫血等。含铜丰富的食物有肝、肾、鱼、贝类，豆类及绿叶蔬菜等。

三价铬是人体必需营养元素，六价铬对人体有害，可以致癌。三价铬在体内不会被氧化成六价。铬的重要作用是通过促进胰岛素的功能而参与糖代谢过程。缺铬使人体易得糖尿病和粥样动脉硬化。人体内有充足的铬元素，就可以防止这两种病。铬还可以促进发育，推迟人的衰老，被称为"青春之宝"。粗粮、肉类、酵母中含铬较丰富。

钼的生化功能是通过各种钼酶的活性来表现的，如硝酸还原酶可以把 NO_3^- 还原为 NH_3，即

$$NO_3^- \xrightarrow{\text{硝酸还原酶}} NO_2^- \xrightarrow{\text{亚硝酸还原酶}} NH_3\uparrow$$

避免了 HNO_2 与胺类形成亚硝胺，阻断亚硝胺的致癌作用。在我国食管癌高发的河南省林州市，各种粮食中的钼含量都偏低，在当地人群的血清和头发中，含钼量都显著低于食管癌低发区。豆类、谷类、肝脏、牛奶中含钼较丰富。

钴是维生素 B_{12} 和一些酶类的组成成分，钴的生理作用是以维生素 B_{12} 的形式进行的，维生素 B_{12} 参与核酸合成和红细胞生成，缺乏钴就会产生恶性贫血病，用维生素 B_{12} 治疗，红细胞数目能很快恢复正常。钴的日需要量为 0.045～0.09μg。肉类、牛奶含钴较丰富。

成人体内含硒约 14～21 mg，分布于指甲、头发、肾和肝中。硒是谷胱甘肽过氧化物酶的一部分，以硒胱氨酸的形式存在于该酶分子中，其功能主要是具有抗氧化作用，保护细胞膜和血红蛋白免受氧化、破坏。因此硒具有抑制过氧化反应，分解过氧化物，消除自由基，修复细胞膜分子的损伤，保护细胞以防止畸变的发生；可以使环化腺苷酸(CAMP)水平提高，CAMP 可抑制肿瘤细胞 DNA 的合成，阻止肿瘤细胞的分裂，具有抗癌作用；增强吞噬作用，增强 T 细

胞*、B细胞**的增殖力，促进人体产生血清抗体IgM，提高机体细胞免疫功能。长寿、百岁老人较多的新疆西北地区为高硒区，该地区癌症发病率极低。缺硒可能导致克山病和大骨节病。海产品及肉类为硒的良好来源。

锰是多种酶的激活剂，是丙酮酸羧化酶、肌酸激酶的成分，也是Mn(II)-SOD中的中心离子。哺乳类动物的衰老可能与Mn-SOD减少而引起抗氧化作用降低有关。对我国广西巴马县长寿老人调查，发现90岁以上老人头发中Cu(II)低，Mn(II)高，因此可能Mn(II)稍高而Cu(II)稍低对长寿有益。缺锰会影响到骨髓的生长。

下面将25种生物必须元素及其功能罗列于表8-5中。

表8-5 生物元素及其功能

元 素	功 能
H	水，有机化合物的组成成分
B	植物生长必需
C	有机化合物组成成分
N	有机化合物组成成分
O	水，有机化合物的组成成分
F	鼠的生长因素，人骨骼的成长所必需
Na	细胞外的阳离子，Na^+
Mg	酶的激活，叶绿素构成，骨骼的成分
Si	在骨骼、软骨形成的初期阶段所必需
P	含在ATP等之中，为生物合成与能量代谢所必需
S	蛋白质的组分，组成Fe-S蛋白质
Cl	细胞外的阴离子，Cl^-
K	细胞外的阳离子，K^+
Ca	骨骼、牙齿的主要组分，神经传递和肌肉收缩所必需
V	鼠和绿藻生长因素，促进牙齿的矿化
Cr	促进葡萄糖的作用，与胰岛素的作用机制有关
Mn	酶的激活、光合作用中水光解所必需
Fe	最主要的过渡金属，组成血红蛋白、细胞色素、铁-硫蛋白等
Co	红血球形成所必需的维生素B_{12}的组成
Cu	铜蛋白的组分，铁的吸收和利用
Zn	许多酶的活性中心，胰岛素组分
Se	与肝功能肌肉代谢有关
Mo	黄素氧化酶，醛氧化酶，固氮酶等所必需
Sn	鼠发育必需
I	甲状腺素的成分

* 王夔主编. 生命科学中的微量元素. 北京：中国计量出版社，1991

* T细胞是T淋巴细胞的简称，有赖于胸腺(Thymus dependent)存在。

** B细胞是B淋巴细胞的简称，来源于襄依赖(Bursa dependent)淋巴细胞。T细胞和B细胞分别参与细胞免疫和体液免疫。

三、氧自由基的生理作用及消除

自由基又称为游离基，是指带有未成对电子的分子、原子、离子或化学基团。未成对电子具有配对的倾向，因此自由基易发生失去电子或得到电子的反应而表现出较活泼的化学性质。

氧分子在有机物生命体系统中，参与糖、脂肪及氨基酸的代谢过程，最终形成水，其释放的能量通过三磷酸腺苷(ATP)高能磷酸键的合成相偶联而被储存。然后由ATP将能量传给需要能量的地方。O_2 可以通过未成对电子接受反应，依次转变为超氧阴离子自由基 $O_2^-\cdot$ 、超氧酸 $HO_2\cdot$ 、过氧化氢 H_2O_2 和羟自由基 $\cdot OH$ 等中间产物。由于这些物质都是直接或间接地由 O_2 转化而来的，而且具有较分子氧更活泼的化学性质，所以统称为活性氧，亦称为氧自由基。

超氧阴离子自由基 $O_2^-\cdot$ 既可以作为还原剂供给电子，又可以作为氧化剂接受电子。$O_2^-\cdot$ 可以与 H^+ 结合生成 $HO_2\cdot$ ，也可以在铁螯合物催化下与 H_2O_2 反应产生 $\cdot OH$，即

$$O_2^-\cdot + H_2O_2 \xrightarrow{\text{铁螯合物}} O_2 + \cdot OH + OH^-$$

$\cdot OH$ 是化学性质最活泼的活性氧物质。几乎与生物体内所有物质，如糖、蛋白质、DNA，碱基、磷脂和有机酸等反应，且反应速率快，可以使非自由基反应物变成自由基。例如，$\cdot OH$ 与细胞膜及细胞内容物中的生物大分子 RH 作用，即 $\cdot OH + RH \rightarrow H_2O + R\cdot$，新生成的自由基 $R\cdot$ ，又可继续和 O_2 作用，即 $R\cdot + O_2 \rightarrow RO_2\cdot$ ……生物体内的活性氧和自由基由非酶(V-E,V-C,β-胡萝卡素等)反应及酶反应不断产生，又不断消除，在正常情况下两者保持平衡，既促进了新陈代谢，促进生长发育，又维持着生物体和人体的健康。例如白细胞吞噬细菌时需要产生活性氧来消灭细菌，合成前列腺素也需要活性氧参与。

人体内过多的 $O_2^-\cdot$ 可使生化反应加剧，能量过剩，产生炎症，甚至发生癌变，加速老化等等。$O_2^-\cdot$ 可以依靠超氧化物歧化酶(Superoxide dismutase，简称 SOD)来消除。SOD 具有特定生物催化功能，由蛋白质和金属离子组成，通常有 3 种类型，即 Cu-Zn-SOD，Mn-SOD 及 Fe-SOD，广泛存在于动、植物和一些微生物内。SOD 对于生物体内氧的正常代谢起着非常重要的作用，它能催化 $O_2^-\cdot$ 发生歧化反应，即

$$2O_2^-\cdot + 2H^+ \xrightarrow{SOD} H_2O_2 + O_2$$

产生的 H_2O_2 可在过氧化氢酶催化下分解。SOD 是体内 $\cdot O_2^-$ 的清除剂。体内的一些病变可反映在 SOD 与 $\cdot O_2^-$ 含量变化上，可人为控制 SOD 的量进行药品治疗。例如，SOD 治疗自身免疫性疾病，SOD 与放疗结合治疗癌症，SOD 治疗骨髓损伤和炎症等。近年来 SOD 的研究和应用受到人们极大关注。

第 3 节　食品营养与科学保健

世界卫生组织给予健康的定义是：“一个人只有在躯体健康、心理健康、社会适应良好和道德健康四个方面健全，才是健康的人。”这里的躯体健康一般指人体生理上的健康，要求能抵抗一般性感冒和传染病等。改善营养是增强民众体质的物质基础，人民的营养状况是衡量一个国家经济和科学文化发达程度的标志。

一、营养素

营养素就是食物的组分，主要包含糖类、脂类、蛋白质、维生素、无机盐和水等六类物质，通称它们为六大营养素。人从食物中摄取这些营养素，以满足人体发育、成长、健康的需要。

1. 糖类

包括葡萄糖、果糖、乳糖、淀粉、纤维素等，它们是人体重要的能源和碳源。糖分解时释放能量，供生命活动的需要，糖代谢的中间产物又可以转变成其他的含碳化合物如氨基酸、脂肪酸、核苷等。糖的磷酸衍生物可以生成 DNA，RNA，ATP 等重要的生物活性物质。因为人体自身没有产生这些糖类的机能，所以植物光合作用产生的糖类是人类的重要营养来源。

2. 脂类

脂类物质包括油脂和类脂两大类。油脂是由一分子甘油和三分子高级脂肪酸（C_4 以上）组成的甘油三酯，室温下呈液态的称为油，呈固态的称为脂肪。类脂是指物态及物理性质与油脂类似的物质。脂类物质的生理功能如下：

(1)氧化供能，维持体温：1 g 脂肪氧化释放能量约为 36 kJ，比蛋白质和糖都多。皮下脂肪不易导热，有助于维持体温恒定。

(2)构成机体组织的成分：类脂中的磷脂，胆固醇与蛋白质结合成脂蛋白，构成了细胞的各种膜。脏器周围的脂肪层有固定保护内脏的作用。

(3)促进脂溶性维生素的吸收：脂溶性维生素只有与脂肪共存时才能被人体吸收，所以食品中的脂肪可促进脂溶性维生素的吸收。如 V－A，V－D，V－E，V－K 等。

(4)供给人体必需脂肪酸，如亚油酸：人们通常食用的油脂有动物油如猪油、羊油、奶油、鱼肝油等，植物油如豆油、菜油、花生油、芝麻油、棉籽油等。动物油含饱和脂肪酸较多，而植物油含不饱和脂肪酸。后者可降低血液黏度，预防动脉硬化、冠心病、高血脂等疾病的发生，故膳食用的油以植物油为主较好。

3. 蛋白质

蛋白质的营养价值决定于所含的氨基酸种类和数量。凡含有各种必需氨基酸的蛋白质称完全蛋白质。缺少一种或一种以上必需氨基酸的蛋白质称不完全蛋白质。蛋白质是构成肌体组织（特别是肌肉）的重要成分。

4. 维生素

维生素是维持正常生命过程所必需的一类有机物，需要量很少，但对维持健康十分重要。维生素不能供给机体热能，也不能作为构成组织的物质，其主要功能是通过作为辅酶的成分调节机体代谢。长期缺乏任何一种维生素都会导致某种营养不良症和相应的疾病。例如缺乏维生素 B_1 会引起脚气病，缺乏维生素 C 会引起坏血病等。有些维生素在体内有协同作用，如维生素 C 能提高对铁的吸收率，维生素 D 能调节钙、磷代谢，维持血液钙、磷浓度正常，促进钙化，使牙齿、骨骼正常发育。表 8－6 列出主要维生素来源及功能。

表 8-6 维生素

名称	每日最低需要量	食物来源	功能	维生素缺乏的症状
水溶性的维生素 B_1(硫胺)	1.5 mg	各种谷物,豆,动物的肝,脑,心,肾脏	形成与柠檬酸循环有关的酶	脚气病,心力衰竭,精神失常
维生素 B_2(核黄素)	1～2 mg	牛奶,鸡蛋,酵母,阔叶蔬菜	电子传递链的辅酶	皮肤皱裂,视觉失调
维生素 B_6(吡哆醇)	1～2 mg	各种谷物,豆,猪肉,动物内脏	氨基酸和脂肪酸代谢的辅酶	幼儿惊厥,成人皮肤病
维生素 B_{12}(氰钴胺)	2～5 mg	动物的肝,肾,脑,由肠内细菌合成	合成核蛋白	恶性贫血
抗癞皮病维生素(烟酸)	17～20 mg	酵母,精瘦肉,动物的肝,各种谷物	NAD,NADP,氢转移中的辅酶	糙皮病,皮损伤,腹泻,痴呆
维生素 C(抗坏血酸)	75 mg	柑橘属水果,绿色蔬菜	使结缔组织和碳水化合物代谢保持正常	坏血病,牙龈出血,牙齿松动,关节肿大
叶酸	0.1～0.5 mg	酵母,动物内脏,麦芽	合成核蛋白	贫血病,抑制细胞的分裂
泛酸	8～10 mg	酵母,动物肝脏,肾,蛋黄	形成辅酶 A(CoA)的一部分	运动神经元失调,消化不良,心血管功能紊乱
维生素 H(生物素)	0.15～0.3 mg	动物肝脏,蛋清,干豌豆和利马豆,由肠内细菌合成	合成蛋白,CO_2 的固定,氨基转移	皮肤病
脂溶的维生素 A(A_1 -松香油)(A_2 -脱氢松香油)	5 000IU*(1 IU = 0.025 mg 胆钙化醇)	绿色和黄色蔬菜及水果,鳕鱼肝油	形成视色素,使上皮结构保持正常	夜盲,皮损伤,眼病(过量——维生素 A 中毒,极度过敏,皮损伤,骨脱钙,脑压增高)
维生素 D(D_2 -骨化醇)(D_3 -胆钙化醇)	400 IU(1 IU = 0.025 mg 胆钙化醇)	鱼油,肝,皮肤中由太阳光激活的前维生素	使从肠吸收的 Ca^{2+} 增加;对牙和骨的形成是重要的	佝偻病(骨发育不良),每日超过 2 000 IU 则使幼儿生长缓慢
维生素 E(生育酚)	10～40 mg,决定于多不饱和脂肪酸的吸收	绿色阔叶蔬菜	保持红细胞的抗溶血能力	增加红细胞的脆性
维生素 K(K_2 -叶绿酯)	不知	由肠内细菌产生	促成肝脏凝血酶原的合成	凝结作用的丧失

* IU 表示国际单位;1 个国际单位维生素 A=0.344 5 醋酸维生素 A 或等于 0.6 μg(γ)β-胡萝卜素;1 个国际单位维生素 D=0.025 μg 晶体维生素 D。

人类的保健、儿童的发育需要维生素,人类每日必须从膳食(或维生素制剂)中摄入一定量的各种维生素。但并非愈多愈好。如维生素D摄入过量会引起乏力、恶心、头痛、腹泻等一系列不适应症状。这说明,生命体对任何营养素的需求都是有其浓度范围的。

5. 无机盐

无机盐又称矿物质,人体所需的矿物质元素有钾、钠、钙、铁、镁、铜、锰、钴、磷、硫、氯、碘、氟、硒等,它们是构成机体组织和维持正常生理功能所必需的,但不能提供热能,其生理作用见本章第二节。

6. 水

人体内水分的来源有3个,即饮水、食物所含的水和体内生物氧化所产生的水,前两者是人体内水的主要来源。水是维持人体正常生理活动的重要因素之一,它参与人体构成和体内各种生化反应,又是体内进行生物化学反应的良好介质。各种营养物质必须先溶解或乳化于水中,然后才能通过各种体液运往全身各个组织器官和细胞中,以发挥自身的作用。各种代谢物质、有害废物,也要以水作为溶剂随体液带到排泄器官排出体外。水还是体内关节、肌肉、器官和体腔的润滑剂,并有调节体温的作用。

二、平衡营养与人体健康

1. 平衡营养

“民以食为天”,自古以来,食品始终是人类赖以生存繁衍、维持健康的基本条件之一,人们每天必须摄取一定数量的食物来维持生命健康和从事各项活动。现在各类保健品琳琅满目,品种多样,但不能随意食用,营养学家还是主张人们树立平衡营养观念。所谓平衡营养,就是指通过食物补充人体所需的热能和营养素,以满足人体的正常生理需要,并且各种营养素之间比例要适当,以利于人体的吸收和利用。营养素可以互相补充,互相制约,共同调理,以求在人体中之和谐。在我们日常食物中,没有任何一种食物能满足人们所需的一切营养素,必须吃多样化的食物,来满足各种营养素的供给。人体中必需的微量元素,都有一定的最人士健康浓度,超过或低于这个浓度范围都会引起疾病。元素的浓度和生物功能的相关性见图8-16所示。

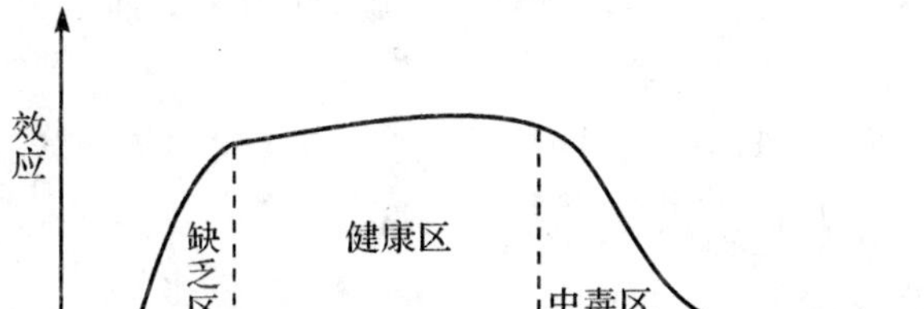

图8-16 微量元素的浓度和生物功能的相关性

如果某些营养素摄入过多或过少,都会造成营养失调,导致身体内平衡被打乱,造成肌体失调,从而诱发多种疾病。例如适量的维生素A,E或锌会促进免疫功能的提高,而过高则可抑制。再如,碘在人体内有重要的生理功能,人体对碘的最小需要量为0.1 mg/d,耐受量为1 000 mg/d,当大于10 000 mg/d即为中毒量。人体摄入脂肪过多,会产生过剩的热能,导致肥胖，从而造成成年人串心血管疾病。

2. 平衡膳食

为达到平衡营养之目的，必须合理膳食结构。通过合理编制食谱和膳食制度，使膳食感官性状良好，品种多样化，并符合食品营养卫生标准；以适合人体的生理和心理需求，达到合理营养目的。

(1) 食物多样，以谷类为主：多种食物应包括谷类及薯类、动物性食物、豆类及其制品、蔬菜和水果、纯热能食物等5大类。谷类食物是中国传统膳食的主体，它主要供给淀粉，其次供给蛋白质、无机盐和维生素等。以谷类为主可防止发达国家膳食的弊端。另外要注意粗细搭配，经常吃一些粗、杂粮等，稻米、小麦不要碾磨太精。一个人每天吃多少粮食，应根据热能需要来决定，它与年龄、性别、劳动强度、副食情况有关。从事中等体力劳动的成年人，每天需粮食500～600 g，占膳食总量的51%。

(2) 蛋白质类食物：包括肉、鱼、禽、蛋、奶及大豆类，这类食物主要供给优质蛋白质和脂肪，也供给一部分无机盐和维生素。但若摄入此类物质过多会引起肥胖，导致某些慢性疾病的发生。从事中等体力劳动的成年人，每天应供给50～100 g瘦肉、50 g鸡蛋和50 g黄豆或其制品，老年人应以大豆食品为主，辅以鱼、蛋。这类食物在膳食中占6%。

(3) 蔬菜、水果类：这类食物主要供给维生素、无机盐及膳食纤维，其特点有二：一是它们能增加膳食体积，促进肠蠕动，有利于消化、吸收及排泄；二是它们能降低胆固醇的吸收，促进胆固醇的分解代谢与排泄，可预防动脉硬化。深色蔬菜中维生素含量比浅色蔬菜和一般水果高，但水果中的葡萄糖、果糖、柠檬酸、苹果酸、果胶等物质比蔬菜丰富。红、黄色水果和蔬菜是V－C和胡萝卜素的丰富来源。从事中等体力劳动的成年人，每天最好能吃400～500 g新鲜蔬菜(最好多个品种)。有条件的，可每天补充1～2个水果。蔬菜在膳食中所占的比例为41%。

(4) 油脂类：主要是烹调用油。这类食品主要供给热能，不饱和脂肪酸和部分脂溶性维生素，在膳食中增加香味。动物脂肪完全可以由第二类食物代替，植物油则不能缺少，因为它是多种不饱和脂肪酸的主要来源。每人每天约需25g，占膳食总量的2%。

(5) 吃清淡少盐的膳食：吃清淡膳食有利于健康，既不要太油腻，也不要太咸，同时也不要吃过多的动物性食物和油炸、烟熏食物。

中国营养学会吸取西方和日本膳食的构成经验，结合我国传统膳食结构，制定了我国近期成人合理膳食标准：成人每月摄入粮谷类14 kg，薯类3 kg，豆类1 kg，肉类1.5 kg，鱼类500 g，植物油250 g，蛋类500 g，奶2 kg，蔬菜12 kg，水果1 kg，水72～75 dm^3。这样平均每天总热量为1 000 kJ，摄入蛋白质70 g，可以达到膳食营养基本平衡。

除平衡膳食外，还要养成良好的饮食习惯，即用餐要定时定量，保证消化功能的规律性，以促进食物的消化和吸收。总之“食物要多样、粗细要搭配、三餐要合理”(一般早、中、晚餐的能量分别占总能量的30%、40%，30%)，饥饱要适当，甜食不宜多，油脂要适量，饮酒要节制，食盐要限量"是我国膳食的基本原则。

表8－7列出了中国营养学会1988年10月修订的我国人民每日膳食中某些营养素的推荐量。

表 8-7 我国人民每日膳食中某些营养素的推荐量*

类别		能量 kcal**	蛋白质 g	钙 mg	铁 mg	锌 mg	硒 μg	碘 μg
成年男子（体重 63 kg）	极轻体力劳动	2 400	70	800	12	15	50	150
	轻体力劳动	2 600	80	800	12	15	50	150
	中等体力劳动	3 000	90	800	12	15	50	150
	重体力劳动	3 400	100	800	12	15	50	150
	极重体力劳动	4 000	110	800	12	15	50	150
成年女子（体重 53 kg）	极轻体力劳动	2 100	65	600	18	15	50	150
	轻体力劳动	2 300	70	600	18	15	50	150
	中等体力劳动	2 700	80	600	18	15	50	150
	重体力劳动	3 000	90	600	18	15	50	150
	孕妇（后 5 个月）	+200	+20	1 500	28	20	50	175
	乳母	+800	+25	1 500	28	20	50	200
少年男子	16～19 岁	2 800	90	1 000	15	15	50	150
	13～16 岁	2 400	80	1 200	15	15	50	150
少年女子	16～19 岁	2 400	80	1 000	20	15	50	150
	13～16 岁	2 300	80	1 200	20	15	50	150
儿童（平均值）	10～13 岁	2 200	70	1 000	12	15	50	120
	7～10 岁	2 000	65	800	10	10	40	120
	5～7 岁	1 600	55	800	10	10	40	70
	3～5 岁	1 400	50	800	10	10	40	70
	2～3 岁	1 200	45	600	10	10	20	70
	1～2 岁	1 100	40	600	10	10	20	70
	1 岁以下	100/kg 体重	2～4/kg 体重	600	10	5	15	50
	6 个月以下	120/kg 体重		400	10	3	15	40

* 中国营养学会 1988 年 10 月修订；摘自营养学报，1989，11(1)：93。

** 国际单位制(SI)中，能量的单位为 J，1 cal＝4.184 J。

三、几种功能性食品简介

功能性食品是指除营养（一次功能）和感觉（二次功能）之外，还具有调节生理活动（三次功能）的食品，如南瓜可有效地防治糖尿病和高血压等。不同的食品具有不同的生理作用，下面简要介绍几种功能性食品。

1. 富含 SOD 酸奶

选择 SOD 作为功能因子，酸奶为载体，生产富含 SOD 酸奶。其中的 SOD 可通过某种方式作用于人的机体，从而有效地清除体内超氧自由基对机体的损伤，使皮肤富有光泽，起到延缓衰老的作用。

2. 花粉食品

花粉是植物的雄性生殖细胞，内含丰富的营养成分，其中蛋白质一半以上以游离氨基酸形式存在，易被人体吸收。花粉尚含有多种糖类、脂肪，多种微量元素和维生素等营养成分，另含延迟人体组织衰老的酶、激素、核酸和抗菌素等。所以，植物花粉被称为完全营养食品。目前市场上有纯净花粉乳、花粉口服液、王浆花粉蜜、花粉酒等。

3. 减肥食品

人体产生肥胖的主要原因是摄入过多的高热量食物（如脂肪）而在体内积累所致，因此减肥食品必须产生热量低，但营养物质丰富。人造肉即是常用的减肥含品之一。人造肉是以脱脂大豆粉为原料，经过一定加工而成为组织状仿肉大豆类食品。该食品以蛋白质为主，脂肪含量甚微，另外还存在一定量的纤维素和淀粉，矿物质也十分丰富。与动物肉品相比，其产热量可降低 1/3 以上，而蛋白质含量却高出许多。

4. 黑五类食品

所谓黑五类是指黑芝麻、黑豆、黑米、黑荞麦、黑松籽等黑色食品的原料。此类原料富含人体必需的氨基酸、脂肪酸、维生素、矿物质等营养成分，具有降血压、抗衰老、乌发生发、养颜美容等功效。目前市场上主要有黑芝麻糊、三黑糊、黑米奶羹、黑油茶等黑五类食品。

5. 乳酸发酵食品

该食品是以富含蛋白质、低分子糖、矿物质等多种营养物质的食品为原料，经过乳酸菌发酵得到的食品。该食品具有诸多特点：首先，低分子糖转为乳酸，不但使食品酸性增加，口感较好，而且乳酸能抑制肠道腐败菌的繁殖，促进肠蠕动，防止便秘；其次，在乳酸菌所产生的蛋白酶的作用下，食品中蛋白质水解成易被人体吸收的氨基酸；其三，乳酸菌分解乳糖为半乳糖，易于吸收，有助于儿童脑及神经系统发育；其四，可提高钙、磷、铁的利用率；其五，乳酸菌及其制品有降低胆固醇，抑制癌细胞的生长，防老化和防癌作用。该类食品主要是酸奶系列食品。

第 4 节　绿色食品

一、绿色食品概述

随着人类文明的不断进步，人们对食品的质量要求越来越高，在食品消费上，崇尚自然回归自然的要求日益强烈，近年来出现的绿色食品就是一种追求。

绿色食品是指专门机构认定的安全、无公害营养食品，还包括通过配方、加工而成并取得国家有关质量监测中心按国家食品卫生标准检验合格的食品。其标志如图 8-17 所示，寓意为：上方表示太阳，下方表示叶片，中心为蓓蕾，描绘出在灿烂阳光下作物茁壮成长的景象。我国绿色食品起步较晚，1990 年 5 月 15 日农业部将开发绿色食品列入《关于发展高产、优质、高效农业的决定》中，此即我国绿色食品“诞生日”。

图 8-17　绿色食品标志

二、绿色食品的特点

绿色食品要求食品中不能含有对人体有害的物质。其中农药残留，重金属和细菌含量必须低于规定的标准。绿色食品的最大特点是农药残留量很低，工业废水、废气、粉尘污染较少，基本不含具有毒性或致癌性的农药。因此，许多绿色食品是生长在无污染的森林、荒地、田野及峡谷的野生果品、野菜和野生真菌。大多含有降血脂、降血压、降血清胆固醇及防癌的成分，是良好的防癌食品。因此绿色食品的营养价值普遍较高。例如常食蕨菜能治疗慢性关节炎、头晕失眠、肥胖症、高血压等病症。

许多绿色食品营养素配比合理，且大多数含有丰富的多种维生素及矿物质。例如，蕨菜含丰富的维生素 A 和 C、淀粉、蛋白质以及矿物质等。马齿苋的 β-胡萝卜素含量为胡萝卜的 2～2.5倍。酸枣、野山楂、野猕猴桃的维生素 C 含量均在 0.1%以上。芥菜、山楂的含钙量均超过 0.1%。黄芪含硒量高达 0.05%～0.1%。绿色食品工程要解决的关键问题有二：一是防止绿色食品在原料生产、产品加工及流通过程中的污染；二是在食品整个加工、流通过程中使原有的营养成分损失控制在最小程度。

21 世纪的工业将是生态工业，21 世纪的农业将是生态农业，绿色食品将是 21 世纪食品的主导产品。目前，绿色食品产业如旭日东升，一个融科研、生产、加工、储运、销售和监测为一体的绿色食品产业正改变着我国农业和食品工业的传统格局。优化生态环境，改进耕作技术，合理施肥，扩大优良品种已成为绿色食品生产的主题。

第 5 节　珍爱生命　远离毒品

世界卫生组织把毒品定义为"某种化学药物，通过吸食或注射途径进入体内后，用药者会不断增大用药量，一旦停药，则出现某种症状，长期使用将危及用药者健康，这种药物即毒品"。《刑法》第 357 条规定：毒品是指鸦片、海洛因、甲基苯丙胺(冰毒)、吗啡、大麻、可卡因以及国家规定管制的其他能够使人形成瘾癖的麻醉药品和精神药品。

联合国麻醉药品委员会将毒品分为六大类：吗啡型药物(包括鸦片、吗啡、可卡因、海洛因和罂粟植物等)是最危险的毒品；可卡因、可卡叶；大麻；安非它明等人工合成兴奋剂；安眠镇静剂(包括巴比妥药物和安眠酮)；精神药物，即安定类药物。

一、毒品的危害

药物依赖性是反复地(周期性地或连续地)用药所引起的人体对药品的心理上或生理上的或兼而有之的一种依赖状态，表现出一种强迫性的或非强迫性的要连续或定期地用药行为和其他反应。

毒品的对人体的危害很大。通过毒素侵蚀、损害人的精神、躯体和神经系统，造成情绪障碍、智力下降、人格改变、发生精神病态；使躯体摄取营养困难，心血管运动发生障碍，损害消化系统、神经系统、内容分泌系统，严重时至呼吸循环系统衰竭死亡或者感染乙型肝炎、艾滋病等导致死亡。吸毒不仅使瘾君子们受到肉体上和精神上的伤害，严重威胁人类的健康发展，更为严重的是由于毒品的高额费用和强烈诱惑，致使犯罪行为猛增，危害社会秩序和人类安全，使人类陷入灾难之中。

二、毒品的分类

(1) 鸦片(opium):俗称“阿片”“大烟”“烟土”“阿片烟”“阿芙蓉”等。鸦片系草本类植物罂粟未成熟的果实用刀割后流出的汁液,经风干后浓缩加工处理而成的褐色膏状物。这就是生鸦片。生鸦片经加热煎制便成熟鸦片,是一种棕色的黏稠液体,俗称烟膏。鸦片是一种初级毒品。生鸦片可直接加工成吗啡。鸦片主要含有鸦片生物碱,已知的有 25 种以上,其中最主要的是吗啡(9%~10%)、那可丁(5%)、罂粟碱(0.8%)、蒂巴因(0.4%)、可待因(0.3%)等,含量可达 10%~20%

(2) 吗啡:吗啡是鸦片的主要有效成分,是从鸦片中经过提炼出来的主要生物碱,呈白色结晶粉末状闻上去有点酸味。吗啡的结构式如图 8-18 所示。吗啡成瘾者常用针剂皮下注射或静脉注射。起初它被作为镇痛剂应用于临床。吗啡急性中毒者,开始为兴奋期,这时表现为眩晕、心悸亢进和性感增盛,随后则出现熟睡、失神、呼吸缓慢与不规则血压下降、瞳孔缩小,直至最后体温下降,停止呼吸。

(3) 海洛因(Heroin):亦称盐酸二乙酰吗啡。它是吗啡用乙酰化剂处理时生成二乙酰基吗啡,它的盐酸盐为白色针状或结晶性粉末,熔点 230℃。海洛因的结构式如图 8-19 所示。毒品市场上的海洛因有多种形状,是带有白色、米色、褐色、黑色等色泽的粉末、粒状或凝聚状物品,多数为白色结晶粉末,极纯的海洛因俗称“白粉”。有的可闻到特殊性气味,有的则没有。由于海洛因成瘾最快,毒性最烈,曾被称为“世界毒品之王”,一般持续吸食海洛因的人只能活 7~8 年。

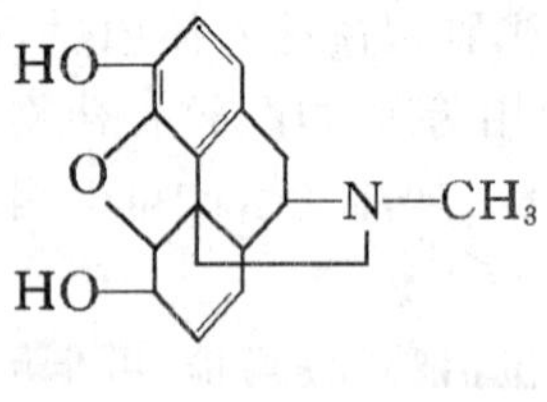

图 8-18 吗啡的结构式

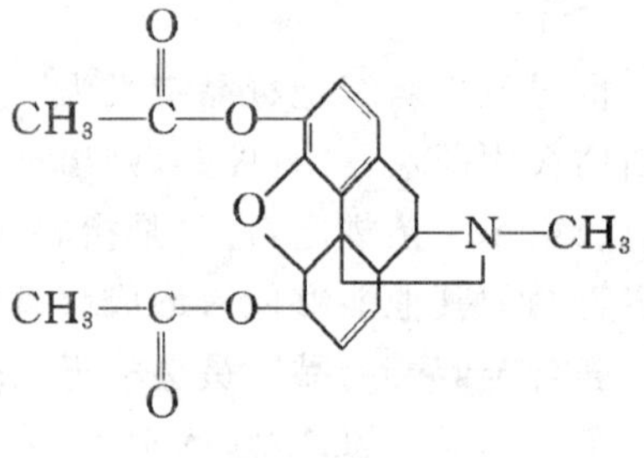

图 8-19 海洛因的结构式

(4) 大麻:大麻(Cannabis sativa)俗称火麻,桑科植物,是一年生雌雄异株草本。高约 3 m,叶有对生长柄,我国古代就有种植,但主要用其韧皮纤维制麻布、绳索及纸张,种子榨油制油漆,火麻仁入药。大麻的油树脂中能分离出多种称为大麻酚类和大麻酚酸的化合物。但其中主要致幻物质是四氢大麻酚(THC)及其衍生物。大麻中毒时主要呈现神经异常,即出现妄想、幻觉,“幸福感”、“陶醉感”,在睡意加强的同时,又会丧失时、空感觉,在伴随幻听、幻视的出现,还会有心律加速、血压升高、口渴等症,如再继续吸食,则陷入眩晕、虚脱状态。大麻的致死量有很大个体差异,对大鼠而言,其 THC 致死中量(LD50)为 175 mg/kg。

(5) 可卡因(Cocaine):是 1860 年从前南美洲称为古柯(COCA)的植物叶片中提炼出来的生物碱,其化学名称为苯甲基芽子碱。它是一种无味、白色薄片状的结晶体。毒贩贩卖的是呈块状的可卡因。可卡因服用方式是鼻吸。可卡因是最强的天然中枢兴奋剂,对中枢神经系统有高度毒性，可刺激大脑皮层，产生兴奋感及视、听、触等幻觉；服用后极短时间即可成瘾，并伴以失眠、食欲不振、恶心及消化系统紊乱等症状；精神逐渐衰退，可导致偏执呼吸衰竭而死亡。摄入可卡因 5 mg 时即可引起中毒，一剂 70 mg 的纯可卡因，可以使体重 70 kg 的人当场丧命。

(6) 甲基苯丙胺及其衍生物(摇头丸)：甲基苯丙胺(又名去氧麻黄碱或安非他命)，因其形状为白色块状结晶体，故称“冰毒”。甲基苯丙胺常用的是右旋体盐酸盐，熔点 170～175℃，它易溶于水、乙醇、不溶于乙醚，游离碱有氨臭。主要来源是从野生麻黄草中提炼出来的麻黄素(Ephedrine)。用碘化氢及黄磷处理麻黄素时生成脱氧麻黄素，即甲基苯丙胺(Methamphetamine)。一般作为注射用，长期使用可导致永久性失眠，大脑机能破坏、心脏衰竭、胸痛、焦虑、紧张或激动不安，更有甚者会导致长期精神分裂症，剂量稍大便会中毒死亡。所以说，“冰”毒被称为“毒品之王”。

思 考 题

1. 简述酶在生物体内的作用。
2. 结合实际谈谈现代生物工程的意义。
3. 结合有害元素对人体健康的影响谈谈治理环境污染的重要性。
4. 简述微量元素对人体健康的影响。
5. 联系实际谈谈膳食多样化的意义。
6. 何谓绿色食品？你对开发绿色食品有何感想？
7. 结合实际谈谈禁毒的意义。

习 题

1. 填空：

(1)构成细胞的主要物质有________、________、________、________。

(2)根据糖能否水解和水解后的产物不同可分为________、________、________。

(3) 氨基酸是既含有________又有________的一类化合物，组成蛋白质的氨基酸有________种，且都是________。

(4)酶是一类由________产生的，以________为主要成分的，具有催化活性的生物催化剂，其催化特点有________、________、________。

(5)DNA 主要集中在________，是细胞中________的主要成分，是________的物质基础，其具有________结构。

(6)人体中 11 种常量元素为________，它们约占人体总质量的________。

(7)含锌的胰岛素可治疗________。缺铜会影响体内黑色素合成，产生________。铬可以促进发育，推迟________，被称为“青春之宝”。

(8)营养素包括________、________、________、________、________、________。

(9)SOD 是________，它通常有________、________、________三种类型，它在生物体内主要生理作用是________。

2. 请写出葡萄糖、果糖、核糖、脱氧核糖的环状结构式。

3. 为何淀粉可以作人类主要食物，而纤维素却可以作牛马等动物的主要食物？

4. 蛋白质的基本组成单位是什么？它们是通过什么键结合起来的？

5. DNA 和 RNA 在化学组成上有什么区别？DNA 在生物体内有什么特别重要的作用？

6. 血红蛋白是如何完成输送 O_2 任务的？为什么会发生煤气中毒及中毒后应采取哪些措施？

7. 何谓生命元素？目前已证实为人体所必需的元素有哪些？

8. 何谓平衡营养？为什么要树立平衡营养观

附　录

附录 1　我国法定计量单位

表 1　国际单位制(SI)的基本单位

量的名称	单位名称	单位符号
长度	米	m
质量	千克(公斤)	kg
时间	秒	s
电流	安[培]	A
热力学温度	开[尔文]	K
物质的量	摩[尔]	mol
发光强度	坎[德拉]	cd

表 2　包括 SI 辅助单位在内的具有专门名称的 SI 导出单位

量的名称	SI 导出单位		
	名称	符号	用 SI 基本单位和 SI 导出单位表示
[平面]角	弧度	rad	1 rad=1 m/m=1
立体角	球面度	sr	1 sr=1 m^2/m^2=1
频率	赫[兹]	Hz	1 Hz=1 s^{-1}
力	牛[顿]	N	1 N=1 kg·m/s^2
压力,压强,应力	帕[斯卡]	Pa	1 Pa=1 N/m^2
能[量],功,热量	焦[耳]	J	1 J=1 N·m
功率,辐[射能]通量	瓦[特]	W	1 W=1 J/s
电荷[量]	库[仑]	C	1 C=1 A·s
电压,电动势,电位,(电势)	伏[特]	V	1 V=1 W/A
电容	法[拉]	F	1 F=1 C/V
电阻	欧[姆]	Ω	1 Ω=1 V/A
电导	西[门子]	S	1 S=1 $Ω^{-1}$
磁通[量]	韦[伯]	Wb	1 Wb=1 V·s
磁通[量]密度,磁感应强度	特[斯拉]	T	1 T=1 Wb/m^2
电感	亨[利]	H	1 H=1 Wb/A
摄氏温度	摄氏度[1)]	℃	1 ℃=1 K
光通量	流[明]	lm	1 lm=1 cd·sr
[光照度]	勒[克斯]	lx	1 lx=1 lm/m^2

1)摄氏度是用来表示摄氏温度值时单位开尔文的专门名称(参阅 GB 3102.4 中 4－1.a 和 4－2.a)

表 3　可与国际单位制单位并用的我国法定计量单位

量的名称	单位名称	单位符号	与 SI 单位的关系
时间	分	min	1 min=60 s
	[小]时	h	1 h=60 min=3 600s
	日,(天)	d	1 d=24 h=86 400 s
[平面角]	度	°	1°=(π/180)rad
	[角]分	′	1′=(1/60)°=(π/10 800)rad
	[角]秒	″	1″=(1/60)′=(π/648 000)rad
体积	升	l,L	1 l=1 dm^3=10^{-3} m^3
质量	吨 原子质量单位	t u	1 t=10^3 kg 1 u≈1.660 540×10^{-27} kg
旋转速度	转每分	r/min	1 r/min=(1/60)s^{-1}
长度	海里	n mile	1 n mile=1 852 m (只用于航行)
速度	节	kn	1 kn=1 n mile/h=(1 852/3 600)m/s (只用于航行)
能	电子伏	eV	1 eV≈1.602 177×10^{-19}J
级差	分贝	dB	
线密度	特[克斯]	tex	1 tex=10^{-6} kg/m
面积	公顷	hm^2	1 hm^2=10^4 m^2

注：

1　平面角单位度、分、秒的符号，在组合单位中应采用(°)，(′)，(″)的形式。
　例如，不用°/s 而用(°)/s。

2　升的两个符号属同等地位，可任意选用。

3　公顷的国际通用符号为 ha

表 4　SI 词头

因素	词头名称		符号
	英文	中文	
10^{24}	yotta	尧[它]	Y
10^{21}	zetta	泽[它]	Z
10^{18}	exa	艾[可萨]	E
10^{15}	peta	拍[它]	P
10^{12}	tera	太[拉]	T
10^{9}	giga	吉[咖]	G
10^{6}	mega	兆	M
10^{3}	kilo	千	k
10^{2}	hecto	百	h
10^{1}	deca	十	da
10^{-1}	deci	分	d
10^{-2}	centi	厘	c
10^{-3}	milli	毫	m
10^{-6}	micro	微	μ
10^{-9}	nano	纳[诺]	n
10^{-12}	pico	皮[可]	p
10^{-15}	femto	飞[母托]	f
10^{-18}	atto	阿[托]	a
10^{-21}	zepto	仄[普托]	z
10^{-24}	yocto	幺[科托]	y

附录 2　一些基本物理常数

物理量	符号	数值
真空中的光速	c	$2.997\ 924\ 58\times10^{8}$ m·s^{-1}
电子电荷	e	$1.602\ 177\ 33\times10^{-19}$ C
质子质量	m_p	$1.672\ 623\ 1\times10^{-27}$ kg
电子质量	m_e	$9.109\ 389\ 7\times10^{-31}$ kg
摩尔气体常数	R	$8.314\ 501$ J·mol^{-1}·K^{-1}
阿伏加德罗(Avogadro)常数	N_A	$6.022\ 136\ 7\times10^{23}$ mol^{-1}
里德伯(Rydberg)常数	R_∞	$1.097\ 373\ 153\ 4\times10^{7}$ m^{-1}
普朗克(Planck)常数	h	$6.626\ 075\ 5\times10^{-34}$ J·s
法拉第(Faraday)常数	F	$9.648\ 530\ 9\times10^{4}$C·mol^{-1}
玻尔兹曼(Boltzmann)常数	k	$1.380\ 658\times10^{-23}$ J·K^{-1}
电子伏	eV	$1.602\ 177\ 33\times10^{-19}$J
原子质量单位	u	$1.660\ 540\ 2\times10^{-27}$ kg

附录3 一些物质的标准摩尔生成焓、标准摩尔生成吉布斯函数和标准摩尔熵的数据

物质	$\Delta_f H_m^{\ominus}$(298.15 K)/kJ·mol^{-1}	$\Delta_f G_m^{\ominus}$(298.15 K)/kJ·mol^{-1}	$S_m^{\ominus}$(298.15 K)/J·mol^{-1}·K^{-1}
Ag(s)	0	0	42.55
AgCl(s)	−127.07	−109.80	96.2
AgI(s)	−61.84	−66.19	115.5
Al(s)	0	0	28.33
$AlCl_3$(s)	−704.2	−628.9	110.66
Al_2O_3(s,α,刚玉)	−1 675.7	−1 582.4	50.92
Br_2(l)	0	0	152.23
(g)	30.91	3.142	245.35
C(s,金刚石)	1.896 6	2.899 5	2.377
(s,石墨)	0	0	5.740
CCl_4(l)	−135.44	−65.27	216.40
CO(g)	−110.52	−137.15	197.56
CO_2(g)	−393.50	−394.36	213.64
Ca(s)	0	0	41.42
$CaCO_3$(s,方解石)	−1 206.92	−1 128.84	92.9
CaO(s)	−635.09	−604.04	39.75
$Ca(OH)_2$(s)	−986.09	−898.56	83.39
$CaSO_4$(s)	−1 434.11	−1 321.85	106.7
$CaSO_4\cdot 2H_2O$(s)	−2 022.63	−1 797.45	194.1
Cl_2(g)	0	0	222.96
Co(s,α)	0	0	30.04
$CoCl_2$(s)	−312.05	−269.9	109.16
Cr(s)	0	0	23.77
Cr_2O_3(s)	−1 139.7	−1 058.1	81.2
Cu(s)	0	0	33.15
$CuCl_2$(s)	−220.1	−175.7	108.07
CuO(s)	−157.3	−129.7	42.63
Cu_2O(s)	−168.6	−146.0	93.14
CuS(s)	−53.1	−53.6	66.5
F_2(g)	0	0	202.67
Fe(s,α)	0	0	27.28
$Fe_{0.947}O$(s,方铁矿)	−266.3	−246.4	57.49
FeO(s)	−272.0	—	—

续表

物质	$\Delta_f H_m^{\ominus}$(298.15 K)/kJ·mol^{-1}	$\Delta_f G_m^{\ominus}$(298.15 K)/kJ·mol^{-1}	$S_m^{\ominus}$(298.15 K)/J·mol^{-1}·K^{-1}
Fe_2O_3(s,赤铁矿)	−824.2	−742.2	87.40
Fe_3O_4(s,磁铁矿)	−1 118.4	−1 015.5	146.4
$Fe(OH)_2$(s)	−569.0	−486.6	88
H_2(g)	0	0	130.574
H_2CO_3(aq)	−699.65	−623.16	187.4
HCl(g)	−92.307	−95.299	186.80
HF(g)	−271.1	−273.2	173.67
HNO_3(l)	−174.10	−80.79	155.60
H_2O(g)	−241.82	−228.59	188.72
(l)	−285.83	−237.18	69.91
H_2O_2(l)	−187.78	−120.42	—
H_2S(g)	−20.63	−33.56	205.69
Hg(g)	61.317	31.853	174.85
(l)	0	0	76.02
HgO(s,红)	−90.83	−58.555	70.29
I_2(g)	62.438	19.359	260.58
(s)	0	0	116.14
K(s)	0	0	64.18
KCl(s)	−436.747	−409.15	82.59
Mg(s)	0	0	32.68
$MgCl_2$(s)	−641.32	−591.83	89.62
MgO(s)	−601.70	−569.44	26.94
$Mg(OH)_2$(s)	−924.54	−835.58	63.18
Mn(s,α)	0	0	32.01
MnO(s)	−385.22	−362.92	59.71
N_2(g)	0	0	191.50
NH_3(g)	−46.11	−16.48	192.34
NH_3(aq)	−80.29	−26.57	111.3
N_2H_4(l)	50.63	149.24	121.21
NH_4Cl(s)	−314.43	−202.97	94.6
NO(g)	90.25	86.57	210.65
NO_2(g)	33.18	51.30	239.95
Na(s)	0	0	51.21
NaCl(s)	−411.15	−384.15	72.13

续 表

物 质	$\frac{\Delta_f H_m^\ominus(298.15\ K)}{kJ \cdot mol^{-1}}$	$\frac{\Delta_f G_m^\ominus(298.15\ K)}{kJ \cdot mol^{-1}}$	$\frac{S_m^\ominus(298.15\ K)}{J \cdot mol^{-1} \cdot K^{-1}}$
Na_2O(s)	−414.22	−375.47	75.06
NaOH(s)	−425.609	−379.526	64.45
Ni(s)	0	0	29.87
NiO(s)	−239.7	−211.7	37.99
O_2(g)	0	0	205.03
O_3(g)	142.7	163.2	238.82
P(s,白)	0	0	41.09
Pb(s)	0	0	64.81
$PbCl_2$(s)	−359.40	−317.90	136.0
PbO(s,黄)	−215.33	−187.90	68.70
S(s,正交)	0	0	31.80
SO_2(g)	−296.83	−300.19	248.11
SO_3(g)	−395.72	−371.08	256.65
Si(s)	0	0	18.83
SiO_2(s,α,石英)	−910.94	−856.67	41.84
Sn(s,白)	0	0	51.55
SnO_2(s)	−580.7	−519.7	52.3
Ti(s)	0	0	30.63
TiO_2(s,金红石)	−944.7	−889.5	50.33
Zn(s)	0	0	41.63
ZnO(s)	−348.28	−318.32	43.64
CH_4(g)	−74.85	−50.6	186.27
C_2H_2(g)	226.73	209.20	200.83
C_2H_4(g)	52.30	68.24	219.20
C_2H_6(g)	−83.68	−31.80	229.12
C_6H_6(g)	82.93	129.66	269.20
(l)	48.99	124.35	173.26
CH_3OH(l)	−239.03	−166.82	127.24
C_2H_5OH(l)	−277.98	−174.18	161.04
C_6H_5COOH(s)	−385.05	−245.27	167.57
$C_{12}H_{22}O_{11}$(s)	−2 225.5	−1 544.6	360.2

附录4　一些水合离子的标准摩尔生成焓、标准摩尔生成吉布斯函数和标准摩尔熵的数据

水合离子	$\dfrac{\Delta_f H_m^{\ominus}(298.15\ K)}{kJ \cdot mol^{-1}}$	$\dfrac{\Delta_f G_m^{\ominus}(298.15\ K)}{kJ \cdot mol^{-1}}$	$\dfrac{S_m^{\ominus}(298.15\ K)}{J \cdot mol^{-1} \cdot K^{-1}}$
$H^+(aq)$	0.00	0.00	0.00
$Na^+(aq)$	−240.12	−261.89	59.0
$K^+(aq)$	−252.38	−283.26	102.5
$Ag^+(aq)$	105.58	77.124	72.68
$NH_4^+(aq)$	−132.51	−79.37	113.4
$Ba^{2+}(aq)$	−537.64	−560.74	9.6
$Ca^{2+}(aq)$	−542.83	−553.54	−53.1
$Mg^{2+}(aq)$	−466.85	−454.8	−138.1
$Fe^{2+}(aq)$	−89.1	−78.87	−137.7
$Fe^{3+}(aq)$	−48.5	−4.6	−315.9
$Cu^{2+}(aq)$	64.77	65.52	−99.6
$Zn^{2+}(aq)$	−153.89	−147.03	−112.1
$Pb^{2+}(aq)$	−1.7	−24.39	10.5
$Mn^{2+}(aq)$	−220.75	−228.0	−73.6
$Al^{3+}(aq)$	−531	−485	−321.7
$OH^-(aq)$	−229.99	−157.29	−10.75
$F^-(aq)$	−332.63	−278.82	−13.8
$Cl^-(aq)$	−167.16	−131.26	56.5
$Br^-(aq)$	−121.54	−103.97	82.4
$I^-(aq)$	−55.19	−51.59	111.3
$HS^-(aq)$	−17.6	12.05	62.8
$HCO_3^-(aq)$	−691.99	−586.85	91.2
$NO_3^-(aq)$	−207.36	−111.34	146.4
$AlO_2^-(aq)$	−918.8	−823.0	−21
$S^{2-}(aq)$	33.1	85.8	−14.6
$SO_4^{2-}(aq)$	−909.27	−744.63	20.1
$CO_3^{2-}(aq)$	−677.14	−527.90	−56.9

附录5　一些弱电解质在水溶液中的解离常数

酸	温度/℃	K_a	pK_a
亚硫酸 H_2SO_3	18	$(K_{a_1})1.54\times10^{-2}$	1.81
	18	$(K_{a_2})1.02\times10^{-7}$	6.91
磷酸 H_3PO_4	25	$(K_{a_1})7.52\times10^{-3}$	2.12
	25	$(K_{a_2})6.23\times10^{-8}$	7.21
	18	$(K_{a_3})2.2\times10^{-13}$	12.67
亚硝酸 HNO_2	12.5	4.6×10^{-4}	3.37
氟化氢 HF	25	3.53×10^{-4}	3.45
甲酸 HCOOH	20	1.77×10^{-4}	3.75
醋酸 CH_3COOH	25	1.76×10^{-5}	4.75
碳酸 H_2CO_3	25	$(K_{a_1})4.30\times10^{-7}$*	6.37
	25	$(K_{a_2})5.61\times10^{-11}$	10.26
硫化氢 H_2S	18	$(K_{a_1})9.1\times10^{-5}$	7.04
	18	$(K_{a_2})1.1\times10^{-12}$	11.96
次氯酸 HClO	18	2.95×10^{-8}	7.53
硼酸 H_3BO_3	20	$(K_{a_1})7.3\times10^{-10}$	9.14
氰化氢 HCN	25	4.93×10^{-10}	9.31
碱		K_b	pK_b
氨 NH_3	25	1.77×10^{-5}	4.75

附录6　一些共轭酸碱的解离常数

酸	K_a	碱	K_b
HNO_2	4.6×10^{-4}	NO_2^-	2.2×10^{-11}
HF	3.53×10^{-4}	F^-	2.83×10^{-11}
HAc	1.76×10^{-5}	Ac^-	5.68×10^{-10}
H_2CO_3	4.3×10^{-7}	HCO_3^-	2.3×10^{-8}
H_2S	9.1×10^{-8}	HS^-	1.1×10^{-7}
$H_2PO_4^-$	6.23×10^{-8}	HPO_4^{2-}	1.61×10^{-7}
NH_4^+	5.65×10^{-10}	NH_3	1.77×10^{-5}
HCN	4.93×10^{-10}	CN^-	2.03×10^{-3}
HCO_3^-	5.61×10^{-11}	CO_3^{2-}	1.78×10^{-4}
HS^-	1.1×10^{-12}	S^{2-}	9.1×10^{-3}
HPO_4^{2-}	2.2×10^{-13}	PO_4^{3-}	4.5×10^{-2}

附录7　一些配离子的稳定常数和不稳定常数

配离子	K_f	$\lg K_f$	K_i	$\lg K_i$
$[AgBr_2]^-$	2.14×10^{7}	7.33	4.67×10^{-8}	−7.33
$[Ag(CN)_2]^-$	1.26×10^{21}	21.1	7.94×10^{-22}	−21.1
$[AgCl_2]^-$	1.10×10^{5}	5.04	9.09×10^{-6}	−5.04
$[AgI_2]^-$	5.5×10^{11}	11.74	1.82×10^{-12}	−11.74
$[Ag(NH_3)_2]^+$	1.12×10^{7}	7.05	8.93×10^{-8}	−7.05
$[Ag(S_2O_3)_2]^{3-}$	2.89×10^{13}	13.46	3.46×10^{-14}	−13.46
$[Co(NH_3)_6]^{2+}$	1.29×10^{5}	5.11	7.75×10^{-6}	−5.11
$[Cu(CN)_2]^-$	1×10^{24}	24.0	1×10^{-24}	−24.0
$[Cu(NH_3)_2]^+$	7.24×10^{10}	10.86	1.38×10^{-11}	−10.86
$[Cu(NH_3)_4]^{2+}$	2.09×10^{13}	13.32	4.78×10^{-14}	−13.32
$[Cu(P_2O_7)_2]^{6-}$	1×10^{9}	9.0	1×10^{-9}	−9.0
$[Cu(SCN)_2]^-$	1.52×10^{5}	5.18	6.58×10^{-6}	−5.18
$[Fe(CN)_6]^{3-}$	1×10^{42}	42.0	1×10^{-42}	−42.0
$[HgBr_4]^{2-}$	1×10^{21}	21.0	1×10^{-21}	−21.0
$[Hg(CN)_4]^{2-}$	2.51×10^{41}	41.4	3.98×10^{-42}	−41.4
$[HgCl_4]^{2-}$	1.17×10^{15}	15.07	8.55×10^{-16}	−15.07
$[HgI_4]^{2-}$	6.76×10^{26}	29.83	1.48×10^{-30}	−29.83
$[Ni(NH_3)_6]^{2+}$	5.50×10^{8}	8.74	1.82×10^{-9}	−8.74
$[Ni(en)_3]^{2+}$	2.14×10^{18}	18.33	4.67×10^{-19}	−18.33
$[Zn(CN)_4]^{2-}$	5.0×10^{16}	16.7	2.0×10^{-17}	−16.7
$[Zn(NH_3)_4]^{2+}$	2.87×10^{9}	9.46	3.48×10^{-10}	−9.46
$[Zn(en)_2]^{2+}$	6.76×10^{10}	10.83	1.48×10^{-11}	−10.83

附录8　一些物质的溶度积(25℃)

难溶物质	化学式	溶度积
溴化银	AgBr	5.35×10^{-13}
氯化银	AgCl	1.77×10^{-10}
铬酸银	Ag_2CrO_4	1.12×10^{-12}
碘化银	AgI	8.51×10^{-17}
硫化银	Ag_2S	6.69×10^{-50}(α型) 1.09×10^{-49}(β型)
硫酸银	Ag_2SO_4	1.20×10^{-5}
碳酸钡	$BaCO_3$	2.58×10^{-9}

续　表

难溶物质	化学式	溶度积
铬酸钡	$BaCrO_4$	1.17×10^{-10}
硫酸钡	$BaSO_4$	1.07×10^{-10}
碳酸钙	$CaCO_3$	4.96×10^{-9}
氟化钙	CaF_2	1.46×10^{-10}
磷酸钙	$Ca_3(PO_4)_2$	2.07×10^{-33}
硫酸钙	$CaSO_4$	7.10×10^{-5}
硫化镉	CdS	1.40×10^{-29}
氢氧化镉	$Cd(OH)_2$	5.27×10^{-15}
硫化铜	CuS	1.27×10^{-36}
氢氧化亚铁	$Fe(OH)_2$	4.87×10^{-17}
氢氧化铁	$Fe(OH)_3$	2.64×10^{-39}
硫化亚铁	FeS	1.59×10^{-19}
硫化汞	HgS	6.44×10^{-53}(黑) 2.00×10^{-53}(红)
碳酸镁	$MgCO_3$	6.82×10^{-6}
氢氧化镁	$Mg(OH)_2$	5.61×10^{-12}
二氢氧化锰	$Mn(OH)_2$	2.06×10^{-13}
硫化亚锰	MnS	4.65×10^{-14}
碳酸铅	$PbCO_3$	1.46×10^{-13}
二氯化铅	$PbCl_2$	1.17×10^{-5}
碘化铅	PbI_2	8.49×10^{-9}
硫化铅	PbS	9.04×10^{-29}
硫酸铅	$PbSO_4$	1.82×10^{-8}
碳酸锌	$ZnCO_3$	1.19×10^{-10}
硫化锌	ZnS	2.93×10^{-25}

附录9　标准电极电势

电对 (氧化态/还原态)	电极反应 (氧化态$+ne^-\rightleftharpoons$还原态)	标准电极电势 $\varphi^{\ominus}$/V
Li^+/Li	$Li^+(aq)+e^-\rightleftharpoons Li(s)$	−3.040 1
K^+/K	$K^+(aq)+e^-\rightleftharpoons K(s)$	−2.931
Ca^{2+}/Ca	$Ca^{2+}(aq)+2e^-\rightleftharpoons Ca(s)$	−2.868
Na^+/Na	$Na^+(aq)+e^-\rightleftharpoons Na(s)$	−2.71
Mg^{2+}/Mg	$Mg^{2+}(aq)+2e^-\rightleftharpoons Mg(s)$	−2.372
Al^{3+}/Al	$Al^{3+}(aq)+3e^-\rightleftharpoons Al(s)$ (0.1 mol·dm^{-3} NaOH)	−1.662
Mn^{2+}/Mn	$Mn^{2+}(aq)+2e^-\rightleftharpoons Mn(s)$	−1.185

续　表

电 对（氧化态/还原态）	电极反应（氧化态$+ne^- \rightleftharpoons$还原态）	标准电极电势 $\varphi^{\ominus}$/V
Zn^{2+}/Zn	$Zn^{2+}(aq)+2e^- \rightleftharpoons Zn(s)$	−0.761 8
Fe^{2+}/Fe	$Fe^{2+}(aq)+2e^- \rightleftharpoons Fe(s)$	−0.447
Cd^{2+}/Cd	$Cd^{2+}(aq)+2e^- \rightleftharpoons Cd(s)$	−0.403 0
Co^{2+}/Co	$Co^{2+}(aq)+2e^- \rightleftharpoons Co(s)$	−0.28
Ni^{2+}/Ni	$Ni^{2+}(aq)+2e^- \rightleftharpoons Ni(s)$	−0.257
Sn^{2+}/Sn	$Sn^{2+}(aq)+2e^- \rightleftharpoons Sn(s)$	−0.137 5
Pb^{2+}/Pb	$Pb^{2+}(aq)+2e^- \rightleftharpoons Pb(s)$	−0.126 2
H^+/H_2	$H^+(aq)+e^- \rightleftharpoons \frac{1}{2}H_2(g)$	0.000 0
$S_4O_6^{2-}/S_2O_3^{2-}$	$S_4O_6^{2-}(aq)+2e^- \rightleftharpoons 2S_2O_3^{2-}(aq)$	0.08
S/H_2S	$S(s)+2H^+(aq)+2e^- \rightleftharpoons H_2S(aq)$	+0.142
Sn^{4+}/Sn^{2+}	$Sn^{4+}(aq)+2e^- \rightleftharpoons Sn^{2+}(aq)$	+0.151
SO_4^{2-}/H_2SO_3	$SO_4^{2-}(aq)+4H^+ +2e^- \rightleftharpoons H_2SO_3(aq)+H_2O$	+0.172
Hg_2Cl_2/Hg	$Hg_2Cl_2(s)+2e^- \rightleftharpoons 2Hg(aq)+2Cl^-(aq)$	+0.268 08
Cu^{2+}/Cu	$Cu^{2+}(aq)+2e^- \rightleftharpoons Cu(s)$	+0.341 9
O_2/OH^-	$\frac{1}{2}O_2(g)+H_2O+2e^- \rightleftharpoons 2OH^-(aq)$	+0.401
Cu^+/Cu	$Cu^+(aq)+e^- \rightleftharpoons Cu(s)$	+0.521
I_2/I^-	$I_2(s)+2e^- \rightleftharpoons 2I^-(aq)$	+0.535 5
O_2/H_2O_2	$O_2(g)+2H^+(aq)+2e^- \rightleftharpoons H_2O_2(aq)$	+0.695
Fe^{3+}/Fe^{2+}	$Fe^{3+}(aq)+e^- \rightleftharpoons Fe^{2+}(aq)$	+0.771
Hg_2^{2+}/Hg	$\frac{1}{2}Hg_2^{2+}(aq)+e^- \rightleftharpoons Hg(l)$	+0.797 3
$Ag^+\ Ag$	$Ag^+(aq)+e^- \rightleftharpoons Ag(s)$	+0.799 0
Hg^{2+}/Hg	$Hg^{2+}(aq)+2e^- \rightleftharpoons Hg(l)$	+0.851
NO_3^-/NO	$NO_3^-(aq)+4H^+(aq)+3e^- \rightleftharpoons NO(g)+2H_2O$	+0.957
HNO_2/NO	$HNO_2(aq)+H^+(aq)+e^- \rightleftharpoons NO(g)+H_2O$	+0.983
Br_2/Br^-	$Br_2(l)+2e^- \rightleftharpoons 2Br^-(aq)$	+1.066
MnO_2/Mn^{2+}	$MnO_2(s)+4H^+(aq)+2e^- \rightleftharpoons Mn^{2+}(aq)+2H_2O$	+1.224
O_2/H_2O	$O_2(g)+4H^+(aq)+4e^- \rightleftharpoons 2H_2O$	+1.229
$Cr_2O_7^{2-}/Cr^{3+}$	$Cr_2O_7^{2-}(aq)+14H^+(aq)+6e^- \rightleftharpoons 2Cr^{3+}(aq)+7H_2O$	+1.33
Cl_2/Cl^-	$Cl_2(g)+2e^- \rightleftharpoons 2Cl^-(aq)$	+1.358 27
MnO_4^-/Mn^{2+}	$MnO_4^-(aq)+8H^+(aq)+5e^- \rightleftharpoons Mn^{2+}(aq)+4H_2O$	+1.507
H_2O_2/H_2O	$H_2O_2(aq)+2H^+(aq)+2e^- \rightleftharpoons 2H_2O$	+1.776
$S_2O_8^{2-}/SO_4^{2-}$	$S_2O_8^{2-}(aq)+2e^- \rightleftharpoons 2SO_4^{2-}(aq)$	+2.010
F_2/F^-	$F_2(g)+2e^- \rightleftharpoons 2F^-(aq)$	+2.866

附录 10 标准电极电势(碱性介质)

电对 (氧化态/还原态)	电极反应 (氧化态$+ne^-\rightleftharpoons$还原态)	标准电极电势 $\varphi^\ominus$/V
$Ba(OH)_2/Ba$	$Ba(OH)_2(s)+2e^-\rightleftharpoons Ba(s)+2OH^-(aq)$	−2.99
$Sr(OH)_2/Sr$	$Sr(OH)_2(s)+2e^-\rightleftharpoons Sr(s)+2OH^-(aq)$	−2.88
$Mg(OH)_2/Mg$	$Mg(OH)_2(s)+2e^-\rightleftharpoons Mg(s)+2OH^-(aq)$	−2.690
$Mn(OH)_2/Mn$	$Mn(OH)_2(s)+2e^-\rightleftharpoons Mn(s)+2OH^-(aq)$	−1.56
$Cr(OH)_3/Cr$	$Cr(OH)_3(s)+3e^-\rightleftharpoons Cr(s)+3OH^-(aq)$	−1.48
ZnO_2^{2-}/Zn	$ZnO_2^{2-}(aq)+2H_2O+2e^-\rightleftharpoons Zn(s)+4OH^-(aq)$	−1.215
CrO_2^-/Cr	$CrO_2^-(aq)+2H_2O+3e^-\rightleftharpoons Cr(s)+4OH^-(aq)$	−1.2
H_2O/H_2	$2H_2O(s)+2e^-\rightleftharpoons H_2(g)+2OH^-(aq)$	−0.827 7
$Ni(OH)_2/Ni$	$Ni(OH)_2(s)+2e^-\rightleftharpoons Ni(s)+2OH^-(aq)$	−0.72
$Cu(OH)_2/Cu$	$Cu(OH)_2(s)+2e^-\rightleftharpoons Cu(s)+2OH^-(aq)$	−0.222
O_2/H_2O_2	$O_2(g)+2H_2O+2e^-\rightleftharpoons H_2O_2(aq)+2OH^-(aq)$	−0.146
O_2/OH^-	$\frac{1}{2}O_2(g)+H_2O+2e^-\rightleftharpoons 2OH^-(aq)$	+0.401

附录11 元素周期表

- 原子序数 → 19
- 元素符号 → K（红色指放射性元素）
- 元素名称 → 钾（注*的是人造元素）
- 外围电子的构造 → $4s^1$（括号指可能的构型）
- 原子量 → 39.0983(1)

注：
1.原子量录自1997年国际原子量表，以$^{12}C=12$为基准。原子量末位数的准确度加注在其后括号内。
2.商品Li的原子量范围为6.94~6.99。

周期	I A 1	II A 2	III B 3	IV B 4	V B 5	VI B 6	VII B 7	VIII 8	VIII 9	VIII 10	I B 11	II B 12	III A 13	IV A 14	V A 15	VI A 16	VII A 17	0 18	电子层	0族电子数
1	1 H 氢 $1s^1$ 1.00794(7)																	2 He 氦 $1s^2$ 4.002602(2)	K	2
2	3 Li 锂 $2s^1$ 6.941(2)	4 Be 铍 $2s^2$ 9.012182(3)											5 B 硼 $2s^2p^1$ 10.811(7)	6 C 碳 $2s^22p^2$ 12.0107(8)	7 N 氮 $2s^22p^3$ 14.00674(7)	8 O 氧 $2s^22p^4$ 15.9994(3)	9 F 氟 $2s^22p^5$ 16.9984032(5)	10 Ne 氖 $2s^22p^6$ 20.1797(6)	K L	8 2
3	11 Na 钠 $3s^1$ 22.989770(2)	12 Mg 镁 $3s^2$ 24.3050(6)											13 Al 铝 $3s^23p^1$ 26.981538(2)	14 Si 硅 $3s^23p^2$ 28.0855(3)	15 P 磷 $3s^23p^3$ 30.973761(2)	16 S 硫 $3s^23p^4$ 32.066(6)	17 Cl 氯 $3s^23p^5$ 35.4527(9)	18 Ar 氩 $3s^23p^6$ 39.948(1)	M L K	8 8 2
4	19 K 钾 $4s^1$ 39.0983(1)	20 Ca 钙 $4s^2$ 40.078(4)	21 Sc 钪 $3d^14s^2$ 44.955910(8)	22 Ti 钛 $3d^24s^2$ 47.867(1)	23 V 钒 $3d^34s^2$ 50.9415(1)	24 Cr 铬 $3d^54s^1$ 51.9961(6)	25 Mn 锰 $3d^54s^2$ 54.938049(9)	26 Fe 铁 $3d^64s^2$ 55.845(2)	27 Co 钴 $3d^74s^2$ 58.933200(9)	28 Ni 镍 $3d^84s^2$ 58.6934(2)	29 Cu 铜 $3d^{10}4s^1$ 63.546(3)	30 Zn 锌 $3d^{10}4s^2$ 65.39(2)	31 Ga 镓 $4s^24p^1$ 69.723(1)	32 Ge 锗 $4s^24p^2$ 72.61(2)	33 As 砷 $4s^24p^3$ 74.92160(2)	34 Se 硒 $4s^24p^4$ 78.96(3)	35 Br 溴 $4s^24p^5$ 79.904(1)	36 Kr 氪 $4s^24p^6$ 83.80(1)	N M L K	8 18 8 2
5	37 Rb 铷 $5s^1$ 85.4678(3)	38 Sr 锶 $5s^2$ 87.62(1)	39 Y 钇 $4d^15s^2$ 88.9058(2)	40 Zr 锆 $4d^25s^2$ 91.224(2)	41 Nb 铌 $4d^45s^1$ 92.90638(2)	42 Mo 钼 $4d^55s^1$ 95.94(1)	43 Tc 锝 $4d^55s^2$	44 Ru 钌 $4d^75s^1$ 101.07(2)	45 Rh 铑 $4d^85s^1$ 102.90550(2)	46 Pd 钯 $4d^{10}$ 106.42(1)	47 Ag 银 $4d^{10}5s^1$ 107.8682(2)	48 Cd 镉 $4d^{10}5s^2$ 112.411(8)	49 In 铟 $5s^25p^1$ 114.818(3)	50 Sn 锡 $5s^25p^2$ 118.710(7)	51 Sb 锑 $5s^25p^3$ 121.760(1)	52 Te 碲 $5s^25p^4$ 127.60(3)	53 I 碘 $5s^25p^5$ 126.90447(3)	54 Xe 氙 $5s^25p^6$ 131.29(2)	O N M L K	8 18 18 8 2
6	55 Cs 铯 $6s^1$ 132.90545(2)	56 Ba 钡 $6s^2$ 137.327(7)	57—71 La-Lu 镧系	72 Hf 铪 $5d^26s^2$ 178.49(2)	73 Ta 钽 $5d^36s^2$ 180.9479(1)	74 W 钨 $5d^46s^2$ 183.84(1)	75 Re 铼 $5d^56s^2$ 186.207(1)	76 Os 锇 $5d^66s^2$ 190.23(3)	77 Ir 铱 $5d^76s^2$ 192.217(3)	78 Pt 铂 $5d^96s^1$ 195.078(2)	79 Au 金 $5d^{10}6s^1$ 196.96655(2)	80 Hg 汞 $5d^{10}6s^2$ 200.59(2)	81 Tl 铊 $6s^26p^1$ 204.3833(2)	82 Pb 铅 $6s^26p^2$ 207.2(1)	83 Bi 铋 $6s^26p^3$ 208.9803(2)	84 Po 钋 $6s^26p^4$	85 At 砹 $6s^26p^5$	86 Rn 氡 $6s^26p^6$	P O N M L K	8 18 32 18 8 2
7	87 Fr 钫 $7s^1$	88 Ra 镭 $7s^2$	89—103 Ac Lr 锕系	104* Rf 𬬻 $(6d^27s^2)$	105* Db 𬭊 $(6d^37s^2)$	106* Sg 𬭳	107* Bh 𬭛	108* Hs 𬭶	109* Mt 鿏	110* Uun	111* Uuu	112* Uub								

镧系	57 La 镧 $5d^16s^2$ 138.9055(2)	58 Ce 铈 $4f^15d^16s^2$ 140.116(1)	59 Pr 镨 $4f^36s^2$ 140.90765(2)	60 Nd 钕 $4f^46s^2$ 144.24(3)	61 Pm 钷 $4f^56s^2$	62 Sm 钐 $4f^66s^2$ 150.36(3)	63 Eu 铕 $4f^76s^2$ 151.964(1)	64 Gd 钆 $4f^75d^16s^2$ 157.25(3)	65 Tb 铽 $4f^96s^2$ 158.92534(2)	66 Dy 镝 $4f^{10}6s^2$ 162.50(3)	67 Ho 钬 $4f^{11}6s^2$ 164.93032(2)	68 Lu 镥 $4f^{12}6s^2$ 167.26(3)	69 Er 铒 $4f^{13}6s^2$ 168.93421(2)	70 Tm 铥 $4f^{14}6s^2$ 173.04(3)	71 Yb 镱 $4f^{14}5d^16s^2$ 174.967(1)
锕系	89 Ac 锕 $6d^17s^2$	90 Th 钍 $6d^27s^2$ 232.0381(1)	91 Pa 镤 $5f^26d^17s^2$ 231.03588(2)	92 U 铀 $5f^36d^17s^2$ 238.0289(1)	93 Np 镎 $5f^46d^17s^2$	94 Pu 钚 $5f^67s^2$	95 Am 镅 $5f^77s^2$	96 Cm 锔 $5f^76d^17s^2$	97 Bk 锫 $5f^97s^2$	98 Cf 锎 $5f^{10}7s^2$	99 Es 锿 $5f^{11}7s^2$	100 Fm 镄 $5f^{12}7s^2$	101 Md 钔 $(5f^{13}7s^2)$	102 No 锘 $(5f^{14}7s^2)$	103 Lr 铹 $(5f^{14}6d^17s^2)$

参考文献

1 浙江大学普通化学教研组.普通化学.第4版.北京:高等教育出版社,1995
2 陈林根.工程化学基础.北京:高等教育出版社,1999
3 唐有祺,王夔.化学与社会.北京:高等教育出版社,1997
4 曲保中,朱炳林.工科大学化学.北京:机械工业出版社,1993
5 沈光球,陶家洵,徐功骅.现代化学基础.北京:清华大学出版社,1999
6 蔡哲雄.工程化学基础.第2版.西安:西安交通大学出版社,1999
7 王放,王显伦.食品营养保健原理及技术.北京:中国轻工业出版社,1997
8 吴旦.化学与现代社会.北京:科学出版社,2002
9 何强,井文涌,王翊亭.环境学导论.北京:清华大学出版社,2004